高职高专“十三五”规划教材

电子技术基础

（数字部分）

杨碧石　戴春风　陆冬明　编著

化学工业出版社

·北京·

本书介绍逻辑代数的基本知识，以及数字逻辑电路的基本分析和设计方法。全书共分8章，主要内容包括逻辑代数基础、逻辑门电路、组合逻辑电路、触发器、时序逻辑电路、脉冲波形产生电路、数模和模数转换电路、半导体存储器和可编程逻辑器件。本书各章后配有本章小结、本章关键术语、自测题、习题和实验与实训，便于读者巩固所学理论知识，提高分析问题和解决问题的能力。

本书可作为高职高专院校电子、电气、自动化、计算机等有关专业的教材，也可作为自学者及相关技术人员参考用书。

图书在版编目（CIP）数据

电子技术基础．数字部分/杨碧石，戴春风，陆冬明编著．—北京：化学工业出版社，2017.7（2023.10重印）
高职高专“十三五”规划教材
ISBN 978-7-122-29739-6

Ⅰ.①电… Ⅱ.①杨…②戴…③陆… Ⅲ.①数字电路-电子技术-高等职业教育-教材 Ⅳ.①TN

中国版本图书馆CIP数据核字（2017）第111568号

责任编辑：王听讲
责任校对：边　涛　　　　装帧设计：韩　飞

出版发行：化学工业出版社（北京市东城区青年湖南街13号　邮政编码100011）
印　　装：北京七彩京通数码快印有限公司
787mm×1092mm　1/16　印张16¼　字数418千字　2023年10月北京第1版第3次印刷

购书咨询：010-64518888　　　　售后服务：010-64518899
网　　址：http://www.cip.com.cn
凡购买本书，如有缺损质量问题，本社销售中心负责调换。

定　　价：38.00元

前　言

电子技术是目前发展最快的学科之一。眼下是一个学习的时代，知识的不断更新给学习带来了很大的压力。为学生提供一本深入浅出、通俗易懂的教材，是作者一直奋斗的目标。一本合适的教材，除了在内容方面符合规定的教学要求外，更要立足于读者的基础和需求，按照科学的认识规律，引导读者循序渐进地学习新的知识。

根据本课程各章节间的内在联系，按照循序渐进的原则，组织本书的架构；注意前后紧密配合，确定每个章节的内容和要求、目的，优先做到突出重点、分散难点，力求对不同学时和深广度要求有区别的专业都能适用。教材以“必需、够用”为度，力求少而精；从学生的实际水平出发，酌情处理文字叙述的详略和电路的复杂程度；将理论学习、电路软件仿真和实验设计有机结合。

本教材适应高职高专技术应用型人才能力培养的需要，立足于电路的典型性以及教学的需要和实际应用，在以往类似教材的基础上，做了以下改进。

(1) 在各章节后增加了思考题，对每章节的内容做了部分调整，减少了原理性的分析、讨论，增加了中规模集成电路的芯片功能介绍和实际应用举例，以提高学生的学习技能和实际应用能力。

(2) 根据高职高专教学要求和特点，逻辑门电路这一章不对内部电路进行分析，改为介绍各种集成门电路的功能、外部特性、使用注意事项及实际应用。

(3) 增加了故障诊断部分，主要介绍故障诊断技术，讲述与该章内容相关的一些测试方法以及常见故障的排除方法。

(4) 章末增加本章小结、本章关键术语和自我测试题，还增加了实验与实训内容。

(5) 为提高学生应用 EWB 或 Multisim 的能力，在附录增加了介绍 Multisim 虚拟电子工作平台的内容，供学生课后学习和选做相关实验，有助于学生掌握用 Multisim 进行电子技术单元电路参数设计的方法，培养学生应用计算机技术进行电路调试的能力。

我们将为使用本书的教师免费提供电子教案等教学资源，需要者可以到化学工业出版社教学资源网站 http：//www.cipedu.com.cn 免费下载使用。

本书由杨碧石、戴春风、陆冬明共同编著，杨碧石负责全书内容的总体策划与统稿。在本书编写与整理过程中，得到了杨卫东、陈兵飞、束慧、严飞、刘建兰、赵青、居金娟、王力和袁扉等的大力支持和帮助，他们对书稿提出了宝贵的意见。在此向他们表示衷心的感谢。

希望本教材能够得到专家、同行和学生的认可，欢迎广大读者对本书提出改进意见和建议。

编著者

目　　录

第1章 逻辑代数基础

学习目标

- **要掌握：** 数字信号中，1 和 0 代表的广泛含义；4 种数制中，基数、权值、进位关系和不同数制之间的转换；BCD 码的格式和使用；逻辑代数的基本定律与运算规则；逻辑函数常用的表示方法。
- **会写出：** 逻辑与、或、非、与非、或非、与或非、异或、同或等的逻辑表达式、真值表、逻辑符号及逻辑规律；逻辑函数表达式、真值表及逻辑图三者之间的转换。
- **会使用：** 逻辑代数化简逻辑函数式；最小项及其标准表达式；卡诺图化简逻辑函数式。

本章主要介绍数制与码制、逻辑代数的基本定律、逻辑函数的表示方法和逻辑函数的化简方法等。

数制是多位数码中每一位的构成方法以及从低位到高位的进位规则，包括十进制、二进制、八进制和十六进制等。应熟练掌握数制间的相互转换。码制是为了便于记忆和处理，在编制代码时要遵循的规则。应掌握常用的 BCD 码。

与、或、非既是 3 种基本逻辑关系，也是 3 种基本逻辑运算。与非、或非、与或非、异或和同或是由 3 种基本逻辑运算复合而成的 5 种常用逻辑运算。本书给出了表示这些运算的逻辑符号，要注意理解和记忆。

逻辑代数的基本定律与常用公式是推演、变换和化简逻辑函数的依据，有些与普通代数相同，有些则完全不一样，例如摩根定理、重叠律、非非律等。要特别注意记住这些特殊的公式。

逻辑函数常用的表示方法有 5 种：逻辑函数表达式、真值表、逻辑图、卡诺图和波形图。它们各有特点，但本质相通，可以互相转换。尤其是由真值表到逻辑图和由逻辑图到真值表的转换，直接涉及数字电路的分析设计与综合问题，更加重要，一定要掌握。

逻辑函数公式化简法和卡诺图化简法是应该熟练掌握的内容。公式化简法没有什么局限性，但也无一定步骤可以遵循，要想迅速得到函数的最简与或表达式，不仅和对公式、定律的熟悉程度有关，而且和运算技巧有联系。卡诺图化简法则不同，它简单、直观，有可以遵循的明确步骤，不易出错，初学者也易于掌握。但是，当函数变量多于 5 个时，卡诺图化简法就失去优势，没有实用价值了。

1.1 模拟信号和数字信号

在自然界中有各种物理量，尽管它们的性质各异，但就其变化规律的特点而言，不外乎有两大类。其中一类物理量的变化在时间上和数值上都是连续的，这一类物理量称为模拟量，这种模拟量的信号叫做模拟信号，如电视的图像和伴音信号、生产过程中由传感器检测的由某种物理量（如温度、压力）转化成的电信号等。传输、处理模拟信号的电路称为模拟电路。另一类物理量的变化在时间和数值上都是离散的，这一类物理量称为数字量，这种数字量的信号叫做数字信号，如电子表的秒信号、生产中自动记录零件个数的计数信号、由计算机键盘输入计算机的信号等，它们的变化发生在一系列离散的瞬间，数值大小的增减总是最小数量单位的整数倍。传输、处理数字信号的电路称为数字电路。

数字电路是数字计算机和许多控制系统的基础。现代家居中的家用电器、报警系统和供热系统多是由数字电路控制的。在新型汽车中，引入数字电路和微处理器控制，可以使汽车具有更高的安全性能、更低的能耗，更易于检修和维护。

数字电路在自控机床、电能监控、仓储管理、医疗仪器和乐器领域也有广泛应用。比如，数控（NC）粉碎机可以由工程师事先编程设定物料的粉碎尺寸，精度可达到0.01%；在电能监控方面，随着电能成本增加，对于大型工业用户和商业用户而言，电能的监测变得十分重要，高效的加热控制设备、通风设备以及空调的经济运行可以极大地降低电能消耗，节约成本；在超市中，越来越多地利用通用产品码（UPC）来核对和汇总商品的销售量，也可以自动地进行仓储管理；在医疗仪器方面，应用数字电路来设计数字体温计、生命保障系统以及监视器等；在音乐拷贝方面，数字电子技术应用也十分广泛，数字拷贝受静电噪声的影响更小，可以实现音乐的高保真拷贝。

数字电子电路由晶体管电路发展而来，这种电路结构简单，其输出信号随输入信号变化呈现2种电平：高电平和低电平（+5V和0V），用“1”和“0”表示。

二进制数仅由“0”和“1”构成，在数字电子技术中应用广泛。其他数制和编码由于可以转化成相应的二进制字符串，也被广泛采用。

1.1.1 模拟信号和数字信号

电子技术中的工作信号分为模拟信号和数字信号两大类。

1. 模拟信号

模拟信号（模拟量）是指时间上和数值上（幅度上）都是连续变化的信号。传输、处理模拟信号的电路称为模拟电路。模拟信号如电视的图像和伴音信号，生产过程中由传感器检测的由某种物理量（如温度、压力）转化成的电信号等。图1.1所示为某一天的温度变化曲线。

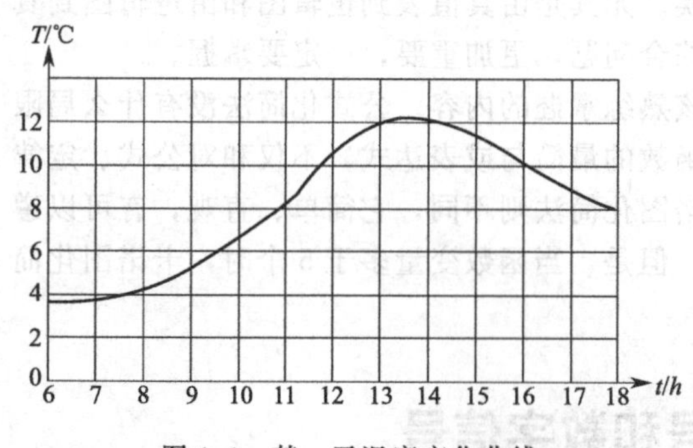

图1.1　某一天温度变化曲线

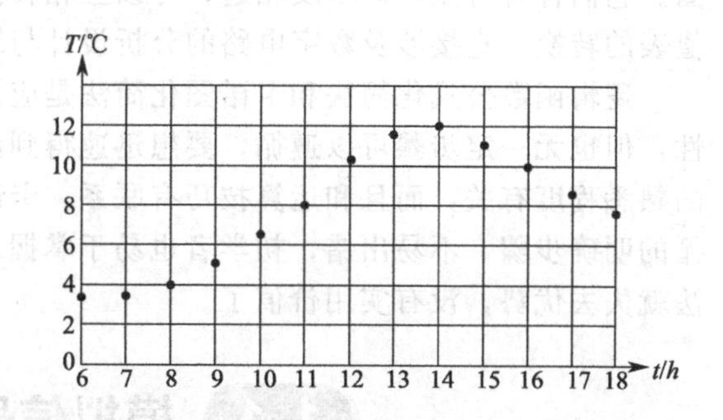

图1.2　对图1.1中模拟量采样（采样间隔为1h）

2. 数字信号

数字信号（数字量）是指时间和数值上（幅度上）都是断续变化的离散信号（均为离散取值的物理量）。把传输、处理数字信号的电路称为数字电路。数字信号如电子表的秒信号、生产中自动记录零件个数的计数信号、由计算机键盘输入计算机的信号等，它们的变化发生在一系列离散的瞬间，数值大小的增减总是最小数量单位的整数倍。如图 1.1 所示的温度变化曲线，不考虑温度变化的连续性，只考虑时间轴上整点的温度，这实际上是对温度曲线的特定点处进行采样，如图 1.2 所示。但应注意的是，它还不是数字信号，只有将各采样值用数字代码表示后才成为数字信号。

数字信号可能是二值、三值或多值信号。但目前数字电路中只涉及二值信号，即用“0”、“1”表示的数字信号，如图 1.3 所示。这里的“0”和“1”没有大小之分，只表示逻辑关系，即逻辑“0”和逻辑“1”，因而称为二值数字逻辑，或简称数字逻辑。

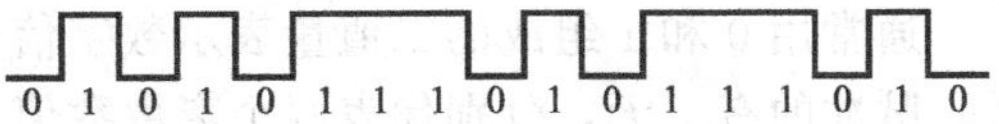

0 1 0 1 0 1 1 1 0 1 0 1 1 1 0 1 0

图 1.3　用逻辑 0 和 1 表示的数字信号波形

图 1.3 所示的数字波形是逻辑电平随时间变化的曲线。当电压值在高电平和低电平之间变化时，就产生了数字波形。数字波形由数字脉冲序列组成。

1.1.2　模拟量的数字表示

在自然界中，绝大多数物理量都是模拟量，模拟信号是连续变化的。以水银温度计为例，当温度上升时，水银以模拟方式膨胀，体现为刻度上的连续平滑变化。棒球运动员挥动球棒是一种模拟运动，音乐家敲击钢琴键的力度和速度也是模拟量，甚至钢琴弦上发出的颤音也是一个模拟量——正弦振荡。

既然如此，我们为什么还要用数字量来表示自然界的模拟量呢？这是因为，如果我们想要使用电子设备来表示、传递、处理和存储模拟信息，需要先将信息转化为更便于处理的数字量。数字量的值可以由一系列开关电平的组合来表示，开关电平可以写成“0”和“1”。

例如，模拟温度计记录的 37℃在数字电路中可以用一系列开关电平来表示（后面将介绍，数字 37℃可以转化为数字电平 00100101），这样做的一个显著优点就是产生、处理和存储开关（ON/OFF）电平的电路十分简单。这里无需处理极大幅值和跨距的模拟电压，取而代之的是开关电平（一般情况下，+5V=ON 和 0V=OFF）。

模拟量的数字表示的一个很好的应用实例就是音频录制。CD 和 DVD 的应用十分普及，证明是录制和回放音乐的极佳方式。乐器和人类发出的声音都是模拟信号，人耳接收的也是模拟信号，那么，数字信号将被安排在哪里？虽然看上去有些多余，但录制工厂还是将模拟信号转化成数字格式存储在 CD 或 DVD 中，用户利用 CD 或 DVD 播放机将数字电平转化为相应的模拟信号进行播放。

为了使用数字量（1 和 0 组成的字符串）精确地记录一段复杂的音乐信号，必须对模拟音乐信号多次采样，将模拟信号转换为数字信号。这种采样过程贯穿于音乐录制的全过程。音乐回放是上述过程的逆过程，即将数字信号转换为模拟信号，重现原始模拟信号。如果在原始模拟信号中采样点足够多，那么，原始音乐的重现精度就很高。

这种转换当然是额外工作，但是采用数字记录方式可以消除静电噪声和与早期音频记录方法有关的磁带“嘶嘶”声等问题。这种改进在于当数字信号中存在微小变化时，数字信号的开关状态并未发生改变，而对应模拟信号中微小的变化很容易被人耳察觉。

提示

CD 音频设备是一种十分常用的模数转换和数模转换实例。CD 播放器利用激光束来识别旋转 CD 光盘上的凹槽，它是由 CD 刻录机刻录在 CD 光盘上的，表示原始音乐信号的“1”和“0”数字信息。一张 CD 光盘包括 650MB“1”、“0”数字量（1B=8b）。另一种光介质存储器是 DVD，DVD 的存储密度较 CD 大得多，可以容纳 17GB（$1G=10^9$）数据。

1.1.3 数字电路的特点和分类

数字电路的工作信号一般都是数字信号。在电路中，它往往表现为突变的电压或电流，并且只有两个可能的状态。所以，数字电路中的半导体器件应工作在开关状态。利用器件导通和截止两种不同的工作状态，代表不同的数字信息，完成信号的传递和处理任务。

通常用 0 和 1 组成的二值量表示数字信号最为简单，故常用的数字信号是用电压的高、低，脉冲的有、无，分别代表两个离散数值 1 和 0。所以，数字电路在结构、工作状态、研究内容和分析方法等方面具有自己的特点。

① 数字电路中，半导体器件工作在开关状态，这和二值量或二进制信号的要求是相对应的，分别用 1 和 0 两个数码来表示。

② 数字电路的基本单元电路比较简单，对元件的精度要求不高，便于电路集成化、系列化生产，并具有可靠性高、抗干扰能力强、保密性好、价格低廉和使用方便等优点。

③ 数字电路能够对数字信号进行各种逻辑运算和算术运算，所以在数控装置、智能仪表以及计算机等领域应用广泛。

数字电路按组成的结构，分为分立元件电路和集成电路两大类。其中，集成电路按集成度分为小规模（SSI 集成度为 1～10 门/片）、中规模（MSI 集成度为 10～100 门/片）、大规模（LSI 集成度为 100～1000 门/片）和超大规模（VLSI 集成度为大于 1000 门/片）集成电路。按电路所用器件的不同，分为双极型和单极型电路。其中，双极型电路有 DTL、TTL、ECL、IIL、HTL 等多种，单极型电路有 JFET、NMOS、PMOS、CMOS 等 4 种。按电路逻辑功能的不同特点，分为组合逻辑电路和时序逻辑电路两大类。

思考题

1. 列举 3 个模拟量。
2. 为什么计算机系统处理的量是数字量，而不是模拟量？

1.2 数制和码制

1.2.1 数制

用数字量表示物理量的大小时，仅用 1 位数码往往不够，经常需要用进位计数的方法组成多位数码使用。我们把多位数码中每一位的构成方法以及从低位到高位的进位规则称为数制。

在数字电路中经常使用的计数进制除了十进制以外，还有二进制、八进制和十六进制。

1. 十进制

十数制是我们最熟悉的进位计数制。它将 0、1、2、3、4、5、6、7、8、9 十个数字符号按照一定的规律排列起来，表示数值的大小。例如：

$$1779=1\times10^3+7\times10^2+7\times10^1+9\times10^0$$

从这个 4 位十进制数，不难发现十进制数的特点，如下所述。

(1) 每一位数必然是 10 个数字符号中的一个。所以，它计数的基数为 10。

（2）同一个数字符号在不同的数位代表的数值不同。这个 4 位数的位值依次为 1000、100、10、1。位值又称权值或位权，它是 10 的幂。

（3）低位数和相邻的高位数之间的进位关系是“逢十进一”。

有了基数和位权的概念，对于任一个十进制数 N，按其位权值展开，表示为

$$
\begin{aligned}
(N)_{10} &= a_{n-1}\times 10^{n-1}+a_{n-2}\times 10^{n-2}+\cdots+a_1\times 10^1+\\
&\quad a_0\times 10^0+a_{-1}\times 10^{-1}+\cdots+a_{-m}\times 10^{-m}\\
&= \sum_{i=n-1}^{-m} a_i\times 10^i \qquad (1.1)
\end{aligned}
$$

式(1.1) 中，a_i 为 0～9 中任一数码，n 和 m 为正整数，n 为整数部分的位数，m 为小数部分的位数。那么，对于任意进制数，下式成立：

$$
(N)_R=\sum_{i=n-1}^{-m} r_i\times R^i \qquad (1.2)
$$

式(1.2) 中，r_i 为任意进制中第 i 位的数码，可以是 $0\sim R-1$ 中的任一个；n 和 m 为正整数，n 为整数部分的位数，m 为小数部分的位数；R 为进位基数，R^i 为第 i 位的权值。

本书常用的进位计数制是十进制（Decimal）、二进制（Binary）、八进制（Octaic）和十六进制（Hexadecimal）。因此，当基数 R 为 10 时，表示十进制数可用 $(N)_{10}$ 或 $(N)_D$ 表示。同样地，二进制数、八进制数和十六进制数可分别用 $(N)_2$、$(N)_8$ 和 $(N)_{16}$ 或 $(N)_B$、$(N)_O$ 或 $(N)_H$ 表示。

2. 二进制

二进制是在数字电路中应用最广的计数体制。这意味着，一个二进制位（即比特，bit）的值取决于该位在二进制数中的位置。这种加权计数系统与十进制计数系统类似。8 个比特组成的一组数称为一个字节（byte）。二进制数中只有 0 和 1 两个数字符号，所以计数的基数为 2。各位数的权值是 2 的幂，低位和相邻高位之间的进位关系是“逢二进一”。因此，任意一个二进制数 $(N)_2$ 可以表示为

$$
\begin{aligned}
(N)_2 &= b_{n-1}\times 2^{n-1}+b_{n-2}\times 2^{n-2}+\cdots+b_1\times 2^1+b_0\times 2^0+b_{-1}\times 2^{-1}+\cdots+b_{-m}\times 2^{-m}\\
&= \sum_{i=n-1}^{-m} b_i\times 2^i \qquad (1.3)
\end{aligned}
$$

式(1.3) 中，b_i 只能取 0 或者 1 两个数码，2^i 为第 i 位的权值。例如：

$$(1101.101)_2=1\times 2^3+1\times 2^2+0\times 2^1+1\times 2^0+1\times 2^{-1}+0\times 2^{-2}+1\times 2^{-3}$$

归纳

二进制数的运算规则

加法：0+0=0，0+1=1+0=1，1+1=10；**乘法**：0×0=0，0×1=1×0=0，1×1=1。

【例 1.1】 一个 8 位（一个字节）二进制整数为 $(N)_2=(10011110)_2$，求其对应的十进制数值。

解：将二进制数按权展开，求各位数值之和，可得

$$(N)_2=(10011110)_2=(1\times 2^7+0\times 2^6+0\times 2^5+1\times 2^4+1\times 2^3+1\times 2^2+1\times 2^1+0\times 2^0)_{10}=(158)_{10}$$

3. 八进制

二进制数虽在计算机中易于实现，然而它最大的缺点是不便读写，与十进制数相比，表示同一个数时，二进制用的位数较多。为此，在数字系统中，又常使用八进制数和十六进

制数。

计数基数 $R=8$ 时，称为八进制。它有 0～7 八个数字符号，各位数的权值是 8 的幂，低位和相邻高位之间的关系是“逢八进一”。因此，任意一个八进制数 $(N)_8$ 可以表示为

$$(N)_8=q_{n-1}\times 8^{n-1}\times q_{n-2}\times 8^{n-2}+\cdots+q_1\times 8^1+q_0\times 8^0+q_{-1}\times 8^{-1}+\cdots+q_{-m}\times 8^{-m}$$

$$=\sum_{i=n-1}^{-m} q_i\times 8^i \tag{1.4}$$

式中，q_i 只能取 0～7 中的某一数码。例如，

$$(325.7)_8=3\times 8^2+2\times 8^1+5\times 8^0+7\times 8^{-1}$$

【例 1.2】 求 3 位八进制数 $(N)_8=(236)_8$ 对应的十进制数。

解： 按权展开，求各位数值之和，可得

$$(236)_8=(2\times 8^2+3\times 8^1+6\times 8^0)_{10}=(128+24+6)_{10}=(158)_{10}$$

4. 十六进制

在十六进制中，计数基数为 16，有 16 个不同的数字符号：0、1、2、3、4、5、6、7、8、9、A、B、C、D、E、F。这里，十进制数 10～15 分别用 A～F 6 个英文字母表示。低位和相邻高位间的关系是“逢十六进一”。因此，任意一个十六进制数 $(N)_{16}$ 可表示为

$$(N)_{16}=h_{n-1}\times 16^{n-1}+h_{n-2}\times 16^{n-2}+\cdots+h_1\times 16^1+$$
$$h_0\times 16^0+h_{-1}\times 16^{-1}+\cdots+h_{-m}\times 16^{-m}$$
$$=\sum_{i=n-1}^{-m} h_i\times 16^i \tag{1.5}$$

式中，h_i 只能取 0～F 中的某一个数码。例如，

$$(3A.9E)_{16}=3\times 16^1+A\times 16^0+9\times 16^{-1}+E\times 16^{-2}$$

【例 1.3】 求 2 位十六进制数 $(N)_{16}=(9E)_{16}$ 对应的十进制数。

解： 按权展开，求各位数值之和，可得

$$(9E)_{16}=(9\times 16+14\times 16^0)_{10}=(158)_{10}$$

八进制数和十六进制数转换成十进制数时，先将其转换成二进制数，再转换成十进制数较为容易。

对于同一个十进制数，当分别由二进制、八进制、十六进制表示时，八进制、十六进制要比二进制简单得多，而二进制数转换成八进制数和十六进制数十分方便。因此，书写计算机程序时，广泛使用八进制和十六进制。

表 1.1 列出了几种常用计数进制对照表。

表 1.1 几种常用计数进制对照表

十进制	二进制	八进制	十六进制
0	0000	0	0
1	0001	1	1
2	0010	2	2

续表

十进制	二进制	八进制	十六进制
3	0011	3	3
4	0100	4	4
5	0101	5	5
6	0110	6	6
7	0111	7	7
8	1000	10	8
9	1001	11	9
10	1010	12	A
11	1011	13	B
12	1100	14	C
13	1101	15	D
14	1110	16	E
15	1111	17	F

归纳

表 1.1 中所列的几种数制各有优缺点，应用场合也不相同。十进制数虽然是人们在生活中最常用、最习惯的一种进位制数，但其 10 个数码在数字电路中难以找到 10 个状态与之对应。二进制只有 0 和 1 两个数码，可用来表示电路的两种工作状态。所以，在数字电路中采用二进制。当二进制数的位数较多而不易读写时，常采用八进制和十六进制。

5. 数制转换

数制之间的转换归为两类：十进制数和非十进制数之间的转换；2^n 进制数之间的转换。

1）非十进制数转换成十进制数

由二进制、八进制、十六进制数的一般表达式可知，只要将它们按权展开，求各位数值之和，即可得到对应的十进制数。

【例 1.4】 将非十进制数 $(1011.011)_2$、$(27.46)_8$、$(C2)_{16}$ 转换成十进制数。

解： 按权展开，求各位数值之和。

$$(1011.011)_2=(1\times2^3+1\times2^1+1\times2^0+1\times2^{-2}+1\times2^{-3})_{10}$$
$$=(8+2+1+0.25+0.125)_{10}=(11.375)_{10}$$
$$(27.46)_8=(2\times8^1+7\times8^0+4\times8^{-1}+6\times8^{-2})_{10}=(16+7+0.5+0.09375)_{10}=(23.59375)_{10}$$
$$(C2)_{16}=(12\times16^1+2\times16^0)_{10}=(194)_{10}$$

2）十进制数转换成非十进制数

十进制数转换成非十进制数时，要将其整数部分和小数部分分别转换，结果合并为目的数制形式。

① 整数部分的转换。整数部分的转换采用基数除法。所谓基数除法，即用目的数制的基数去除十进制整数，第一次除所得的余数为目的数的最低位，把得到的商再除以该基数，所得余数为目的数的次低位，依次类推，直至商为 0 时，所得余数为目的数的最高位。此法也叫除基取余法。

② 小数部分的转换。小数部分的转换是采用基数乘法实现的。所谓基数乘法，即用该小数乘目的数制的基数，第一次乘得结果的整数部分为目的数的最高位（当然是小数部分的最高位），其小数部分再乘基数，所得结果的整数部分作为目的数的第二位，依次类推，直至小数部分为 0 或达到要求精度为止。此法也叫乘基取整法。

【例 1.5】 把 $(26)_{10}$分别转换成二进制数、八进制数和十六进制数。

解：

二进制	余数		八进制	余数	十六进制	余数
2⌊26	0	低位	8⌊26	2	16⌊26	10
2⌊13	1		8⌊3	3	16⌊1	1
2⌊6	0		0		0	
2⌊3	1	↑				
2⌊1	1					
0		高位				

$(26)_{10}=(11010)_2$ $\qquad$ $(26)_{10}=(32)_8$ $\qquad$ $(26)_{10}=(1A)_{16}$

注意

在二进制数中，最右边第 1 位的权值最小（$2^0=1$），称为最低有效位（LSB）；最左边第 1 位的权值最大，称为最高有效位（MSB）。在列写二进制数的结果时，不要将高位（MSB）和低位（LSB）写反。

【例 1.6】 把 $(0.875)_{10}$转换成二进制数。

解：

$0.875\times2=1.750$ $\quad$ 1 $\quad$ 高位

$0.75\times2=1.500$ $\quad$ 1 $\quad$ ↓

$0.500\times2=1.000$ $\quad$ 1 $\quad$ 低位

所以，$(0.875)_{10}=(0.111)_2$

【例 1.7】 把 $(0.423)_{10}$换成二进制数（保留 4 位小数）。

解：

$0.423\times2=0.846$ $\quad$ 0

$0.846\times2=1.692$ $\quad$ 1

$0.692\times2=1.384$ $\quad$ 1

$0.384\times2=0.768$ $\quad$ 0

$0.768\times2=1.536$ $\quad$ 1

一般保留 4 位小数，则第 5 位小数采取“零舍一入”的原则，所以 $(0.432)_{10}=(0.0111)_2$。从本例可知，十进制小数有时不能用二进制小数精确地表示出来，只能根据精度要求，求得一定的位数，近似地表示。

3）2^n 进位制数之间的转换

① 二进制数与八进制数之间的转换

八进制的基数 $8=2^3$，所以 3 位二进制数构成 1 位八进制数。若要将二进制数转换成八进制数，只要将二进制数的整数部分自右往左每 3 位分一组，不足 3 位时，左边用 0 补足；小数部分则自左往右每 3 位分为一组，最后不足 3 位时，在右面用 0 补足。最后，把每 3 位二进制数对应的八进制数码写出来。

【例 1.8】 试将二进制数 $(1010011100.101110111)_2$ 转换成八进制数。

解：

001 010 011 100 . 101 110 111

1 2 3 4 . 5 6 7

$(1010011100.101110111)_2=(1234.567)_8$

如果将八进制数转换成二进制数，只要写出每位数码对应的二进制数，再依次排好即可。

【例 1.9】 试将八进制数 $(463.57)_8$ 转换成二进制数。

解：

4　6　3　.　5　7

100 110 011 . 101 111

$$(463.57)_8=(100110011.101111)_2$$

② 二进制数与十六进制数之间的转换。

由于十六进制的基数 $16=2^4$，所以 4 位二进制数对应 1 位十六进制数。按照上述转换步骤，只要将二进制数按 4 位分组，即可实现转换。

【例 1.10】 试将二进制数 $(10110100111100.100101111)_2$ 转换成十六进制数。

解：

0010 1101 0011 1100 . 1001 0111 1000

2　D　3　C　.　9　7　8

$$(10110100111100.1001011110)_2=(2D3C.978)_{16}$$

【例 1.11】 试将十六进制数 $(3AF6.5B)_{16}$ 转换成二进制数。

解：

3　A　F　6　.　5　B

0011 1010 1111 0110 . 0101 1011

$$(3AF6.5B)_{16}=(0011101011110110.01011011)_2$$

如果要进行八进制数和十六进制数之间的转换，以二进制作为转换媒介。

6. 数制的应用

因为数字系统的主要处理对象为"1"和"0"，所以本章用相当多的篇幅来讨论不同的数制。数据的表示和使用方式决定了采用数制的类型。下面将讨论基于这些数字表示形式的转换和解释方面的应用实例。

【例 1.12】 如某制药厂利用计算机来监视 4 个药罐的温度和压力，如图 1.4 所示。一旦温度或压力超出警戒线，罐内传感器向相应输出位输出"1"，并将该信息传给计算机；若一切正常，所有输出位皆为"0"。

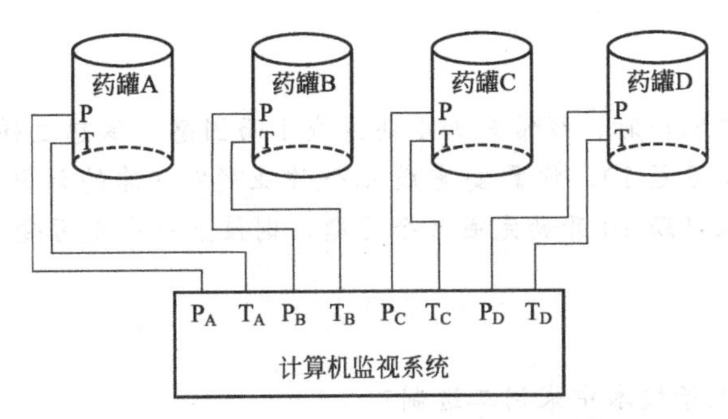

图 1.4　制药厂温度和压力的监视电路连接图

(1) 如果计算机读取的二进制字符串为 00101000，该系统存在什么问题？

解：将二进制字符串填入图 1.5 所示图表可知，药罐 B 和 C 的压力超高。

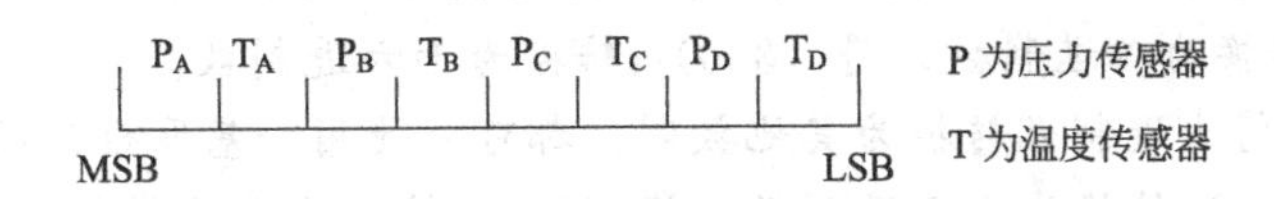

图 1.5　计算机监视系统读取的二进制排布图

(2) 如果计算机读数为 55H，该系统存在什么问题？

解：55H=01010101，说明所有药罐内温度都超高。

（3）如果A罐和C罐的温度和压力都很大，计算机读取的十六进制数应是多少？

解：CCH(11001100＝CCH)

（4）若C罐和D罐停止使用，两罐的传感器输出端连接为“1”状态。此时，计算机程序员必须编写一段忽略该电路状态的程序。当系统工作正常时，程序应检查到计算机读取值总比某固定数值小。请给出该数的等值十进制数。

解：$<31_{10}$，因为二进制字符串的低4位全为“1”，所以若B罐的温度（T_B）超高，输出的二进制字符串将变为00011111，即31_{10}。

（5）若工厂另有3个需要监视的药罐（A、B和C），如果B罐的温度和压力都超高，那么读取的八进制数应为多少？

解：14_8　（$001100_2=14_8$）

【例1.13】 某品牌CD播放器中12位的数字信号转换为对应的模拟量。（1）这种CD系统中能够使用的最大和最小的十六进制数是多少？（2）该系统能够表示模拟值的范围是多少？

解：（1）最大为FFFH、最小为000H。

（2）FFFH的等值十进制数为4095，加上0，共为4096。

【例1.14】 在计算机系统中，每1MB以上的存储空间需要使用20位地址编码来区分。（1）用十六进制数来表示每个存储空间地址，需要多少位？（2）第200个存储地址用十六进制数表示，是什么？（3）如果以000C8H作为起始地址的50个存储空间来存储数据，那么最后一个数据的存储地址是什么？

解：（1）5（每个十六进制数有4位）。

（2）000C7H（200_{10}＝C8H。因为第一个内存地址是00000H，所以必须减1）。

（3）000F9H（000C8H＝200_{10}，$200+50=250_{10}$，$250-1=249_{10}$，249_{10}＝F9H。由于地址000C8H已经存放了第一个数据，因此仅需要49个存储空间来存储其他数据）。

提示

在确定数据的存储地址时，经常为加1还是减1而困惑。试想这样一个问题：若老师布置的作业题为习题5至习题10，你需要完成几个作业题？（你的计算过程是“10”减“5”再加“1”）。若你要从习题10开始完成8个习题，则最后一个是习题18还是习题17？

思考题

1. 为什么在数字电子技术中采用二进制？
2. 在二进制中，如何确定每个二进制位的加权因子？
3. 将$(1101.0110)_2$转换为十进制数，将$(43)_{10}$转换为二进制数。
4. 八进制数每位允许可以使用的数是0～8吗？
5. 将$(111011)_2$转换为八进制数，将$(263)_8$转换为二进制数。
6. 将$(90)_{10}$转换为八进制数，将$(300)_{10}$转换为十六进制数。
7. 任何时候，将十进制数转换为其他数制，都可以使用除基取余法吗？
8. 将$(01101011)_2$转换为十六进制数，将$(E7)_{16}$转换为二进制数。

1.2.2 码制

在数字电路系统中，由0和1组成的二进制数码，不仅可以表示数值的大小，还可以表示特定的信息。这种具有特定含义的数码称为二进制代码。常见的代码有二—十进制码和格雷码。

1. 二—十进制代码（BCD 码）

用 4 位二进制数组成一组代码来表示 0～9 十个数字，这种代码称为二—十进制代码（Binary Coded Decimal），简称 BCD 码。常见的 BCD 码有 3 种。

(1) 8421 码：BCD 码可以分为有权码和无权码。所谓有权码，即每一位都有固定数值的码。有权码中用得最多的是 8421 BCD 码。该码共有 4 位，其位权值自高位至低位分别为 8、4、2、1，故称 8421 码，它属于恒权码。每个代码的各位数值之和就是它表示的十进制数。8421 码与十进制数之间的关系是用 4 位二进制代码表示 1 位十进制数。例如

$$(69)_{10}=(01101001)_{8421}$$

(2) 2421 码：2421 码也是一种有权码，也属于恒权码。该码从高位到低位的权分别是 2、4、2、1，也是用 4 位二进制代码表示 1 位十进制数。该码中，0 和 9、1 和 8、2 和 7、3 和 6、4 和 5 互为反码，即两码对应位的取值相反。这种码不具备单值性，易产生伪码。

(3) 余 3 码：余 3 码组成的 4 位二进制数正好比它代表的十进制数多 3，故称余 3 码。两个余 3 码相加时，其和比对应表示的十进制数之和多 6。在余 3 码中，0 和 9、1 和 8、2 和 7、3 和 6、4 和 5 互为反码。余 3 码不能由各位二进制数的权来决定代表的十进制数，故属于无权码。

3 种常见的 BCD 码表示法如表 1.2 所示。

表 1.2　常见 BCD 码

十进制整数	8421 码	2421 码	余 3 码
0	0000	0000	0011
1	0001	0001	0100
2	0010	0010	0101
3	0011	0011	0110
4	0100	0100	0111
5	0101	1011	1000
6	0110	1100	1001
7	0111	1101	1010
8	1000	1110	1011
9	1001	1111	1100

2. 格雷码

格雷码（Gray Code）的特点是：相邻两个代码之间仅有 1 位不同，其余各位均相同。计数电路按格雷码计数时，每次状态更新仅有 1 位代码变化，减少了出错的可能性。格雷码属于无权码。它有多种代码形式，其中最常用的一种是循环码。表 1.3 给出了 4 位循环码的编码表。

在循环码中，不仅相邻两个代码只有 1 位不同，而且首、尾（0 和 15）两个代码仅有 1 位不同，构成一个"循环"，故称为循环码。此外，这种代码具有"反射性"，即以中间为对称的两个代码（如 0 和 15、1 和 14、……、7 和 8）也只有 1 位不同，所以又称之为反射码。

表 1.3　4 位循环码编码表

十进制数	循环码	十进制数	循环码
0	0000	8	1100
1	0001	9	1101
2	0011	10	1111
3	0010	11	1110
4	0110	12	1010
5	0111	13	1011
6	0101	14	1001
7	0100	15	1000

3. 格雷码与二进制码之间经常相互转换

格雷码与二进制码之间经常相互转换，具体方法如下所述。

1）二进制码到格雷码的转换

①格雷码的最高位（最左边）与二进制码的最高位相同；②从左到右，逐一将二进制码的两个相邻位相加，作为格雷码的下一位（舍去进位）；③格雷码和二进制码的位数始终相同。把二进制码 1001 转换成格雷码的过程如图 1.6 所示。

2）格雷码到二进制码的转换

①二进制码的最高位（最左边）与格雷码的最高位相同；②将产生的每个二进制码位加上下一个相邻位置的格雷码位，作为二进制码的下一位（舍去进位）。把格雷码 0111 转换成二进制码的过程如图 1.7 所示。

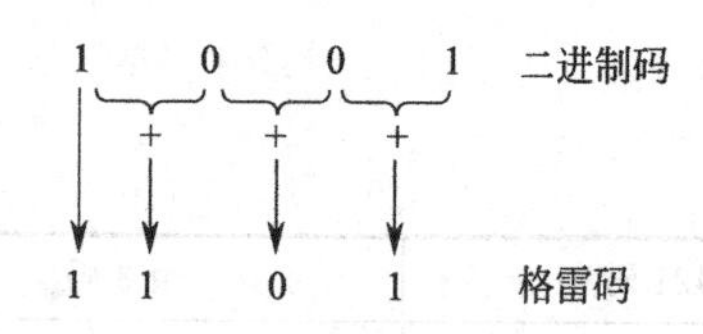

图 1.6　二进制码到格雷码的转换

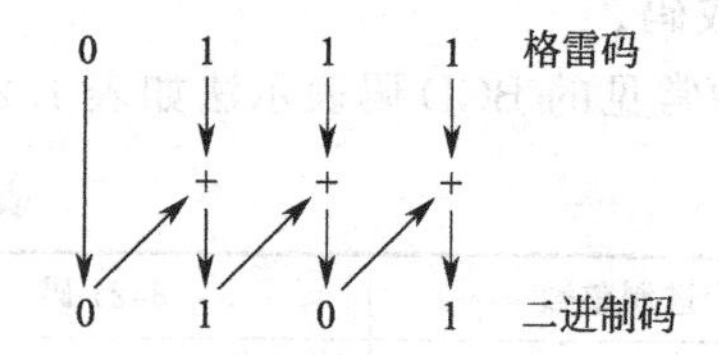

图 1.7　格雷码到二进制码的转换

4. 字母数字码（ASCII 码）

利用计算机输入或输出信息时，不仅要处理数字，还必须处理常用的各类字母和符号。名字、地址和对象等描述性信息必须以可读格式输入和输出，而数字系统仅能处理“1”和“0”信号，因此需要使用特定的代码表示所有的字母数字型数据（字母、符号和数字）。

目前，绝大多数行业选择美国信息交换标准码（ASCII）作为输入/输出（I/O）码。ASCII 码使用 7 位二进制数来表示所有用于计算机输入/输出的字母数字型数据。7 位二进制数可以产生 128 个不同的代码组合，如表 1.4 所示。

表 1.4　美国信息交换标准码（ASCII 码）表

MSB / LSB	000	001	010	011	100	101	110	111
0000	NUL	DLE	SP	0	@	P	、	p
0001	SOH	DC_1	!	1	A	Q	a	q
0010	STX	DC_2	”	2	B	R	b	r
0011	ETX	DC_3	#	3	C	S	c	s
0100	EOT	DC_4	$	4	D	T	d	t
0101	ENQ	NAK	%	5	E	U	e	u

续表

LSB \ MSB	000	001	010	011	100	101	110	111
0110	ACK	SYN	&	6	F	V	f	v
0111	BEL	ETB	′	7	G	W	g	w
1000	BS	CAN	(	8	H	X	h	x
1001	HT	EM	)	9	I	Y	i	y
1010	LF	SUB	*	:	J	Z	j	z
1011	VT	ESC	+	;	K	[	k	{
1100	FF	FS	,	<	L	\	l	|
1101	CR	GS	−	=	M	]	m	}
1110	SO	RS	.	>	N	↑	n	~
1111	SI	US	/	?	O	—	o	DEL

每次在 ASCII 键盘按下任何一个键，都将转换为对应的 ASCII 码，送至计算机处理。同样地，计算机内容输出到显示终端或打印机之前，发布的信息必须以 ASCII 码的形式转换为标准英文。

为了利用表，将在最低有效位的 4 位划为一组，把最高有效位的 3 位划为另一组。例如，100 0111 是 G 的 ASCII 码。

缩写控制字符的定义如下：

NUL—空格；SOH—报头；STX—文本开头；ETX—文本结束；EOT—传输终端；ENQ—调查；ACK—确认；BEL—响铃；BS—退格；HT—水平跳位；LF—换行；VT—纵向跳位；FF—换页；CR—回车；SO—移出；SI—移位；DLE—数据连接失败；DC_1～DC_4—直接控制；NAK—反向确认；SYN—同步空转；ETB—字块传输结束；CAN—取消；EM—中断；SUB—替代；SUB—替代；ESC—跳出；FS—分隔符；GS—分隔符组合；RS—记录符；US—单位符；SP—空格；DEL—删除。

思考题

1. BCD 码与二进制数有什么不同？
2. 将 $(947)_{10}$ 转换为 BCD 码，将 $(1000\ 0110\ 0111)_{BCD}$ 转换为十进制数。

1.3 逻辑代数的基本运算

在客观世界中，事物的发展变化通常是有一定因果关系的。例如，电灯的亮、灭决定于电源是否接通，如果接通了，电灯就会亮，否则就灭。电源接通与否是因，电灯亮不亮是果。这种因果关系，一般称为逻辑关系，反映和处理这种关系的数学工具，就是逻辑代数。

逻辑代数，是英国数学家 George Boole 在 19 世纪中叶创立的，所以也叫布尔代数。直到 20 世纪 30 年代，美国人 Claude E. Shannon 在开关电路中才发现了它的用途，并且很快就使布尔代数成为分析和设计开关电路的重要数学工具，因此又常称之为开关代数。

和普通代数相比，在逻辑代数中，虽然也用英文字母表示变量，但情况要简单得多。在二值逻辑中，变量取值不是 1 就是 0，没有第三种可能；而且这里的 0 和 1 并不表示数值的大小，它们代表的是两种不同的逻辑状态。例如，用 1 和 0 分别表示一件事的是与非、真与假，电压的高与低，电流的有与无，一个开关的开通与关断，一盏电灯的亮与灭等。当逻辑电路中的高电平用逻辑 1 表示，低电平用逻辑 0 表示时，称之为正逻辑；反之，称为负逻辑。在逻辑代数中，有些公式和定理与普通代数并无区别，有些则完全不同。

逻辑代数基本运算有与、或、非 3 种。下面结合指示灯控制电路的实例分别讨论。

1.3.1 与运算（逻辑与）

与运算（逻辑与）是当决定事物结果的全部条件同时具备时，结果才发生。这种因果关系叫做逻辑与，也叫与逻辑关系。

1. 实验观察

图 1.8 所示为指示灯由两个开关串联控制的电路。

按图 1.8 所示连接电路，当 A 和 B 两个开关工作在不同状态（接通或断开）时，观察指示灯是否亮（利用多媒体上课时，建议用软件仿真演示）。

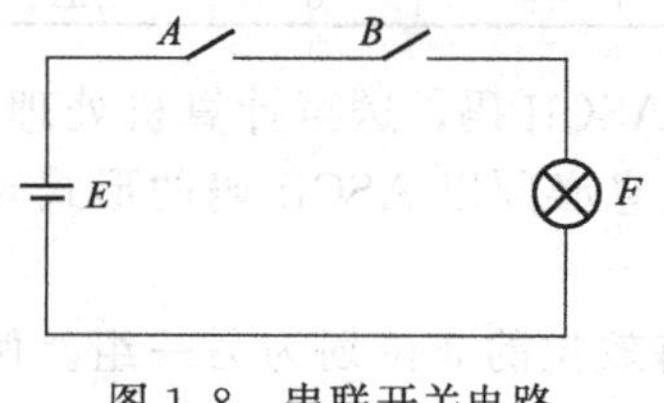

图 1.8　串联开关电路

2. 知识探索

由图 1.8 可以看出，只有 A 和 B 两个开关全部接通时，指示灯 F 才会亮；如果有一个开关断开，或两个开关均断开，指示灯 F 不会亮。这种因果关系叫做与逻辑，与逻辑关系表示为

$$F=A\cdot B \tag{1.6}$$

若两个开关用 A、B 表示，并用 1 表示开关闭合，用 0 表示开关断开；指示灯用 F 表示，并用 1 表示灯亮，用 0 表示不亮，列出用 0、1 表示的与逻辑关系图表，如表 1.5 所示。这种图表叫做逻辑真值表，简称真值表。

在数字电路系统中，实现与运算的电路为与门，其电路符号如图 1.9 所示。

表 1.5　与逻辑真值表

A	B	F
0	0	0
0	1	0
1	0	0
1	1	1

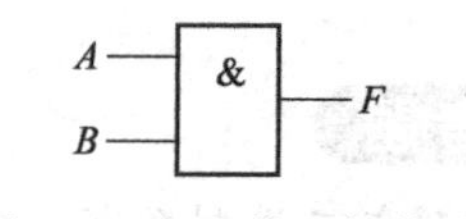

图 1.9　与运算逻辑符号

归纳

（1）与运算逻辑规律为“有 0 出 0，全 1 出 1”。

（2）与运算的运算法则为 $0\cdot0=0$，$1\cdot0=0$，$0\cdot1=0$，$1\cdot1=1$。

1.3.2 或运算（逻辑或）

或运算（逻辑或）是指决定事物结果的诸条件中只要有任何一个满足，结果就会发生。这种因果关系叫做逻辑或，也叫或逻辑关系。

1. 实验观察

图 1.10 所示为指示灯由两个开关并联控制的电路。

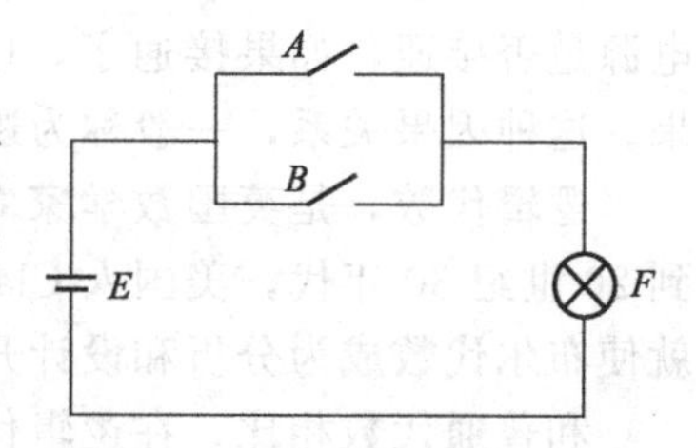

图 1.10　并联开关电路

按图 1.10 所示连接电路，当 A 和 B 两个开关工作在不同状态（接通或断开）时，观察指示灯是否亮（利用多媒体上课时，建议用软件仿真演示）。

2. 知识探索

显而易见，只要任何一个开关（A 或 B）闭合，指示灯 F 就会亮；如果两个开关均断

开，指示灯 F 不会亮。这种因果关系叫做或逻辑，或逻辑关系表示为

$$F=A+B \tag{1.7}$$

按照前述假设，或逻辑关系的真值表如表 1.6 所示。

在数字电路系统中，实现或运算的电路为或门，其电路符号如图 1. 11 所示。

表 1.6　或逻辑真值表

A	B	F
0	0	0
0	1	1
1	0	1
1	1	1

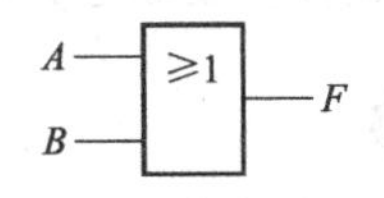

图 1.11　或运算逻辑符号

归纳

(1) 或运算逻辑规律为“有 1 出 1，全 0 出 0”。

(2) 或运算的运算法则为 0+0=0，1+0=1，0+1=1，1+1=1。

1.3.3　非运算（逻辑非）

非运算（逻辑非）是指只要条件具备了，结果便不会发生；而条件不具备时，结果一定发生。这种因果关系叫做逻辑非，也叫非逻辑关系。

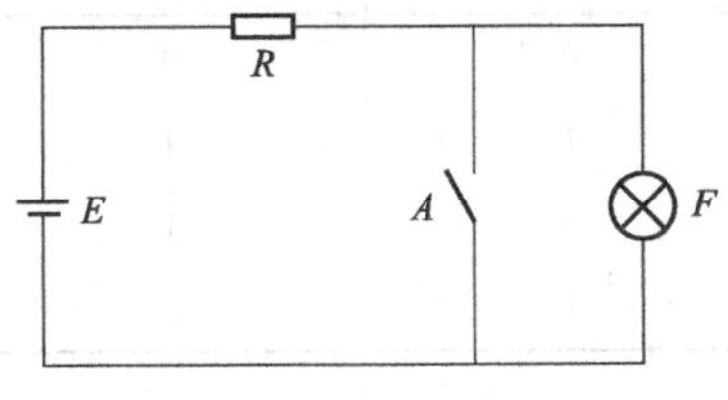

图 1.12　开关与灯并联电路

1. 实验观察

按图 1.12 所示连接电路，当开关 A 工作在不同状态（接通或断开）时，观察指示灯是否亮（利用多媒体上课时，建议用软件仿真演示）。

2. 知识探索

由图 1.12 所示电路可知，当开关 A 接通时，指示灯 F 不亮；而当开关 A 断开时，指示灯 F 亮。这种因果关系叫做逻辑非，非逻辑关系表示为

$$F=\overline{A} \tag{1.8}$$

同理，非逻辑关系的真值表如表 1.7 所示。

表 1.7　非逻辑真值表

A	F
0	1
1	0

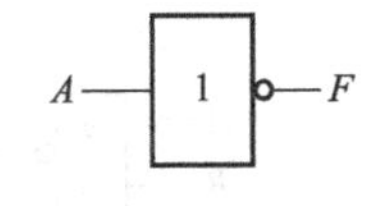

图 1.13　非运算逻辑符号

归纳

(1) 非运算逻辑规律为“进 1 出 0，进 0 出 1”。

(2) 非运算的运算法则为 $\overline{0}=1$，$\overline{1}=0$ 。

在数字电路系统中，实现非运算的电路为非门（也叫反相器），其电路符号如图 1.13 所示。

提示

实际的逻辑问题往往比与、或、非复杂得多，不过它们都可以用与、或、非的组合来实

现。最常见的复合逻辑运算有与非、或非、与或非、异或、同或等。表1.8～表1.12给出了这些复合逻辑运算的真值表。图1.14给出了实现这些复合逻辑运算的复合门电路的逻辑符号。

由表1.8可见，A、B先进行与运算，然后将结果求反，最后得到的即A、B的与非运算结果。因此，可以把与非运算看作是与运算和非运算的组合。图1.14中所示图形符号的小圆圈表示非运算。或非运算可以看作是或运算和非运算的组合。

归纳

（1）与非运算逻辑规律为“有0出1，全1出0”。

（2）或非运算逻辑规律为“有1出0，全0出1”。

表1.8　与非逻辑的真值表

A	B	F
0	0	1
0	1	1
1	0	1
1	1	0

表1.9　或非逻辑的真值表

A	B	F
0	0	1
0	1	0
1	0	0
1	1	0

表1.10　与或非逻辑的真值表

A	B	C	D	F
0	0	0	0	1
0	0	0	1	1
0	0	1	0	1
0	0	1	1	0
0	1	0	0	1
0	1	0	1	1
0	1	1	0	1
0	1	1	1	0
1	0	0	0	1
1	0	0	1	1
1	0	1	0	1
1	0	1	1	0
1	1	0	0	0
1	1	0	1	0
1	1	1	0	0
1	1	1	1	0

表1.11　异或逻辑的真值表

A	B	F
0	0	0
0	1	1
1	0	1
1	1	0

表1.12　同或逻辑的真值表

A	B	F
0	0	1
0	1	0
1	0	0
1	1	1

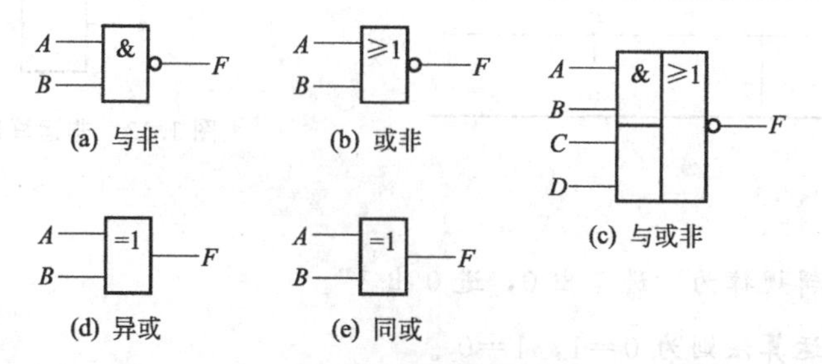

图1.14　复合运算逻辑符号

在与或非逻辑中，A、B之间以及C、D之间都是与的关系，只要A、B或C、D任何一组同时为1，输出F就是0。只有当每一组输入都不全是1时，输出F才是1。

异或是这样一种逻辑关系：当A、B不同时，输出F为1；而A、B相同时，输出F

为 0。异或也可以用与、或、非的组合表示：

$$A\oplus B=A\cdot\overline{B}+\overline{A}\cdot B \tag{1.9}$$

同或和异或相反，即当 A、B 相同时，F 等于 1；A、B 不同时，F 等于 0。同或也可以写成与、或、非的组合形式：

$$A\odot B=A\cdot B+\overline{A}\cdot\overline{B} \tag{1.10}$$

而且，由表 1.10 和表 1.11 可见，异或和同或互为反运算，即

$$A\odot B=\overline{A\oplus B}\ \text{或}\ AB+\overline{A}\overline{B}=\overline{\overline{A}B+A\overline{B}} \tag{1.11}$$

式(1.11) 表明，两个变量的异或的非等于这两个变量的同或；同样可以证明，3 个变量的异或等于这 3 个变量的同或。

为简化书写，允许将 $A\cdot B$ 简写成 AB，略去逻辑相与的运算符号“·”。

1.4　逻辑代数的基本定律及规则

逻辑代数作为一种代数，有自己的特点和运算规则。下面介绍逻辑代数的基本定律、规则和公式。

1.4.1　基本定律

表 1.13 给出了逻辑代数的基本定律。这些定律的正确性可以用真值表证明。如果等式成立，将任何一组变量的值代入，等式两边所得结果应该相等。由于真值表是所有变量取值的组合，因此等式两边的真值表相等，便说明等式两边相等。

表 1.13　逻辑代数的基本定律

名　称	表　达　式	
0-1 律	$A\cdot 0=0$　　$A+1=1$	
自等律	$A\cdot 1=A$　　$A+0=A$	
重叠律	$A\cdot A=A$　　$A+A=A$	
互补律	$A\cdot\overline{A}=0$　　$A+\overline{A}=1$	
交换律	$A\cdot B=B\cdot A$　　$A+B=B+A$	
结合律	$A\cdot(B\cdot C)=(A\cdot B)\cdot C$	$A+(B+C)=(A+B)+C$
分配律	$A\cdot(B+C)=A\cdot B+A\cdot C$	$A+(B\cdot C)=(A+B)\cdot(A+C)$
反演律	$\overline{A\cdot B}=\overline{A}+\overline{B}$　　$\overline{A+B}=\overline{A}\cdot\overline{B}$	
非非律	$\overline{\overline{A}}=A$	

归纳

0-1 律、自等律给出了变量与常量间的运算规律；重叠律是同一变量的运算规律；反演律表示变量与其反变量之间的运算规律，又称摩根（Morgan）定理，在逻辑函数的化简和变换中经常用到这一对公式；非非律表明，一个变量经过两次求反运算之后，还原为其本身，所以又称还原律。

【例 1.15】 用真值表证明表 1.13 中所示分配律的正确性。

解： 由表 1.13 中，得

$$A+BC=(A+B)(A+C)$$

将A、B、C所有可能的取值组合逐一代入上式的两边，算出相应的结果，得到表1.14所示的真值表。可见，等式两边对应的真值表相同，故等式成立。

表1.14 分配律的真值表

A	B	C	$B\cdot C$	$A+B\cdot C$	$A+B$	$A+C$	$(A+B)\cdot(A+C)$
0	0	0	0	0	0	0	0
0	0	1	0	0	0	1	0
0	1	0	0	0	1	0	0
0	1	1	1	1	1	1	1
1	0	0	0	1	1	1	1
1	0	1	0	1	1	1	1
1	1	0	0	1	1	1	1
1	1	1	1	1	1	1	1

1.4.2 常用公式

由逻辑代数的基本定律可推导出一些常用公式，用于简化逻辑函数的表达式。表1.15中列出了几个常用公式。

表1.15 常用公式

序号	公　式	序号	公　式
1	$A+AB=A$	4	$A(A+B)=A$
2	$A+\overline{A}B=A+B$	5	$AB+\overline{A}C+BC=AB+\overline{A}C$
3	$AB+A\overline{B}=A$	6	$A\,\overline{AB}=A\,\overline{B}$；$\overline{A}\,\overline{AB}=\overline{A}$

表1.15中各式证明如下。

公式1　$A+AB=A$

证明：$A+AB=A(1+B)=A1=A$

上式说明，两个乘积项相加时，如果一个乘积项是另外一个乘积项的因子，则另外一个乘积项是多余的，可以消去，因而又叫吸收定理。

公式2　$A+\overline{A}B=A+B$

证明：$A+\overline{A}B=(A+\overline{A})(A+B)=1(A+B)=A+B$

这一结果表明，两个乘积项相加时，如果一项取反后是另一项的因子，则此因子是多余的，可以消去。

公式3　$AB+A\overline{B}=A$

证明：$AB+A\overline{B}=A(B+\overline{B})=A1=A$

这个公式的含义是当两个乘积项相加时，若它们分别包含B和$\overline{B}$两个因子，而其他因子相同，则两项定能合并，且可将B和$\overline{B}$两个因子消去。

公式4　$A(A+B)=A$

证明：$A(A+B)=AA+AB=A+AB=A(1+B)=A1=A$

该式说明，变量A和包含A的和相乘时，其结果等于A，即可以将和项消掉。

公式5　$AB+\overline{A}C+BC=AB+\overline{A}C$

证明：$AB+\overline{A}C+BC=AB+\overline{A}C+BC(A+\overline{A})=AB+\overline{A}C+ABC+\overline{A}BC$

$$=AB(1+C)+\overline{A}C(1+B)=AB+\overline{A}C$$

这个公式说明，若两个乘积项中分别包含 A 和$\overline{A}$两个因子，而这两个乘积项的其余因子组成第三个乘积项，则第三个乘积项是多余的，可以消去。

若第三项中除了前两项的剩余部分外，还含有其他部分，它仍然是多余的。因此，上式可推广到更一般形式：

$$AB+\overline{A}C+BCf(A,B,\cdots)=AB+\overline{A}C$$

公式 6　$A\,\overline{AB}=A\,\overline{B}$；$\overline{A}\,\overline{AB}=\overline{A}$

证明：$A\,\overline{AB}=A(\overline{A}+\overline{B})=A\overline{A}+A\overline{B}=A\overline{B}$

上式说明，当 A 和一个乘积项的非相乘，且 A 为乘积项的因子时，则 A 这个因子可以消去。

$$\overline{A}\,\overline{AB}=\overline{A}(\overline{A}+\overline{B})=\overline{A}\,\overline{A}+\overline{A}\,\overline{B}=\overline{A}(1+\overline{B})=\overline{A}$$

上式表明，当$\overline{A}$和一个乘积项的非相乘，且 A 为乘积项的因子时，其结果就等于$\overline{A}$。

归纳

从以上证明可以看到，这些常用公式都是从基本公式导出的结果。当然，还可以推导出更多的常用公式。

1.4.3　重要规则

逻辑代数有 3 条重要规则，即代入规则、反演规则和对偶规则。这 3 条规则在逻辑运算中十分有用。

1. 代入规则

代入规则是指在任何一个包含变量 A 的逻辑等式中，若以另外一个逻辑式代入式中所有 A 的位置，则等式仍然成立。

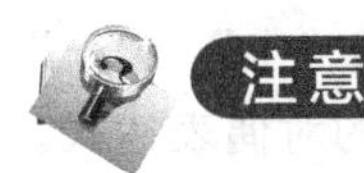

代入规则在推导公式时有重要意义。利用这条规则，可以把表 1.13 中所示基本定律和表 1.15 中所示常用公式推广为多变量的形式。

【例 1.16】　用代入规则证明摩根定理也适用于多变量的情况。

解： 已知二变量的摩根定理为

$$\overline{A+B}=\overline{A}\cdot\overline{B}，\overline{A\cdot B}=\overline{A}+\overline{B}$$

以（$B+C$）代入左边等式中 B 的位置，同时以（$B\cdot C$）代入右边等式中 B 的位置，得到

$$\overline{A+(B+C)}=\overline{A}\cdot\overline{(B+C)}=\overline{A}\cdot\overline{B}\cdot\overline{C}$$

$$\overline{A\cdot(B\cdot C)}=\overline{A}+\overline{(B\cdot C)}=\overline{A}+\overline{B}+\overline{C}$$

归纳

为了简化书写，除了乘法运算的“·”可以省略以外，对一个乘积项或逻辑式求反时，

乘积项或逻辑式外边的括号也可以省略。此外，在对复杂的逻辑式进行运算时，仍需遵守与普通代数一样的运算优先顺序，即先算括号里的内容，其次是与运算，最后是或运算。

2. 反演规则

反演规则是指对于任意一个逻辑函数表达式 F，若将其中所有的“·”变成“+”，“+”变成“·”，0 变成 1，1 变成 0，原变量变成反变量，反变量变成原变量，得到的结果就是逻辑函数 F 的反函数$\overline{F}$。

反演规则为求取已知逻辑函数表达式的反逻辑函数表达式提供了方便。

在使用反演规则时，还需遵守以下两个规则。

(1)“先括号、然后与、最后或”的运算优先次序。

(2) 不属于单个变量上的反号应保留不变。

回顾 1.4.1 小节所述摩根定理可以发现，它只不过是反演规则的一个特例。鉴于此，称之为反演律。

【例 1.17】 已知 $F=A(B+C)+CD$，求$\overline{F}$。

解：根据反演规则，得

$$\overline{F}=(\overline{A}+\overline{B}\,\overline{C})(\overline{C}+\overline{D})=\overline{A}\,\overline{C}+\overline{B}\,\overline{C}+\overline{A}\,\overline{D}+\overline{B}\,\overline{C}\,\overline{D}=\overline{A}\,\overline{C}+\overline{B}\,\overline{C}+\overline{A}\,\overline{D}$$

利用基本定律和常用公式，也能得到相同的结果，但是要麻烦得多。

【例 1.18】 若 $F=\overline{\overline{A\overline{B}+C}+D}+C$，求$\overline{F}$。

解：依据反演规则，可直接得到

$$\overline{F}=\overline{\overline{(\overline{A}+B)\overline{C}}\,\overline{D}}\cdot\overline{C}$$

3. 对偶规则

对偶规则是指对于任何一个逻辑函数表达式 F，若将其中的“·”换成“+”，“+”换成“·”，0 换成 1，1 换成 0，则得到一个新的逻辑表达式 F'，称之为 F 的对偶表达式。或者说，F 和 F'互为对偶式。若两个逻辑表达式相等，则其对偶表达式也相等。

例如，若 $F=A(B+C)$，则 $F'=A+BC$；若 $F=\overline{AB+CD}$，则 $F'=\overline{(A+B)(C+D)}$；若 $F=AB+\overline{C+D}$，则 $F'=(A+B)\overline{CD}$。

为了证明两个逻辑表达式相等，可以通过证明其对偶式相等来完成，因为有些情况下证明对偶式相等更加容易。

【例 1.19】 试证明表 1.13 所示分配律，即 $A+BC=(A+B)(A+C)$。

解：首先写出等式两边的对偶式，得到 $A(B+C)$和 $AB+AC$。

根据乘法分配律可知，这两个对偶式是相等的，即 $A(B+C)=AB+AC$。由对偶规则，可确定原来的两式一定相等，于是分配律得证。

仔细分析表 1.13 能够发现，基本定律（除非非律外）皆互为对偶式。

思考题

1. 利用摩根定理，证明或非运算等效于反相输入与运算。

2. 对偶规则与反演规则有什么不同？

3. 应用何种基本定律来变换下列表达式？

(a) $B+(D+E)=(B+D)+E$　(b) $CAB=BCA$　(c) $(B+C)(A+D)=BA+BD+CA+CD$

4. 利用运算规则变换下列表达式：

(a) $\overline{B}+AB=?$　(b) $B+\overline{B}C=?$

5. 为什么在逻辑表达式的化简中，摩根定理很重要？

1.5 逻辑函数及其表示方法

从 1.4 节介绍的逻辑运算可知，逻辑变量分为两种：输入逻辑变量和输出逻辑变量。描述输入逻辑变量和输出逻辑变量之间因果关系的称为逻辑函数。所以，逻辑函数也可以用逻辑表达式、逻辑真值表、逻辑图、卡诺图和波形图等来表示。

1.5.1 逻辑函数

从上述逻辑关系可以看出，如果以逻辑变量作为输入，以运算结果作为输出，当输入变量的取值确定之后，输出的取值随之确定。因此，输出与输入之间是一种函数关系，称为逻辑函数，写作

$$F=f(A,B,C,\cdots)$$

由于变量和输出（函数）的取值只有 0 和 1 两种，所以都是二值逻辑函数。

任何一个具体的因果关系都可以用一个逻辑函数描述。例如，图 1.15 所示是一个楼道照明电路，可以用一个逻辑函数描述其逻辑功能（建议用软件仿真楼道照明电路）。图中，A 表示楼下开关，B 表示楼上开关。两个开关 A、B 的上点 a、b（以“1”表示）及下点 c、d（以“0”表示）分别用导线连接起来。当 A、B 两个开关都合上或者都扳下时，灯 F 便亮；当一个合上，而另一个扳下时，灯就灭。即 A、B 均为 1 或均为 0 时，F 为 1；其他情况下，F 为 0。灯 F 与开关 A、B 的关系如表 1.16 所示，也可表示成 $F=AB+\overline{A}\,\overline{B}$。式中，当逻辑变量 A、B 的取值确定后，逻辑变量 F 的值就完全确定了，F 是 A、B 的函数。A、B 也叫做输入逻辑变量，F 叫做输出逻辑变量。

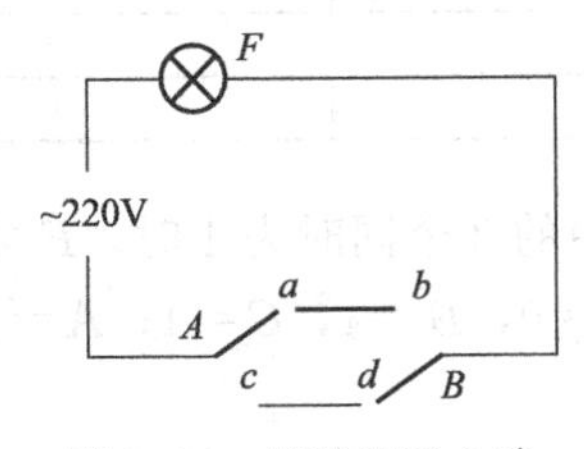

图 1.15　楼道照明电路

表 1.16　图 1.15 所示电路的真值表

输入		输出
A	B	F
0	0	1
0	1	0
1	0	0
1	1	1

1.5.2 逻辑函数的表示方法

常用的逻辑函数表示方法有逻辑真值表、逻辑函数表达式、逻辑图、波形图和卡诺图

等。本节只介绍前3种方法，用卡诺图表示逻辑函数的方法将在1.6节专门介绍。

1. 逻辑函数表达式

把输出与输入之间的逻辑关系写成与、或、非等运算的组合式，即逻辑代数式，就得到所需的逻辑函数表达式。

如图1.15所示电路，得到输出逻辑函数表达式为

$$F=AB+\overline{A}\overline{B} \tag{1.12}$$

2. 逻辑真值表

将输入变量所有取值下对应的输出值找出来，列成表格，即可得到真值表。

仍以图1.15所示电路为例，列出真值表，如表1.16所示。

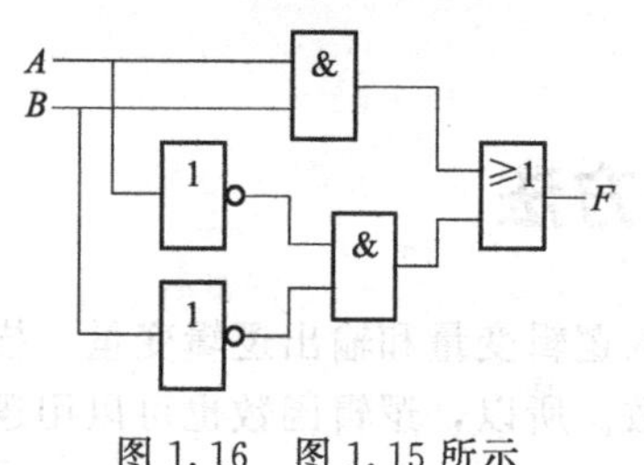

图1.16　图1.15所示电路的逻辑图

3. 逻辑图

将逻辑函数中各变量之间的与、或、非等逻辑关系用图形符号表示出来，可以画出表示函数关系的逻辑图。

为了画出表示图1.15所示电路功能的逻辑图，用逻辑运算的图形符号代替式(1.12)中的代数运算符号，得到如图1.16所示的逻辑图。

4. 各种表示方法间的互相转换

既然同一个逻辑函数可用3种不同的方法描述，那么这3种方法必能互相转换。

经常用到的转换方式有以下几种。

(1) 由真值表写出逻辑函数表达式。

为便于理解转换的原理，先讨论一个具体的例子。

【例1.20】 已知一个奇偶判别函数的真值表如表1.17所示，试写出它的逻辑函数表达式。

表1.17 ［例1.20］的真值表

A	B	C	F
0	0	0	0
0	0	1	0
0	1	0	0
0	1	1	1
1	0	0	0
1	0	1	1
1	1	0	1
1	1	1	0

解： 由真值表可见，只有当3个输入变量A、B、C中的2个同时为1时，F才为1。因此，在输入变量取值为以下3种情况时，F将等于1：$A=0$，$B=1$，$C=1$；$A=1$，$B=0$，$C=1$；$A=1$，$B=1$，$C=0$。

当$A=0$，$B=1$，$C=1$时，必然使乘积项$\overline{A}BC=1$；当$A=1$，$B=0$，$C=1$时，必然使乘积项$A\overline{B}C=1$；当$A=1$，$B=1$，$C=0$时，必然使$AB\overline{C}=1$。因此，F的逻辑函数应当等于这3个乘积项之和，即$F=\overline{A}BC+A\overline{B}C+AB\overline{C}$。

归纳

通过［例 1.20］，总结出由真值表写出逻辑函数表达式的一般方法，如下所述。

① 找出真值表中使逻辑函数 $F=1$ 的那些输入变量取值的组合。

② 每组输入变量取值的组合对应一个乘积项。其中，取值为 1 的写入原变量，取值为 0 的写入反变量。

③ 将这些乘积项相加，即得 F 的逻辑函数表达式。

注意

如写成或与的逻辑函数表达式，则将取真值表中使逻辑函数 $F=0$ 的那些输入变量取值的组合，每组输入变量取值的组合对应一个或项。其中，取值为 1 的写入反变量，取值为 0 的写入原变量，所有或项相与。

(2) 由逻辑函数表达式列出真值表。

将输入变量取值的所有组合状态逐一代入逻辑函数表达式求出函数值，列成表，得到真值表。

【例 1.21】 已知逻辑函数 $F=AB+AC$，求它对应的真值表。

解： 将 A、B、C 的各种取值逐一代入 F 式，将计算结果列表，得到如表 1.18 所示的真值表。初学时为避免差错，可先将 AB、AC 两项算出，然后将 AB 和 AC 相加，求出 F 的值。

表 1.18 ［例 1.21］的真值表

A	B	C	AB	AC	F
0	0	0	0	0	0
0	0	1	0	0	0
0	1	0	0	0	0
0	1	1	0	0	0
1	0	0	0	0	0
1	0	1	0	1	1
1	1	0	1	0	1
1	1	1	1	1	1

(3) 由逻辑函数表达式画出逻辑图。

用图形符号代替逻辑函数表达式中的运算符号，可以画出逻辑图。

【例 1.22】 已知逻辑函数为 $F=\overline{A}B\overline{C}+C$，画出对应的逻辑图。

解： 将函数表达式中所有的与、或、非运算符号用图形符号代替，并依据运算优先顺序把这些图形符号连接起来，得到如图 1.17 所示的逻辑图。

(4) 由逻辑图写出逻辑函数表达式。

从输入端到输出端逐级写出每个图形符号对应的逻辑函数表达式，得到对应的逻辑函数表达式。

【例 1.23】 已知函数的逻辑图如图 1.18 所示，试求其逻辑函数表达式。

解： 从输入端 A、B 开始，逐个写出每个图形符号输出端的逻辑式，得到

$$F=\overline{\overline{A+B}+\overline{\overline{A}+\overline{B}}}$$

将该式变换后，可得

$$F=\overline{\overline{A+B}+\overline{\bar{A}+\bar{B}}}=(A+B)(\bar{A}+\bar{B})=A\bar{B}+\bar{A}B=A\oplus B$$

可见，逻辑图输出 F 和输入 A、B 间是异或逻辑关系。

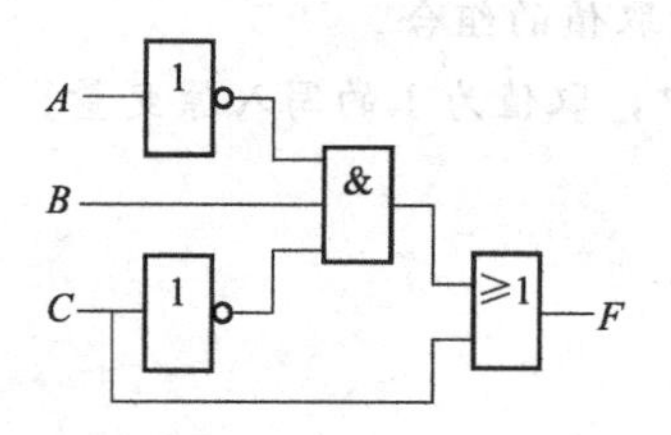

图 1.17 ［例 1.22］的逻辑图

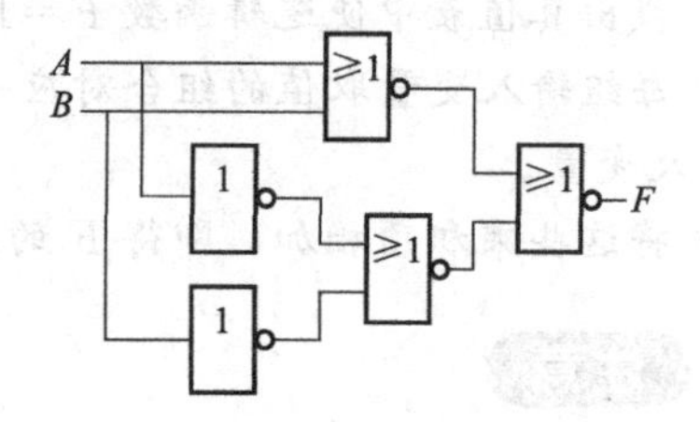

图 1.18 ［例 1.23］的逻辑图

请用 Multisim 软件中的逻辑转换器对［例 1.20］～［例 1.23］进行转换。Multisim 软件见附录中介绍。

1.5.3 逻辑函数的两种标准形式

在讲述逻辑函数的标准形式之前，先介绍最小项和最大项的概念，然后介绍逻辑函数的“最小项之和”及“最大项之积”这两种标准形式。

1. 最小项和最大项

1）最小项

在 n 变量逻辑函数中，若 m 为包含 n 个因子的乘积项，而且这 n 个变量均以原变量或反变量的形式在 m 中出现一次，则称 m 为该组变量的最小项。

例如，A、B、C 3 个变量的最小项有 $\bar{A}\bar{B}\bar{C}$、$\bar{A}\bar{B}C$、$\bar{A}B\bar{C}$、$\bar{A}BC$、$A\bar{B}\bar{C}$、$A\bar{B}C$、$AB\bar{C}$、ABC 共 8 个（即 2^3 个）最小项。n 个变量的最小项应有 2^n 个。

输入变量的每一组取值都使一个对应的最小项的值等于 1。例如，在三变量 A、B、C 的最小项中，当 $A=1$，$B=0$，$C=1$ 时，$A\bar{B}C=1$。如果把取值 101 看作一个二进制数，那么它所表示的十进制数是 5。为了今后使用方便，将 $A\bar{B}C$ 这个最小项记作 m_5。按照这一约定，A、B、C 三变量最小项记作 m_0、m_1、m_2、m_3、m_4、m_5、m_6、m_7，如表 1.19 所示。

表 1.19 三变量最小项的编号表

最小项	使最小项为 1 的变量取值			对应的十进制数	编 号
	A	B	C		
$\bar{A}\bar{B}\bar{C}$	0	0	0	0	m_0
$\bar{A}\bar{B}C$	0	0	1	1	m_1
$\bar{A}B\bar{C}$	0	1	0	2	m_2
$\bar{A}BC$	0	1	1	3	m_3
$A\bar{B}\bar{C}$	1	0	0	4	m_4
$A\bar{B}C$	1	0	1	5	m_5
$AB\bar{C}$	1	1	0	6	m_6
ABC	1	1	1	7	m_7

根据同样的道理，把 A、B、C、D 这 4 个变量的 16 个最小项记作 $m_0 \sim m_{15}$。

归纳

从最小项的定义出发，可以证明它具有如下重要性质。

(1) 在输入变量的任何取值下必有一个最小项，而且仅有一个最小项的值为 1。

(2) 全体最小项之和为 1。

(3) 任意两个最小项的乘积为 0。

(4) n 个变量的最小项有 n 个相邻最小项。

若两个最小项只有一个因子不同，则称这两个最小项具有相邻性（称为逻辑相邻）。

例如，$\overline{A}B\overline{C}$和 $AB\overline{C}$两个最小项仅第一个因子不同，所以它们具有相邻性。这两个最小项相加时，定能合并成一项，并将一对不同的因子消去，即

$$\overline{A}B\overline{C}+AB\overline{C}=(\overline{A}+A)B\overline{C}=B\overline{C}$$

2）最大项

在 n 个变量的逻辑函数中，若 M 为 n 个变量之和，而且这 n 个变量均以原变量或反变量的形式在 M 中出现一次，则称 M 为该组变量的最大项。

例如，3 个变量 A、B、C 的最大项有（$\overline{A}+\overline{B}+\overline{C}$）、（$\overline{A}+\overline{B}+C$）、（$\overline{A}+B+\overline{C}$）、（$\overline{A}+B+C$）、（$A+\overline{B}+\overline{C}$）、（$A+\overline{B}+C$）、（$A+B+\overline{C}$）、（$A+B+C$），共 8 个（即 2^3 个）最大项。对于 n 个变量，则有 2^n 个最大项。可见，n 个变量的最大项数目和最小项数目是相等的。

输入变量的每一组取值都使一个对应的最大项的值为 0。例如，在三变量 A、B、C 的最大项中，当 $A=1$，$B=0$，$C=1$ 时，（$\overline{A}+B+\overline{C}$）$=0$。若将使最大项为 0 的 A、B、C 取值视为一个二进制数，并以其对应的十进制数给最大项编号，则（$\overline{A}+B+\overline{C}$）记作 M_5。由此得到 A、B、C 三变量最大项，记作为 M_0、M_1、M_2、M_3、M_4、M_5、M_6、M_7。三变量最大项编号如表 1.20 所示。

表 1.20 三变量最大项的编号表

最大项	使最大项为 0 的变量取值			对应的十进制数	编 号
	A	B	C		
$A+B+C$	0	0	0	0	M_0
$A+B+\overline{C}$	0	0	1	1	M_1
$A+\overline{B}+C$	0	1	0	2	M_2
$A+\overline{B}+\overline{C}$	0	1	1	3	M_3
$\overline{A}+B+C$	1	0	0	4	M_4
$\overline{A}+B+\overline{C}$	1	0	1	5	M_5
$\overline{A}+\overline{B}+\overline{C}$	1	1	0	6	M_6
$\overline{A}+\overline{B}+\overline{C}$	1	1	1	7	M_7

根据同样的道理，把 A、B、C、D 这 4 个变量的 16 个最大项记作 $M_0 \sim M_{15}$。

归纳

根据最大项的定义，同样可以得到其主要性质，如下所述。

(1) 在输入变量的任何取值下必有一个最大项，而且只有一个最大项的值为 0。

(2) 全体最大项之积为 0。

（3）任意两个最大项之和为 1。

（4）n 个变量的最大项有 n 个相邻最大项。

对比最大项和最小项可以发现，它们之间存在如下关系：

$$M_i = \overline{m}_i \tag{1.13}$$

例如，$m_0=\overline{A}\overline{B}\overline{C}$，则$\overline{m}_0=\overline{\overline{A}\cdot\overline{B}\cdot\overline{C}}=A+B+C=M_0$。

2. 逻辑函数的最小项之和标准形式

利用基本公式 $A+\overline{A}=1$，可以把任何一个逻辑函数化为最小项之和的标准形式。这种标准形式在逻辑函数化简以及计算机辅助分析和设计中应用广泛。

例如，给定逻辑函数 $F=AB+BC+CA$，可化为

$$
\begin{aligned}
F &= AB(C+\overline{C})+BC(A+\overline{A})+CA(B+\overline{B})=ABC+AB\overline{C}+ABC+\overline{A}BC+ABC+A\overline{B}C \\
&= ABC+AB\overline{C}+\overline{A}BC+A\overline{B}C \\
&= m_3+m_5+m_6+m_7 \\
&= \sum m(3,5,6,7)
\end{aligned}
$$

也可以简写成$\sum m_i(i=3,5,6,7)$ 或$\sum m(3,5,6,7)$ 的形式。

【例 1.24】 将逻辑函数 $F=A\overline{B}\overline{C}D+\overline{A}CD+AC$ 展开为最小项之和的形式。

解：

$$
\begin{aligned}
F &= A\overline{B}\overline{C}D+\overline{A}(B+\overline{B})CD+A(B+\overline{B})C \\
&= A\overline{B}\overline{C}D+\overline{A}BCD+\overline{A}\overline{B}CD+ABC+A\overline{B}C \\
&= A\overline{B}\overline{C}D+\overline{A}BCD+\overline{A}\overline{B}CD+ABC(D+\overline{D})+A\overline{B}C(D+\overline{D}) \\
&= A\overline{B}\overline{C}D+\overline{A}BCD+\overline{A}\overline{B}CD+ABCD+ABC\overline{D}+A\overline{B}C\overline{D}+A\overline{B}CD \\
&= \sum m(3,7,9,10,11,14,15)
\end{aligned}
$$

3. 逻辑函数的最大项之积标准形式

可以证明，任何一个逻辑函数都可以化成最大项之积的标准形式。

上面已经证明，任何一个逻辑函数皆可化为最小项之和的标准形式。同时，从最小项的性质可知，全部最小项之和为 1。由此可知，若给定逻辑函数 $F=\sum m_i$，则$\sum m_i$ 以外的那些最小项之和必为$\overline{F}$，即

$$\overline{F}=\sum_{k\neq i} m_k \tag{1.14}$$

得到

$$F=\overline{\sum_{k\neq i} m_k} \tag{1.15}$$

利用反演定理，将上式变换为最大项乘积的形式：

$$F=\prod_{k\neq i}\overline{m}_k=\prod_{k\neq i} M_k \tag{1.16}$$

这就是说，如果已知逻辑函数为 $F=\sum m_i$，定能将 F 化成编号为 i 以外的那些最大项的乘积。

【例 1.25】 试将逻辑函数 $F=AB+BC+CA$ 化成最大项之积的标准形式。

解： 如前所述，其最小项之和形式为

$$F=\sum m(3,5,6,7)$$

根据式(1.15)，可得

$$F=\prod_{k\neq i}M_k=M_0\cdot M_1\cdot M_2\cdot M_4=(A+B+C)(A+B+\overline{C})(A+\overline{B}+C)(\overline{A}+B+C)$$

思考题

1. 什么是逻辑函数？什么是逻辑变量？逻辑变量的定义域是多少？
2. 逻辑函数有几种表示方法？如何转换？
3. 逻辑函数的标准表达式有几种？什么是最小项和最大项？它们有什么性质？

1.6　逻辑函数的化简

对于一个逻辑函数来说，如果其逻辑表达式比较简单，那么实现这个逻辑表达式所需的元器件较少，电路的可靠性也比较高。所以，在逻辑电路设计中，如何化简表达式是十分重要的。

1.6.1　逻辑函数的最简表达式

一个逻辑函数的最简表达式，常按照式中变量之间的运算关系，分为最简与或式、最简或与式、最简与非与非式、最简或非或非式、最简与或非式等5种。其中，前2种用得最多。

1. 最简与或式

最简与或式是指其乘积项的个数最少，每项乘积项中相乘的变量个数也最少的与或表达式。

【例1.26】 将 $F=AB+\overline{A}C+BC+BCD$ 化为最简与或式。

解： $F=AB+\overline{A}C+BC+BCD=AB+\overline{A}C+BC=AB+\overline{A}C$

2. 最简或与式

最简或与式是指：括号个数最少，每个括号中相加的变量个数也最少的或与表达式。写最简或与式的方法如下所述。

(1) 方法1：在反函数最简与或表达式的基础上取反，再用摩根定理去掉反号，可得到函数的最简或与表达式。当然，在反函数的最简与或表达式的基础上，也可用反演规则直接写出函数的最简或与表达式。

【例1.27】 写出函数 $F=AB+\overline{A}C$ 的最简或与式。

解： $\overline{F}=\overline{A}\,\overline{C}+A\overline{B}$

$$F=\overline{\overline{F}}=\overline{\overline{A}\,\overline{C}+A\,\overline{B}}=\overline{\overline{A}\cdot\overline{C}A\overline{B}}=(A+C)(\overline{A}+B)$$

(2) 方法2：直接运用基本定律及常用公式，求最简或与表达式。

【例1.28】 写出函数 $F=(A+B)(A+\overline{B})(B+C)(A+C+D)$ 的最简或与表达式。

解： $F=(A+B)(A+\overline{B})(B+C)(A+C+D)=(A+B)(A+\overline{B})(B+C)=A(B+C)$

有时也可采用两次对偶的方法。第一步：先求 F 的对偶式 F'，对 F' 化简；第二步：再对 F' 求对偶，得到原函数 F 的最简或与表达式。

在上例中，有

$$F'=AB+A\overline{B}+BC+ACD=A(B+\overline{B}+CD)+BC=A+BC$$

$$F=(F')'=A(B+C)$$

1.6.2 逻辑函数的公式法化简

公式化简法的原理是反复使用逻辑代数的基本定律和常用公式，消去函数式中多余的乘积项和多余的因子，求得函数的最简表达式。

公式化简法没有固定的步骤，常用的方法归纳如下。

1. 并项法

利用$AB+A\overline{B}=A$，可以将两项合并为一项，并消去B和$\overline{B}$这一对因子。而且，根据代入规则可知，A和B都可以是任何复杂的逻辑式。

【例 1.29】 试用并项法化简下列逻辑函数：

$$F_1=A\overline{\overline{B}CD}+A\overline{B}CD$$

$$F_2=A\overline{B}+ACD+\overline{A}\overline{B}+\overline{A}CD$$

$$F_3=B\overline{C}D+BC\overline{D}+B\overline{C}\overline{D}+BCD$$

解： $F_1=A(\overline{\overline{B}CD}+\overline{B}CD)=A$

$F_2=A(\overline{B}+CD)+\overline{A}(\overline{B}+CD)=\overline{B}+CD$

$F_3=B(\overline{C}D+C\overline{D})+B(\overline{C}\overline{D}+CD)=B(C\oplus D)+B\overline{C\oplus D}=B$

2. 吸收法

利用$A+AB=A$，可将AB项吸收；或利用$AB+\overline{A}C+BC=AB+\overline{A}C$。$A$、$B$、$C$同样也可以是任何一个复杂的逻辑式。

【例 1.30】 试用吸收法化简下列逻辑函数：

$$F_1=\overline{AB}+\overline{A}D+\overline{B}E$$

$$F_2=\overline{AB}+\overline{A}CD+\overline{B}CD$$

$$F_3=AC+\overline{C}D+ADE+ADG$$

解： $F_1=\overline{A}+\overline{B}+\overline{A}D+\overline{B}E=\overline{A}+\overline{B}$

$F_2=\overline{AB}+(\overline{A}+\overline{B})CD=\overline{AB}+\overline{AB}CD=\overline{A}+\overline{B}$

$F_3=AC+\overline{C}D+AD(E+G)=AC+\overline{C}D$

3. 消去法

利用$A+\overline{A}B=A+B$，可将$\overline{A}B$中的A消去。A、B均可以是任何复杂的逻辑式。

【例 1.31】 试利用消去法化简下列逻辑函数：

$$F_1=\overline{B}+ABC$$

$$F_2=AB+\overline{A}C+\overline{B}C$$

解： $F_1=\overline{B}+AC$

$F_2=AB+(\overline{A}+\overline{B})C=AB+\overline{AB}C=AB+C$

4. 配项法

（1）根据 $A+A=A$，可以在逻辑函数式中重复写入某一项，有时能获得更加简单的化简结果。

【例 1.32】 试化简逻辑函数 $F=\bar{A}B\bar{C}+\bar{A}BC+ABC$。

解： 若在式中重复写入 $\bar{A}BC$，可得

$$F=(\bar{A}B\bar{C}+\bar{A}BC)+(\bar{A}BC+ABC)=\bar{A}B(\bar{C}+C)+BC(\bar{A}+A)=\bar{A}B+BC$$

（2）根据 $A+\bar{A}=1$，可以在函数式中的某一项上乘以（$A+\bar{A}$），然后拆成两项，分别与其他项合并，有时能得到更加简单的化简结果。

【例 1.33】 试化简逻辑函数 $F=A\bar{B}+\bar{A}B+B\bar{C}+\bar{B}C$。

解： 利用配项法，将 F 写成：

$$\begin{aligned}F&=A\bar{B}+\bar{A}B(\bar{C}+C)+B\bar{C}+(\bar{A}+A)\bar{B}C\\&=A\bar{B}+\bar{A}BC+\bar{A}B\bar{C}+B\bar{C}+\bar{A}\bar{B}C+A\bar{B}C\\&=(A\bar{B}+A\bar{B}C)+(\bar{A}B\bar{C}+B\bar{C})+(\bar{A}\bar{B}C+\bar{A}BC)\\&=A\bar{B}+B\bar{C}+\bar{A}C\end{aligned}$$

在化简复杂的逻辑函数时，往往需要灵活、交替地综合运用上述方法，得到最后的化简结果。

【例 1.34】 化简逻辑函数 $F=A\bar{B}+B\bar{C}+\bar{B}C+\bar{A}B$。

解：

$$\begin{aligned}F&=A\bar{B}+B\bar{C}+\bar{B}C+\bar{A}B\\&=A\bar{B}+B\bar{C}+\bar{B}C+\bar{A}B+A\bar{C}&&\text{（先增加冗余项 }A\bar{C}\text{）}\\&=A\bar{B}+\bar{B}C+\bar{A}B+A\bar{C}&&\text{（消去冗余项 }B\bar{C}\text{）}\\&=\bar{B}C+\bar{A}B+A\bar{C}&&\text{（消去冗余项 }A\bar{B}\text{）}\end{aligned}$$

或

$$\begin{aligned}F&=A\bar{B}+B\bar{C}+\bar{B}C+\bar{A}B+\bar{A}C&&\text{（先增加冗余项 }\bar{A}C\text{）}\\&=A\bar{B}+B\bar{C}+\bar{A}B+\bar{A}C&&\text{（消去冗余项 }\bar{B}C\text{）}\\&=A\bar{B}+B\bar{C}+\bar{A}C&&\text{（消去冗余项 }\bar{A}B\text{）}\end{aligned}$$

由上例可知，逻辑函数的化简结果不是唯一的。

请用 Multisim 软件对［例 1.29］～［例 1.34］进行化简。

1.6.3 逻辑函数的卡诺图化简法

1. 逻辑函数的卡诺图表示法

1）表示最小项的卡诺图

将 n 个变量的全部最小项各用一个小方格表示，并使具有逻辑相邻性的最小项在几何位置上也相邻地排列起来，所得到的图形叫做 n 个变量最小项的卡诺图。因为这种表示方法是由美国工程师卡诺（Karnaugh）首先提出的，所以把这种图形叫做卡诺图。

图 1.19 中画出了二～五变量最小项的卡诺图。

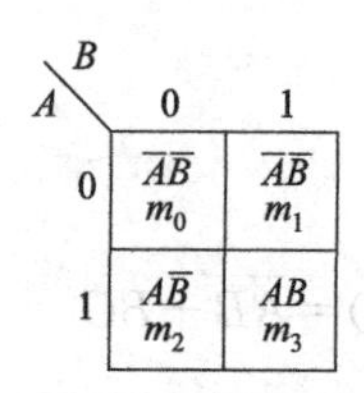

A \ B	0	1
0	$\overline{A}\overline{B}$ m_0	$\overline{A}B$ m_1
1	$A\overline{B}$ m_2	AB m_3

(a) 两变量(A、B)最小项的卡诺图

A \ BC	00	01	11	10
0	m_0	m_1	m_3	m_2
1	m_4	m_5	m_7	m_6

(b) 三变量(A、B、C)最小项的卡诺图

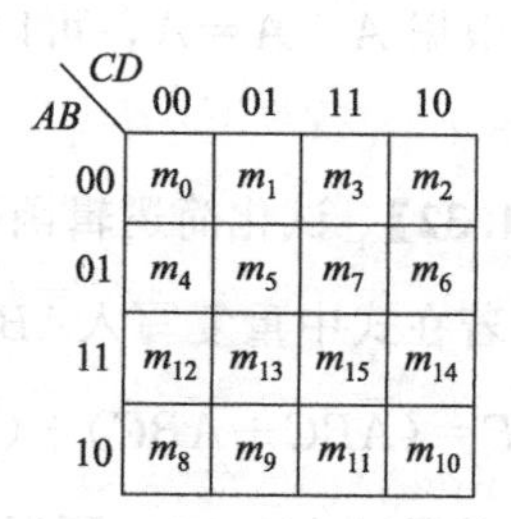

AB \ CD	00	01	11	10
00	m_0	m_1	m_3	m_2
01	m_4	m_5	m_7	m_6
11	m_{12}	m_{13}	m_{15}	m_{14}
10	m_8	m_9	m_{11}	m_{10}

(c) 四变量(A、B、C、D)最小项的卡诺图

AB \ CDE	000	001	011	010	110	111	101	100
00	m_0	m_1	m_3	m_2	m_6	m_7	m_4	m_5
01	m_8	m_9	m_{11}	m_{10}	m_{14}	m_{15}	m_{13}	m_{12}
11	m_{24}	m_{25}	m_{27}	m_{26}	m_{30}	m_{31}	m_{29}	m_{28}
10	m_{16}	m_{17}	m_{19}	m_{18}	m_{22}	m_{23}	m_{21}	m_{20}

(d) 五变量(A、B、C、D、E)最小项的卡诺图

图 1.19　二～五变量最小项的卡诺图

图形两侧标注的 0 和 1 表示使对应小方格内的最小项为 1 的变量取值。同时，这些 0 和 1 组成的二进制数对应的十进制数大小是对应的最小项的编号。

为了保证图中几何位置相邻的最小项在逻辑上也具有相邻性，这些数码不能按自然二进制数从小到大的顺序排列，而必须按图中所示的方式排列，以确保相邻的两个最小项仅有一个变量是不同的。

从图 1.19 所示的卡诺图还可以看到，处在任何一行或一列两端的最小项仅有一个变量不同，所以它们具有逻辑相邻性。因此，从几何位置上，应当把卡诺图看成是上下、左右闭合的图形。

在变量数大于等于 5 以后，仅仅用几何图形在两维空间的相邻性来表示逻辑相邻性是不够的。例如，在图 1.19(d) 所示的五变量最小项的卡诺图中，除了几何位置相邻的最小项具有逻辑相邻性以外，以图中双竖线为轴，左右对称位置上的两个最小项也具有逻辑相邻性。

2）用卡诺图表示逻辑函数

既然任何一个逻辑函数都能表示为若干最小项之和的形式，自然可以设法用卡诺图来表示任意一个逻辑函数。具体方法是：首先把逻辑函数化为最小项之和的形式，然后在卡诺图上，在与这些最小项对应的位置填入 1，在其余的位置填入 0，得到表示该逻辑函数的卡诺图。也就是说，任何逻辑函数都等于其卡诺图中填入 1 的那些最小项之和。

【例 1.35】 用卡诺图表示逻辑函数 $F=\overline{A}\,\overline{B}\,\overline{C}D+ACD+A\overline{B}$。

解： 首先，将 F 化为最小项之和的形式：

$$\begin{aligned}F&=\overline{A}\,\overline{B}\,\overline{C}D+A(B+\overline{B})CD+A\overline{B}(C+\overline{C})(D+\overline{D})\\&=\overline{A}\,\overline{B}\,\overline{C}D+ABCD+A\overline{B}CD+A\overline{B}C\overline{D}+A\overline{B}\,\overline{C}D+A\overline{B}\,\overline{C}\,\overline{D}\\&=m_1+m_8+m_9+m_{10}+m_{11}+m_{15}\end{aligned}$$

画出四变量最小项的卡诺图，在对应于函数式中各最小项的位置填入 1，在其余位置填入 0，得到如图 1.20 所示 F 的卡诺图。

【例 1.36】 已知逻辑函数的卡诺图如图 1.21 所示，试写出该函数的逻辑式。

AB \ CD	00	01	11	10
00	0	1	0	0
01	0	0	0	0
11	0	0	1	0
10	1	1	1	1

图 1.20 ［例 1.35］的卡诺图

A \ BC	00	01	11	10
0	0	1	0	1
1	1	0	1	0

图 1.21 ［例 1.36］的卡诺图

解： 因为 F 等于卡诺图中填入 1 的那些最小项之和，所以有

$$F=A\overline{B}\overline{C}+\overline{A}\overline{B}C+ABC+\overline{A}B\overline{C}$$

2. 用卡诺图化简逻辑函数

利用卡诺图化简逻辑函数的方法称为卡诺图化简法或图形化简法。化简时依据的基本原理就是具有相邻性的最小项可以合并，以消去不同的因子。由于在卡诺图上几何位置相邻与逻辑上的相邻性是一致的，因而从卡诺图能直观地找出那些具有相邻性的最小项，并将其合并化简。

1）合并最小项的规则

（1）若 2 个最小项相邻，则可合并为一项，并消去一个变量。合并后的结果中只剩下公共变量。

在图 1.22 中画出了两个最小项相邻的几种可能情况。

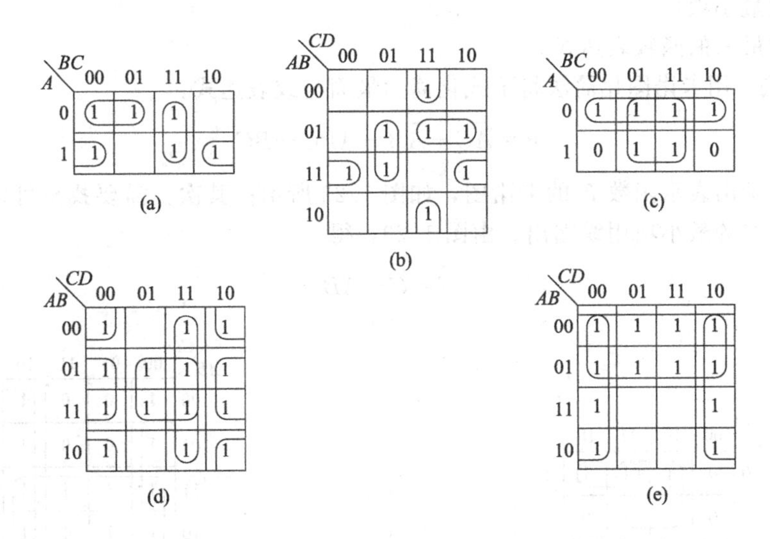

图 1.22 最小项相邻的几种情况

例如图 1.22(a) 中，$\overline{A}BC(m_3)$ 和 $ABC(m_7)$ 相邻，故可合并为 $\overline{A}BC+ABC=(\overline{A}+A)BC=BC$。合并后，将 A 和 $\overline{A}$ 这对因子消掉，只剩下公共因子 B 和 C。

（2）若 4 个最小项相邻并排列成 1 个矩形组，则可合并为 1 项，并消去 2 个变量。

例如在图 1.22(d) 中，$\overline{A}B\overline{C}D(m_5)$、$\overline{A}BCD(m_7)$、$AB\overline{C}D(m_{13})$ 和 $ABCD(m_{15})$ 相邻，故可合并。合并后，得到：

$$\begin{aligned}&\overline{A}B\overline{C}D+\overline{A}BCD+AB\overline{C}D+ABCD\\&=\overline{A}BD(\overline{C}+C)+ABD(\overline{C}+C)\\&=BD(A+\overline{A})\\&=BD\end{aligned}$$

可见，合并后，消去了 A、$\overline{A}$ 和 C、$\overline{C}$ 2 对因子，只剩下 4 个最小项的公共因子 B 和 D。

（3）若 8 个最小项相邻并且排列成 1 个矩形组，则可合并为 1 项，并消去 3 个变量。

例如在图 1.22(e) 中，上边 2 行的 8 个最小项是相邻的，可将它们合并为 1 项 $\overline{A}$。其他的因子都被消掉。

至此，归纳出合并最小项的一般规则：如果有 2^n 个最小项相邻（$n=1,2,\cdots$）并排列成一个矩形组，则它们可以合并为一项，并消去 n 对因子。合并后的结果中仅包含这些最小项的公共因子。

2）卡诺图化简法的步骤

用卡诺图化简逻辑函数时，按如下步骤操作：

（1）将函数化为最小项之和的形式。

（2）画出表示该逻辑函数的卡诺图。

（3）找出可以合并的最小项。

（4）选取化简后的乘积项。选取的原则是：这些乘积项应包含函数式中所有的最小项（应覆盖卡诺图中所有的 1）；所用的乘积项数目最少（也就是说，可合并的最小项组成的矩形组数目最少）；每个乘积项包含的因子最少（也就是说，每个可合并的最小项矩形组中应包含尽量多的最小项）。

（5）写出最简的函数表达式。

【例 1.37】 用卡诺图化简法将下式化简为最简与或表达式：

$$F=\overline{A}C+\overline{A}B+A\overline{B}C+BC$$

解： 首先画出表示函数 F 的卡诺图，如图 1.23 所示；其次，需要找出可以合并的最小项。将可能合并的最小项用线圈出。由图 1.23，得

$$F=C+\overline{A}B$$

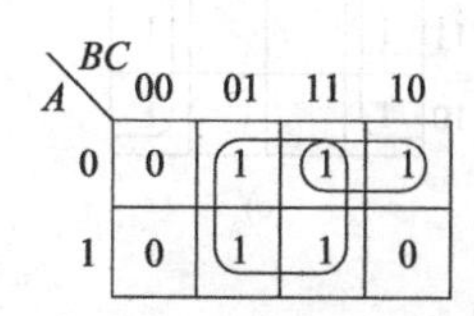

图 1.23 ［例 1.37］的卡诺图

AB \ CD	00	01	11	10
00	1	0	0	1
01	1	0	0	1
11	1	1	1	1
10	1	1	1	1

图 1.24 ［例 1.38］的卡诺图

【例 1.38】 用卡诺图化简法，将下式化为最简与或表达式：

$$F=ABC+ABD+A\overline{C}D+\overline{C}\,\overline{D}+A\overline{B}C+\overline{A}C\overline{D}$$

解：首先画出 F 的卡诺图，如图 1.24 所示；然后，把可能合并的最小项圈出，并按照上述原则选择化简与或式中的乘积项。

由图 1.24 可见，应将图中下边两行的 8 个最小项合并，同时将左、右两列最小项合并，于是得到

$$F=A+\overline{D}$$

从图 1.24 中可以看到，A 和$\overline{D}$中重复包含 m_8、m_{10}、m_{12} 和 m_{14} 这 4 个最小项。但据 $A+A=A$ 可知，在合并最小项的过程中允许重复使用函数式中的最小项，以便于得到更简单的化简结果。

另外，补充说明一个问题。在以上两个例子中，都是通过合并卡诺图中的 1 来求得化简结果。有时可以通过合并卡诺图中的 0，先求出$\overline{F}$的化简结果，再将$\overline{F}$求反，得到 F。

这种方法依据的原理如式(1.14) 说明。因为全部最小项之和为 1，所以若将全部最小项之和分成两部分，一部分（卡诺图中填入 1 的那些最小项）之和记作 F，则由 $F+\overline{F}=1$ 可知，其余一部分（卡诺图中填入 0 的那些最小项）之和必为$\overline{F}$。

在多变量逻辑函数的卡诺图中，当 0 的数目远小于 1 的数目时，采用合并 0 的方法有时比合并 1 简单。例如，在图 1.24 所示的卡诺图中，如果将 0 合并，可立即写出

$$\overline{F}=\overline{A}D,\ F=\overline{\overline{F}}=\overline{\overline{A}D}=A+\overline{D}$$

与合并 1 得到的化简结果一致。

此外，在需要将函数化为最简的与或非式时，采用合并 0 的方式最适宜，因为得到的结果正是与或非形式。如果要求得到$\overline{F}$的化简结果，采用合并 0 的方式更简便。

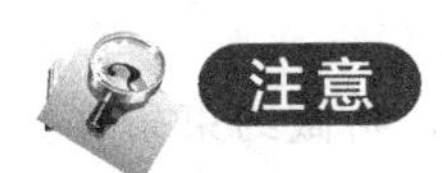

利用逻辑函数的卡诺图合并最小项，求函数的最简与或表达式时，应注意下面几个问题。

(1) 圈越大越好。合并最小项时，圈的最小项越多，消去的变量越多，得到的由这些最小项的公因子构成的乘积项越简单。

(2) 每一个圈至少应包含一个新的最小项。合并时，任何一个最小项都可以重复使用，但是每一个圈至少应包含一个新的最小项（未被其他圈圈过的最小项），否则它就是多余项。

(3) 必须把组成函数的全部最小项圈完。每一个圈中最小项的公因子构成了一个乘积项。一般地说，把这些乘积项加起来，就是该函数的最简与或表达式。

(4) 有时需要比较、检查，才能写出最简与或表达式。在有些情况下，最小项的圈法不止一种，因而得到的各个乘积项组成的与或表达式各不相同，虽然它们都包含函数的全部最小项，但是谁是最简的，常常要经过比较、检查才能确定；而且，有时候会出现表达式都同样是最简式的情况。

在合并最小项时，有两种情况容易被疏忽。一是卡诺图中 4 个角上的最小项是可以合并的；二是一开始就画大圈，然后画小圈，圈完后不做最后检查，以便挑出不包含任何新的最小项的圈（该圈包含的最小项已全被其他圈包含）并划掉，因此写出的与或表达式不是最简的。

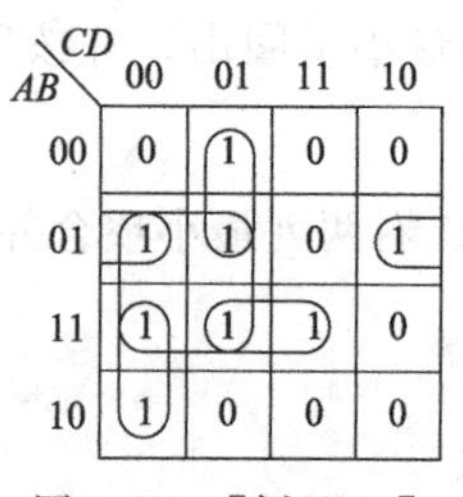

图 1.25 ［例 1.39］的卡诺图

【例 1.39】 利用图形法化简函数：

$$F=\sum m(1,4,5,6,8,12,13,15)$$

解： ① 画出 F 的卡诺图，如图 1.25 所示。

② 合并最小项包含 m_4、m_5、m_{12}、m_{13} 的圈虽然是最大的，但它是多余的，因为 m_4、m_5、m_{12}、m_{13} 已全被其他 4 个圈圈过了。

③ 写出最简与或表达式：

$$F=\overline{A}\overline{C}D+\overline{A}B\overline{D}+A\overline{C}\overline{D}+ABD$$

1.6.4 具有无关项的逻辑函数及其化简

1. 约束概念和约束条件

在分析某些具体的逻辑函数时，经常会遇到这样一种情况，即输入变量的取值不是任意的。对输入变量取值所加的限制称为约束。同时，把这一组变量称为具有约束的一组变量。不会出现的变量取值所对应的最小项叫做约束项。

例如，有三个逻辑变量 A、B、C，它们分别表示一台电动机的正转、反转和停止命令。$A=1$，表示正转；$B=1$ 表示反转；$C=1$，表示停止。因为电动机在任何时候只能执行其中的一条命令，所以不允许两个以上的变量同时为 1。A、B、C 的取值只可能是 001、010、100 当中的某一种，不能是 000、011、101、110、111 中的任何一种。因此，A、B、C 是一组具有约束的变量。由有约束的变量决定的逻辑函数，叫做有约束的逻辑函数。

由于每一组输入变量的取值都使一个，而且仅有一个最小项的值为 1，所以当限制某些输入变量的取值不能出现时，可以用它们对应的最小项恒等于 0 来表示。这样，上述例子中的约束条件表示为：

$$\overline{A}\overline{B}\overline{C}+\overline{A}BC+A\overline{B}C+AB\overline{C}+ABC=0$$

同时，把这些恒等于 0 的约束项加起来所构成的值为 0 的逻辑表达式，叫做约束条件。因为约束项恒为 0，而无论多少个 0，加起来还是 0，所以约束条件是一个值恒为 0 的条件等式。

有时会遇到另外一种情况，就是在输入变量的某些取值下，函数值是 1 还是 0，皆可，并不影响电路的功能。在这些变量取值下，其值等于 1 的那些最小项称为任意项。

在存在约束项的情况下，由于约束项的值始终等于 0，所以既可以把约束项写进逻辑函数式，也可以把约束项从函数式中删掉，而不影响函数值。同样，既可以把任意项写入函数式，也可以不写进去，因为输入变量的取值使这些任意项为 1 时，函数值是 1 还是 0，无所谓。

因此，又把约束项和任意项统称为逻辑函数式中的无关项。这里所说的无关，是指是否把这些最小项写入逻辑函数式无关紧要，可以写入，也可以删除。

如前所述，在用卡诺图表示逻辑函数时，首先将函数化为最小项之和的形式，然后在卡诺图中这些最小项对应的位置填入 1，在其他位置填入 0。既然可以认为无关项包含于函数式中，也可以认为不包含在函数式中，在卡诺图中对应的位置就可以填入 1，也可以填入 0。为此，在卡诺图中用×，d 或 ϕ 表示无关项。在表达式中，常用$\sum d$ 表示无关项最小项组合部分。在化简逻辑函数时，既可以认为它是1，也可以认为它是 0。

2. 具有无关项的逻辑函数的化简

化简具有无关项的逻辑函数时，如果能合理利用这些无关项，一般都可得到更加简单的化简结果。

为达到此目的，加入的无关项应与函数式中尽可能多的最小项（包括原有的最小项和已写入的无关项）具有逻辑相邻性。

合并最小项时，究竟把卡诺图上的×作为 1（即认为函数式中包含了这个最小项），还是作为 0（即认为函数式中不包含这个最小项）对待，应以得到的相邻最小项矩形组合最大，而且矩形组合数目最少为原则。

【例 1.40】 化简具有约束的逻辑函数 $F(A,B,C,D)=\sum m(1,7,8)+\sum d(3,5,9,10,12,14,15)$。

解： 用卡诺图化简，只要将表示 F 的卡诺图画出，就能直观地判断对这些约束项如何取舍。

图 1.26 所示是［例 1.40］中逻辑函数的卡诺图。从图 1.26 中不难看出，为了得到最大的相邻最小项的矩形组合，应取约束项 m_3 和 m_5 为 1，与 m_1 和 m_7 组成一个矩形组。同时，取约束项 m_{10}、m_{12}、m_{14} 为 1，与 m_8 组成一个矩形组。卡诺图中没有被圈进去的约束项（m_9 和 m_{15}）当作 0 对待。将两组相邻的最小项合并后，得到 $F=\overline{A}D+A\overline{D}$。

【例 1.41】 试化简逻辑函数 $F(A,B,C,D)=\sum m(1,5,8,9)$，其中约束条件为 $AB+AC=0$。

解： 画出函数 F 的卡诺图，如图 1.27 所示。

AB \ CD	00	01	11	10
00	0	1	×	0
01	0	×	1	0
11	×	0	×	×
10	1	×	0	×

图 1.26 ［例 1.40］的卡诺图

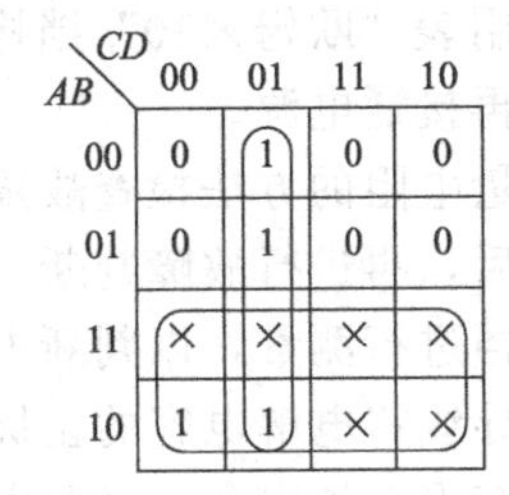

图 1.27 ［例 1.41］的卡诺图

由图 1.27 可见，若认为其中的约束项 m_{10}、m_{11}、m_{12}、m_{13}、m_{14}、m_{15} 为 1，则可将 m_8、m_9、m_{10}、m_{11}、m_{12}、m_{13}、m_{14} 和 m_{15} 合并为 A，将 m_1、m_5、m_{13} 和 m_9 合并为 $\overline{C}D$，于是得到

$$F=A+\overline{C}D$$

思考题

1. 逻辑函数有几种化简方法？各有什么特点？
2. 用卡诺图法进行逻辑函数化简时，应注意什么？无关项如何处理？

1.7 数字系统一般故障的检查和排除

在数字电路实验中，能否迅速而准确地判断和排除故障，在客观上反映了实验者的知识水平和技能水平。在实验中，出现这样或那样的故障是难免的，而对初学者来说，排除故障往往很困难。因此，通过实验逐步学会运用所学知识分析、检查和排除故障的方法显得十分重要。只要掌握了检查和排除故障的基本方法，查寻实验中的故障是不难的。

下面介绍在电路设计和安装接线图正确的前提下，检查实验中的故障的方法。

1.7.1 直观检查法

在数字电路实验中，接错线引起的故障占有很大的比例，有时还会损坏器件。为了避免和减少这方面的故障，应在实验前画出正确的安装接线图。如发现电路故障，应对照安装接线图检查电路接线有无漏线、断线和错线。特别要注意检查电源线和地线的接线是否正确。其次，检查集成器件插的方向（通常将集成芯片的缺口放左边）和外引线与其他电路的连线是否正确，有没有不允许悬空的输入端未接入电路，如 TTL 电路的控制端、CMOS 电路的输入端等。

如在断开电源检查时没有发现问题，应接通电源进行观察，看是否有元器件跳火、冒烟；用手摸一下集成器件和其他元器件，有无异常发热和散发异味的现象，电解电容是否发烫等。如发现不正常现象，应立即切断电源，再进行分析、检查，直到找出故障为止。

1.7.2 测量电阻法

用万用表测量电源输出电压是否符合要求，如为 5V。同时，检查集成电路外引线的电源端和地线端的电压是否符合要求。

如接通电源后，发现电路电源电压没有，说明电路电源端和地线间短路。这时应断开电源，并用万用表“欧姆×10”挡检查电路各个电源端对地的电阻值，待排除电路电源的短路故障后才能再接通电源。

采用测量电阻的方法检查故障时，应断开电源。对连线、电阻、电解电容、二极管、三极管等测量后，再进行故障判断。对于怀疑有问题的导线、电子元器件，应断开一端，再用万用表电阻挡进行测量，以判断电子元器件是否损坏。在检查大容量电容器（如电解电容）时，应先用导线将电解电容的正极和负极短路，泄放掉电容器中存储的电荷后，再用万用表检查电容器有没有被击穿，或漏电是否严重；否则，可能损坏万用表。在对二极管、三极管和电解电容进行检测时，应注意万用表测试表棒的极性，不能接反；电阻挡的选择也要合适，否则，测量的结果可能不正确。

1.7.3 静态测量

使电路处于某一输入状态，根据真值表的要求，测量电路的功能是否正确。如发现问题，必须重复测试，然后使电路固定在某一故障状态下，再用万用表测量电路各器件的输入电压和输出电压之间的逻辑关系是否符合要求，从而确定故障点。

如怀疑集成器件有问题，可用同型号器件替换，并测试电路的功能是否正确。如替换后，工作恢复正常，说明原来的器件有问题。

怀疑某个三极管、电阻、电容等元器件有问题时，可用同型号的元器件替换，以判断元器件是否完好。如替换后，故障消失，恢复正常工作，说明被替换的元器件有问题；如故障仍然存在，说明被替换的元器件没有问题。

应当指出，在替换集成电路和元器件的过程中，应切断电源，严禁带电操作，结束后才能通电检测。

1.7.4 动态测量

在输入端输入周期性信号，然后利用示波器，按信号流向，从输入到输出，逐级检查输入和输出波形是否正常，直到找出故障位置为止。如发现某一级的输出波形不正确或没有输出，则故障就发生在该级或下级电路，这时，将级间连线或耦合电路断开，进行单独测试。如断开后，该级电路工作正常，说明故障出在下级输入电路；如断开后，下级电路工作正常，说明故障出在该级的输出电路。

对于有反馈线的闭合电路，必要时，可断开反馈线，检查各级工作是否正常，再判断故障点；或进行状态预量后，再检查故障。

上面介绍的只是分析和排除故障的一些基本方法，要真正做到能自如地排除故障，还需要认真对待实验，重视实验中的技能训练，认真做好预习工作，掌握理论知识。对于技能训练中出现的故障，要冷静对待，运用所学知识和已有的实践经验，根据故障现象分析、判断，找出故障点。完成实验后，做一些模拟故障试验，进一步积累经验，丰富实践知识，逐步培养解决实际问题的能力。

本章小结

1. 大多数自然量都是模拟量；数字量可以精确地再生，而且存储方便。数字量在自然界中以模拟形式存在，但在用计算机或数字电路处理之前必须转化为数字形式。

2. 数字系统中之所以采用二进制，是由于“1”和“0”很容易通过三极管的“导通”和“截止”来表示。0V 表示“0”，5V 表示“1”。

3. 数制是多位数码中每一位的构成方法以及从低位到高位的进位规则，包括十进制、二进制、八进制和十六进制等。应熟练掌握数制间的相互转换。码制是为了便于记忆和处理，在编制代码时要遵循的规则。应掌握常用的 BCD 码。

4. 在任何数制中，最低位的加权因子都是 1。采用对应数位的数乘以相应加权因子求和的方法，可以将各种数制的数转换为十进制数；利用基数除法或基数乘法，可以将十进制数转换为二进制数、八进制数或十六进制数。二进制数可以通过 3 位组合形式转换为八进制数，也可以通过 4 位组合形式转换为十六进制数。整数部分从最低有效位（LSB）开始组合，将每组数转换为八进制数或十六进制数；小数部分从最高有效位（MSB）开始组合。

5. 逻辑运算中的三种基本运算是与、或和非，与其对应的表示方式是逻辑符号、逻辑表达式和真值表。基本逻辑运算是构成复合逻辑运算的基础。

6. 常用的复合逻辑运算有与非运算、或非运算、与或非、异或及同或运算，其中的与非、或非运算是通用运算。利用这些简单的逻辑关系，可以组成更复杂的逻辑运算。

7. 逻辑代数的基本定律与常用公式是推演、变换和化简逻辑函数的依据，有些与普通代数相同，有些则完全不一样，例如摩根定理、重叠律、非非律等。要特别注意记住这些特殊的公式。

8. 逻辑函数常用的表示方法有真值表、函数表达式、逻辑图和卡诺图等。它们各有特点，但本质相通，可以互相转换。尤其是由真值表到逻辑图和由逻辑图到真值表的转换，直接涉及数字电路的分析与设计，更加重要，一定要掌握。

9. 逻辑函数化简是应该熟练掌握的内容。

本章关键术语

模拟信号　analog signal　用连续变化的物理量表达的信号。

数字信号　digital signal　具有一系列离散值的信号。

逻辑电平　logic level　用一个二进制位表示的电压值。

波形　waveform　电压（或电流）随时间变化的图形。

二进制　binary　一种以 2 为基数的计数系统，包含两个数字 1 和 0。

比特　bit　1 位二进制数。

字节　byte　8 位二进制数构成的一组数据。

八进制　octal　一种以 8 为基数的计数系统，包含 8 个数字（0～7）。

十六进制　hexadecimal　一种以 16 为基数的计数系统，包含 16 个数字（0～9 和 A～F）。

最低有效位　LSB　最低的有效比特位。

最高有效位　MSB　最高的有效比特位。

权值　weight　数中的某一位根据其在该数中的位置而对应的一个值。

二—十进制编码　binary coded decimal　简称 BCD 码，是一种采用 4 位数表示 10 个十进制数字的二进制编码。

ASCII 码　美国信息交换标准码的简称，它是一种表示数字、字符、符号和命令的 7 位编码，常用于计算机的键盘输入编码。

真值表　truth table　列举所有输入组合及对应输出的表。

变量　variable　布尔代数中用字母表示的量，可以取值为 1 或者 0。

摩根定理　Morgan's theorems　关于积与和的互补性的两个布尔定理。

积项和　sum-of-products　布尔表达式的一种标准形式，是两个或多个乘积项的和。

和项积　product-of-sums　布尔表达式的一种标准形式，是两个或多个和项的积。

卡诺图　karnaugh map　一种用于化简布尔表达式的图形工具。它描述了特定数目布尔变量所有乘积项的单元排列。

自我测试题

一、选择题（请将下列题目中的正确答案填入括号）

1. 取值离散的量称为（　　）。

(a) 模拟量　　(b) 二进制量　　(c) 数字量

2. 二进制计数系统包含（　　）。

(a) 一个数码　　(b) 没有数码　　(c) 两个数码

3. 二进制计数系统中的一位称为（　　）。

(a) 字节　　(b) 比特　　(c) 2 的幂

4. 二进制数中的最低有效位（LSB）总是位于（　　）。

(a) 最右端　　(b) 最左端　　(c) 取决于实际的数

5. MSB 的含义是（　　）。

(a) 最大权值　　(b) 主要位　　(c) 最高有效位

6. 要使用 BCD 码表示十进制数，需要（　　）。

(a) 4 位　　(b) 2 位　　(c) 位数取决于数字

7. 下面的（　　）等式应用了交换律。

(a) $AB=BA$　　(b) $A=A+A$　　(c) $A+(B+C)=(A+B)+C$

8. 若逻辑表达式 $F=\overline{A+B}$，则下列表达式中与 F 相同的是（　　）。

(a) $F=\overline{A}\,\overline{B}$　　(b) $F=\overline{AB}$　　(c) $F=\overline{A}+\overline{B}$

9. 若 1 个逻辑函数由 3 个变量组成，则最小项共有（　　）个。

(a) 3　　(b) 4　　(c) 8

10. 下列各式中，哪个是三变量 A、B、C 的最小项？（　　）。

(a) $A+B+C$　　(b) $A+BC$　　(c) ABC

11. 正逻辑是指（　　）。

(a) 高电平用“1”表示，低电平用“0”表示

(b) 高电平用“0”表示，低电平用“1”表示

(c) 高低电平均用“1”或“0”表示

12. 已知函数 $F=A+B$，则其反函数的表达式为（　　）。

(a) $\overline{A}+\overline{B}$　　(b) $\overline{A+B}$　　(c) $\overline{A}\overline{B}$

13. 下列说法，哪一个不是逻辑函数的表示方法？（　　）

(a) 真值表和逻辑表达式　　(b) 卡诺图和逻辑图　　(c) 波形图和状态表

14. 标准的与或表达式是由（　　）构成的逻辑表达式。

(a) 与项相或　　(b) 最小项相或　　(c) 或项相与

15. 在一个逻辑函数中，在任何一组变量取值下，两个不同的最小项的乘积为（　　），全部最小项之和为（　　）。

(a) 0，1　　(b) 1，1　　(c) 1，0

二、判断题（正确的在括号内打√，错误的在括号内打×）

1. 数字波形是由 1 和 0 组成的序列。（　　）

2. 二进制数中的最高（MSB）总是位于最右端。（　　）

3. N 进制计数系统中，最大数码是 N。（　　）

4. 因为逻辑表达式 $A+(A+B)=B+(A+B)$ 是成立的，所以等式两边同时减去 $(A+B)$，得 $A=B$，也是成立的。（　　）

5. 因为逻辑表达式 $A+AB=A$，所以 $B=1$。（　　）

6. 因为逻辑表达式 $A+AB=A$，若两边同时减去 A，得 $AB=0$。（　　）

7. BCD 码是用 4 位二进制数码来表示每 1 位十进制数码的二—十进制编码。（　　）

8. 3 个逻辑变量有 6 个最小项。（　　）

9. 任一个逻辑函数中所有逻辑最大项之和为 1。（　　）

10. 逻辑函数的描述方法有多种，唯独真值表是唯一的。（　　）

三、分析计算题

1. 什么是比特？什么是字节？

2. 能用 10 个比特表示的最大的十进制数为多少？

3. 将下列十进制数转换为相应的二进制数、八进制数和十六进制数：

(1) 56　　(2) 439　　(3) 1281

4. 用代数法化简下列逻辑函数。

(1) $F=A\overline{B}+B+\overline{A}B$

(2) $F=A\overline{B}CD+ABD+A\overline{C}D$

5. 用卡诺图法化简下列逻辑函数。

(1) $F=\overline{A}+ABC+B\overline{C}$

(2) $F=\sum m(2,3,7,8,11,14)+\sum d(0,5,10,15)$

习题

一、选择题（请将下列题目中的正确答案填入括号）

1. 取值连续的量称为（　　）。

(a) 数据量　　(b) 模拟量　　(c) 数字量

2. 二进制整数最右边一位的权值为（　　）。

(a) 0　　(b) 1　　(c) 2

3. 二进制数（　　）。

(a) 只能有4位　　(b) 只能有2位　　(c) 可能有任意位

4. LSB的含义是（　　）。

(a) 最小权值　　(b) 次要位　　(c) 最低有效位

5. 逻辑函数的描述方法有多种，下面（　　）描述是唯一的。

(a) 逻辑函数表达式　　(b) 逻辑图　　(c) 卡诺图

6. BCD码用于表示（　　）。

(a) 二进制数　　(b) 十进制数　　(c) 十六进制数

7. 逻辑函数中的变量可以具有（　　）。

(a) 1个值　　(b) 2个值　　(c) 10个值

8. 一个支部有三位委员，如要召开支部会，必须要这三个委员全部同意，其逻辑关系属于（　　）逻辑。

(a) 与　　(b) 或　　(c) 非

9. 下面（　　）等式应用了结合律。

(a) $A+(B+C)=(A+B)+C$　　(b) $A=A+A$　　(c) $A+B=B+A$

10. 下面（　　）等式应用了分配律。

(a) $A(B+C)=AB+AC$　　(b) $A+AB=A$　　(c) $A(A+1)=A$

二、判断题（正确的在括号内打√，错误的在括号内打×）

1. 1001个“1”连续异或的结果是1。（　　）
2. 逻辑函数F连续取100次对偶，F不变。（　　）
3. 逻辑函数有多种描述方式，唯独真值表是唯一的。（　　）
4. 列逻辑函数真值表时，若变量在表中的位置变化，可列出不同的真值表。（　　）
5. 若两个逻辑函数具有相同的真值表，则两个逻辑函数必然相等。（　　）
6. 异或函数与同或函数在逻辑上互为反函数。（　　）
7. 若两个逻辑函数具有不同的逻辑函数表达式，则两个逻辑函数必然不相等。（　　）
8. 卡诺图化简逻辑函数的本质就是合并相邻最小项。（　　）

三、分析计算题

1. 模拟量可以表示为数字量吗？
2. 什么是数字信号？什么是数字电路？数字电路有什么特点？
3. 什么是二进制数？它有什么特点？数字电路为什么采用二进制计数体制？
4. 什么是BCD码？常见的有哪几种？什么是有权码和无权码？
5. 填空：$(51.25)_D=(\quad)_B=(\quad)_O=(\quad)_H=(\quad)_{8421BCD}$
6. 请将下列各数按从小到大的顺序排列：

(1) $(246)_O$；$(165)_D$；$(10100111)_B$；$(A4)_H$

(2) $(0010\ 01010110)_{8421BCD}$；$(258)_D$；$(100000001)_B$；$(103)_H$

7. 将下列各数转换为十进制数：

$(1011.01)_2$；$(101101)_2$；$(27)_8$；$(5B)_{16}$

8. 将下列十进制数转换为二进制数：

$(13)_{10}$；$(39.375)_{10}$；$(75.5)_{10}$

9. 将下列各数转换为八进制数和十六进制数：

$(10101101)_2$；$(100101011)_2$；$(11100011.011)_2$；$(110.1101)_2$

10. 试用 8421 码和余 3 码分别表示下列各数：

$(78)_{10}$；$(5423)_{10}$；$(760)_{10}$

11. 某制药厂利用计算机来监测 4 个药罐的温度和压力，如图 1.4 所示。若计算机监视系统接收到下列报警码，确定系统存在的问题（H 表示十六进制）。

(a) $0010\ 0001_2$　　(b) $C0_{16}$　　(c) 88H　　(d) 024_8　　(e) 48_{10}

12. 用反演规则求下列函数的反函数。

(1) $F=(A+\overline{B})\overline{C+\overline{D}}$　　(2) $F=A\overline{B+\overline{C}}+\overline{A}D$

13. 写出下列函数表达式的对偶式。

(1) $F=\overline{A+B}+\overline{A}\overline{B}$　　(2) $F=\overline{A+B+\overline{\overline{C}+\overline{DF}}}$　　(3) $F=(\overline{A}+B)(C+DE)+\overline{D}$

14. 分别指出变量 A、B、C 为哪些组合时，下列函数的值为 1?

(1) $F(A,B,C)=AB+BC+\overline{A}C$

(2) $F(A,B,C)\ =\overline{A+B\overline{C}}(A+B)$

15. 列出下列各函数的真值表，并说明 F_1 和 F_2 有何关系。

(1) $F_1=ABC+\overline{A}\overline{B}\overline{C}$，$F_2=\overline{A\overline{B}+B\overline{C}+C\overline{A}}$

(2) $F_1=\overline{B}\overline{D}+\overline{A}\overline{D}+\overline{C}\overline{D}+AC\overline{D}$，$F_2=\overline{B}D+CD+\overline{A}\overline{C}D+ABD$

16. 试写出逻辑函数 $F=AB+\overline{A}C+\overline{B}\overline{C}$ 的两种标准式。

17. 用公式法化简下列函数。

(1) $F(A,B,C)=A\overline{B}C+\overline{A}+B+\overline{C}$

(2) $F(A,B,C,D)=A\overline{B}CD+ABD+A\overline{C}D$

(3) $F=\overline{A}+\overline{B}+\overline{C}+\overline{D}+ABCD$

(4) $F=AB+AD+\overline{B}\overline{D}+A\overline{C}\overline{D}$

(5) $F=\overline{A}\overline{B}+AC+BC+\overline{B}\overline{C}\overline{D}+B\overline{C}E+\overline{B}CF$

(6) $F=A\overline{B}+BD+CDE+\overline{A}D$

18. 用卡诺图法化简下列函数

(1) $F(A,B,C,D)=A\overline{B}C+BC+\overline{A}B\overline{C}D$

(2) $F(A,B,C,D)=\sum m(0,1,2,3,4,6,8,9,10,11,14)$

(3) $F(A,B,C,D)=\sum m(0,2,4,5,7,8)$，约束条件 $AB+AC=0$

(4) $F(A,B,C,D)=A\overline{B}CD+AB\overline{C}D+A\overline{B}+A\overline{D}+A\overline{B}C$

(5) $F(A,B,C,D)=\overline{A}\overline{B}+\overline{A}\overline{C}D+AC+B\overline{C}$

(6) $F(A,B,C,D)=\sum m(2,4,5,6,7,11,12,14,15)$

(7) $F(A,B,C,D)=\sum m(0,1,2,5,8,10,11,12,13,14,15)$

19. 用卡诺图判断函数 $F_1=AB+BC+AC$ 和 $F_2=\overline{A}\overline{B}+\overline{B}\overline{C}+\overline{A}\overline{C}$的关系。

20. 用卡诺图化简下列有约束条件 $AB+AC=0$ 的函数。

(1) $F(A,B,C,D)=\sum m(0,1,3,5,8,9)$　　(2) $F(A,B,C,D)=\sum m(0,2,4,5,7,8)$。

21. 化简下列具有约束项的函数。

(1) $F(A,B,C,D)=\sum m(0,2,7,13,15)+\sum d(1,3,4,5,6,8,10)$

(2) $F(A,B,C,D)=\sum m(2,4,6,7,12,15)+\sum d(0,1,3,8,9,11)$

(3) $F(A,B,C,D)=\sum m(1,2,4,12,14)+\sum d(5,6,7,8,9,10)$

(4) $F(A,B,C,D)=\sum m(0,2,3,4,5,6,11,12)+\sum d(8,9,10,13,14,15)$

第2章 逻辑门电路

学习目标

● **要掌握：** 逻辑电路高、低电平与正、负逻辑状态的关系；与门、或门和非门电路的工作原理；集成逻辑电路主要参数的含义与所表示的性能；逻辑符号与控制端符号上非号、小圆圈的含义，以及门电路上小圆圈符号的含义的区别；三态门使能控制端的作用。

● **会画出：** OC门、传输门、三态门的逻辑符号及逻辑规律；与门、或门、非门、与非门、或非门输入波形对应的输出波形。

● **会处理：** CMOS集成电路存放和焊接的措施；各种门电路多余的输入端；各种门电路系列间的接口；门电路检测。

本章将系统地介绍数字电路的基本逻辑单元——门电路，及其对应的逻辑运算与图形描述符号；并针对实际应用，介绍三态逻辑门和集电极开路输出门；最后简要介绍TTL集成门和CMOS集成门的逻辑功能、外特性和性能参数。

从电路结构上来看，门电路有分立元件门电路和集成门电路两类。从逻辑功能上来看，可以构成与门、或门、与非门、或非门、与或非门、异或门、三态门、OC门和传输门等。

其中，TTL电路具有开关速度较高、抗干扰能力及带负载能力较强的优点，缺点是功耗较大；CMOS电路具有制造工艺简单、功耗小、输入阻抗高、集成度高、电源电压范围宽等优点，主要缺点是工作速度稍低，但随着集成工艺不断改进，CMOS电路的工作速度大幅度提高。

2.1 基本逻辑门

在逻辑代数中，最基本的逻辑运算有与、或、非三种。每种逻辑运算代表一种函数关系。这种函数关系可以用逻辑符号写成逻辑表达式来描述，也可以用文字来描述，还可以用表格或图形的方式来描述。

最基本的逻辑关系有三种：与逻辑关系、或逻辑关系和非逻辑关系。

实现基本逻辑运算和常用复合逻辑运算的单元电路称为逻辑门电路。例如，实现与运算的电路称为与逻辑门，简称与门；实现与非运算的电路称为与非门。逻辑门电路是设计数字系统的最小单元。

2.1.1 与门

与门是数字系统的基本单元之一。与门与其他各种基本的逻辑门结合使用，可以实现任何类型的逻辑函数。与门只有一个输出，但至少有两个输入。

与门是一种数字电路，只有当所有的输入都是逻辑高电平时，其输出才是逻辑高电平。

与门是一种判决电路，当所有指定的条件都满足（即为真）时，结果为真，输出逻辑高电平。用电路实现逻辑关系时，通常是用输入端和输出端对地的高、低电位（或称电平）来表示逻辑状态。

1. 二极管与门电路组成及逻辑符号

电路的输入变量和输出变量之间满足与逻辑关系时，称为与门电路，简称与门。

1）电路组成及逻辑符号

由二极管组成的2输入与门电路如图2.1所示，与门电路的逻辑符号如图2.2所示。

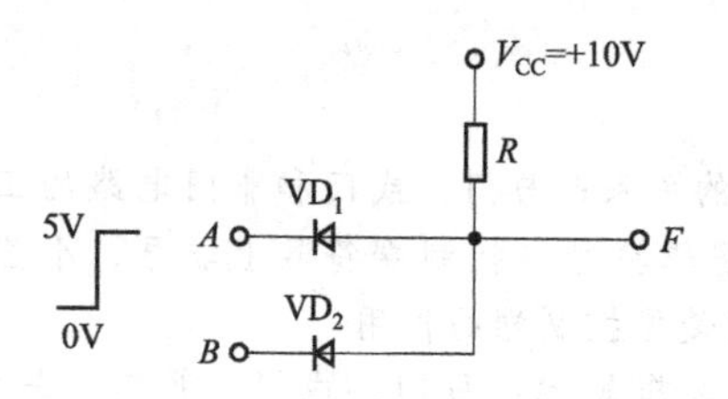

图2.1 二极管与门电路

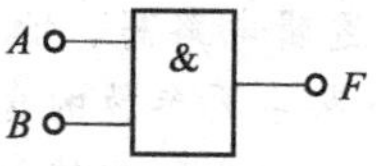

图2.2 与门逻辑符号

2. 二极管与门工作原理

A、B都是高电平，$u_A=u_B=+5V$，二极管VD_1、VD_2都导通。设二极管的正向导通电压降$U_{VD}=0.7V$，则$u_F=u_A+U_{VD}=5.7(V)$，输出高电平。

A、B中一个处在高电平，另一个处在低电平。设$u_A=5V$，$u_B=0$，二极管VD_2优先导通，使F点$u_F=u_B+U_{VD}=0.7(V)$，输出低电平，二极管VD_1截止。同理，$u_A=0$，$u_B=5V$，VD_1优先导通，VD_2截止，也输出低电平。

A、B都是低电平，$u_A=u_B=0$，二极管VD_1、VD_2都导通，则$u_F=u_A+U_{VD}=0.7(V)$，输出低电平。

该电路输入A、B和输出F的电压取值关系如表2.1所示。如果用逻辑1表示高电平（电压值大于3.6V），逻辑0表示低电平（电压值小于1V），其逻辑关系叫做正逻辑；反之，逻辑1表示低电平，逻辑0表示高电平，就是负逻辑。本教材采用正逻辑，于是该电路输入和输出之间的逻辑取值如表2.2所示。与门的逻辑表达式为$F=A\cdot B$。

表2.1 与门电路的电位关系

u_A	u_B	u_F	VD_1	VD_2
0V	0V	0.7V	导通	导通
0V	5V	0.7V	导通	截止
5V	0V	0.7V	截止	导通
5V	5V	5.7V	导通	导通

表2.2 与门的真值表

A	B	F
0	0	0
0	1	0
1	0	0
1	1	1

【例2.1】 向2输入与门输入如图2.3所示的波形，求其输出波形F。

解： 当输入波形A和B同时为高电平时，输出波形F为高电平，如图2.4所示。

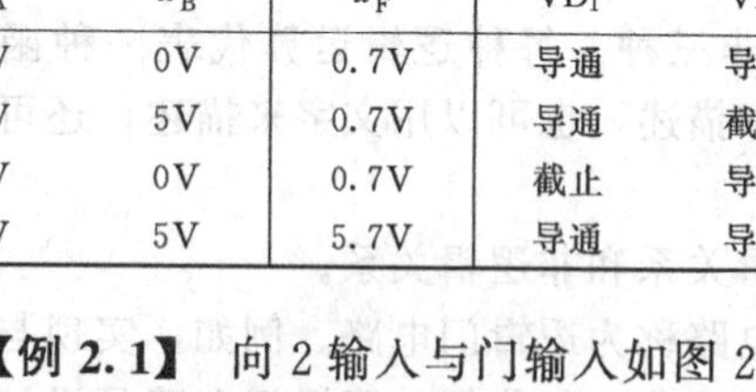

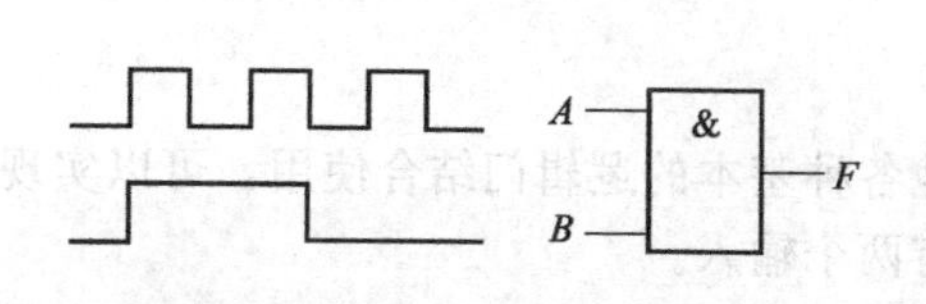

图2.3 ［例2.1］输入波形图

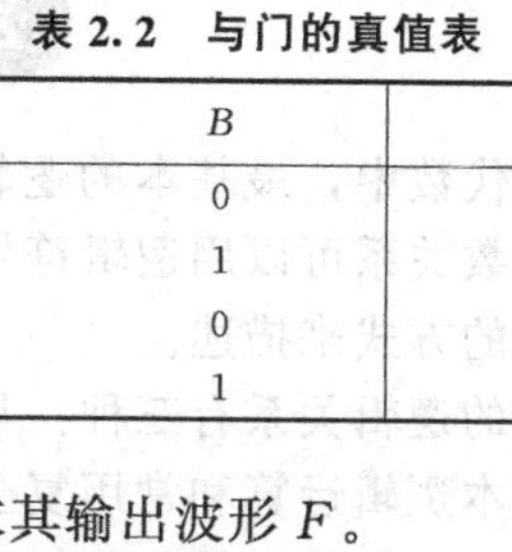

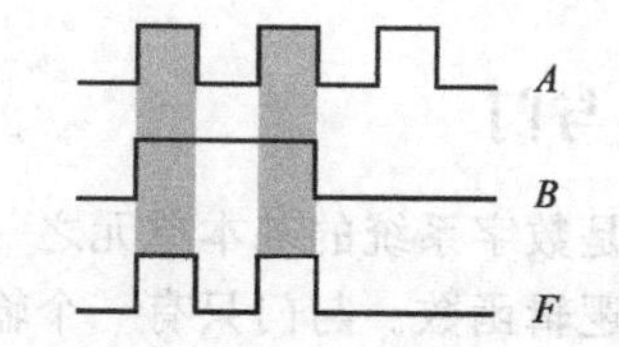

图2.4 ［例2.1］输出波形图

2.1.2　或门

或门也是数字系统的基本单元之一。如果把或门与其他各种基本的逻辑门结合使用，可以实现任何类型的逻辑函数。或门只有一个输出，但至少有两个输入。

或门是一种数字电路，只要有一个或多个输入是逻辑高电平时，其输出就是逻辑高电平。或门也是一种判决电路，当一个或多个输入条件都满足（即为真）时，结果就为真，输出逻辑高电平。

1. 二极管或门电路组成及逻辑符号

电路的输入变量和输出变量之间满足或逻辑关系时称为或门电路，简称或门。

由二极管组成的 2 输入或门电路如图 2.5 所示，或门的逻辑符号如图 2.6 所示。

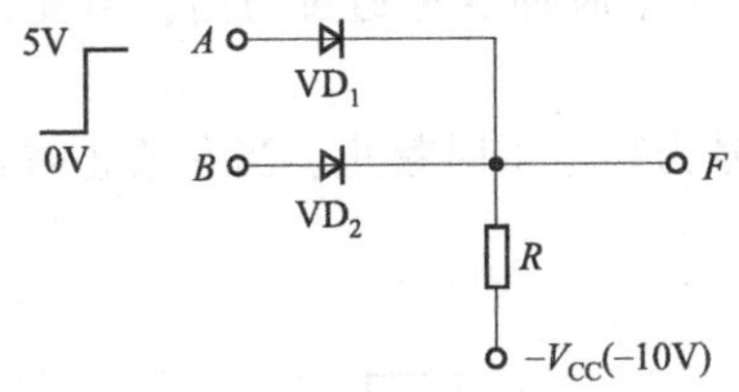

图 2.5　二极管或门电路

图 2.6　或门逻辑符号

2. 工作原理

A、B 都是高电平，$u_A=u_B=5V$，二极管 VD_1、VD_2 都导通。$u_F=u_A-U_{VD}=5-0.7=4.3(V)$，输出高电平。

A、B 中有一个处在高电平，另一个处在低电平，如 $u_A=5V$，$u_B=0$，二极管 VD_1 优先导通，则 $u_F=u_A-U_{VD}=4.3(V)$，输出高电平，二极管 VD_2 截止。同理，$u_A=0$，$u_B=5V$，VD_2 优先导通，VD_1 截止，也输出高电平。

A、B 都是低电平，$u_A=u_B=0$，二极管 VD_1、VD_2 都导通，$u_F=u_A-U_{VD}=-0.7(V)$，输出低电平。

表 2.3 给出了该电路输入 A、B 和输出 F 的电位关系。采用正逻辑，该电路输入和输出之间的逻辑取值如表 2.4 所示。或门的逻辑表达式为 $F=A+B$。

表 2.3　或门电路的电位关系

u_A	u_B	u_F	VD_1	VD_2
0V	0V	−0.7V	截止	截止
0V	5V	4.3V	截止	导通
5V	0V	4.3V	导通	截止
5V	5V	4.3V	导通	导通

表 2.4　或门的真值表

A	B	F
0	0	0
0	1	1
1	0	1
1	1	1

【例 2.2】 向 2 输入或门输入如图 2.7 所示的波形，求其输出波形 F。

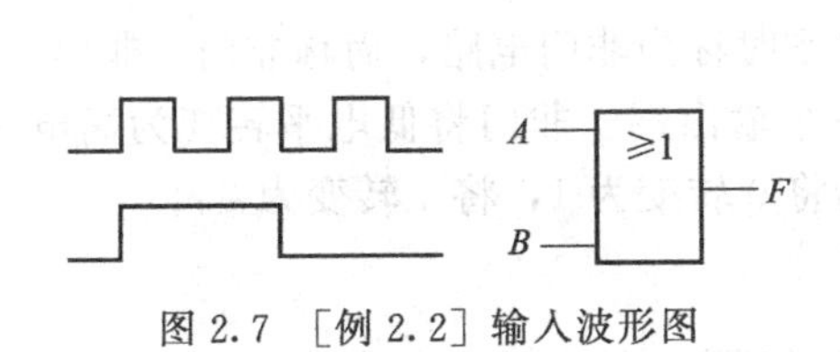

图 2.7 ［例 2.2］输入波形图

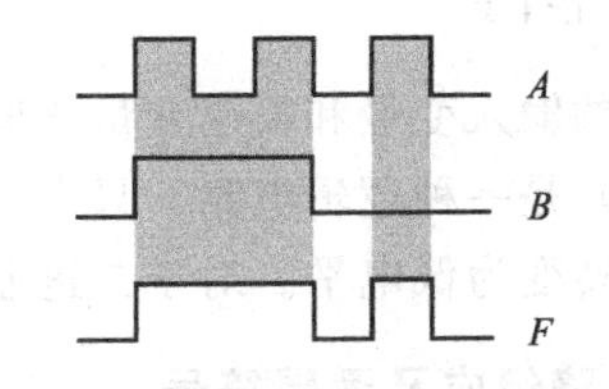

图 2.8 ［例 2.2］输出波形图

解： 当输入波形 A 和 B 之一，或全部为高电平时，输出波形 F 为高电平，如图 2.8 所示。

2.1.3 与门和或门的实际应用

与门和或门可以用于允许或禁止波形由一端传输到另一端。比如，若想使 1kHz 的时钟脉冲振荡器发送 4 个脉冲给某接收设备，需要允许 4 个时钟脉冲发送，并禁止其他脉冲发送。

1kHz 时钟频率的时钟周期为 1ms，因此发送 4 个时钟脉冲，需要提供 4ms 的允许信号。图 2.9 所示为允许通过 4 个时钟脉冲的电路和信号波形，为使时钟脉冲通过与门达到输出 F，与门的第二个输入信号（允许输入信号 X）必须为高电平，否则，与门的输出信号为低电平。因此，当允许信号保持 4 ms 的高电平时，4 个时钟脉冲通过与门。当允许信号变为低电平时，与门禁止任何时钟脉冲到达接收设备。

或门也能用于禁止功能，不同点在于允许输入信号为高电平时禁止。当它禁止时，或门的输出为高电平，如图 2.10 所示。

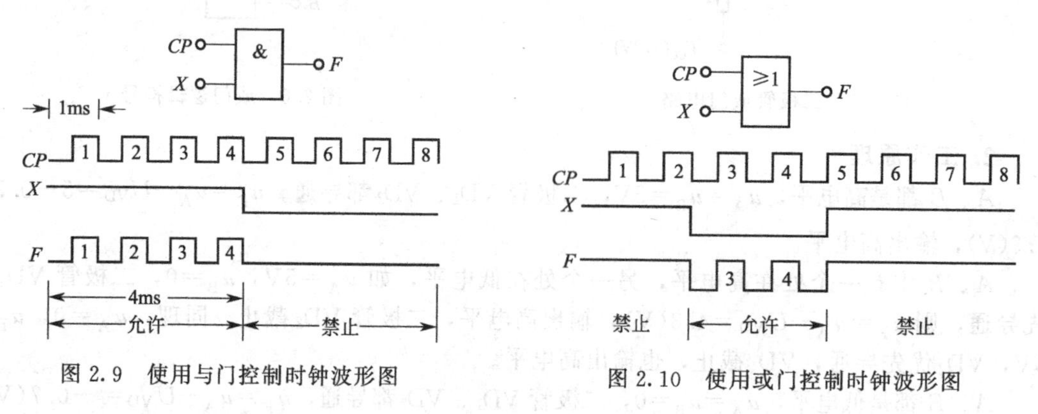

图 2.9 使用与门控制时钟波形图

图 2.10 使用或门控制时钟波形图

请用实验来验证图 2.9 和图 2.10 所示电路的逻辑功能（或用 Multisim 软件仿真）。

思考题

1. 在什么情况下，与门输出逻辑高电平？
2. 4 输入与门有多少种可能的输入状态组合？
3. 如果 2 输入与门的一端输入数字波形，在什么情况下能得到数字波形？
4. 在什么情况下，或门输出逻辑高电平？
5. 对于 3 输入或门，有多少种可能的输入状态组合？
6. 如果向 2 输入或门一端输入数字波形，在什么情况下输出高电平？

2.1.4 非门

电路的输入变量和输出变量之间满足非逻辑关系时称为非门电路，简称非门。非门（亦称反相器）是一种逻辑电路，只有一个输入端和一个输出端。非门将低电平转变为高电平，将高电平转变为低电平。对于二进制数而言，非门将 0 转变为 1，将 1 转变为 0。

1. 电路组成及逻辑符号

图 2.11 所示是用双极型三极管构成的非门（反相器）。该电路有一个输入端，一个输出

端。非门电路的逻辑符号如图 2.12 所示。

2. 工作原理

(1) $u_A=0$ 时，三极管截止，$I_B=0$，$I_C=0$，输出电压 $u_F=V_{CC}=5V$。

(2) $u_A=5V$ 时，三极管饱和导通，输出电压 $u_F=U_{CES}=0.3V$。

表 2.5 给出了非门电路真值表，非门的逻辑表达式为 $F=\overline{A}$。

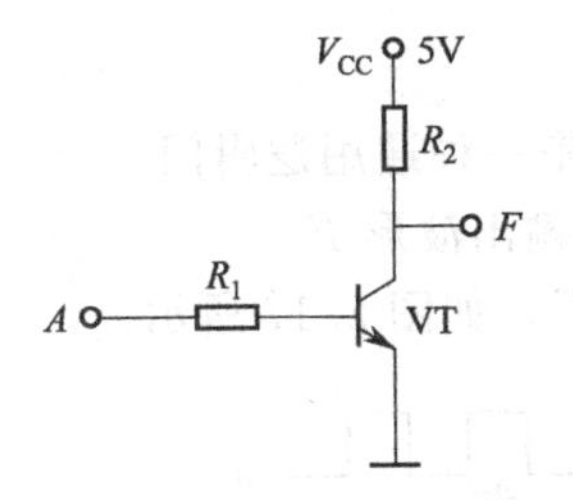

图 2.11　三极管非门电路

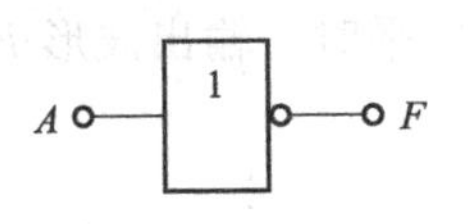

图 2.12　非门逻辑符号

表 2.5　非门真值表

A	F
0	1
1	0

【例 2.3】 向非门输入如图 2.13 所示的波形，求其输出波形 F。

解： 如图 2.13 所示，当输入波形为高电平时，输出为低电平；反之亦然。其输出波形 F 如图 2.14 所示。

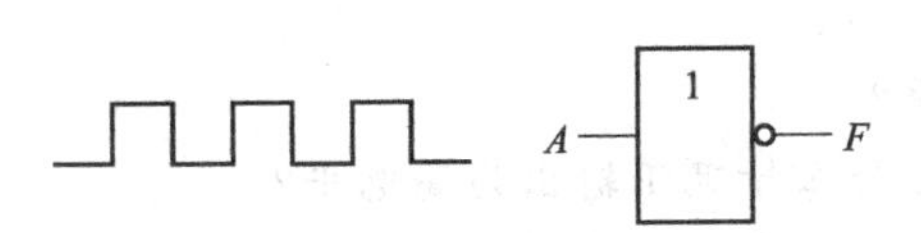

图 2.13　[例 2.3] 输入波形图

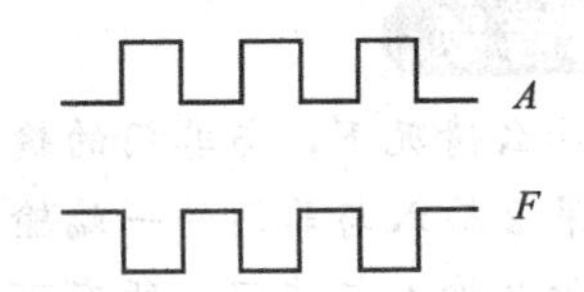

图 2.14　[例 2.3] 输出波形图

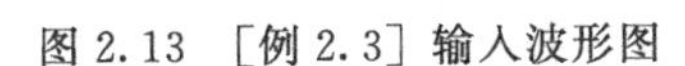

思考题

1. 非门是如何实现非函数功能的？
2. 非门有多少个输入端？

2.2 复合逻辑门

基本逻辑运算的复合叫做复合逻辑运算。实现复合逻辑运算的电路叫做复合逻辑门。最常用的复合逻辑门有与非门、或非门、与或非门和异或门等。

2.1 节介绍了与门、或门和非门。非门和与门结合，组成与非门；和或门结合，组成或非门。与非门和或非门都可以单独实现任意类型的逻辑函数。

2.2.1　与非门

与运算后再进行非运算的复合运算称为与非运算，实现与非运算的逻辑电路称为与非门。一个与非门有两个或两个以上的输入端和一个输出端。2 输入端与非门的逻辑符号如图 2.15 所示，其真值表如表 2.6 所示。

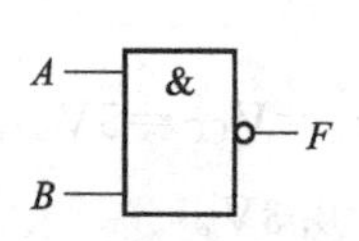

图 2.15　与非门的逻辑符号

表 2.6　与非门真值表

A	B	F
0	0	1
0	1	1
1	0	1
1	1	0

2 输入与非门的输出与输入之间的逻辑关系表达式为：

$$F=\overline{A\cdot B} \tag{2.1}$$

使用与非门可实现任何逻辑功能的逻辑电路。因此，与非门是一种通用逻辑门。

【例 2.4】 向 2 输入与非门输入如图 2.16 所示的波形，求其输出波形 F。

解： 当输入波形 A 和 B 同为高电平时，输出波形 F 为低电平，如图 2.17 所示。

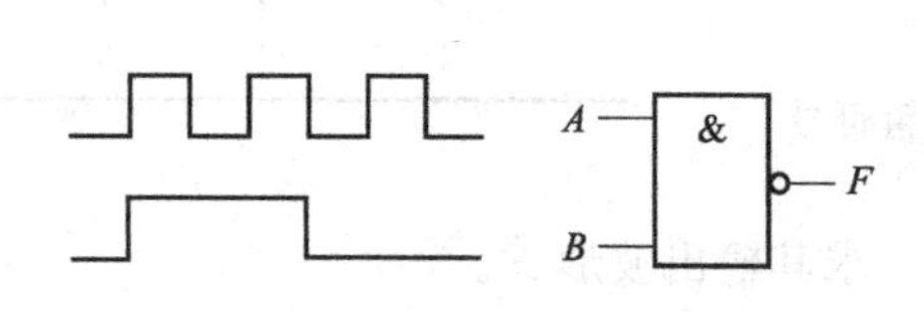

图 2.16　［例 2.4］输入波形图

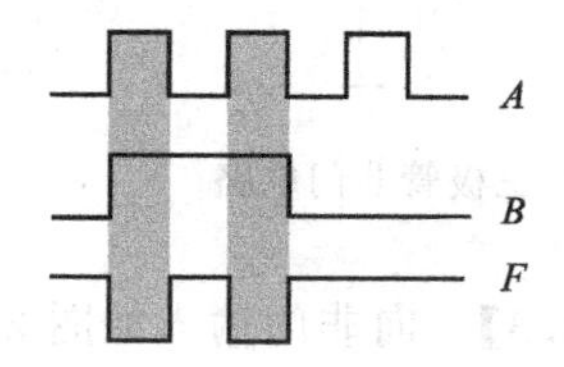

图 2.17　［例 2.4］输出波形

思考题

1. 在什么情况下，与非门的输出为逻辑低电平？
2. 如果 2 输入与非门的一端输入数字波形，在什么情况下输出为高电平？
3. 对于 3 输入与非门，所有可能的输入状态组合中有几组能够输出高电平？

2.2.2　或非门

或运算后再进行非运算的复合运算称为或非运算，实现或非运算的逻辑电路称为或非门。或非门也是一种通用逻辑门。一个或非门有两个或两个以上的输入端和一个输出端，2 输入或非门的逻辑符号如图 2.18 所示，其真值表如表 2.7 所示。

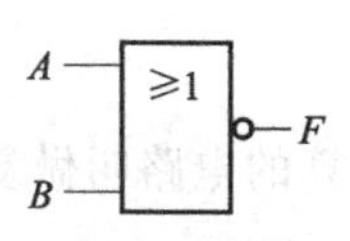

图 2.18　或非门的逻辑符号

表 2.7　或非门真值表

A	B	F
0	0	1
0	1	0
1	0	0
1	1	0

2 输入或非门输出与输入之间的逻辑关系表达式为：

$$F=\overline{A+B} \tag{2.2}$$

和与非门一样，或非门也可以用来实现任何逻辑功能的逻辑电路。因此，或非门也是一种通用逻辑门。

【例 2.5】 向 2 输入或非门输入如图 2.19 所示的波形，求其输出波形 F。

解： 只要输入波形 A、B 中有一个，或均为高电平，输出波形 F 就为低电平，如图 2.20 所示。

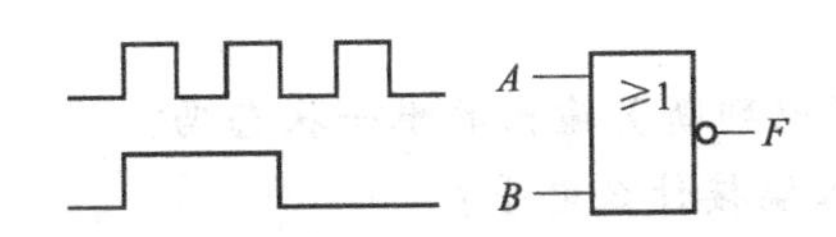

图 2.19 [例 2.5] 输入波形图

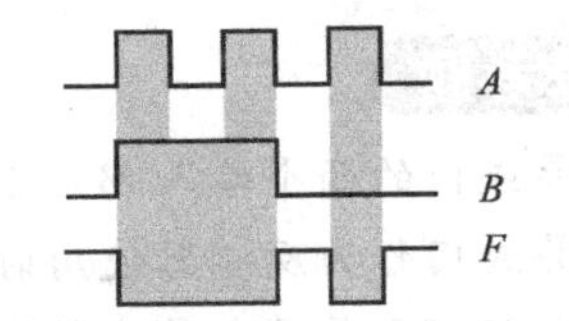

图 2.20 [例 2.5] 输出波形

思考题

1. 在什么情况下，或非门输出为逻辑高电平？
2. 如果向 2 输入或非门输入数字波形，在什么情况下能输出数字波形？

2.2.3 异或门

在集成逻辑门中，异或逻辑主要为 2 输入变量门。对 3 输入或更多输入变量的逻辑，都可以由 2 输入门导出。所以，常见的异或逻辑是 2 输入变量的情况。

对于 2 输入变量的异或逻辑，当 2 个输入端取值不同时，输出为 1；当 2 个输入端取值相同时，输出为 0。实现异或逻辑运算的逻辑电路称为异或门。图 2.21 所示为 2 输入异或门的逻辑符号，其真值表如表 2.8 所示。

2 输入异或门的逻辑表达式为：

$$F=A\oplus B=\overline{A}B+A\overline{B} \tag{2.3}$$

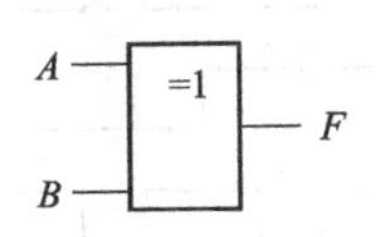

图 2.21 2 输入异或门的逻辑符号

表 2.8 异或门真值表

A	B	F
0	0	0
0	1	1
1	0	1
1	1	0

【例 2.6】 向异或门输入如图 2.22 所示的波形，求其输出波形 F。

解： 当输入波形 A 和 B 有且只有一个为高电平时，输出波形 F 为高电平，如图 2.23 所示。

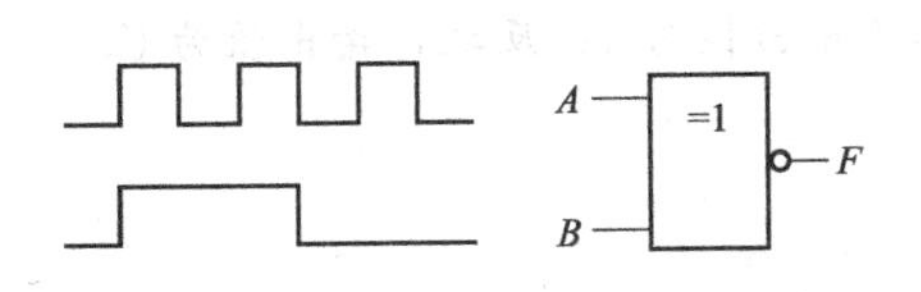

图 2.22 [例 2.6] 输入波形图

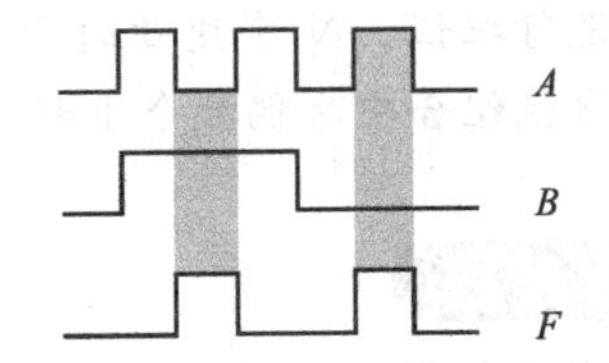

图 2.23 [例 2.6] 输出波形

归纳

对于多变量的异或逻辑运算，常以两个变量的异或逻辑运算的定义为依据进行推证。N 个变量的异或逻辑运算输出值和输入变量取值的对应关系是：输入变量的取值组合中，有奇数个 1 时，异或逻辑运算的输出值为 1；反之，输出值为 0。

思考题

1. 当异或门的两个输入都是1（高电平）时，可以判断其输出的唯一状态吗？
2. 将异或门作为反相器使用时，应将另一个输入端接什么电平？
3. 异或门可看作是1的奇数还是偶数检测器？

2.2.4 同或门

异或运算之后再进行非运算，称为同或运算。实现同或运算的电路称为同或门。同或门的逻辑符号如图2.24所示，其真值表如表2.9所示。

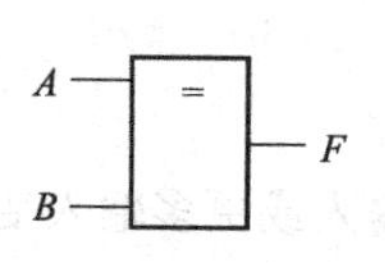

图2.24 同或门的逻辑符号

表2.9 同或门真值表

A	B	F
0	0	1
0	1	0
1	0	0
1	1	1

2变量同或运算的逻辑表达式为：

$$F=A\odot B=\overline{A\oplus B}=\overline{A}\overline{B}+AB \tag{2.4}$$

【例2.7】 向同或门输入如图2.25所示的波形，求其输出波形F。

解：当输入波形A和B有且只有一个为高电平时，输出波形F为低电平，如图2.26所示。

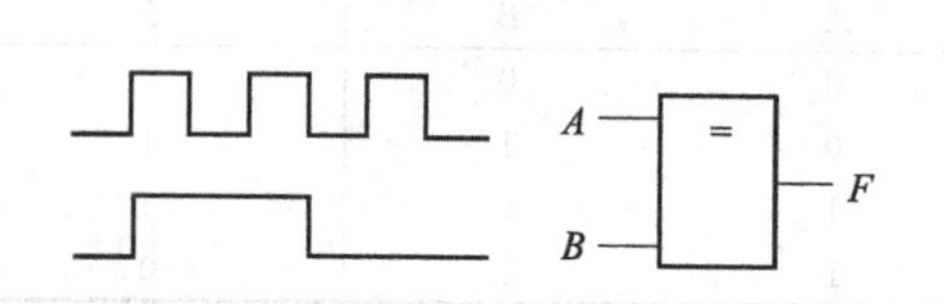

图2.25 ［例2.7］输入波形图

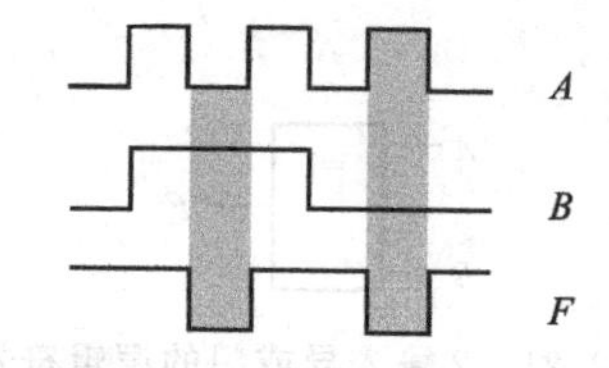

图2.26 ［例2.7］输出波形

归纳

像多变量的异或逻辑运算一样，多变量的同或逻辑运算也常以2变量同或逻辑运算的定义为依据进行推证。N个变量的同或逻辑运算的输出值和输入变量取值的对应关系是：输入变量的取值组合中有偶数个1时，同或逻辑运算的输出值为1；反之，输出值为0。

思考题

1. 在什么情况下，同或门输出低电平？
2. 当同或门的两个输入都是高电平时，可以判断其输出的唯一状态吗？
3. 如何将同或门用作反相器？

2.2.5 与或非门

与运算后进行或运算，再进行非运算的复合运算称为与或非运算。实现与非运算的逻辑电路称为与或非门。一个与或非门有两个或两个以上的与门和一个输出端，与或非门的逻辑符号如图 2.27 所示，其真值表如表 2.10 所示。

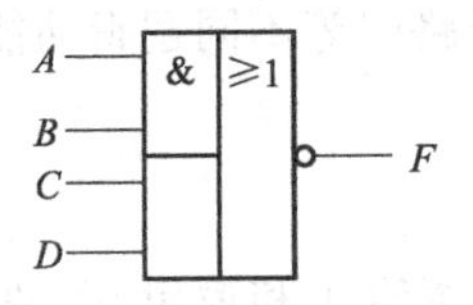

图 2.27　与或非门的逻辑符号

表 2.10　与或非逻辑的真值表

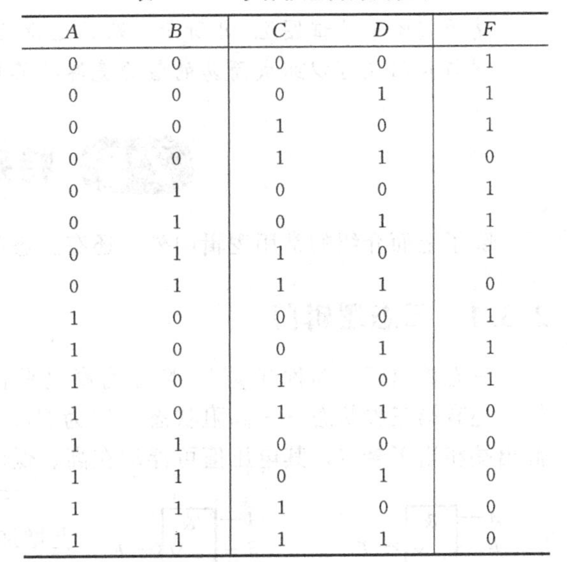

A	B	C	D	F
0	0	0	0	1
0	0	0	1	1
0	0	1	0	1
0	0	1	1	0
0	1	0	0	1
0	1	0	1	1
0	1	1	0	1
0	1	1	1	0
1	0	0	0	1
1	0	0	1	1
1	0	1	0	1
1	0	1	1	0
1	1	0	0	0
1	1	0	1	0
1	1	1	0	0
1	1	1	1	0

与或非门输出与输入之间的逻辑关系表达式为：

$$F=\overline{AB+CD} \tag{2.5}$$

使用与或非门可实现一些逻辑功能的逻辑电路。

思考题

1. 在什么情况下，与或非门输出逻辑低电平？
2. 对于三个 2 输入与门构成的与或非逻辑，写出其逻辑表达式。

2.2.6　与非门和或非门的实际应用

与非门同与门一样，可以用于允许或禁止波形由一端传输到另一端，同与门一样连接，只是输入与输出之间相位反相。或非门同或门一样，可以用于允许或禁止波形由一端传输到另一端，同或门一样连接，只是输入与输出之间相位反相。

用与非门可以组成简易逻辑状态测试笔，如图 2.28 所示。LED_1为红色发光二极管，LED_2为绿色发光二极管，当测试探针测得高电平 1 时，G_3输出低电平 0，G_2输出高电平 1，绿色发光二极管 LED_2发光，而 G_1输出低电平 0，红色发光二极管 LED_1不亮。当测试探针测得低电平 0 时，G_3输出高电平 1，G_2输出低电平 0，绿色发光二极管 LED_2熄灭，而 G_1输出高电平 1，红色发光二极管 LED_1发光。

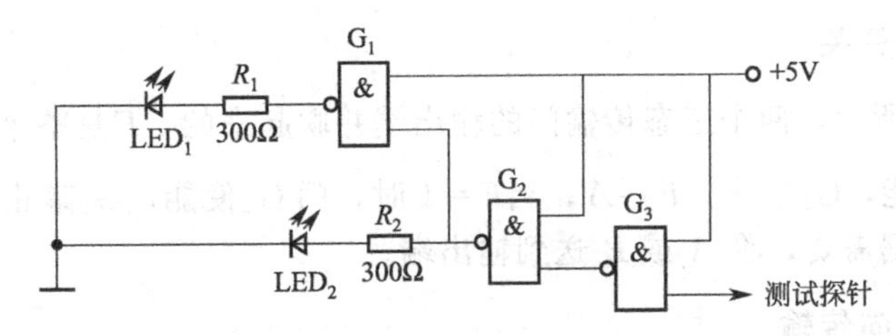

图 2.28　简易逻辑状态测试笔电路图

请用实验来验证图 2.28 所示电路的逻辑功能（或用 Multisim 软件仿真）。
用与非门还可以组成简易的智力竞赛抢答器等实用电路，请查阅相关参考资料。

2.3 特殊逻辑门

除了上面介绍的常用逻辑门外，还有三态门和集电极开路门等不同逻辑功能的门电路。

2.3.1 三态逻辑门

三态输出门（简称 TS 门）除了有高电平和低电平（即逻辑 1 和逻辑 0）两种逻辑状态外，还有第三种状态——高阻状态（记为 Z），或称禁止状态。在第三种状态下，三态门的输出端相当于悬空，其电压值可浮动在高、低电平之间的任意数值上。

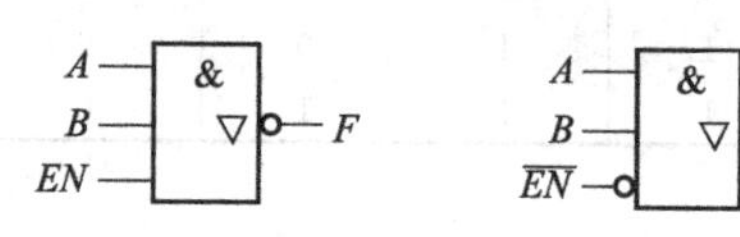

(a) 控制端高电平有效　(b) 控制端低电平有效

图 2.29　三态门的逻辑符号

三态输出门的构成是在普通逻辑门电路的基础上增加一些专门的控制电路，以及一个新的控制输入端——三态使能端，即 EN（Enable）端，通过 1/0 逻辑电平来控制。图 2.29 给出了三态与非门的逻辑符号。图 2.29(a) 所示为高电平有效的三态门，其真值表如表 2.11 所示。当 $EN=1$ 时，三态门工作，实现正常的与非功能；当 $EN=0$ 时，三态门禁止，呈现高阻态。图 2.29(b) 所示正好相反，为低电平有效的三态门，当 $\overline{EN}=0$ 时，三态门工作；当 $\overline{EN}=1$ 时，三态门禁止。如图 2.29(b) 所示，在控制端加了一个小圆圈，表示低电平有效。

表 2.11　三态门逻辑真值表

使能端	数据		输出端
EN	A	B	F
0	×	×	高阻
1	0	0	1
1	0	1	1
1	1	0	1
1	1	1	0

当三态门输出端处于高阻状态时，该门电路表面上仍与整个电路系统相连接，但实际上对整个系统的逻辑功能和电气特性不发生任何影响，如同没把它接入系统一样。

三态门是数字系统在采用总线结构时对接口电路提出的要求。因此，三态门在总线接口中应用广泛。下面介绍其实际应用。

1. 用于作多路开关

如图 2.30(a) 所示，两个三态传输门的输出端并联起来的，$\overline{E}$是整个电路的使能端。当 $\overline{E}=0$ 时，门 G_1 使能，G_2 禁止，$F=A$；当 $\overline{E}=1$ 时，门 G_2 使能，G_1 禁止，$F=B$。G_1 和 G_2 构成两个开关，根据需要，将 A 或 B 送到输出端。

2. 用于信号双向传输

如图 2.30(b) 所示，两个三态传输门中的一个输出端与另一个输入端并联起来，构成

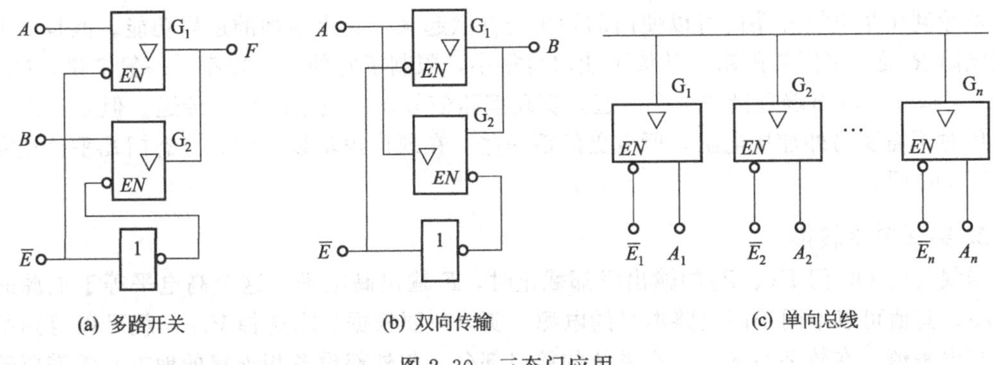

图 2.30　三态门应用

双向开关。当$\overline{E}=0$时，信号向右传送，$B=A$；当$\overline{E}=1$时，信号向左传送，$A=B$。

3. 构成数据总线

如图 2.30(c) 所示，n 个三态传输门的输出端连接到一根信号传输线上，构成单向总线。n 路信号都可以通过总线传输，但在任何时刻，只准许一个三态门使能，即处于工作状态，其余的三态门均处于高阻状态。例如，要传送 A_1，只能令$\overline{E}_1=0$，使 G_1 工作。这样，总线会轮流接收各 TSL 门的输出。

2.3.2　集电极开路逻辑门

集电极开路门，简称 OC 门，其特点是门电路内部输出三极管的集电极开路。在使用时，必须外接上拉电阻 R，使得该输出端与直流电源相连。多个 OC 门输出端相连时，可以共用一个上拉电阻 R。图 2.31 所示为 OC 与非门逻辑符号。下面介绍 OC 门的几个主要应用。上拉电阻的计算可参见相关资料。

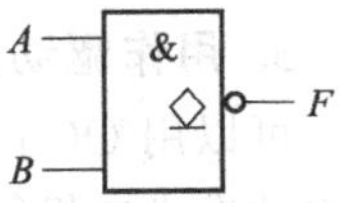

图 2.31　OC 与非门逻辑符号

1. 实现线与功能

两个 OC 门输出端并联的电路如图 2.32 所示，其并联后实现的逻辑功能如表 2.12 所示。显然，F 和 F_1、F_2之间为与逻辑关系，即

$$F=F_1 \cdot F_2 \tag{2.6}$$

由于这种与逻辑是由两个 OC 门的输出线直接相连实现的，故称作线与。图 2.29 实现的逻辑表达式为：

$$F=F_1 \cdot F_2=\overline{AB} \cdot \overline{CD} \tag{2.7}$$

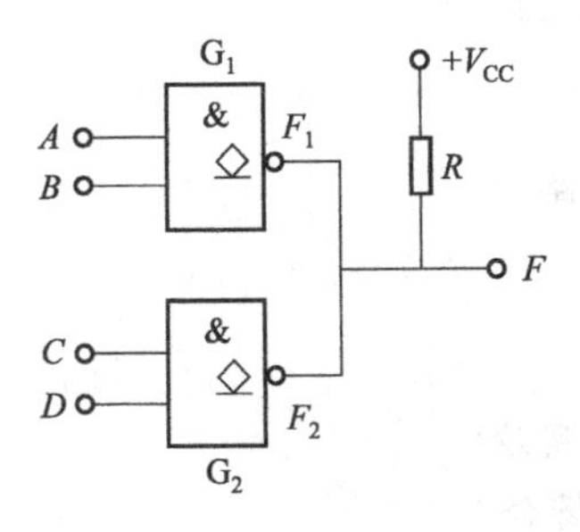

图 2.32　OC 与非门构成的线与逻辑电路

表 2.12　OC 与非门输出端并联后的逻辑功能表

F_1	F_2	F
0	0	0
0	1	0
1	0	0
1	1	1

虽然利用集电极开路门可以使门的输出端并联起来，获得附加的逻辑功能。但是，由于负载电阻 R 受许多因素限制，其值不能取得很小，限制了它的开关速率。一般来说，OC 门和 TS 门都允许输出端直接并接在一起，实现多路信号在总线上的分时传送。但是，三态门在使用时不需要另外加接电阻，所以更经济一些。在现代逻辑设计中，三态门几乎已经完全取代了 OC 门。

2. 实现电平转换

当线与的 OC 门 F_1、F_2的输出级都截止时，F 输出高电平。这个高电平等于电源的电压 V_{CC}，其值可以不同于门电路本身的电源，所以只要根据要求选择 V_{CC}，就可以得到所需要的高电平值。在数字系统中，在系统的接口部分（与外部设备相连接的地方）常需要转换电平，常用逻辑门来完成电平的转换。如图 2.33 所示，把上拉电阻接到 $V_{CC}=10\text{V}$ 的电源上，在 OC 门输入普通的 TTL 电平，输出高电平变为 10V，输出可适应需要较高电平的器件，如荧光数码管、MOS 译码器等。

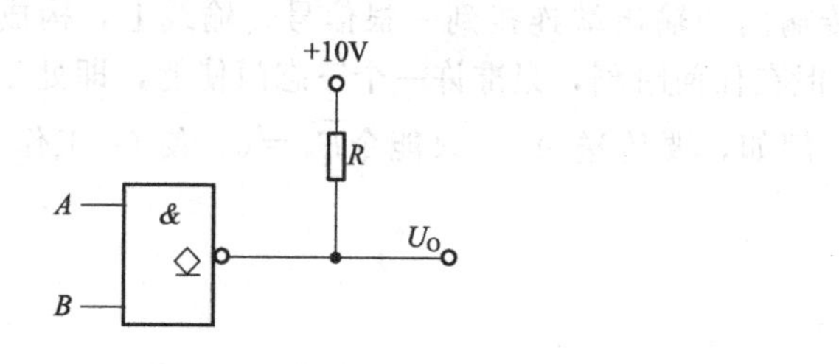

图 2.33　实现电平转换

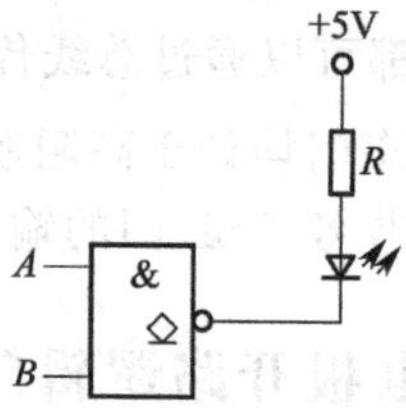

图 2.34　驱动发光二极管

3. 用作驱动器

可以用 OC 门来驱动发光二极管、指示灯、继电器和脉冲变压器等。图 2.34 所示是用来驱动发光二极管的电路。当 OC 门输出低电平时，发光二极管导通发光；当 OC 门输出高电平时，发光二极管截止。

【例 2.8】 写出图 2.35 所示门电路的输出逻辑表达式，并说明逻辑功能。

解： 当 $C=0$ 时，$F_1=A$；当 $C=1$ 时，F_1输出高阻状态。因此，它是一个使能端低电平有效的三态缓冲器门，C 为使能端，如图 2.35(a)所示。

当 $C=1$ 时，$F_2=\overline{A}$；当 $C=0$ 时，F_2输出高阻状态。因此，它是一个使能端高电平有效的三态非门，C 为使能端，如图 2.35(b)所示。

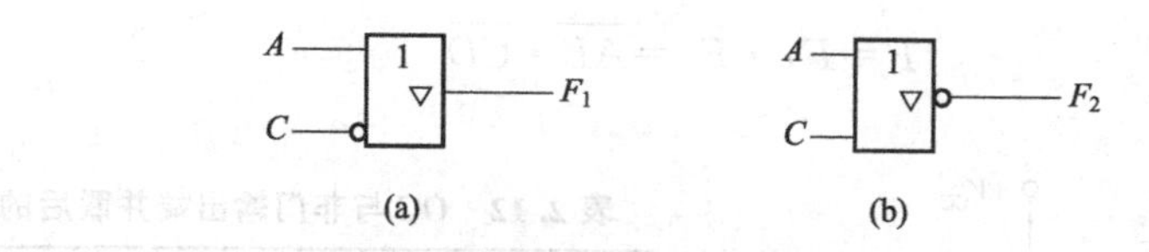

图 2.35　［例 2.8］门电路

思考题

1. 试说明三态门输出的逻辑功能。它有什么特点和用途？
2. OC 门与普通门电路有什么区别？它适用于什么场合？
3. 什么叫做线与？普通 TTL 与非门能否线与？

2.4 集成逻辑门

把若干个有源器件和无源器件及其连线按照一定的功能要求制作在一块半导体基片上，这样的产品叫做集成电路。若它完成的是逻辑功能或数字功能，称之为数字集成电路。最简单的数字集成电路是集成逻辑门。

集成电路比分立元件电路有许多显著的优点，如体积小、耗电省、重量轻、可靠性高等。所以，集成电路一出现，就受到人们的重视，并迅速得到广泛应用。

2.4.1 数字集成电路分类

数字集成电路的规模一般是根据门的数目来划分的。小规模集成电路（SSI）约为 10 个门，中规模集成电路（MSI）约为 100 个门，大规模集成电路（LSI）约为 1 万个门，超大规模集成电路（VLSI）为 1 百万个门。本节将介绍小规模数字集成电路的基本知识，不涉及集成电路的内部电路。

对于集成电路逻辑门，按照其组成的有源器件的不同，分为两大类：一类是双极性晶体管逻辑门；另一类是单极性的绝缘栅场效应管（MOS）逻辑门。

双极性晶体管逻辑门主要有 TTL 门（晶体管—晶体管逻辑门）、ECL 门（射极耦合逻辑门）和 I^2L 门（集成注入逻辑门）等。

单极性 MOS 门主要有 PMOS 门（P 沟道增强型 MOS 管构成的逻辑门）、NMOS 门（N 沟道增强型 MOS 管构成的逻辑门）和 CMOS 门（利用 PMOS 管和 NMOS 管构成的互补电路构成的门电路，故又称互补 MOS 门）。其中，使用最广泛的是 TTL 集成电路和 CMOS 集成电路。每种集成电路又分为不同的系列，每个系列的数字集成电路有不同的品种、类型，用不同的代码表示，也就是器件型号的后几位数码。

对于具有相同品种、类型代码的集成电路，不管属于哪个系列，其逻辑功能相同，外形尺寸相同，引脚也兼容。例如，7400、74LS00、74ALS00、74HC00、74AHC00 都是 14 个引脚兼容的 4 路 2 输入与非门封装。图 2.36 给出了 74LS00 芯片的引脚图、DIP（Dual In-line Package，双列直插式封装）外形图。对于其他型号芯片的引脚图，请查阅相关器件手册。最常用的是采用塑料或陶瓷封装技术的双列直插式封装。这种封装是绝缘密封的，有利于插到电路板上。

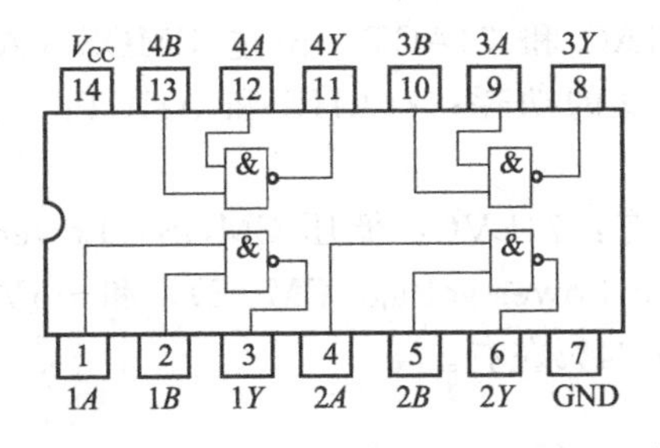

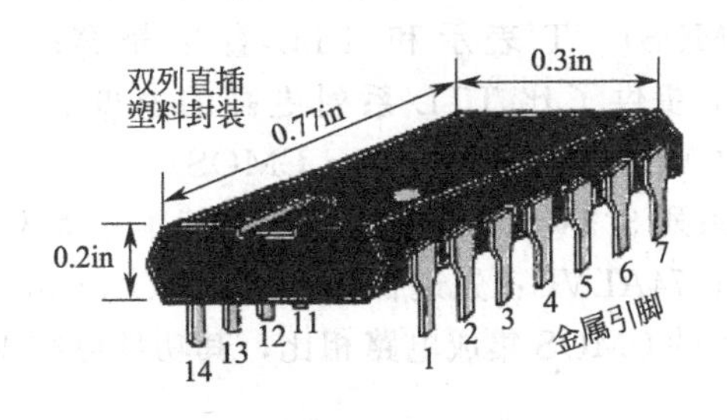

图 2.36　74LS00 引脚配置及 DIP 封装外形图

常见的另一种 IC 封装形式是 SMT（Surface-Mount Technology）封装，简称表面贴装。SMT 封装的芯片直接焊接在电路板的表面，无需在印刷电路上穿孔，所以其密度更高，即给定区域内可以放置更多的 IC 芯片。

使用集成门电路芯片，要特别注意其引脚配置及排列情况，分清每个门的输入端、输出端和电源端、接地端对应的引脚。这些信息及芯片中门电路的性能参数，都收录在有关产品的数据手册中，因此使用时要养成查阅数据手册的习惯。

2.4.2 TTL集成电路逻辑门

TTL门电路由双极型三极管构成，其特点是速度快、抗静电能力强，但其功耗较大，不适宜做成大规模集成电路，目前广泛应用于中、小规模集成电路中。TTL门电路有74（民用）和54（军用）两大系列，每个系列中有若干子系列。例如，74系列包含有74：标准TTL（Standard TTL）；74L：低功耗TTL（Low-power TTL）；74S：肖特基TTL（Schottky TTL）；74AS：先进肖特基TTL（Advanced Schottky TTL）；74LS：低功耗肖特基TTL（Low-power Schottky TTL）；74ALS：先进低功耗肖特基TTL（Advanced Low-power Schottky TTL）。

使用者在选择TTL子系列产品时，主要考虑其速度和功耗。其中，74LS系列产品具有最佳的综合性能，是TTL集成电路的主流，是应用最广的系列。54系列和74系列具有相同的子系列，两个系列产品的参数基本相同，主要在电源电压范围和工作温度范围上有所不同。54系列适应的范围更大些（4.5～5.5V）。不同子系列的产品在速度、功耗等参数上有所不同。对于全部的TTL集成门电路，都采用＋5V电源供电，逻辑电平为标准TTL电平。

2.4.3 CMOS集成电路逻辑门

CMOS集成门电路由场效应管构成，它的特点是集成度高、功耗低，但速度较慢、抗静电能力差。虽然TTL门电路由于速度快和有更多类型供选择而流行多年，但CMOS门电路具有功耗低、集成度高的优点，而且其速度大幅度提高，目前已经能够与TTL门电路相媲美。因此，CMOS门电路获得了广泛应用，特别是在大规模集成电路和微处理器中占据了支配地位。

CMOS集成电路的供电电源在3～18V之间，不过，为了与TTL门电路的逻辑电平兼容，多数CMOS集成电路使用＋5V电源。另外，还有3.3V CMOS门电路。3.3V CMOS门电路是最近发展起来的，其功耗比5V CMOS门电路低得多。同TTL门电路一样，CMOS门电路也有74和54两大系列。

74系列5V CMOS门电路的基本子系列有：74HC和74HCT：高速CMOS（High-speed CMOS），T表示和TTL直接兼容；74AC和74ACT：先进CMOS（Advanced CMOS），提供了比TTL系列更高的速度和更低的功耗；74AHC和AHCT：先进高速CMOS（Advanced High-speed CMOS）。

74系列3.3V CMOS门电路的基本子系列有：74LVC：低压CMOS（Lower-voltage CMOS）；74ALVC：先进低压CMOS（Advanced Lower-voltage CMOS）。和＋5V电源电压工作下的CMOS集成电路相比，其功耗可减少34%左右。

2.4.4 集成电路逻辑门的性能参数

本节仅从使用的角度介绍集成逻辑门电路的几个外部特性参数，目的是使读者对集成逻辑门电路的性能指标有一个概括性认识。至于每种集成逻辑门的实际参数，可在具体使用时查阅有关的产品手册和说明。

数字集成电路的性能参数主要包括：直流电源电压、逻辑电平值、传输延时、关门电阻和开门电阻、扇入与扇出系数、功耗等。

1. 直流电源电压

TTL 集成电路的标准直流电源电压为5V，最低4.5V，最高5.5V。CMOS 集成电路的直流电源电压可以在3～18V 之间，74 系列 CMOS 集成电路有5V 和3.3V 两种。CMOS 电路的一个优点是电源电压的允许范围比 TTL 电路大，如5V CMOS 电路的电源电压在2～6V 范围内时能正常工作，3.3V CMOS 电路的电源电压在2～3.6V 范围内时能正常工作。

2. 逻辑电平值

对一个 TTL 集成门电路来说，它的输出“高电平”并不是理想的+5V 电压，其输出“低电平”也不是理想的0V 电压。这主要是由于制造工艺上的公差，使得即使是同一型号的器件，输出电平也不可能完全一样。另外，由于所带负载及环境温度等外部条件的不同，输出电平也会有较大的差异。但是，这种差异应该在一定的允许范围之内，否则将无法正确标识出逻辑值“1”和“0”，造成错误的逻辑操作。

数字集成电路有如下四种不同的（输入与输出）逻辑电平值。对于 TTL 电路，低电平输入电压范围V_{IL}为0～0.8V，高电平输入电压范围V_{IH}为2～5V；低电平输出电压范围V_{OL}不大于0.4V，高电平输出电压范围V_{OH}不小于2.4V。

门电路输出高、低电平的具体电压值与所接的负载有关。对于5V CMOS 电路，低电平输入电压范围V_{IL}为0～1.5V，高电平输入电压范围V_{IH}为3.5～5V；低电平输出电压范围V_{OL}不大于0.33V，高电平输出电压范围V_{OH}不小于4.4V。

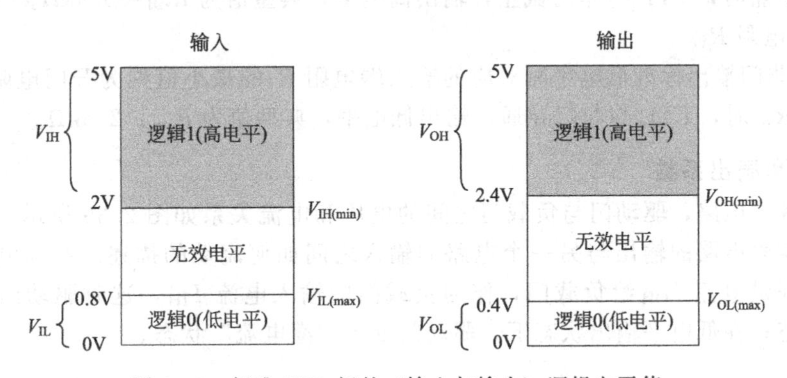

图2.37 标准 TTL 门的（输入与输出）逻辑电平值

图2.37所示为 TTL 电路的（输入与输出）逻辑电平值示意图。当输入电平在$V_{IL(max)}$和$V_{IH(min)}$之间时，逻辑电路可能把它当作0，也可能把它当作1；而当逻辑电路因所接负载过多等原因不能正常工作时，高电平输出可能低于$V_{OH(min)}$，低电平输出可能高于$V_{OL(max)}$。

3. 传输延迟时间 t_{pd}

在集成门电路中，由于晶体管开关时间的影响，使得输出与输入之间存在传输延时。传输延时越短，工作速度越快，工作频率越高。因此，传输延迟时间是衡量门电路工作速度的重要指标。例如，在特定条件下，传输时间为10ns 的逻辑电路要比20ns 的电路快。

由于实际的信号波形有上升沿和下降沿之分，因此t_d是两种变化情况所反映的结果。一种是输出从高电平转换到低电平时，输入脉冲指定参考点与输出脉冲相应参考点之间的时间，记为t_{PHL}；另一种是输出从低电平转换到高电平时的情况，记作t_{PLH}。图2.38所示为一个反相器的传输延迟时间t_{PHL}和t_{PLH}的测量。参考点可以选在输入和输出脉冲相应边沿

的 50%处。在实际中，常用平均传输延迟时间来表示门电路的传输延迟这一指标，即

$$t_{pd}=\frac{1}{2}(t_{PHL}+t_{PLH})$$

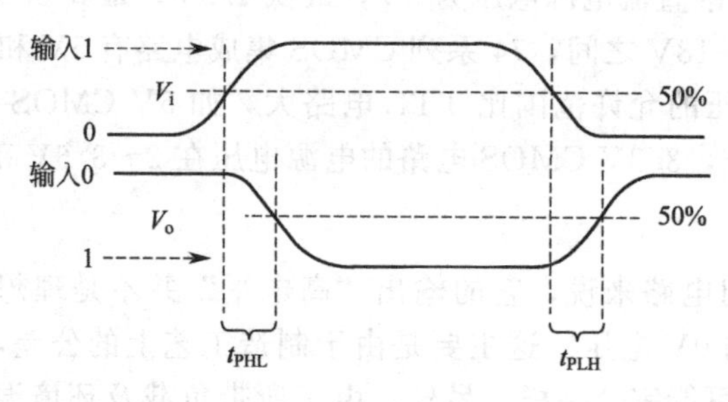

图 2.38　t_{PHL}和 t_{PLH}的定义

TTL 集成门电路的传输延迟时间 t_{pd}的值为几纳秒至十几纳秒；一般 CMOS 集成门电路的传输延迟时间 t_{pd}较大，几十纳秒左右；但高速 CMOS 系列的 t_{pd}较小，只有几纳秒；ECL 集成门电路的传输延迟时间 t_{pd}最小，有的 ECL 系列不到 1ns。

4. 关门电阻和开门电阻

1）关门电阻 R_{off}

TTL 与非门输出标准高电平时对应的输入端电阻 R_i的最大值称为关门电阻，用 R_{off}表示。当 $R_i<R_{off}$时，TTL 与非门截止，输出高电平，典型值为 $R_{off}=0.9k\Omega$。

2）开门电阻 R_{on}

TTL 与非门输出标准低电平时对应的输入端电阻 R_i的最小值称为开门电阻，用 R_{on}表示。当 $R_i>R_{on}$时，TTL 与非门导通，输出低电平，典型值为 $R_{on}\geqslant 2.5k\Omega$。

5. 扇入和扇出系数

对于集成门电路，驱动门与负载门之间的电压和电流关系如图 2.39 所示，这实际上是电流在一个逻辑电路的输出与另一个电路的输入之间如何流动的描述。在高电平输出状态下，驱动门提供电流 I_{OH}给负载门，作为负载门的输入电流 I_{IH}，这时驱动门处于“拉电流”工作状态；在低电平输出状态下，驱动门处于“灌电流”状态。

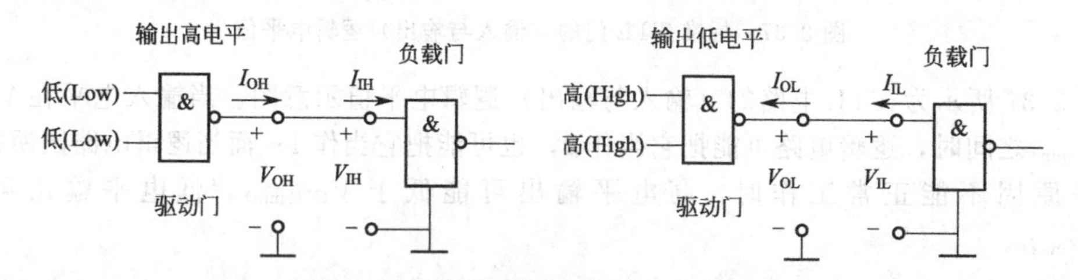

图 2.39　两种逻辑状态中的电流和电压

扇入和扇出系数是反映门电路的输入端数目和输出驱动能力的指标。

(1) 扇入系数：指一个门电路所能允许的输入端个数。

(2) 扇出系数：一个门电路所能驱动的同类门电路输入端的最大数目。

扇出系数越大，门电路的带负载能力越强。一般来说，CMOS 电路的扇出系数比 TTL 电路高。扇出系数的计算公式为：

$$扇出系数=\frac{I_{OH}}{I_{IH}}或\frac{I_{OL}}{I_{IL}} \tag{2.8}$$

从上式可以看出，扇出系数的大小由驱动门的输出端电流 I_{OL}、I_{OH} 的最大值和负载门的输入端电流 I_{IL}、I_{IH} 的最大值决定。这些电流参数在制造商的 IC 参数表中以某种形式给出。

【例 2.9】 已知 74ALS00 的电流参数为 $I_{OL(max)}=8mA$，$I_{IL(max)}=0.1mA$，$I_{OH(max)}=0.4mA$，$I_{IH(max)}=20\mu A$。求一个 74ALS00 与非门输出能驱动多少个 74ALS00 与非门的输入。

解： 首先考虑低电平状态。在低电平状态下，能被驱动的输入个数为

$$低电平扇出系数=\frac{I_{OL(max)}}{I_{IL(max)}}=\frac{8mA}{0.1mA}=80$$

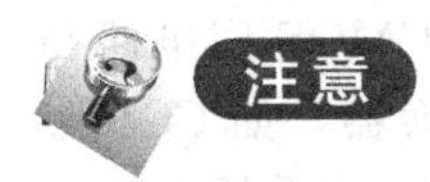

在查 IC 手册时，发现输入电流 I_{IL} 实际上是$-0.1mA$。这里的“－”表示电流是由输入端流出的。今后，在计算中可以忽略负号（“－”）。

在高电平状态，能驱动的输入个数是：

$$低电平扇出系数=\frac{I_{OH(max)}}{I_{IH(max)}}=\frac{400\mu A}{20\mu A}=20$$

如果低电平扇出系数和高电平扇出系数不同，扇出系数选择两个中的较小者。因此，74ALS00 与非门能驱动 20 个其他的 74ALS00 与非门输入端。

对于标准系列 TTL 门，扇出系数一般为 10；对于其他系列 TTL 门，如 74LS 系列，扇出系数一般为 20。对于 CMOS 门电路，虽然输入端阻抗非常高，所需输入电流非常小，但由于其输入端有电容，当电平发生变化时，电容有充放电电流通过，因此，CMOS 门电路输出端可接的输入端数量也是受到限制的，其扇出系数一般为 50 左右。

需要注意的是，当输入端个数超过扇出系数时，有可能改变原来的输出电平，使得输出低电平超过 $V_{OL(max)}$，或者输出高电平低于 $V_{OH(min)}$，导致输出电平产生混乱。这时可采用另一种方法，即接入缓冲门，来增大输出端的驱动能力，以避免上述情况的出现。

6. 功耗

功耗是指门电路通电工作时所消耗的电功率，它等于电源电压 V_{CC} 和电源电流 I_{CC} 的乘积，即功耗 $P_D=V_{CC}\cdot I_{CC}$。但由于在门电路中，电源电压是固定的，而电源电流不是常数，也就是说，在门电路输出高电平和输出低电平时，通过电源的电流是不一样的，因而这两种情况下的功耗大小也不一样。一般求它们的平均值：

$$P_D=V_{CC}\left(\frac{I_{CCH}+I_{CCL}}{2}\right) \tag{2.9}$$

一般情况下，CMOS 集成电路的功耗较低，而且与工作频率有关（频率越高，功耗越大），其数量级为微瓦（μW），因而 CMOS 集成电路广泛应用于电池供电的便携式产品中；TTL 集成电路的功耗较高，其数量级为毫瓦（mW），且基本与工作频率无关。

2.4.5 TTL 与 CMOS 集成电路的接口

TTL 门电路和 CMOS 门电路是两种不同类型的电路，它们的参数不完全相同。因此，在一个数字系统中，如果同时使用 TTL 门电路和 CMOS 门电路，为了保证系统能够正常工作，必须考虑两者之间的连接问题，以满足表 2.13 所列条件；否则，必须增加接口电路，

常用的方法有增加上拉电阻、采用专门接口电路、驱动门并接等。图 2.40 所示是 TTL 门驱动 CMOS 门的情况，为了两者的电平匹配，在 TTL 驱动门的输出端接了上拉电阻 R。

表 2.13 TTL 门与 CMOS 门的连接条件

驱动门		负载门
$V_{OH(min)}$	$>$	$V_{IH(min)}$
$V_{OL(max)}$	$<$	$V_{IL(max)}$
I_{OH}	$>$	I_{IH}
I_{OL}	$>$	I_{IL}

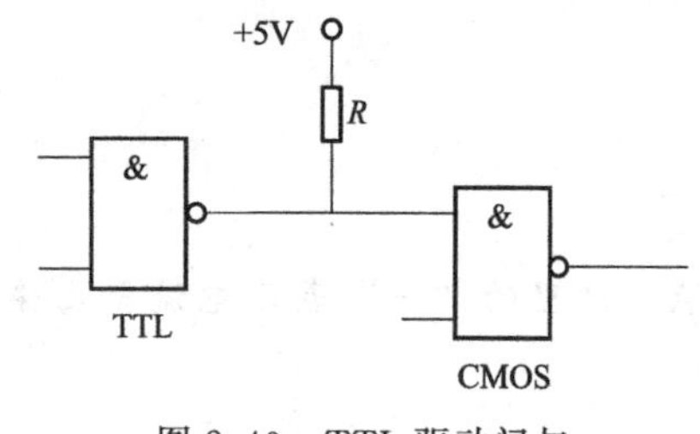

图 2.40 TTL 驱动门与 CMOS 负载门的链接

凡是和 TTL 门兼容的 CMOS 门（如 74HCT×× 和 74ACT××系列 CMOS 门）可以和 TTL 的输出端直接连接，不必外加元器件。至于其他 CMOS 门电路与 TTL 门电路的连接，可以采用电平转换器，如 CC4049（六反相器）或 CC4050（六缓冲器）等，或采用 CMOS 漏极开路门（OD 门），如 CC40107 等，具体方法请参考相关的技术资料。

2.4.6 集成电路使用常识

尽管 CMOS 和大多数 MOS 电路输入有保护电路，但这些电路吸收瞬变能量有限，太大的瞬变信号会破坏保护电路，甚至破坏电路的工作。

1. CMOS 电路使用注意事项

为防止上述现象发生，应注意以下几点。

（1）焊接时，电烙铁外壳应接地。

（2）器件插入或拔出插座时，所有电压均需除去。

（3）不用的输入端应根据逻辑要求，或接电源 V_{DD}（与非门），或接地（或非门），或与其他输入端连接。

（4）输出级所接电容负载不能大于 500pF，否则会因输出级功率过大而损坏电路。

2. 门电路多余输入端和输出端的处理

1）多余输入端的处理

为了防止外界干扰信号的影响，门电路多余的输入端一般不要悬空，尤其是对于 CMOS 电路，更不得悬空，处理方法应保证电路的逻辑关系，并使其正常而稳定地工作。

与门的多余输入端应接高电平，或门的多余输入端应接低电平，接高、低电平的方法是通过限流电阻接正电源或地，有时可以直接和正电源或地相连。但是，TTL 电路输入端不可串接大电阻（不大于开门电阻值 R_{on}），否则将不能得到输入低电平，不过它可以悬空获得输入高电平。如果工作速度不高，信号源驱动能力较强，多余的输入端也可以同使用端并联使用。

2）输出端的使用

除 OC 门之外，一般逻辑门的输出端不能线与连接，也不要和电源或地短路。带负载的大小应符合电路输出特性的指标。

3. TTL 门电路使用注意事项

1）电源的处理

对于电源电压的变化，对 54 系列应满足 5V×(1±10%)，对 74 系列应满足 5V×(1±5%)的要求，电源的正极和地线不可接错。为了防止外来干扰通过电源串入电路，需要对电源滤波，通常在印刷电路板的电源输入端接入 10～100μF 的电容进行滤波；或在印刷电路板上，每隔 6～8 个门加接一个 0.01～0.1μF 的电容对高频滤波。

2）多余或暂时不用的输入端的处理

(1) 暂时不用的与输入端可通过 1kΩ 电阻接电源，若电源小于等于 5V，可直接接电源，如图 2.41(a)所示。

(2) 不使用的与输入端可以悬空（悬空输入端相当于接高电平 1），不使用的或输入端接地（接地相当于接低电平 0）。实际使用中，悬空的输入端容易接收各种干扰信号，导致工作不稳定，一般不提倡。尤其是 CMOS 电路，更不得悬空，处理方法应保证电路的逻辑关系，并使其正常而稳定地工作。

(3) 将不使用的输入端并接在使用的输入端上，如图 2.41(b)所示。这种处理方法影响前级负载及增加输入电容，影响电路的工作速度。

(4) TTL 电路输入端不可串接大电阻，不使用的与非输入端应剪短，如图 2.41(c)所示。

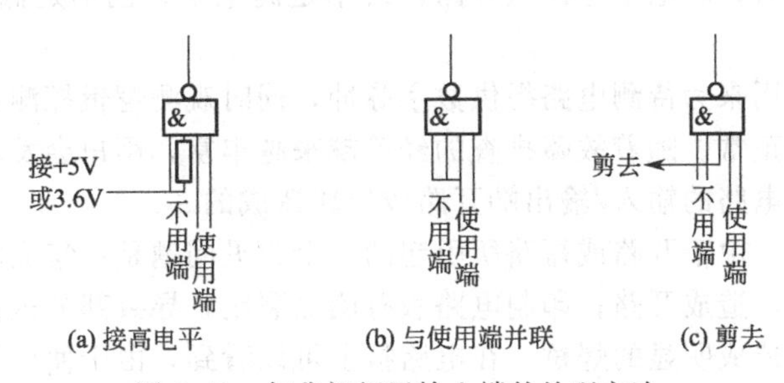

图 2.41　与非门闲置输入端的处理方法

3）输出端的处理

(1) TTL 一般门电路输出端不允许线与连接，也不能和电源或地短接，否则将损坏器件。

(2) OC 门和三态门电路可以实现线与连接。

4）其他注意事项

(1) 安装时，要注意集成块外引脚的排列顺序。接插集成块时，用力适度，防止引脚折伤。

(2) 焊接时，用 25W 烙铁较合适，焊接时间不宜过长。

(3) 调试使用时，要注意电源电压的大小和极性，尽量稳定在+5V，以免损坏集成块。

(4) 引线要尽量短。若引线不能缩短，要考虑加屏蔽措施或采用合线。要注意防止外界电磁干扰的影响。

思考题

1. 比较 TTL 和 CMOS 集成电路的特点。
2. 在数字电路系统中，总的延迟时间由什么来决定？

2.5 故障诊断和排查

故障诊断是寻找并查明电路中的错误，以便进行改正的过程。当电路或系统不能正常工作时，就应该进行故障诊断。要对数字电路进行故障诊断，必须熟悉其工作原理，并能够判断其工作是否正常。

本节将介绍逻辑门的测试技术和如何检测逻辑门中的一些故障，并了解故障可能对电路或系统产生的后果。

2.5.1　与门和或门的故障排查技术

和其他电子元器件一样，集成电路也可能损坏，所以要进行电路检测和故障排查。故障排查是指查找电路故障或问题的过程。

要想成为称职的维护人员，首先必须掌握电路元件和 IC 的基本知识及其工作原理。如果了解特定 IC 的工作原理，通过实验和测试来验证 IC 是否工作在正常状态，就是一件很容易的事。

有两种简单的工具用来测试数字集成电路，它们是逻辑脉冲发生器和逻辑探测器（逻辑笔）。逻辑探测器的金属接头可以接触待测 IC 的引脚、印制电路板的敷铜引线或器件的引线；同时，探测器上安有指示灯，用来告知某点的数字电平。若为高电平，指示灯亮起；若为低电平，指示灯熄灭；若电平悬浮（开路，既不是高电平，也不是低电平），指示灯发光黯淡。

逻辑脉冲发生器用来为待测电路提供数字脉冲，同时观测逻辑探测器，判断通过集成电路或元件的信号是否正常。随着故障排查的经验越来越丰富，用户会发现，绝大多数集成电路或元件的故障是由电路的输入/输出端开路或短路造成的。

在印制电路板中，由于开路或短路所引起的 4 个常见问题是：集成电路引脚插入插槽不可靠，引起引脚虚接，造成开路；印制电路版有明显裂纹，导致部分敷铜引线断裂，形成开路；焊接工艺低劣，造成明显的焊桥，在电路板上可以看到，由于使用了过多的焊料，导致相邻管脚之间形成桥接，造成短路；检查印制电路板上由于过热而变黑的元件，若有烧焦现象，表示可能被烧坏，形成开路。

下面给出排除故障的例子，说明几种应用探测器和脉冲发生器的故障排查技术。

图 2.42 所示与门 IC 可能存在故障。如果想测试它，应采取什么步骤？

首先在引脚 7（GND）和 14（V_{CC}）之间加上电源，然后用脉冲发生器和探测器检查每个与门。由于在两个输入端均加入高电平，使与门输出高电平。如果在一个输入端加入高电平（+5V），另外一端加入脉冲信号，在与门的输出端将得到脉冲的输出信号。

图 2.39 给出了 4 与门 IC 的一个门电路的测试连接图。当引脚 12 加入脉冲信号时，探测器末端的指示灯以脉冲频率闪烁，说明脉冲信号通过与门（与图 2.9 中时钟允许电路的原理类似）。将引脚 12 和引脚 13 连接互换，如果观测器依然闪烁，表示该门电路正常。采用同样的方法测试其他 3 个门电路，如果其中一个门电路输出不闪烁，即发现故障所在。

在上述故障排查实例中，如果把 IC 从电路板中移除，由于接入外部电路，在线测试经常导致读数错误。在这种情况下，必须认真研究电路原理图，确定其他集成模块对读数的影响。

如前所述，故障排查的关键在于掌握集成电路的工作原理。

图 2.43 画出用于 7432 4 或门 IC 第一个门电路故障排查的接线。

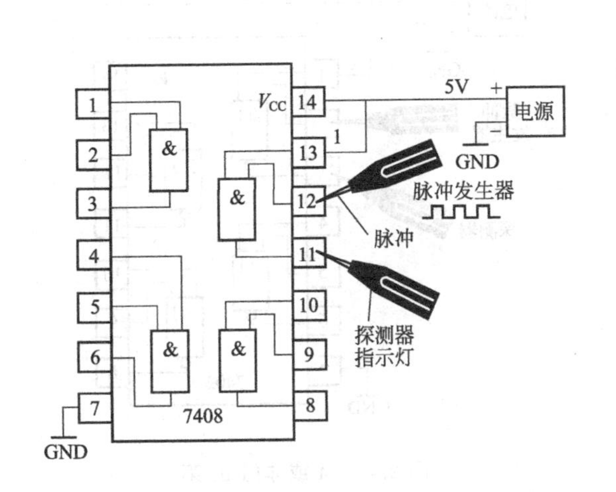

图 2.42　4 与门 IC 的一个与门故障排查接线

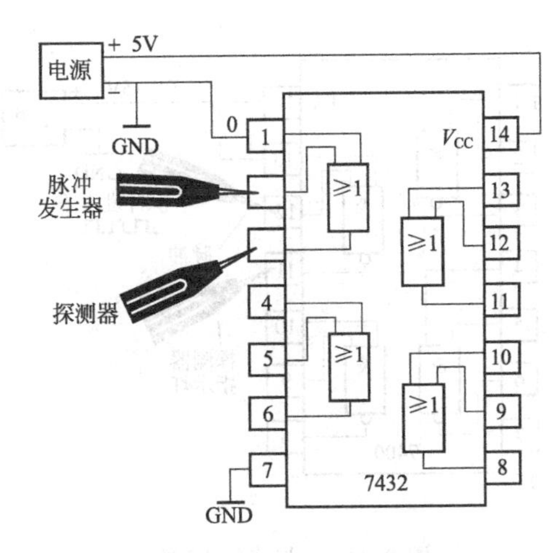

图 2.43　4 或门 IC 第一个门电路故障排查的接线

如图 2.43 所示连接，若门电路正常，探测器应该闪烁。注意，或门待查的第二个输入端应接低电平（0），而不是高电平。这是因为如果一个输入端接入高电平，则输出端始终为高电平；相反，如果一个输入端接入低电平，若门电路正常，输出将随逻辑脉冲发生器的脉冲同频变化。

人们可能会错误地认为，要想使某一引脚为低电平，比如引脚 1，可能只是将其悬空，就认为是低电平。这是错误的，所有的输入端必接入高电平或低电平，才能收到预期的结果。

2.5.2　与非门和或非门的故障排查技术

与非门和或非门的故障排查技术同与门和或门一样，也用逻辑脉冲发生器和逻辑探测器（逻辑笔）来测试。

图 2.44 所示为与非门 IC 可能存在故障的测试电路图，测试方法如下所述。

首先在引脚 7（GND）和 14（V_{CC}）之间加上电源，然后用脉冲发生器和探测器检查每个与非门。如果在一个输入端加入高电平（+5V），在另外一端加入脉冲信号，在与非门的输出端将得到与输入信号反相的脉冲输出信号。

图 2.44 给出了 4 与非门 IC 的一个门电路的测试连接图。当引脚 12 加入脉冲信号时，探测器末端的指示灯以脉冲频率闪烁，说明脉冲信号通过与非门。将引脚 12 和引脚 13 连接互换，如果观测器依然闪烁，则该门电路正常。采用同样的方法测试其他三个门电路，如果其中一个门电路输出不闪烁，即发现故障所在。

图 2.45 所示为用于 7402 4 或非门 IC 第一个门电路故障排查的接线。

如图 2.45 所示，若门电路正常，探测器应该闪烁。注意，或非门待查的第二个输入端应接低电平（0），而不是高电平。这是因为如果一个输入端接入高电平，则输出端始终为低电平；相反，如果一个输入端接入低电平，若门电路正常，输出将随逻辑脉冲发生器的脉冲同频变化。

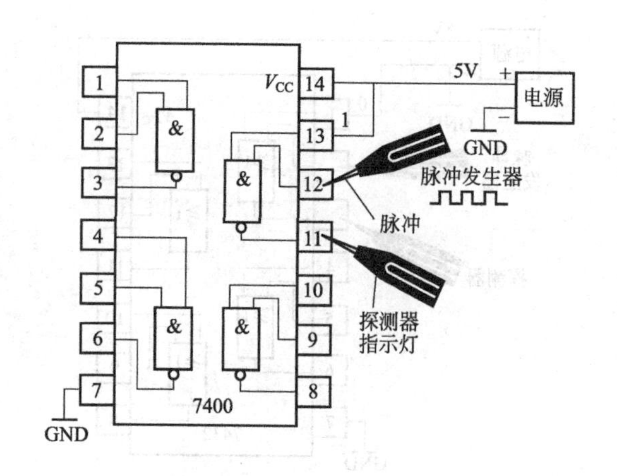

图 2.44　4 与非门 IC 的一个与门故障排查接线

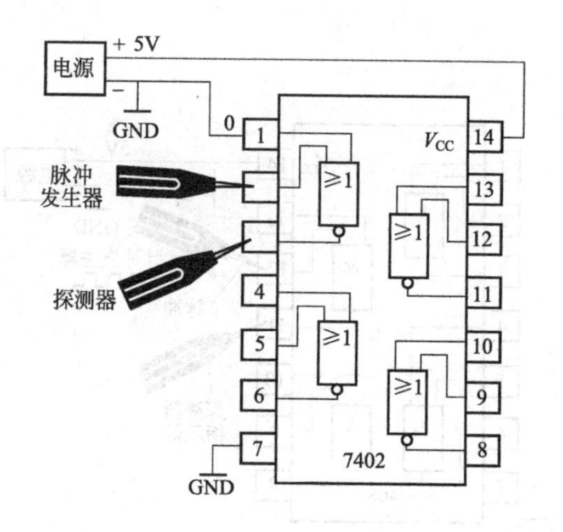

图 2.45　4 或非门 IC 第一个门电路故障排查的接线

思考题

1. 如何利用探测器进行数字集成电路的故障排查？
2. 如何利用脉冲发生器进行数字集成电路的故障排查？
3. 集成电路中较常见的是开路还是短路？

本章小结

1. 逻辑门是数字系统的基本单元。根据输入电平的组合情况，逻辑门产生可预测的输出电平，所以逻辑门是一种判决电路。

2. 只有当所有输入都是高电平时，与门的输出才是高电平。只要有一个或多个输入为高电平，或门的输出就是高电平。非门（反相器）产生的输出电平正好与输入电平相反。

3. 与非门等价于在与门后接一个反相器（即非门）。只有当所有输入都是高电平时，与非门的输出才是低电平。或非门等价于在或门后接一个反相器（即非门）。只有当所有输入都是低电平时，或非门的输出才是高电平。与非门和或非门可用来实现基本和复合逻辑运算。

4. 对于异或门，仅当输入 A 和 B 处于相反的逻辑电平时，输出 F 才变为高电平。对于同或（异或非）门，仅当输入 A 和 B 处于相同逻辑电平时，输出 F 才变为高电平。

5. 把集电极开路输出线连接到一起，能实现线与功能。把三态输出连接在一起，可以允许多个器件共用一条数据总线。在这种情况下，某一时刻只允许一个器件驱动总线。

6. 各种类型的逻辑门都是以集成电路（IC）形式提供的。主要的数字集成电路系列是 TTL 和 CMOS 系列。二者有不同的特点和电压差别。除了兼容系列外，二者不能直接相连；当它们同处于一个系统中时，需要考虑接口问题。

7. 对数字 IC 的理解重点在于其输出与输入之间的逻辑关系和外部电气特性。其性能参数主要包括：直流电源电压、逻辑电平值（输入与输出）、传输延时、扇入与扇出系数、关门电阻和开门电阻、功耗等；其特性包括：集成块类型、引脚逻辑图和符号。

本章关键术语

与门　AND gate　一种仅当其所有的输入都为高电平时，输出才为高电平的数字电路。

或门　OR gate　一种当一个或多个输入为高电平时，输出就为高电平的数字电路。

非门（反相器）　NOT gate（inverter）　一种能够实现取反操作的数字电路。

与非门　NAND gate　一种仅当其所有的输入都为高电平时，输出才为低电平的数字电路。

或非门　NOR gate　一种当一个或多个输入为高电平时，输出就为低电平的数字电路。

与或非门　AND-OR-Inverter gate　由多个与门和一个或非门组成的数字电路。

异或门　XOR gate　两个输入为不同电平时，输出就为高电平的数字电路。

同或门　NXOR gate　两个输入为相同电平时，输出就为高电平的数字电路。

集电极开路门（OC）　Open Collector gate　能实现线与的一种数字电路。

三态门（TS）　Three State gate　有三种状态的一种数字逻辑电路。

集成电路　integrated circuit　一种完全在半导体材料构成的微小芯片上制作的电子电路。

双列直插式封装　DIP　集成电路的一种封装类型。

传输延时　propagation delay　从门输入电平发生变化到相应的输出电平发生变化所对应的时间延迟。

自我测试题

一、选择题（请将下列题目中的正确答案填入括号）

1. 三态门输出为高阻状态时，（　　）是正确的说法。

(a) 用电压表测量指针不动　(b) 相当于悬空　(c) 测量电阻指针不动

2. 以下电路中，可以实现线与功能的有（　　）。

(a) 集电极开路门　(b) 三态输出门　(c) 与非门

3. 对于 TTL 集成电路，0.5V 输入为（　　）输入。

(a) 禁止　(b) 高电平　(c) 低电平

4. 满足（　　）时，与非门输出为低电平。

(a) 只要 1 个输入为高电平　(b) 所有输入都是低电平

(c) 所有输入都是高电平

5. 集成门电路的输入端若超过了需要，则多余的输入端应按（　　）方式处理才是正确的。

(a) 让它们通过电阻接高电平　(b) 让它们接地或接低电平

(c) 让它们和使用中的输入端并接

6. 对于两个输入端的或门，一个输入端接低电平，另一个输入端输入数字信号，则输出与输入信号的关系为（　　）。

(a) 同相　(b) 反相　(c) 任意相位

二、判断题（正确的在括号内打√，错误的在括号内打×）

1. 当一个或多个输入为高电平时，与门的输出就为高电平。（　　）

2. 当所有输入端为高电平时，或非门的输出即为低电平。（　　）

3. 当两个输入端为相同电平时，同或门的输出为高电平。（　　）

4. 异或门的一个输入端为高电平时，可以当反相器使用。（　　）

5. 门电路的多余输入端可以悬空。(　　)

6. 与非门的输入接低电平时，其输出恒为高电平。(　　)

三、分析计算题

1. 如图 2.46 所示，设发光二极管参数如下：$I_D=5\text{mA}$，$U_F=2\text{V}$。当 TTL 反相器的输出分别为 3V 和 0.2V 时，判断输出是高电平还是低电平，是红灯还是绿灯亮。

2. 如图 2.47 所示，当 TTL 反相器的输出分别为高、低电平时，判断三极管会不会导通，且发光二极管会不会发亮。

图 2.46　　　　图 2.47

3. 试写出图 2.48 所示 CMOS 电路输出端 $F_1 \sim F_3$ 的逻辑表达式。

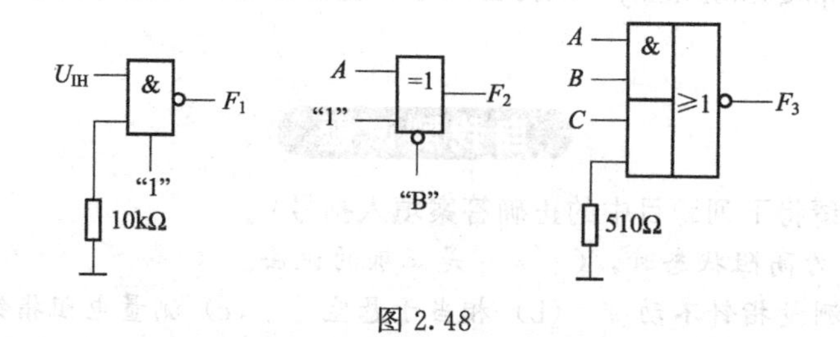

图 2.48

4. 写出图 2.49 所示电路输出逻辑表达式，列出逻辑电路图的真值表。

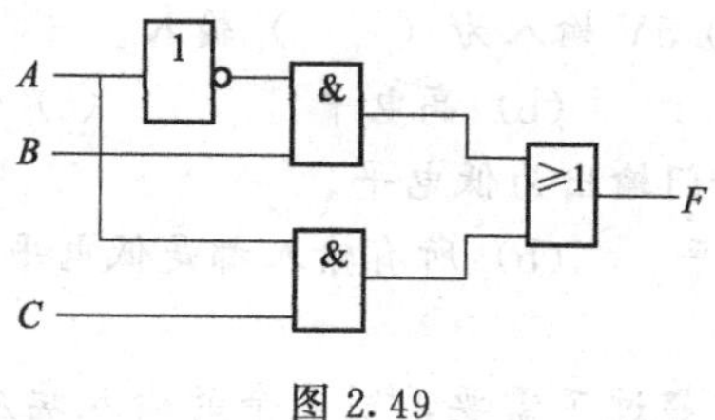

图 2.49

5. 两种开关电路如图 2.50 (a) 和 (b) 所示，写出反映 F 和 A、B、C 之间逻辑关系的真值表、关系式和逻辑图。若 A、B、C 的变化规律如图 2.50(c)所示，试画出 F_1 和 F_2 的波形图。

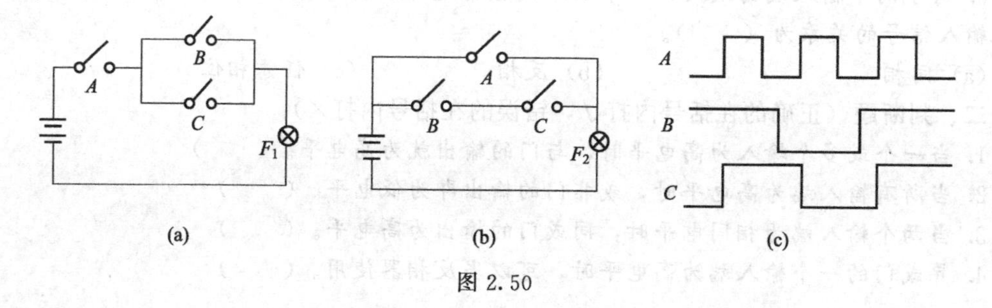

图 2.50

6. 已知门电路的输入波形如图 2.51(a)所示，画出门电路（b）和（c）的输出波形。

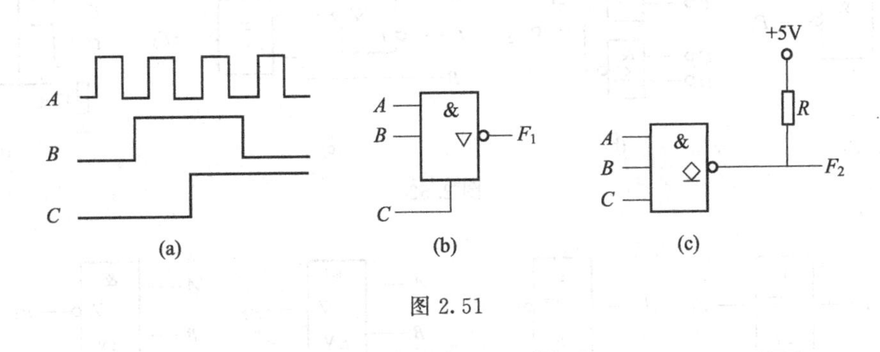

图 2.51

习 题

一、选择题（请将下列题目中的正确答案填入括号）

1. 若将 2 输入与非门当反相器使用，则 A、B 端应（　　）连接。

(a) A 或 B 有一个接 1　　(b) A 或 B 有一个接 0

(c) A 和 B 任意接

2. 对于 TTL 集成电路，3V 输入为（　　）输入。

(a) 禁止　　(b) 高电平　　(c) 低电平

3. 满足（　　）时，或非门输出高电平。

(a) 1 个输入为高电平　　(b) 多于 1 个输入为高电平

(c) 所有输入都是低电平

4. 对于一个 4 输入端与非门，使其输出为 0 的输入变量取值组合有（　　）种。

(a) 15　　(b) 7　　(c) 1

5. 输入端为 A、B 的同或门作为反相器使用时，A、B 端的连接为（　　）。

(a) 一个输入端接低电平 0，另一个输入端接输入信号

(b) 一个输入端接高电平 1，另一个输入端接输入信号

(c) 两个输入端并接后接输入信号

二、判断题（正确的在括号内打√，错误的在括号内打×）

1. 当与门电路传送时钟信号时，一端接时钟信号，其余端应接高电平。（　　）

2. 异或门可看作 1 的奇数检测器。（　　）

3. TTL 与非门电路的多余输入端可以悬空。（　　）

4. 一个 3 输入或门有 9 种可能的输入状态组合。（　　）

5. 同或门输入端不同时输出为 1。（　　）

三、分析计算题

1. 用与非门实现与门、或门、或非门和异或门的功能，要求写出门电路的逻辑表达式，并画出逻辑电路图。

2. 试说明能否将与非门、或非门、异或门当作反向器使用。如果可以，各输入端如何连接?

3. 已知 TTL 门的 $R_{off}=0.8\text{k}\Omega$，$R_{on}=2\text{k}\Omega$，试写出图 2.52 所示电路输出端 $F_1 \sim F_4$ 的逻辑表达式。

4. 如图 2.53 所示的电路，试分析出各个门电路的输出状态。

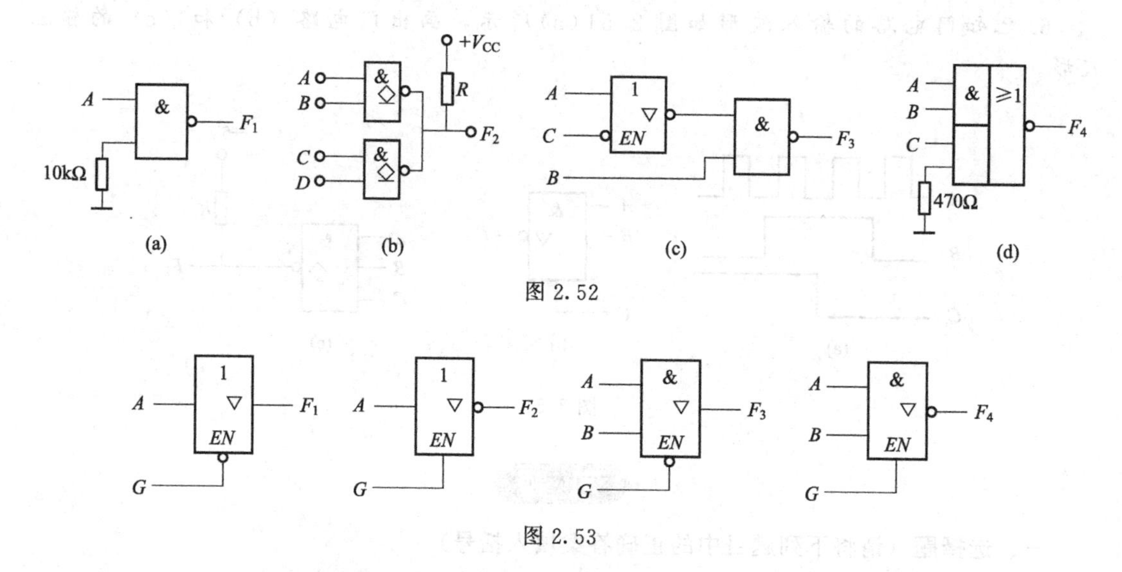

图 2.52

图 2.53

5. 如图 2.54 所示的电路及输入信号波形，画出 F_1、F_2、F_3、F_4 的波形。

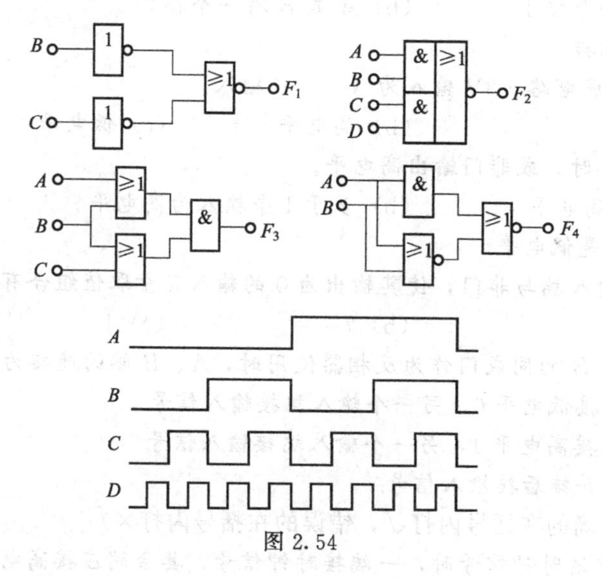

图 2.54

6. 说明门电路多余输入端的处理方法。为什么 CMOS 输入端不能悬空，TTL 输入端一般不串接大电阻？

7. 用两个 OC 门线与后，驱动 6 个 2 输入与非门。已知 OC 门 $I_{OL} \leqslant 25\text{mA}$，$I_{OH} \leqslant 100\mu\text{A}$；与非门 $I_{IL}=-1.5\text{mA}$，$I_{IH}=50\mu\text{A}$，$U_{OL(max)}=0.8\text{V}$，$U_{OH(min)}=2\text{V}$。试求上拉电阻 R 的取值范围。

8. 已知 74AS20 的电流参数为 $I_{OL(max)}=20\text{mA}$，$I_{IL(max)}=0.5\text{mA}$，$I_{OH(max)}=2\text{mA}$，$I_{IH(max)}=20\mu\text{A}$。试计算一个 74AS20 输出能驱动多少个 74AS20 与非门的输入。

实验与实训

一、TTL 集成门电路功能测试

1. 实验目的

(1) 熟悉 TTL 各种集成门电路的逻辑功能和测试方法。

(2) 熟悉数字万用表的使用。

2. 实验原理

TTL集成门电路是组成各种数字电路的基本单元。门电路有多种形式，常用的有与非门、或非门、非门、与门等。熟悉各种门电路输入与输出之间的关系，对学好本课程非常重要。通过实验，进一步熟悉各种门电路的逻辑功能，学会各种门电路多余输入端的处理方法。

3. 实验内容

(1) 与非门逻辑功能测试（用74LS00 4-2输入与非门进行实验）。

(2) 或非门逻辑功能测试（用74LS02 4-2输入或非门进行实验）。

(3) 与或非门逻辑功能测试（用74LS51 2-2-3输入与或非门进行实验）。

(4) 异或门逻辑功能测试（用74LS86 4-2输入异或门进行实验）。

(5) 利用与非门实现与门、或门、或非门、异或门的功能，要求写出各种门电路的逻辑表达式和真值表，画出逻辑图，并在实验仪上验证。

(6) TTL集成门电路多余输入端的处理方法。

4. 预习要求

(1) 熟悉TTL门电路的功能和特点，所用器件功能和外部引脚排列。

(2) 总结TTL集成门电路特点和多余输入端的处理方法。

5. 思考题

(1) 与非门的一个输入端接连续脉冲，其余输入端是什么状态才允许脉冲通过？是什么状态，才禁止脉冲通过？

(2) 为什么异或门又称可控反相门？

二、TTL集电极开路门与三态输出门的应用

1. 实验目的

(1) 掌握TTL集电极开路门（OC门）的逻辑功能及应用。

(2) 了解集电极负载电阻R_L对集电极开路门的影响。

(3) 掌握TTL三态输出门（3S门）的逻辑功能及应用。

2. 实验原理

在数字系统中，有时需要把两个或两个以上集成逻辑门的输出端直接并接在一起，完成一定的逻辑功能。对于普通的TTL门电路，由于输出级采用了推拉式输出电路，无论输出是高电平还是低电平，输出阻抗都很低。因此，通常不允许将它们的输出端并接在一起使用。

集电极开路门和三态输出门是两种特殊的TTL门电路，它们允许把输出端直接并接在一起使用。

集电极开路门（OC门）应用主要有下述3个方面：利用电路的线与特性，方便地完成某些特定的逻辑功能，把两个（或两个以上）OC与非门线与，完成与或非逻辑功能；实现多路信息采集，使两路以上的信息共用一条传输通道（总线）；实现逻辑电平转换，推动数码管、继电器、MOS器件等多种数字集成电路。

TTL三态输出门是一种特殊的门电路，它与普通的TTL门电路结构不同，其输出端除了通常的高电平和低电平两种状态外（这两种状态均为低阻状态），还有第三种输出状态——高阻状态。处于高阻状态时，电路与负载之间相当于开路。三态输出门按逻辑功能及控制方式分为不同的类型，本实验采用的是74LS125三态输出4总线缓冲器。

三态电路的主要用途之一是实现总线传输，即用一条传输通道（称总线），以选通方式

传送多路信息。

3. 实验内容

(1) TTL集电极开路与非门74LS03负载电阻R_L的确定：用两个集电极开路与非门线与使用驱动一个TTL与非门，测得负载电阻R_L的范围。

(2) 集电极开路门的应用：用OC门实现$F=AB+CD+EF$；用OC门实现异或逻辑；用OC电路作为TTL电路，驱动CMOS电路的接口电路，实现电平转换。

(3) 三态输出门：测试74LS125三态输出门的逻辑功能；三态输出门的应用。

4. 预习要求

(1) 复习TTL集电极开路门和三态输出门的工作原理。

(2) 总结集电极开路门和三态输出门的优缺点。

5. 思考题

在使用总线传输时，总线上能不能同时接有OC门与三态输出门？为什么？

三、综合实训

1. 用门电路设计一个简单的有三人参赛的智力竞赛抢答器。

设有三名参赛者和一名主持人，每人控制一个单刀双掷开关。当主持人允许抢答时，给出抢答指令，三名参赛者谁先给出抢答信号（如高电平为有效电平），标志该抢答者的相应的显示电路发出光亮；其他两人再要求抢答，无效，对应的显示电路不亮。

2. 用与非门设计一个交通信号灯的故障警示电路。当有一个交通信号灯亮时，为正常状态，此时故障信号输出为0；其余情况下均为非正常工作状态，故障信号输出为1，发出报警。

第3章 组合逻辑电路

学习目标

- **要掌握：** 组合逻辑电路的特点，组合逻辑电路分析和设计方法。编码器、译码器、数据选择器和数据分配器的含义。
- **会分析：** 化简后的逻辑表达式和真值表描述的组合逻辑电路的逻辑功能。
- **会设计：** 根据逻辑事件设定输入和输出变量及其逻辑状态的含义，根据因果关系列出真值表，写出逻辑函数式并化简，按要求画出逻辑图。
- **会画出：** 用译码器或数据选择器构成与或逻辑函数式的逻辑图。

组合逻辑电路一般由若干基本逻辑单元组合而成，其特点是在任何时候，输出信号仅仅取决于当时的输入信号，与电路原来所处的状态无关。它的基础是逻辑代数和门电路。

显而易见，符合上述特点的电路非常多，不可能也无需一一列举。重要的问题在于，必须掌握组合逻辑电路的特点和分析、设计的一般方法。因此，本章有选择地介绍加法器、数值比较器、编码器、译码器、数据选择器和分配器等几种常见的组合逻辑电路，讲述组合逻辑电路的分析方法和设计方法。

在分析给定的组合逻辑电路时，可以逐级地写出输出的逻辑表达式，然后化简，力求获得最简单的逻辑表达式，使输出与输入之间的逻辑关系一目了然。

在设计组合逻辑电路时，本章详细介绍设计步骤。值得注意的是，在许多情况下，如用中规模集成电路实现组合函数，可以取得事半功倍的效果。这里需要补充一点，就是在负载电路对脉冲信号敏感时，需检查电路中是否存在竞争冒险。如果发现有竞争冒险，应采取措施加以消除。如果负载电路只接收输出的直流电平信号，这一步可以省略。

在分析和设计组合逻辑电路时，化简逻辑表达式具有十分重要的意义。因为表达式化简得恰当与否，将决定能否得到最经济的逻辑电路。在最后得到的电路中，使用的器件数目应当最少，每个门电路的输入端不能过多。如果是用 MSI 进行设计，实现的都是标准与或式或标准与非—与非式，化简的重要性就不那么突出了。

3.1 组合逻辑电路的特点和分类

在数字系统中，逻辑电路分为两大类：一类是组合逻辑电路，另一类是时序逻辑电路。组合逻辑电路的特点是：任一时刻的输出只取决于该时刻的输入状态，与电路以前的状态无关。

3.1.1 组合逻辑电路的特点

1. 逻辑功能特点

图 3.1 所示是组合逻辑电路的示意框图。在图 3.1 中，I_0，I_1，…，I_{n-1}是输入逻辑变量，F_0，F_1，…，F_{m-1}是输出逻辑变量。在任何时刻，电路稳定输出，只决定于该时刻各

个输入变量的取值，人们把这样的逻辑电路称为组合逻辑电路，简称组合电路。输出变量与输入变量之间的逻辑关系一般表示为

$$F_0=f_0(I_0,I_1,\cdots,I_{n-1})$$
$$F_1=f_1(I_0,I_1,\cdots,I_{n-1})$$
$$\vdots$$
$$F_{m-1}=f_{m-1}(I_0,I_1,\cdots,I_{n-1})$$

或者写成向量形式

$$F(t_n)=f\ [I(t_n)] \tag{3.1}$$

其中，t_n表示时间。式(3.1)表明，t_n时刻，电路的稳定输出$F(t_n)$仅决定于此时的输入$I(t_n)$，$F(t_n)$与$I(t_n)$的函数关系用$f[I(t_n)]$表示。也可以把$F(t_n)=f[I(t_n)]$叫做组合逻辑函数，把组合电路看成是这种函数的电路实现。

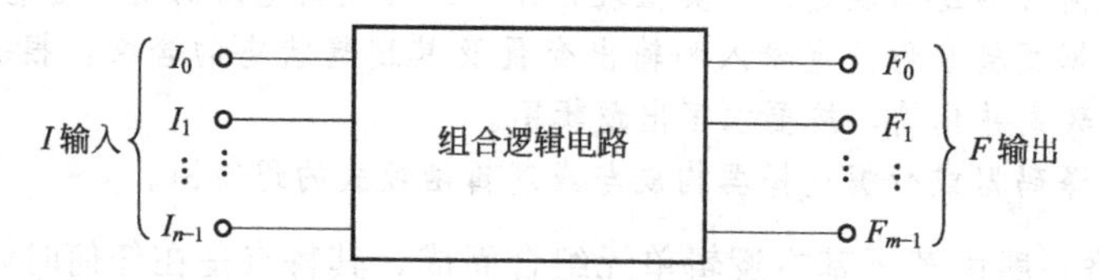

图 3.1　组合逻辑电路示意框图

组合逻辑电路具有即时性，在任何时刻，其输出随输入的改变而改变。

2. 电路结构特点

从电路结构上看，组合逻辑电路由常用门电路组合而成，其中既无从输出到输入的反馈连接，也不包含可以存储信号的记忆元件。其实，门电路也是组合电路，只不过因为其功能和电路结构都特别简单，所以使用中仅将其当成基本逻辑单元处理。

3.1.2　组合逻辑电路的功能表示方法

从功能特点看，第1章介绍的逻辑函数都是组合逻辑函数。既然组合逻辑电路是组合函数的电路实现，那么，用来表示逻辑函数的几种方法——真值表、卡诺图、逻辑表达式及逻辑图等，都可以用来表示组合电路的逻辑功能。

3.1.3　组合逻辑电路的分类

按照逻辑功能的不同特点，组合逻辑电路划分为加法器、比较器、编码器、译码器、数据选择器和分配器等。应该说，实现各种逻辑功能的组合电路，是五花八门，不胜枚举的，不必要也不可能一一列举。重要的是通过一些典型电路的分析和设计，弄清基本概念，掌握基本方法。

按照使用基本开关元件不同，分为CMOS、TTL等类型；按照集成度不同，分成SSI、MSI、LSI、VLSI等。

思考题

1. 组合逻辑电路的特点是什么？
2. 如何描述组合逻辑电路的功能？

3.2 组合逻辑电路的分析和设计

有关组合逻辑电路，有两大任务：一是组合逻辑电路的分析；二是组合逻辑电路的设计。所谓分析，就是对于给定的组合逻辑电路，找出其输入与输出的逻辑关系；或者描述其逻辑功能，评价其电路是否为最佳设计方案。

3.2.1 组合逻辑电路的分析

由给定组合逻辑电路的逻辑图出发，分析其逻辑功能所要遵循的基本步骤，称为组合逻辑电路的分析方法。一般情况下，在得到组合逻辑电路的真值表（真值表是组合逻辑电路的逻辑功能最基本的描述方法）后，还需要做简单文字说明，指出其功能特点。

1. 分析方法

对组合电路进行分析的一般步骤如下所述。

(1) 根据给定的逻辑图写出输出函数的逻辑表达式。

(2) 化简，求输出函数的最简表达式。

(3) 列出输出函数的真值表。

(4) 说明给定电路的基本功能。

归纳

以上步骤应视具体情况灵活处理，不要生搬硬套。在许多情况下，分析的目的或者是为了确定输入变量不同取值时，功能是否满足要求；或者是为了变换电路的结构形式，例如将与或结构变换成与非—与非结构等；或者是为了得到输出函数的标准与或表达式，以便用中、大规模集成电路来实现。

2. 分析举例

【例 3.1】 试分析如图 3.2 所示逻辑电路的逻辑功能。

解：(1) 写出逻辑表达式：

$$F_1=\overline{A\overline{B}},F_2=\overline{\overline{A}B},F=\overline{F_1F_2}=\overline{\overline{A\overline{B}}\quad\overline{\overline{A}B}}$$

(2) 进行逻辑变换和化简，如下所示：

$$F=\overline{\overline{\overline{A\overline{B}}\quad\overline{\overline{A}B}}}=\overline{\overline{A\overline{B}}}+\overline{\overline{\overline{A}B}}=A\overline{B}+\overline{A}B$$

(3) 该逻辑关系简单，不必列真值表。

(4) 由逻辑表达式可确定，该逻辑电路实现的是异或功能，也可以用一个异或门来代替。

【例 3.2】 试分析如图 3.3 所示逻辑电路的逻辑功能。

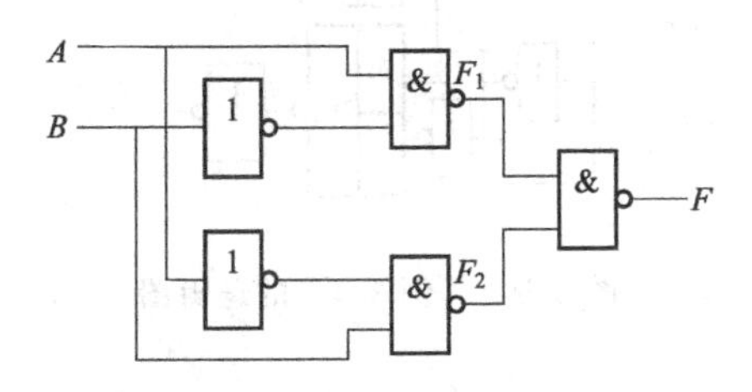

图 3.2　[例 3.1] 的逻辑图

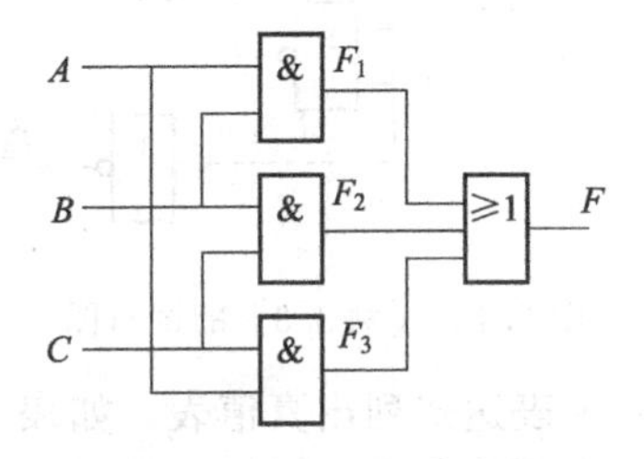

图 3.3　[例 3.2] 的逻辑图

解：(1) 写出逻辑表达式：

$$F_1=AB, F_2=BC, F_3=AC, F=F_1+F_2+F_3=AB+BC+AC$$

(2) 该式已最简，不必再化简。

(3) 列出真值表，如表 3.1 所示。

表 3.1 ［例 3.2］的真值表

输入			输出
A	B	C	F
0	0	0	0
0	0	1	0
0	1	0	0
0	1	1	1
1	0	0	0
1	0	1	1
1	1	0	1
1	1	1	1

(4) 分析真值表可确定，该逻辑电路实现的是三人表决电路。

【例 3.3】 试分析如图 3.4 所示逻辑电路的逻辑功能。

解：(1) 写出逻辑表达式并化简，得：

$$F_1=A\oplus B, F_2=AB$$

(2) 由表达式可知：F_1与 A、B 是异或关系，相当于 2 个 1 位二进制数（A 和 B）相加所得的本位和数；F_2是 A 和 B 的逻辑与，相当于两数（A 和 B）相加进位数。该电路是 2 个 1 位二进制数（A 和 B）的加法电路，又称半加器。

归纳

从以上三个例题可看出，电路确定后，其逻辑功能就唯一确定了，但要实现某一特定功能，其电路不是唯一的。

【例 3.4】 试分析如图 3.5 所示逻辑电路的逻辑功能。

解：(1) 写出逻辑表达式并化简，得：

$$F_1=AB+AC+BC, F_2=A\oplus B\oplus C$$

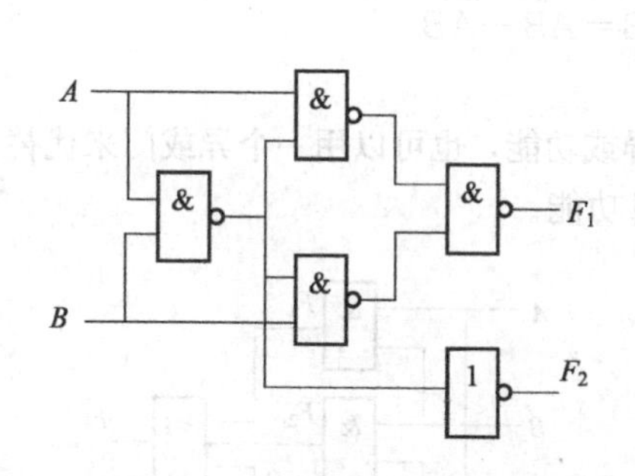

图 3.4 ［例 3.3］的逻辑图

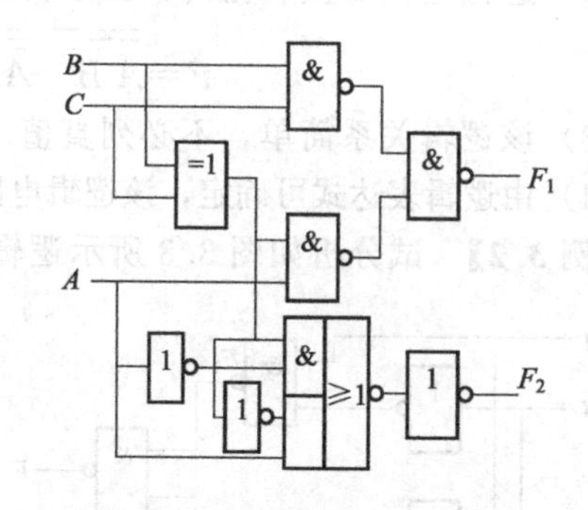

图 3.5 ［例 3.4］的逻辑图

(2) 由表达式列出真值表，如表 3.2 所示。

(3) 由真值表可知：该电路是一种考虑了来自低位的进位数（C），以及两个同位二进制数（A）和（B）相加的电路，F_1为本位和，F_2为进位数。该电路称为全加器。

表 3.2　［例 3.4］的真值表

输入			输出	
A	B	C	F_1	F_2
0	0	0	0	0
0	0	1	1	0
0	1	0	1	0
0	1	1	0	1
1	0	0	1	0
1	0	1	0	1
1	1	0	0	1
1	1	1	1	1

请用实验验证图 3.2～图 3.5 所示电路的逻辑功能（或用 Multisim 软件仿真）。

思考题

1. 组合逻辑电路的特点是什么？
2. 组合逻辑电路的分析方法如何？

3.2.2　组合逻辑电路的设计

组合逻辑电路设计是分析的逆过程。设计是根据给出的实际逻辑问题，经过逻辑抽象，找出用最少的逻辑门实现逻辑功能的方案，并画出逻辑电路图。

本节将通过实例，讨论用小规模集成门电路设计组合逻辑电路的方法。对于用中规模集成电路逻辑组件设计组合逻辑电路，将在 3.3 节结合具体的逻辑组件来讨论。

1. 设计方法

根据要求，设计符合要求的组合逻辑电路，步骤如下所述。

1）逻辑抽象

（1）分析设计要求，确定输入、输出信号及其因果关系。

（2）设定变量。用英文字母表示有关输入、输出信号。表示输入信号者称为输入变量，简称变量；表示输出信号者叫做输出变量，也称输出函数，或简称函数。

（3）状态赋值。用 0 和 1 表示信号的有关状态。

（4）列真值表。根据因果关系，把变量的各种取值和相应的函数值以表格形式一一列出。变量取值顺序常按二进制数递增排列，也可按循环码排列。

2）化简

（1）输入变量比较少时，用卡诺图化简。

（2）输入变量比较多，用卡诺图化简不方便时，用公式法化简。

3）画逻辑图

（1）变换最简与或表达式，求出所需要的最简式。

（2）根据最简式，画出逻辑图。

2. 设计举例

【例 3.5】 用与非门设计一个 1 位十进制数的数值范围指示器。设该 1 位十进制数为 X，电路输入为 A、B、C 和 D，且 $X=8A+4B+2C+D$。要求当 $X\geqslant 5$ 时，输出 F 为 1，否则为 0。该电路实现了四舍五入功能。

解：（1）根据题意，列出如表 3.3 所示真值表。

表 3.3 ［例 3.5］的真值表

A	B	C	D	F	A	B	C	D	F
0	0	0	0	0	1	0	0	0	1
0	0	0	1	0	1	0	0	1	1
0	0	1	0	0	1	0	1	0	×
0	0	1	1	0	1	0	1	1	×
0	1	0	0	0	1	1	0	0	×
0	1	0	1	1	1	1	0	1	×
0	1	1	0	1	1	1	1	0	×
0	1	1	1	1	1	1	1	1	×

当输入变量 A、B、C、D 取值为 0000～0100（即 $X\leqslant 4$）时，函数 F 值为 0；当 A、B、C、D 取值为 0101～1001（即 $X\geqslant 5$）时，函数 F 值为 1；1010～1111 的 6 种输入是不允许出现的，可做任意状态处理（可当做 1，也可当做 0），用“×”表示。

（2）根据真值表，写出逻辑表达式。由真值表，写出函数的最小项表达式为

$$F(A,B,C,D)=\sum m(5,6,7,8,9)+\sum d(10,11,12,13,14,15)$$

（3）化简逻辑表达式，并转换成适当形式。由最小项表达式，画出函数卡诺图，如图 3.6 所示。化简得到的函数最简与或表达式为 $F=A+BD+BC$。

根据题意，用与非门设计。将上述逻辑表达式变换成与非门形式：$F=\overline{\overline{A}\;\overline{BD}\;\overline{BC}}$。

（4）画出逻辑电路图。根据与非逻辑表达式，画出逻辑电路图，如图 3.7 所示。

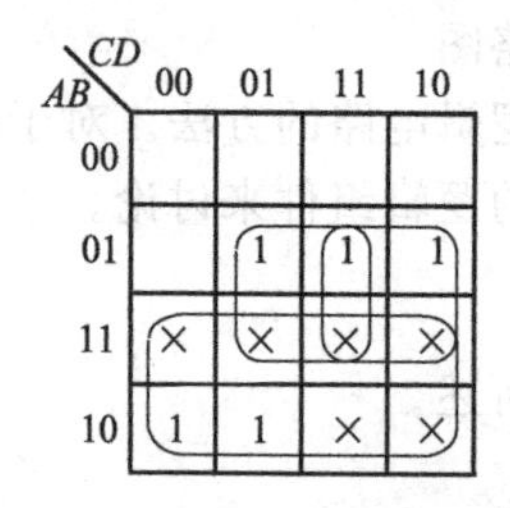

图 3.6 ［例 3.5］的卡诺图

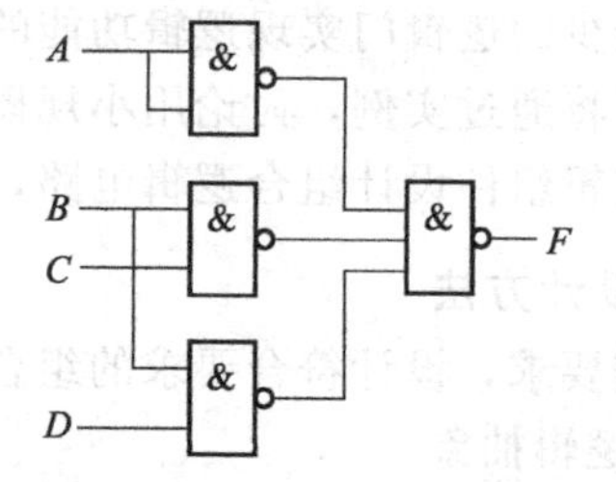

图 3.7 ［例 3.5］的逻辑图

【例 3.6】 设计一个交通信号灯的故障警示电路。当有一个交通信号灯亮时，为正常状态，故障信号输出为 0；其余情况下均为非正常工作状态，故障信号输出为 1，并发出警报。

解：（1）根据题意，红色、黄色和绿色信号灯为输入变量，分别用 R、Y 和 G 表示，故障信号输出用 F 表示，由此列出如表 3.4 所示真值表。

表 3.4 ［例 3.6］的真值表

输入			输出
R	Y	G	F
0	0	0	1
0	0	1	0
0	1	0	0
0	1	1	1
1	0	0	0
1	0	1	1
1	1	0	1
1	1	1	1

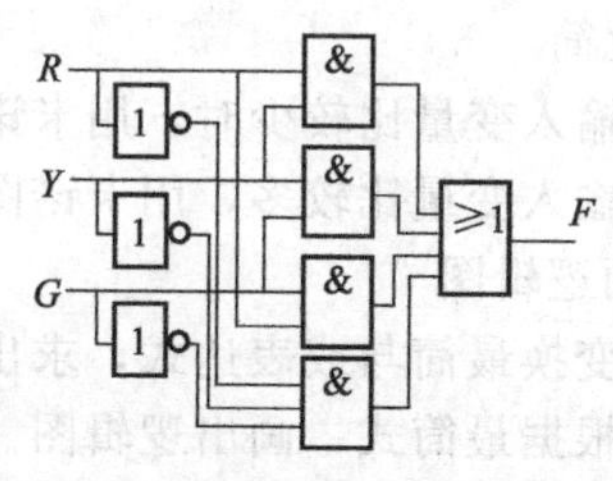

图 3.8 ［例 3.6］的逻辑图

（2）根据真值表，写出逻辑表达式为：

$$F=\overline{R}\,\overline{Y}\,\overline{G}+\overline{R}YG+R\overline{Y}G+RY\overline{G}+RYG$$

（3）化简逻辑表达式，得：

$$F=\overline{R}\,\overline{Y}\,\overline{G}+YG+RG+RY$$

（4）画出逻辑电路图。根据逻辑表达式，画出逻辑电路图，如图 3.8 所示。

请用实验验证图 3.7 所示电路的逻辑功能（或用 Multisim 软件仿真）。

思考题

1. 如何设计组合逻辑电路？
2. 逻辑函数的化简对组合逻辑电路的设计有何实际意义？

3.3 常用集成组合逻辑电路

由于人们在实践中遇到的逻辑问题层出不穷，因而为解决这些问题而设计的逻辑问题也不胜枚举。这些常用集成组合电路包括加法器、编码器、译码器、数据选择器、数据比较器、函数发生器、奇/偶校验器等。下面分别介绍这些电路的工作原理和使用方法。

3.3.1　加法器

加法器是计算机中不可缺少的组成单元，应用十分广泛。两个二进制数相加，其中任意一位进行加法运算时，参与运算的除两位数外，还应有低位的进位。实现这种加法运算的电路称为全加器。不考虑进位的加法运算电路称为半加器。

1. 半加器

设 A_i 和 B_i 是两个 1 位二进制数，半加后得到的和为 S_i，向高位的进位为 C_i。根据半加器的含义，得真值表如表 3.5 所示。

表 3.5　半加器真值表

输入		输出	
A_i	B_i	S_i	C_i
0	0	0	0
0	1	1	0
1	0	1	0
1	1	0	1

由表 3.5，求得逻辑表达式为

$$S_i=\overline{A}_iB_i+A_i\overline{B}_i=A_i\oplus B_i,C_i=A_iB_i \tag{3.2}$$

由上述表达式得到半加器逻辑电路图和符号图，如图 3.9(a)、(b)所示。

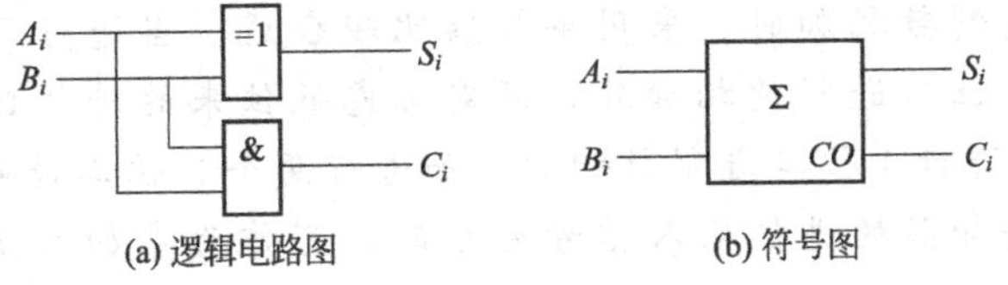

(a) 逻辑电路图　　(b) 符号图

图 3.9　半加器

2. 全加器

两个二进制数本位相加时，在多数情况下，要考虑来自低位的进位，实现全加。设 A_i 和 B_i 是两个 1 位二进制数，C_{i-1} 表示来自低位的进位，全加后得到的和为 S_i，向高位的进位为 C_i。根据全加器的含义，得真值表如表 3.6 所示。

表 3.6　全加器真值表

输入			输出	
A_i	B_i	C_{i-1}	S_i	C_i
0	0	0	0	0
0	0	1	1	0
0	1	0	1	0
0	1	1	0	1
1	0	0	1	0
1	0	1	0	1
1	1	0	0	1
1	1	1	1	1

由真值表 3.6，得到 S_i 和 C_i 的逻辑表达式为：

$$\begin{aligned} S_i &= \overline{A}_i\overline{B}_iC_{i-1}+\overline{A}_iB_i\overline{C}_{i-1}+A_i\overline{B}_i\overline{C}_{i-1}+A_iB_iC_{i-1} \\ &= \overline{A}_i(\overline{B}_iC_{i-1}+B_i\overline{C}_{i-1})+A_i(\overline{B}_i\,\overline{C}_{i-1}+B_iC_{i-1}) \\ &= \overline{A}_i(B_i\oplus C_{i-1})+A_i(\overline{B_i\oplus C_{i-1}}) \\ &= A_i\oplus B_i\oplus C_{i-1} \end{aligned} \tag{3.3}$$

$$\begin{aligned} C_i &= \overline{A}_iB_iC_{i-1}+A_i\overline{B}_iC_{i-1}+A_iB_i \\ &= (\overline{A}_iB_i+A_i\overline{B}_i)C_{i-1}+A_iB_i \\ &= (A_i\oplus B_i)C_{i-1}+A_iB_i \end{aligned} \tag{3.4}$$

由上述逻辑表达式画出全加器逻辑电路图和符号图，如图 3.10 所示。

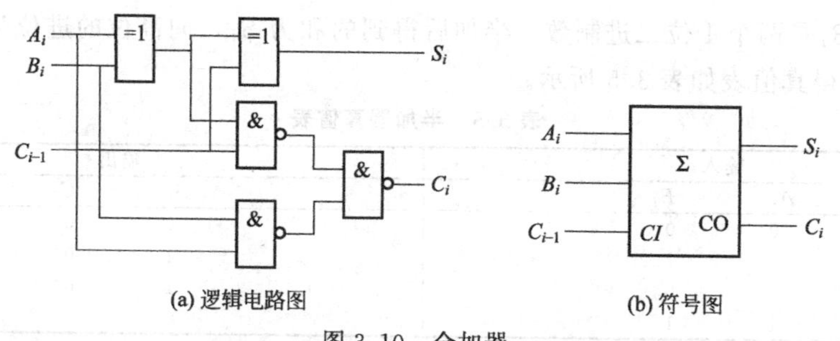

(a) 逻辑电路图　　(b) 符号图

图 3.10　全加器

归纳

全加器和半加器的区别是多了一个进位输入，因此全加器的使用比半加器更普遍。只进行两个 1 位二进制数相加时，采用半加器比较合适。当进行两个多位二进制数相加时，除考虑两个 1 位二进制数相加外，还需考虑低位来的进位数相加，应采用全加器。1 位全加器只能进行 1 位二进制数相加。如进行两个 n 位二进制数相加，需要 n 个全加器来完成。当全加器的进位输入信号为 0 时，可作为半加器使用，通常用在多位加法器的最低位。

请用实验验证图3.9(a)和图3.10(a)所示加法器电路功能（或用Multisim软件仿真）。

3. 多位加法器

实现多位二进制数相加的电路称为多位加法器。根据进位方式不同，有串行进位加法器和超前进位加法器之分。

1）4位串行进位加法器

把4个全加器依次级联，可构成4位串行进位加法器，如图3.11所示。

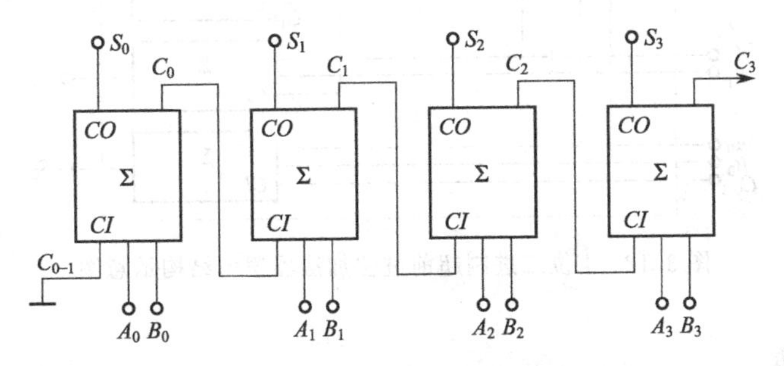

图3.11　4位串行进位加法器

请用实验验证图3.11所示电路的功能（或用Multisim软件仿真）。

这种加法器的优点是电路简单，连接方便；缺点是运算速度不高。由图3.11所示逻辑图不难理解，最高位的运算，必须等到所有低位运算依次结束，送来进位信号之后，才能进行，因此其运算速度受到限制。为了提高加法运算速度，可采用超前进位方式。

2）超前进位加法器

所谓超前进位加法器，就是在做加法运算时，各位数的进位信号由输入二进制数直接产生的加法器。我们知道，在4位二进制加法器中，第1位全加器的输入进位信号的表达式为

$$C_0=A_0B_0+A_0C_{0-1}+B_0C_{0-1}=A_0B_0+(A_0+B_0)C_{0-1} \tag{3.5}$$

第2位全加器的输入进位信号的表达式为

$$C_1=A_1B_1+(A_1+B_1)C_0=A_1B_1+(A_1+B_1)[A_0B_0+(A_0+B_0)C_{0-1}] \tag{3.6}$$

第3位全加器的输入进位信号的表达式为

$$\begin{aligned}C_2&=A_2B_2+(A_2+B_2)C_1\\&=A_2B_2+(A_2+B_2)\{A_1B_1+(A_1+B_1)[A_0B_0+(A_0+B_0)C_{0-1}]\}\end{aligned} \tag{3.7}$$

而第4位加法器输出进位信号的表达式，即第3位加法运算时产生的要送给更高位的进位信号的表达式，显然为

$$\begin{aligned}C_3&=A_3B_3+(A_3+B_3)C_2\\&=A_3B_3+(A_3+B_3)\{A_2B_2+(A_2+B_2)\{A_1B_1+(A_1+B_1)[A_0B_0+(A_0+B_0)C_{0-1}]\}\}\end{aligned} \tag{3.8}$$

显而易见，只要$A_3A_2A_1A_0$、$B_3B_2B_1B_0$和C_{0-1}给出之后，便可按上述表达式直接确定C_3、C_2、C_1、C_0。因此，如果用门电路实现上述逻辑关系，并将结果送到相应全加器的进位输入端，会极大地提高加法运算速度，因为高位的全加运算再也不需等待了。4位超前进位加法器就是由4个全加器和相应的进位逻辑电路组成的。

图 3.12 所示为 4 位二进制超前进位加法器的逻辑电路结构示意图。由于采用了超前进位方式，所以速度快，适用于高速数字计算、数据采集及控制系统，而且扩展方便。

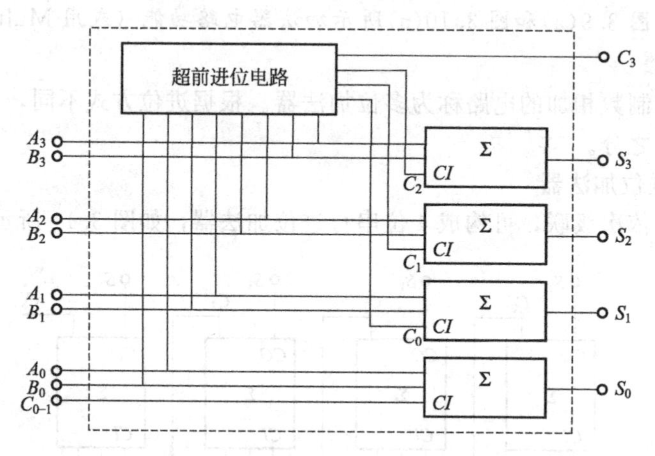

图 3.12　4 位二进制超前进位加法器逻辑结构示意图

1. 比较串行加法器和并行加法器的运算速度。比较串行加法器和超前进位加法器的特点。

2. 如何利用半加器和门电路构成全加器？

3. 试采用 4 位全加器完成 8421BCD 码到余 3 码的转换。

3.3.2　数值比较器

比较既是一个十分重要的概念，也是一种最基本的操作。人们只能在比较中识别事物，计算机只能在比较中鉴别数据和代码。实现比较操作的电路叫做比较器。在数字电路中，数值比较器的输入是要进行比较的二进制数，输出是比较的结果。

1. 1 位数值比较器

1）输入、输出信号及其因果关系

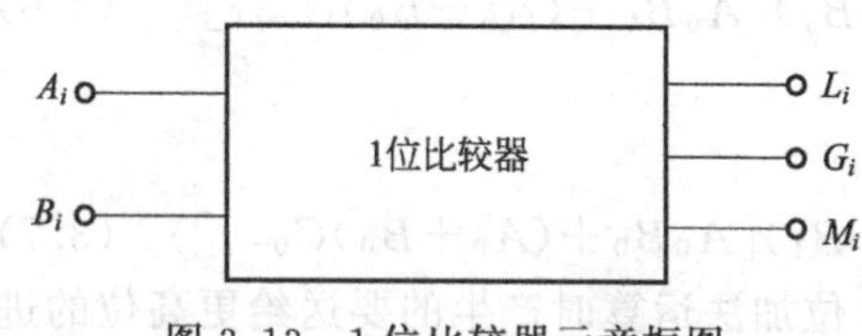

图 3.13　1 位比较器示意框图

输入信号是两个要进行比较的 1 位二进制数，用 A_i、B_i 表示；输出信号是比较结果，有 3 种情况：$A_i>B_i$、$A_i=B_i$、$A_i<B_i$，现分别用 L_i、G_i、M_i 表示，并约定当 $A_i>B_i$ 时令 $L_i=1$，$A_i=B_i$ 时令 $G_i=1$，$A_i<B_i$ 时令 $M_i=1$。图 3.13 所示是 1 位比较器的示意框图。

2）真值表

根据比较的概念和输出信号的状态赋值，列出如表 3.7 所示真值表。

表 3.7　1 位数值比较器的真值表

A_i	B_i	L_i	G_i	M_i
0	0	0	1	0
0	1	0	0	1
1	0	1	0	0
1	1	0	1	0

3）逻辑表达式

由表 3.7 可直接得到：

$$L_i = A_i\overline{B_i},\quad G_i = \overline{A_i}\,\overline{B_i} + A_iB_i,\quad M_i = \overline{A_i}B_i \tag{3.9}$$

4）逻辑图

根据表达式，画出如图 3.14 所示逻辑图。

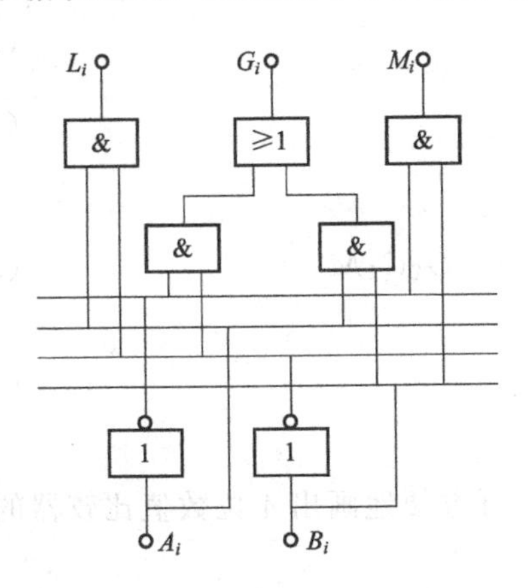

图 3.14　1 位数值比较器

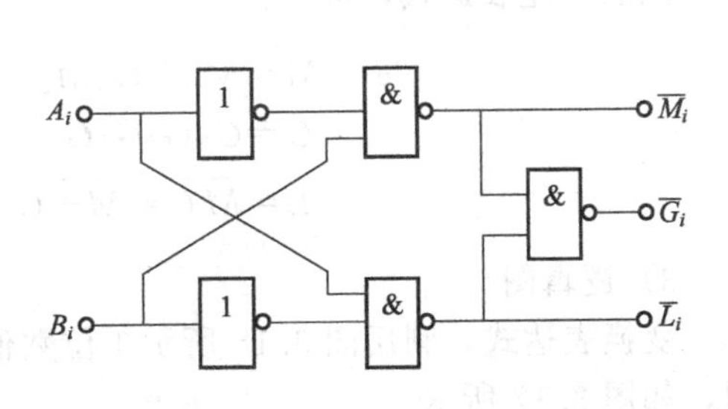

图 3.15　用与非门和反相器实现的 1 位数值比较器

如果用与非门和反相器实现，且输出取反，可将表达式变换成与非形式，再画逻辑图。图 3.15 所示为用与非门和反相器实现 $\overline{L_i}$、$\overline{G_i}$、$\overline{M_i}$ 的逻辑图。

提示

请用实验验证图 3.14 和图 3.15 所示电路的功能（或用 Multisim 软件仿真）。

2. 4 位数值比较器

图 3.16 所示是 4 位数值比较器的示意框图。要比较的是两个 4 位二进制数 $A=A_3A_2A_1A_0$ 和 $B=B_3B_2B_1B_0$，比较结果用 L、G、M 表示，且 $A>B$ 时 $L=1$，$A=B$ 时 $G=1$，$A<B$ 时 $M=1$。

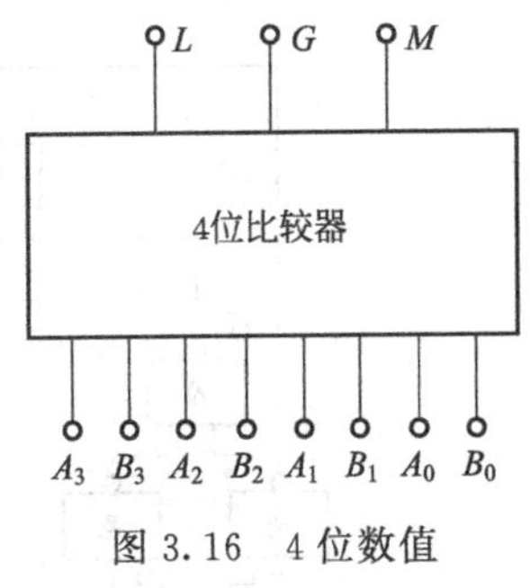

图 3.16　4 位数值比较器示意框图

1）比较方法及输出/输入之间的因果关系分析

从最高位开始，依次逐位比较，直到比较出结果。

（1）当 $A_3>B_3$ 时，则 $A>B$，$L_3=1$，$G_3=M_3=0$。

（2）当 $A_3=B_3$，即 $G_3=1$ 时，若 $A_2>B_2$，则 $A>B$，$L_2=1$，$G_2=M_2=0$。

（3）当 $A_3=B_3$，$A_2=B_2$，即 $G_3=G_2=1$ 时，若 $A_1>B_1$，则 $A>B$，$L_1=1$，$G_1=M_1=0$。

（4）当 $A_3=B_3$，$A_2=B_2$，$A_1=B_1$，即 $G_3=G_2=G_1=1$ 时，若 $A_0>B_0$，则 $A>B$，$L_0=1$，$G_0=M_0=0$。

对于 $A>B$，即 $L=1$，上述 4 种情况为或的逻辑关系。

（5）只有当 $A_3=B_3$，$A_2=B_2$，$A_1=B_1$，$A_0=B_0$，即 $G_3=G_2=G_1=G_0=1$ 时，才会有 $A=B$，即 $G=1$。显然，对于 $A=B$，即 $G=1$，G_3、G_2、G_1、G_0 是与的逻辑关系。

(6) 如果 A 不大于 B 也不等于 B，即 $L=G=0$ 时，则 A 必然小于 B，即 $M=1$。

2）逻辑表达式

根据上面介绍的比较方法和输出/输入之间因果关系的分析，可以直接写出 L、G、M 的逻辑表达式：

$$L=L_3+G_3L_2+G_3G_2L_1+G_3G_2G_1L_0 \tag{3.10}$$

$$G=G_3G_2G_1G_0 \tag{3.11}$$

$$M=\overline{L}\,\overline{G}=\overline{L+G} \tag{3.12}$$

比照上述表达式，可得：

$$M=M_3+G_3M_2+G_3G_2M_1+G_3G_2G_1M_0 \tag{3.13}$$

$$G=G_3G_2G_1G_0 \tag{3.14}$$

$$L=\overline{M}\,\overline{G}=\overline{M+G} \tag{3.15}$$

3）逻辑图

变换表达式，利用图 3.15 所示 1 位数值比较器，可方便地画出 4 位数值比较器的逻辑图，如图 3.17 所示。

$$\begin{aligned}M&=\overline{\overline{M_3+G_3M_2+G_3G_2M_1+G_3G_2G_1M_0}}\\&=\overline{\overline{M_3}\cdot\overline{G_3M_3}\cdot\overline{G_3G_2M_1}\cdot\overline{G_3G_2G_1M_0}}\\&=\overline{\overline{M_3}(\overline{G_3}+\overline{M_2})(\overline{G_3}+\overline{G_2}+\overline{M_1})(\overline{G_3}+\overline{G_2}+\overline{G_1}+\overline{M_0})}\end{aligned} \tag{3.16}$$

$$G=\overline{\overline{G_3}+\overline{G_2}+\overline{G_1}+\overline{G_0}} \tag{3.17}$$

$$L=\overline{M+G} \tag{3.18}$$

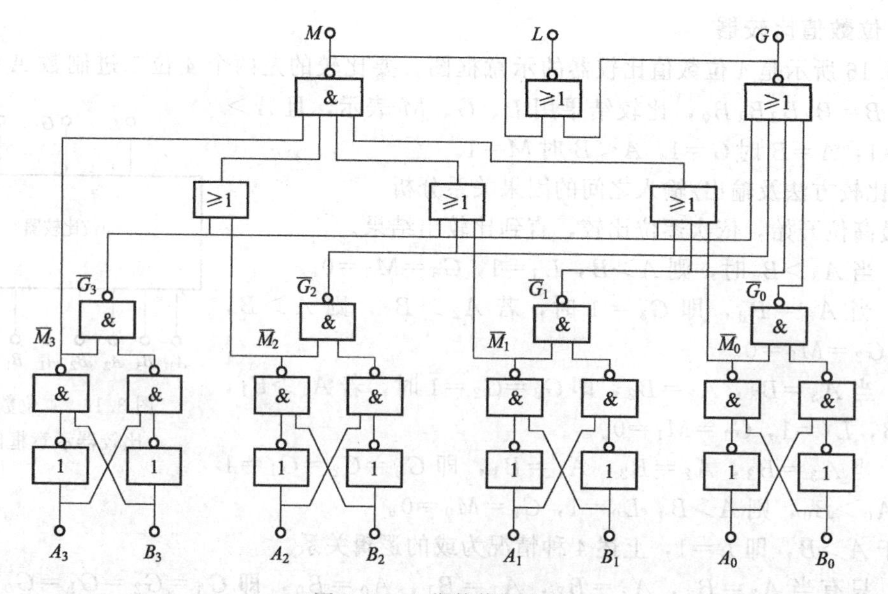

图 3.17 4 位数值比较器

3. 集成比较器

把实现数值比较功能的电路集成在一块芯片上，便构成集成数值比较器，表 3.8 所示是 4 位集成数值比较器 74LS85 的真值表。其中，级联输入供扩展使用。

图 3.18 所示是两片 4 位数值比较器组成 8 位数值比较器的接线图。

表 3.8 4 位集成数值比较器的真值表

比较输入				级联输入			输出		
A_3 B_3	A_2 B_2	A_1 B_1	A_0 B_0	M'	G'	L'	M	G	L
$A_3>B_3$	×	×	×	×	×	×	0	0	1
$A_3=B_3$	$A_2>B_2$	×	×	×	×	×	0	0	1
$A_3=B_3$	$A_2=B_2$	$A_1>B_1$	×	×	×	×	0	0	1
$A_3=B_3$	$A_2=B_2$	$A_1=B_1$	$A_0>B_0$	×	×	×	0	0	1
$A_3=B_3$	$A_2=B_2$	$A_1=B_1$	$A_0=B_0$	0	0	1	0	0	1
$A_3=B_3$	$A_2=B_2$	$A_1=B_1$	$A_0=B_0$	0	1	0	0	1	0
$A_3=B_3$	$A_2=B_2$	$A_1=B_1$	$A_0=B_0$	1	0	0	1	0	0
$A_3<B_3$	×	×	×	×	×	×	1	0	0
$A_3=B_3$	$A_2<B_2$	×	×	×	×	×	1	0	0
$A_3=B_3$	$A_2=B_2$	$A_1<B_1$	×	×	×	×	1	0	0
$A_3=B_3$	$A_2=B_2$	$A_1=B_1$	$A_0<B_0$	×	×	×	1	0	0

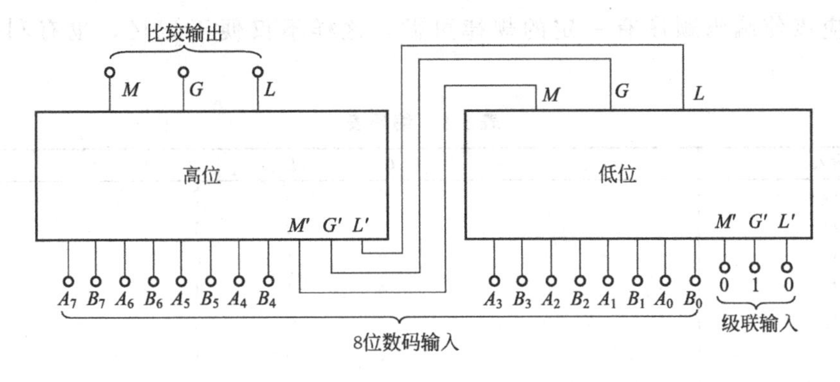

图 3.18 两片 CMOS 4 位数值比较器组成 8 位数值比较器的连接

请用实验验证图 3.18 所示的电路功能（或用 Multisim 软件仿真）。

思考题

1. 比较器 74LS85 的多个输出端可以同时为高电平吗？

2. 除 $A<B$ 输入端以外，如果 74LS85 比较器的所有输入端都为低电平，输出是什么？

3. 比较器 74LS85 不级联时，其 3 个级联输入端分别接什么电平？

3.3.3 编码器

1. 编码

在数字设备中，数据和信息是用 0 和 1 组成的二进制代码来表示的。将若干个 0 和

1按一定规律编排在一起，编成不同的代码，并且赋予每个代码固定的含义，这就叫编码。例如，可用3位二进制数组成的编码表示十进制数0～7，十进制数0编成二进制数码000，十进制数1编成二进制数码001，十进制数2编成二进制数码010，等等。常用的编码有BCD码、循环码（格雷码）等。用来完成编码工作的数字电路统称为编码器。

2. 二进制编码器

将一般信号编为二进制代码的电路称为二进制编码器。1位二进制代码可以表示2个信号，2位二进制代码有00、01、10、11 4种组合，代表4个信号。依次类推，n位二进制代码可表示2^n个信号。

【例3.7】 设计一个编码器，将I_0～I_7 8个信号编成二进制代码。

解：(1) 分析题意，列出输入/输出关系。3位二进制代码的组合关系是$2^3=8$，因此I_0～I_7的8个信号可用3位二进制代码表示。设A、B、C为3位二进制代码，列出设计框图，如图3.19所示。

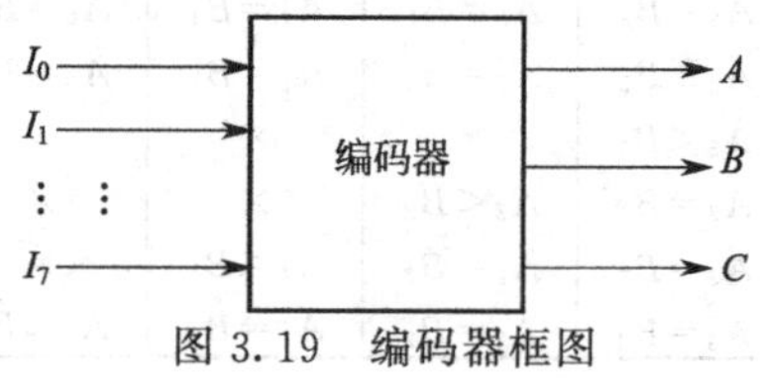

图3.19 编码器框图

(2) 列真值表。对输入信号编码，任一输入信号对应一个编码。由于题中未规定编码方案，所以本题有多种解答方案。但是一旦选择了某一种编码方案，就可列出编码表，如表3.9所示。在制定编码的时候，应该使编码顺序有一定的规律可循，这样不仅便于记忆，也有利于编码器的连接。

表3.9 编码表

输入	C	B	A
I_0	0	0	0
I_1	0	0	1
I_2	0	1	0
I_3	0	1	1
I_4	1	0	0
I_5	1	0	1
I_6	1	1	0
I_7	1	1	1

(3) 写出逻辑表达式。由编码表3.9直接写出输出量A、B、C的函数表达式，并化成与非式：

$$A=I_1+I_3+I_5+I_7=\overline{\overline{I_1}\cdot\overline{I_3}\cdot\overline{I_5}\cdot\overline{I_7}} \tag{3.19}$$

$$B=I_2+I_3+I_6+I_7=\overline{\overline{I_2}\cdot\overline{I_3}\cdot\overline{I_6}\cdot\overline{I_7}} \tag{3.20}$$

$$C=I_4+I_5+I_6+I_7=\overline{\overline{I_4}\cdot\overline{I_5}\cdot\overline{I_6}\cdot\overline{I_7}} \tag{3.21}$$

必须指出，在真值（编码）表3.9中，I_0项实际上是$I_7I_6\cdots I_0=00000001$的情况，其余情况类推。以输出$C$为例，$C$应为

$$C=\overline{I_7}\,\overline{I_6}\,\overline{I_5}I_4\overline{I_3}\,\overline{I_2}\,\overline{I_1}\,\overline{I_0}+\overline{I_7}\,\overline{I_6}I_5\overline{I_4}\,\overline{I_3}\,\overline{I_2}\,\overline{I_1}\,\overline{I_0}+\overline{I_7}I_6\overline{I_5}\,\overline{I_4}\,\overline{I_3}\,\overline{I_2}\,\overline{I_1}\,\overline{I_0}+I_7\overline{I_6}\,\overline{I_5}\,\overline{I_4}\,\overline{I_3}\,\overline{I_2}\,\overline{I_1}\,\overline{I_0}$$

将上式整理、化简后，得：

$$C=I_4+I_5+I_6+I_7$$

由于编码器的特殊性，在分析、设计时，可以从真值表中直接写出 A、B、C 的最简函数表达式。

(4) 画出逻辑电路，如图 3.20 所示。在［例 3.7］中，编码方案不同，其逻辑电路图也不同。

很明显，输出 A、B、C 只与当前输入 $I_0 \sim I_7$ 有关，所以是组合逻辑电路。但在本例中，虽然输入变量 I_0 没用上，但当 $I_1 \sim I_7$ 全为 0 时，表示 I_0 等于 1（有输入）的情况，隐含在其中。

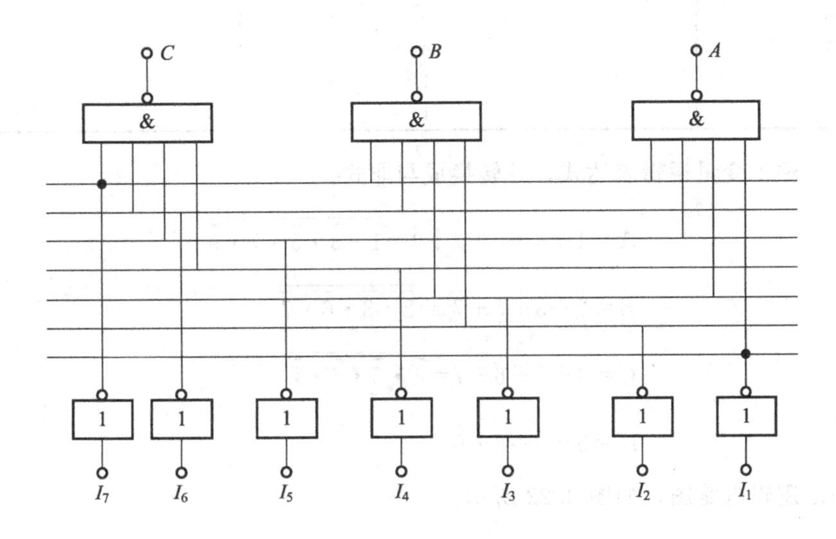

图 3.20　逻辑电路图

提示

(1) 在任一时刻，只能对 8 个输入变量中的 1 个信号编码。

(2) 在图中，输入变量为高电平有效。在任意时刻，有 1 个输入为 1 时，其余均为 0。

(3) 图中 I_0 的编码是隐含的，当 $I_1 \sim I_7$ 均为 0 时，电路输出就是 I_0 的编码。

3. 二—十进制编码器

二—十进制编码器执行的逻辑功能是将十进制数 0～9 的 10 个数编为二—十进制代码。二—十进制代码（简称 BCD 码）是用 4 位二进制代码来表示 1 位十进制数。4 位二进制数码有 16 种不同的组合，可以从中取 10 种来表示 0～9 这 10 个数字。二—十进制编码方案很多，常用的有 8421BCD 码、2421BCD 码、余 3 码等。对于每一种编码，都可设计出相应的编码器。下面以常用的 8421BCD 码为例，说明二—十进制编码器的设计过程。

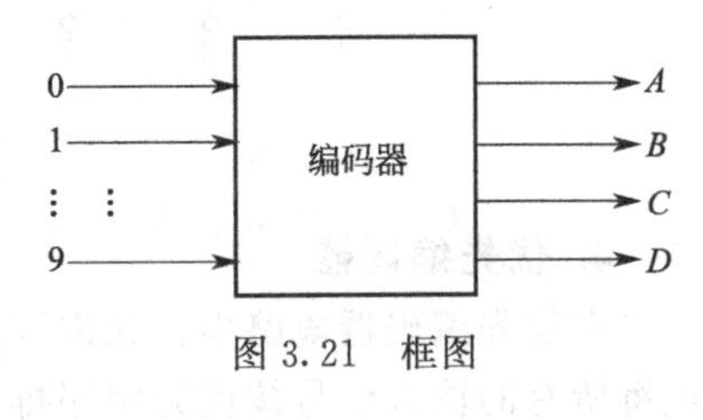

图 3.21　框图

【例 3.8】 设计一个 8421BCD 码编码器。

解：(1) 分析题意，确定输入/输出变量。设输入信号为 0～9，输出信号为 A、B、C、

D，列出设计框图，如图 3.21 所示。

（2）列出真值表。采用 8421BCD 码编码，得到真值表如表 3.10 所示。

表 3.10 ［例 3.8］的真值表

十进制数	D	C	B	A
0	0	0	0	0
1	0	0	0	1
2	0	0	1	0
3	0	0	1	1
4	0	1	0	0
5	0	1	0	1
6	0	1	1	0
7	0	1	1	1
8	1	0	0	0
9	1	0	0	1

（3）写出输出变量逻辑表达式，并转换成与非式：

$$A=1+3+5+7+9=\overline{\overline{1}\cdot\overline{3}\cdot\overline{5}\cdot\overline{7}\cdot\overline{9}} \tag{3.22}$$

$$B=2+3+6+7=\overline{\overline{2}\cdot\overline{3}\cdot\overline{6}\cdot\overline{7}} \tag{3.23}$$

$$C=4+5+6+7=\overline{\overline{4}\cdot\overline{5}\cdot\overline{6}\cdot\overline{7}} \tag{3.24}$$

$$D=8+9=\overline{\overline{8}\cdot\overline{9}} \tag{3.25}$$

（4）画出逻辑电路图，如图 3.22 所示。

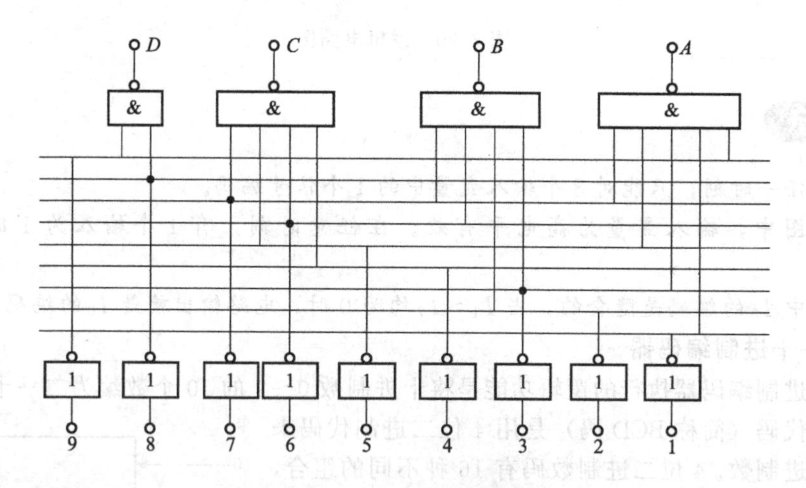

图 3.22 逻辑电路图

4. 优先编码器

在优先编码器电路中，允许同时输入两个以上编码信号。不过在设计优先编码器时，已经将所有的输入信号按优先顺序排了队，当几个输入信号同时出现时，只对其中优先权最高的一个编码。

表 3.11 所示为 8 线—3 线优先编码器 74LS148 的功能表，其输入与输出均以低电平作为有效信号。

表 3.11　74LS148 的功能表

输入									输出				
$\overline{S}$	$\overline{I}_0$	$\overline{I}_1$	$\overline{I}_2$	$\overline{I}_3$	$\overline{I}_4$	$\overline{I}_5$	$\overline{I}_6$	$\overline{I}_7$	$\overline{Y}_2$	$\overline{Y}_1$	$\overline{Y}_0$	$\overline{Y}_S$	$\overline{Y}_{EX}$
1	×	×	×	×	×	×	×	×	1	1	1	1	1
0	1	1	1	1	1	1	1	1	1	1	1	0	1
0	×	×	×	×	×	×	×	0	0	0	0	1	0
0	×	×	×	×	×	×	0	1	0	0	1	1	0
0	×	×	×	×	×	0	1	1	0	1	0	1	0
0	×	×	×	×	0	1	1	1	0	1	1	1	0
0	×	×	×	0	1	1	1	1	1	0	0	1	0
0	×	×	0	1	1	1	1	1	1	0	1	1	0
0	×	0	1	1	1	1	1	1	1	1	0	1	0
0	0	1	1	1	1	1	1	1	1	1	1	1	0

由表 3.11 不难看出，在 $\overline{S}=0$，电路正常工作状态下，允许 $\overline{I}_0 \sim \overline{I}_7$ 当中同时有几个输入端为低电平，即有编码输入信号。$\overline{I}_7$ 的优先权最高，$\overline{I}_0$ 的优先权最低。当$\overline{I}_7=0$ 时，无论其他输入端有无输入信号（表中以“×”表示），输出端只给出$\overline{I}_7$ 的编码，即$\overline{Y}_2\,\overline{Y}_1\,\overline{Y}_0=000$。当$\overline{I}_7=1$，$\overline{I}_6=0$ 时，无论其余输入端有无输入信号，只对$\overline{I}_6$ 编码，输出为$\overline{Y}_2\,\overline{Y}_1\,\overline{Y}_0=001$。其余的输入状态请读者自行分析。

表中出现的 3 种$\overline{Y}_2\,\overline{Y}_1\,\overline{Y}_0=111$ 的情况，可以用$\overline{Y}_S$ 和$\overline{Y}_{EX}$的不同状态来区分。

(1) $\overline{S}$ 为输入控制端（或称选通输入端），低电平有效，即当 $\overline{S}$ 等于 0 时，允许编码；当 $\overline{S}$ 等于 1 时，禁止编码。

(2) $\overline{Y}_S$ 为选通输出端，$\overline{Y}_{EX}$ 为扩展端，用于扩展编码器的功能。例如，计算机的键盘输入逻辑电路就是由编码器组成的。

下面通过一个具体的例子说明利用信号实现电路功能扩展的方法。

【例 3.9】 试用两片 74LS148 接成 16 线—4 线优先编码器，将$\overline{A}_0 \sim \overline{A}_{15}$ 16 个低电平输入信号编为 0000～1111 的 16 个 4 位二进制代码。其中，$\overline{A}_{15}$ 的优先权最高，$\overline{A}_0$ 的优先权最低。

解： 由于每片 74LS148 只有 8 个编码输入，所以需将 16 个输入信号分别接到两片上。现将$\overline{A}_{15} \sim \overline{A}_8$ 8 个优先权高的输入信号接到第 1 片的$\overline{I}_7 \sim \overline{I}_0$ 输入端，将$\overline{A}_7 \sim \overline{A}_0$ 8 个优先权低的输入信号接到第 2 片的$\overline{I}_7 \sim \overline{I}_0$。

按照优先顺序的要求，只有$\overline{I}_{15} \sim \overline{I}_8$ 均无输入信号时，才允许对$\overline{I}_7 \sim \overline{I}_0$ 的输入信号编码。因此，只要把第 1 片的“无编码信号输入”信号$\overline{Y}_S$ 作为第 2 片的选通输入信号 $\overline{S}$ 就行了。

此外，当第 1 片有编码信号输入时，其$\overline{Y}_{EX}=0$；无编码信号输入时，$\overline{Y}_{EX}=1$，正好可以用它作为输出编码的第 4 位，以区分 8 个高优先权输入信号和 8 个低优先权输入信号的编码。编码输出的低 3 位应为两片输出与$\overline{Y}_2$、$\overline{Y}_1$、$\overline{Y}_0$ 的逻辑或。

依照上述分析，得到如图 3.23 所示的逻辑图。

由图 3.23 可见，当$\overline{A}_{15} \sim \overline{A}_8$ 中任一输入端为低电平时，例如$\overline{A}_{11}=0$，则片的$\overline{Y}_{EX}=0$，$Z_3=1$，$\overline{Y}_2\,\overline{Y}_1\,\overline{Y}_0=100$。同时，片 1 的$\overline{Y}_S=1$，将片封锁，使其输出$\overline{Y}_2\,\overline{Y}_1\,\overline{Y}_0=111$。于是，

在最后的输出端得到 $Z_3Z_2Z_1Z_0=1011$。如果$\overline{A}_{15}\sim\overline{A}_8$ 中同时有几个输入端为低电平，则只对其中优先权最高的一个信号编码。

当$\overline{A}_{15}\sim\overline{A}_8$ 全部为高电平（没有编码输入信号）时，片 1 的$\overline{Y}_S=0$，故片 2 的 $\overline{S}=0$，处于编码工作状态，对$\overline{A}_7\sim\overline{A}_0$ 输入的低电平信号中优先权最高的一个编码。例如$\overline{A}_5=0$，则片 2 的$\overline{Y}_2\ \overline{Y}_1\ \overline{Y}_0=010$。而此时片 1 的$\overline{Y}_{EX}=1$，$Z_3=0$。片 1 的$\overline{Y}_2\ \overline{Y}_1\ \overline{Y}_0=111$。于是，在输出得到 $Z_3Z_2Z_1Z_0=0101$。

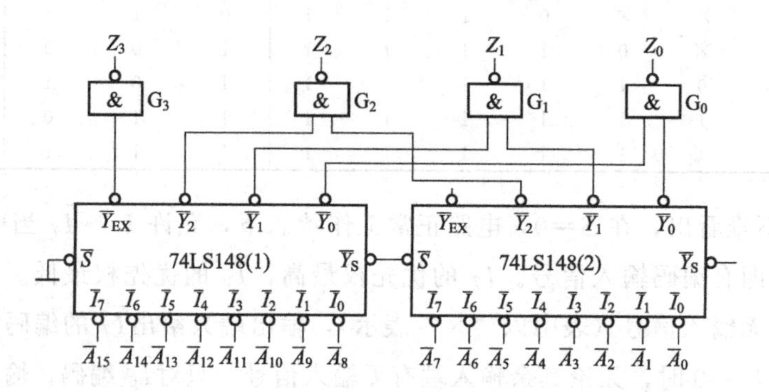

图 3.23 用两片 74LS148 接成的 16 线—4 线优先编码器

请用实验验证图 3.23 所示的电路功能（或用 Multisim 软件仿真）。

思考题

1. 如果多个输入作用在优先编码器的输入端，哪一个输入将被编码？
2. 优先编码器 74LS148 的 5 个输出端是什么？它们是低电平有效，还是高电平有效？
3. 在什么情况下，编码器输入的编码信号是相互排斥的？

3.3.4 译码器

编码是给每个代码赋予一个特定的信息。译码为编码的逆过程，它将每一个代码的信息“翻译”出来，即将每一个代码译为一个特定的输出信号。能完成这种功能的逻辑电路称为译码器。

译码器的种类很多，归纳为二进制译码器、二—十进制译码器和显示译码器。

1. 二进制译码器

二进制译码器的输入为二进制码，若输入有 n 位，数码组合有 2^n 种，可译出 2^n 个输出信号。

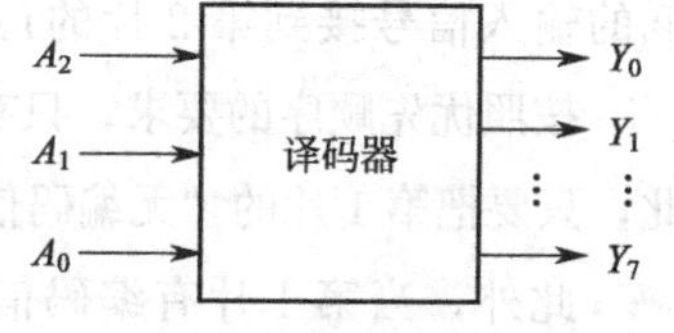

图 3.24 译码器框图

【例 3.10】 设计一个 3 位二进制译码器。输入 3 位二进制代码 $A_2A_1A_0$，输出信号 $Y_7Y_6\cdots Y_0$。

解：(1) 根据题意，画出译码器框图如图 3.24 所示，列出真值表如表 3.12 所示。必须指出，译码器的输出不能直接给出数字符号，只能给出电位，即逻辑 1 或 0。在这里，逻辑 1 表示有信号输出，0 表示无信号输出。当然，也可以用 0 表示有信号输出，例如在 74LS138 译码器中就是这样表示的。

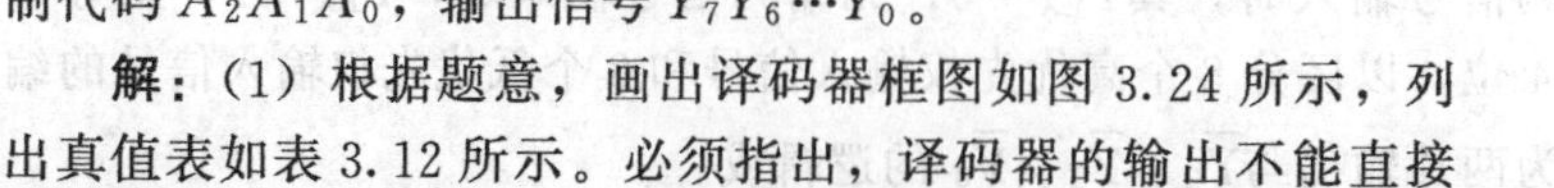

(2) 列出逻辑表达式如下所示：

$$Y_0=\overline{A}_2\,\overline{A}_1\,\overline{A}_0 \qquad Y_1=\overline{A}_2\,\overline{A}_1A_0$$

$$Y_2=\overline{A}_2A_1\overline{A}_0 \qquad Y_3=\overline{A}_2A_1A_0$$

$$Y_4=A_2\overline{A}_1\,\overline{A}_0 \qquad Y_5=A_2\overline{A}_1A_0$$

$$Y_6=A_2A_1\overline{A}_0 \qquad Y_7=A_2A_1A_0$$

表 3.12　［例 3.10］的真值表

输　入			输　出							
A_2	A_1	A_0	Y_7	Y_6	Y_5	Y_4	Y_3	Y_2	Y_1	Y_0
0	0	0	0	0	0	0	0	0	0	1
0	0	1	0	0	0	0	0	0	1	0
0	1	0	0	0	0	0	0	1	0	0
0	1	1	0	0	0	0	1	0	0	0
1	0	0	0	0	0	1	0	0	0	0
1	0	1	0	0	1	0	0	0	0	0
1	1	0	0	1	0	0	0	0	0	0
1	1	1	1	0	0	0	0	0	0	0

（3）画出逻辑电路图。请读者根据逻辑表达式自行画出逻辑电路图。

图 3.25(a)、(b)所示是常用中规模集成电路 74LS138 3—8 译码器的引脚图和逻辑电路图，表 3.13 所示为 74LS138 译码器的真值表。

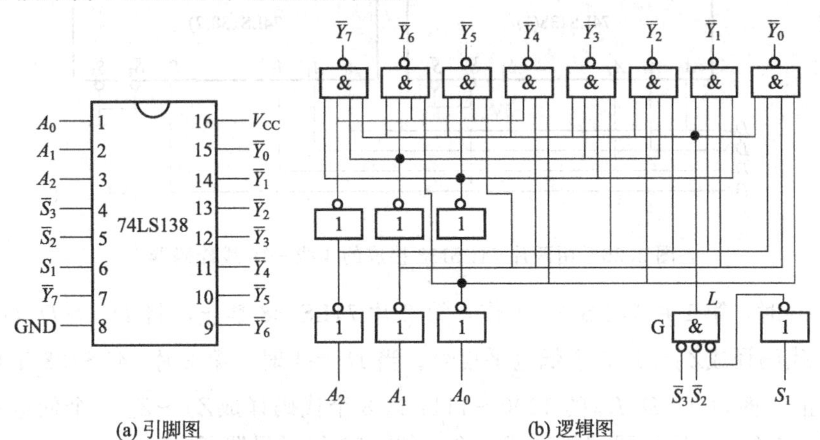

(a) 引脚图　　(b) 逻辑图

图 3.25　74LS138 译码器引脚图与逻辑图

表 3.13　74LS138 译码器真值表

输入					输出							
S_1	$\overline{S}_2+\overline{S}_3$	A_2	A_1	A_0	$\overline{Y}_0$	$\overline{Y}_1$	$\overline{Y}_2$	$\overline{Y}_3$	$\overline{Y}_4$	$\overline{Y}_5$	$\overline{Y}_6$	$\overline{Y}_7$
0	×	×	×	×	1	1	1	1	1	1	1	1
×	1	×	×	×	1	1	1	1	1	1	1	1
1	0	0	0	0	0	1	1	1	1	1	1	1
1	0	0	0	1	1	0	1	1	1	1	1	1
1	0	0	1	0	1	1	0	1	1	1	1	1
1	0	0	1	1	1	1	1	0	1	1	1	1
1	0	1	0	0	1	1	1	1	0	1	1	1
1	0	1	0	1	1	1	1	1	1	0	1	1
1	0	1	1	0	1	1	1	1	1	1	0	1
1	0	1	1	1	1	1	1	1	1	1	1	0

提示

74LS138的输出为输入代码变量全部8个最小项，任一个逻辑函数都可以变换为标准与或表达式和与非—与非表达式，所以译码器可用来实现多输出逻辑函数。用译码器实现逻辑函数时，逻辑函数的变量数应与译码器输入的代码变量数相等。

【例3.11】 试用两片3线—8线译码器74LS138组成4线—16线译码器，将输入的4位二进制代码$D_3D_2D_1D_0$译成16个独立的低电平信号$\overline{Z}_0\sim\overline{Z}_{15}$。

解：由图3.25可见，74LS138仅有3个地址输入端A_2、A_1、A_0。如果想对4位二进制代码译码，只能利用一个附加控制端（S_1、$\overline{S}_2$、$\overline{S}_3$当中的一个）作为第4个地址输入端。

取第1片74LS138的$\overline{S}_2$和$\overline{S}_3$作为它的第4个地址输入端（同时令$S_1=1$），取第2片的S_1作为它的第4个地址输入端（同时令$\overline{S}_2=\overline{S}_3=0$），取两片的$A_2=D_2$、$A_1=D_1$、$A_0=D_0$，并将第1片的$\overline{S}_2$和$\overline{S}_3$接$D_3$，将第2片的$S_1$接$D_3$，如图3.26所示。

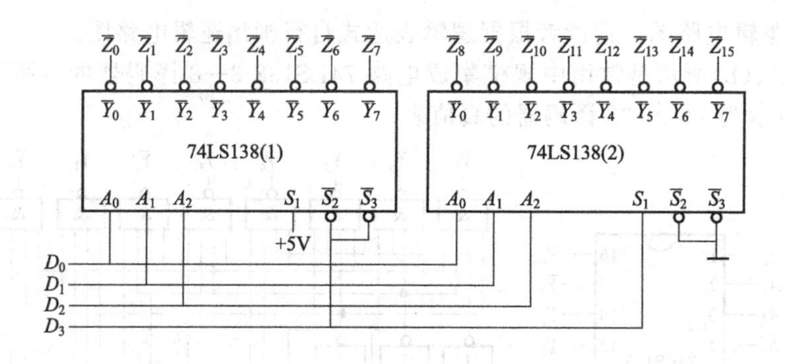

图3.26　用两片74LS138接成的4线—16线译码器

当$D_3=0$时，第1片74LS138工作，第2片74LS138禁止，将$D_3D_2D_1D_0$的0000～0111这8个代码译成$\overline{Z}_0\sim\overline{Z}_7$8个低电平信号。当$D_3=1$时，第2片74LS138工作，第1片74LS138禁止，将$D_3D_2D_1D_0$的1000～1111这8个代码译成$\overline{Z}_8\sim\overline{Z}_{15}$8个低电平信号。这样，就将两个3线—8线译码器扩展成一个4线—16线译码器了。

提示

请用实验验证图3.26所示的电路功能（或用Multisim软件仿真）。

2. 二—十进制译码器

8421BCD码是最常用的二—十进制码，它用二进制码0000～1001来代表十进制数0～9。因此，这种译码器应有4个输入端和10个输出端。若译码结果为低电平有效，则输入一组二进制码，对应的一个输出端为0，其余为1，表示翻译了二进制码所对应的十进制数。

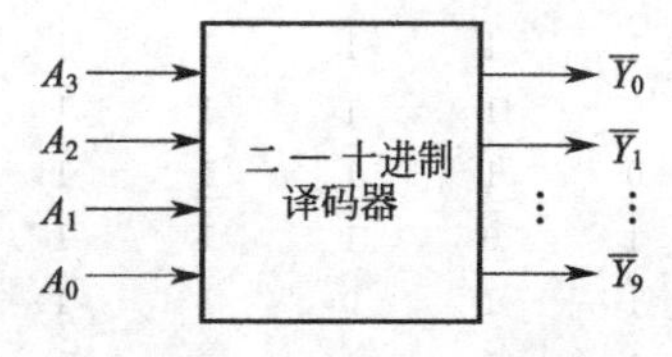

图3.27　二—十译码器框图

设二进制输入为$A_3A_2A_1A_0$，输出为$\overline{Y}_9\ \overline{Y}_8\cdots\overline{Y}_0$，实现上述功能的二—十进制译码器逻辑框图如图3.27所示，真值表如表3.14所示。

表 3.14　8421BCD 译码器真值表

输入				输出									
A_3	A_2	A_1	A_0	$\overline{Y}_9$	$\overline{Y}_8$	$\overline{Y}_7$	$\overline{Y}_6$	$\overline{Y}_5$	$\overline{Y}_4$	$\overline{Y}_3$	$\overline{Y}_2$	$\overline{Y}_1$	$\overline{Y}_0$
0	0	0	0	1	1	1	1	1	1	1	1	1	0
0	0	0	1	1	1	1	1	1	1	1	1	0	1
0	0	1	0	1	1	1	1	1	1	1	0	1	1
0	0	1	1	1	1	1	1	1	1	0	1	1	1
0	1	0	0	1	1	1	1	1	0	1	1	1	1
0	1	0	1	1	1	1	1	0	1	1	1	1	1
0	1	1	0	1	1	1	0	1	1	1	1	1	1
0	1	1	1	1	1	0	1	1	1	1	1	1	1
1	0	0	0	1	0	1	1	1	1	1	1	1	1
1	0	0	1	0	1	1	1	1	1	1	1	1	1
1	0	1	0	×	×	×	×	×	×	×	×	×	×
1	0	1	1	×	×	×	×	×	×	×	×	×	×
1	1	0	0	×	×	×	×	×	×	×	×	×	×
1	1	0	1	×	×	×	×	×	×	×	×	×	×
1	1	1	0	×	×	×	×	×	×	×	×	×	×
1	1	1	1	×	×	×	×	×	×	×	×	×	×

根据表 3.14，得出$\overline{Y}_9\ \overline{Y}_8\cdots\overline{Y}_0$的最简逻辑表达式，从而画出二—十进制译码器的逻辑电路图，如图 3.28 所示。

常用的中规模集成电路二—十进制译码器中，74LS42 为 8421BCD 码二—十进制译码器，74LS43 为余 3 码二—十进制译码器等。由于篇幅有限，这里不再详细介绍，读者可查阅有关半导体器件手册。

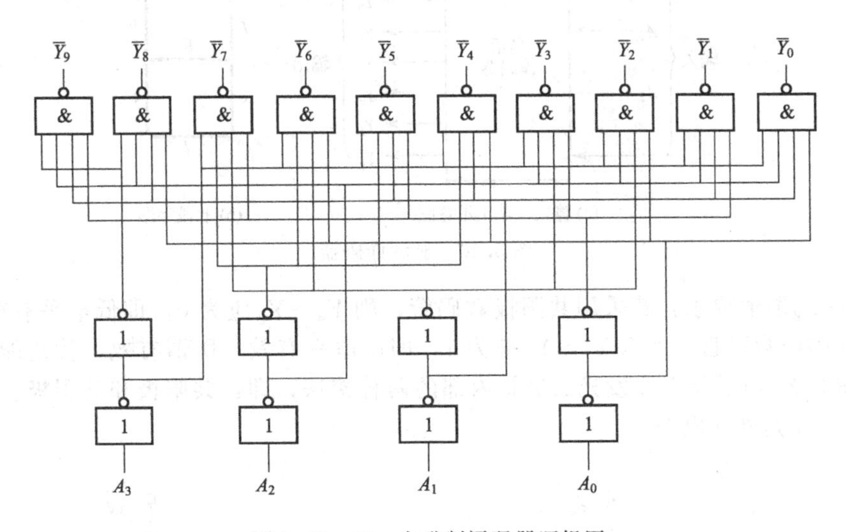

图 3.28　二—十进制译码器逻辑图

3. 显示译码器

在数字系统和装置中，经常需要把数字、文字和符号等的二进制编码翻译成人们习惯的形式直观地显示出来，以便查看和对话。由于各种工作方式的显示器件对译码器的要求区别很大，实际工作中又希望显示器和译码器配合使用，甚至直接利用译码器驱动显示器，因此，人们把这种类型的译码器叫做显示译码器。要弄懂显示译码器，对最常用的显示器必须有所了解。

1）两种常用的数码显示器

（1）半导体显示器：某些特殊的半导体材料，例如用磷砷化镓制作的PN结，当外加正向电压时，可以将电能转换成光能，发出清晰、悦目的光线。利用这样的PN结，既可以封装成单个的发光二极管（LED），也可以封装成分段式（或者点阵式）的显示器件，如图3.29所示。半导体显示器的特点是清晰悦目、工作电压低（1.5～3V）、体积小、寿命长（>1000h）、响应速度快（1～100ns）、颜色丰富（有红、绿、黄等色）、可靠。

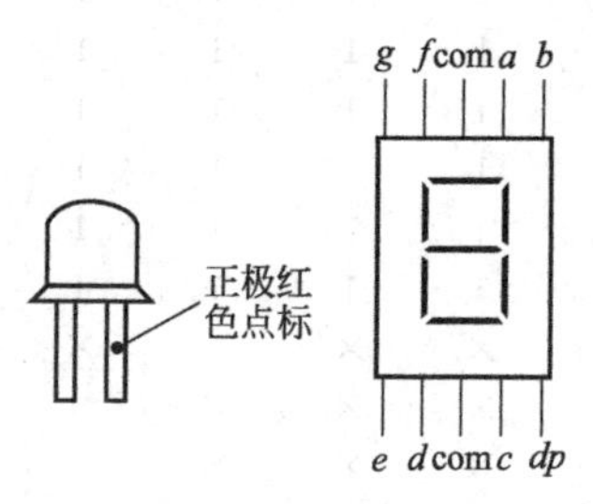

图3.29　半导体显示器

（2）液晶显示器：液晶显示器（LCD）是一种平板薄型显示器件，其驱动电压很低，工作电流极小，与CMOS电路结合可组成微功耗系统，广泛地用于电子钟表、电子计算器及各种仪器和仪表中。液晶是一种介于晶体和液体之间的有机化合物，常温下既有液体的流动性和连续性，又有晶体的某些光学特性。液晶显示器本身不发光，在黑暗中不能显示数字，它依靠在外界电场作用下产生的光电效应，调制外界光线，使液晶的不同部位显现出反差，从而显示出字形。

2）显示译码器

设计显示译码器，首先要考虑显示器的字形。现以驱动七段发光二极管的二—十进制译码器为例，说明显示译码器的设计过程。

（1）逻辑分析：输入为8421BCD码，输出是驱动七段发光二极管显示字形的信号——Y_a、Y_b、Y_c、Y_d、Y_e、Y_f、Y_g。示意图如图3.30所示。

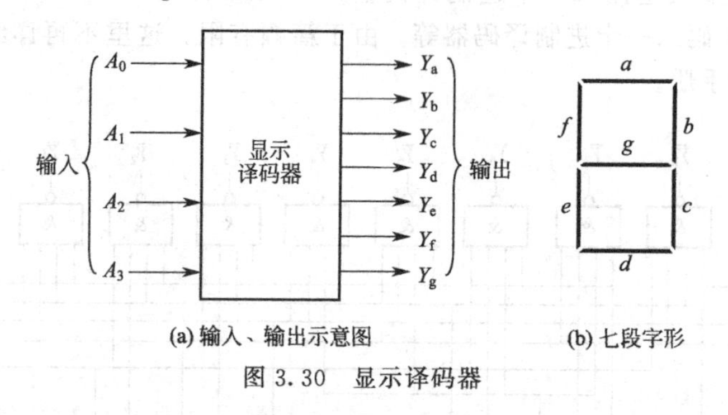

图3.30　显示译码器

① $Y_a \sim Y_g$取值要求：若采用共阳极数码管，则$Y_a \sim Y_g$应为0，即低电平有效；反之，如果采用共阴极数码管，那么$Y_a \sim Y_g$应为1，即高电平有效。所谓有效，就是能驱动显示段发光。图3.31所示是七段发光二极管内部的两种接法，即：共阳极和共阴极。R是外接限流电阻，V_{CC}是外接电源。

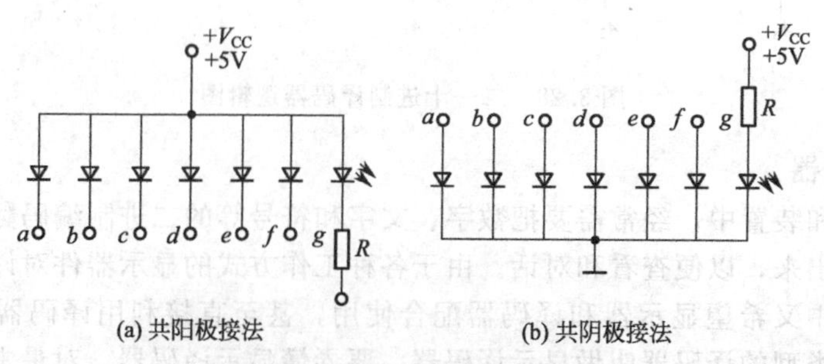

图3.31　七段发光二极管的两种接法

② 列真值表：假定采用共阳极数码管，真值表如表 3.15 所示。

表 3.15　显示译码器的真值表

输入				输出							字形
A_3	A_2	A_1	A_0	Y_a	Y_b	Y_c	Y_d	Y_e	Y_f	Y_g	
0	0	0	0	0	0	0	0	0	0	1	0
0	0	0	1	1	0	0	1	1	1	1	1
0	0	1	0	0	0	1	0	0	1	0	2
0	0	1	1	0	0	0	0	1	1	0	3
0	1	0	0	1	0	0	1	1	0	0	4
0	1	0	1	0	1	0	0	1	0	0	5
0	1	1	0	0	1	0	0	0	0	0	6
0	1	1	1	0	0	0	1	1	1	1	7
1	0	0	0	0	0	0	0	0	0	0	8
1	0	0	1	0	0	0	0	1	0	0	9

(2) 逻辑表达式：利用卡诺图化简时，注意伪码对应的最小项是约束项。为了获得最简与或非表达式，以便用与或非门实现，应合并卡诺图中值为 0 的最小项。先求出反函数的最简与或表达式，再取反，得到最简与或非表达式。例如，要求 Y_a 的最简与或非表达式，根据表 3.14 所示真值表中 Y_a 的取值情况，画出卡诺图，如图 3.32 所示。

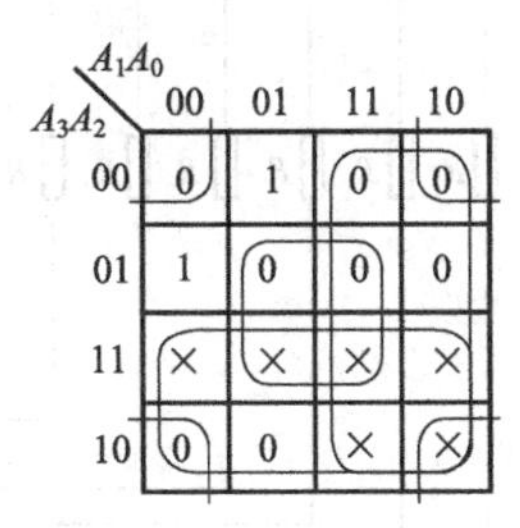

图 3.32　Y_a 的卡诺图

合并值为 0 的最小项（约束项当 0 处理），得到：

$$\overline{Y}_a = A_3 + A_1 + A_2A_0 + \overline{A}_2\,\overline{A}_0$$

再取反，得到：

$$Y_a = \overline{\overline{Y}}_a = \overline{A_3 + A_1 + A_2A_0 + \overline{A}_2\,\overline{A}_0} \tag{3.26}$$

用同样方法，求得 $Y_b \sim Y_g$ 的最简与或非表达式：

$$Y_b = \overline{\overline{A}_2 + \overline{A}_1\,\overline{A}_0 + A_1A_0} \tag{3.27}$$

$$Y_c = \overline{A_2 + \overline{A}_1 + A_0} \tag{3.28}$$

$$Y_d = \overline{A_3 + \overline{A}_2\,\overline{A}_1\,\overline{A}_0 + A_2\,\overline{A}_1A_0 + \overline{A}_2A_1A_0} \tag{3.29}$$

$$Y_e = \overline{\overline{A}_2\,\overline{A}_0 + A_1\,\overline{A}_0} \tag{3.30}$$

$$Y_f = \overline{A_3 + \overline{A}_1\,\overline{A}_0 + A_2\,\overline{A}_1 + A_2\,\overline{A}_0} \tag{3.31}$$

$$Y_g = \overline{A_3 + A_2\,\overline{A}_1 + \overline{A}_2A_1 + A_2\,\overline{A}_0} \tag{3.32}$$

(3) 逻辑图和接线图：图 3.33 和图 3.34 所示是根据上述表达式画出的逻辑图和接线图。

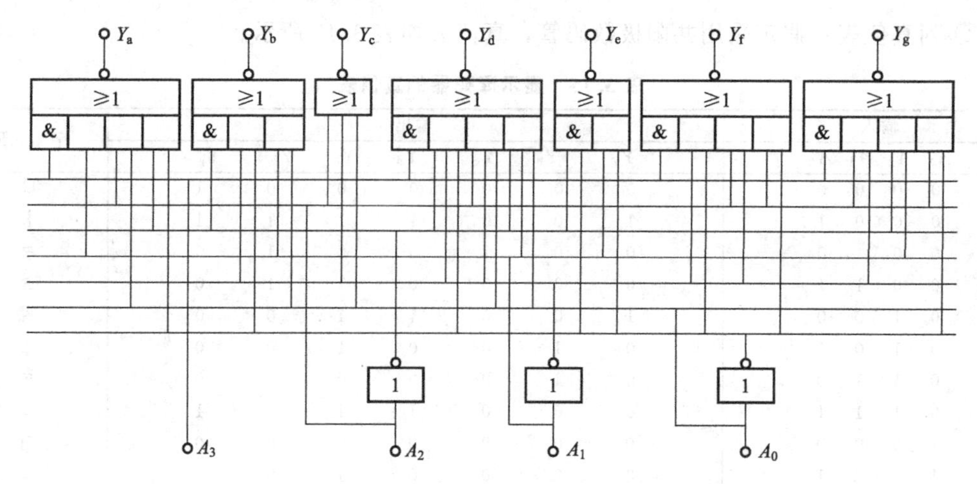

图 3.33　8421BCD 码输入的显示译码器逻辑图

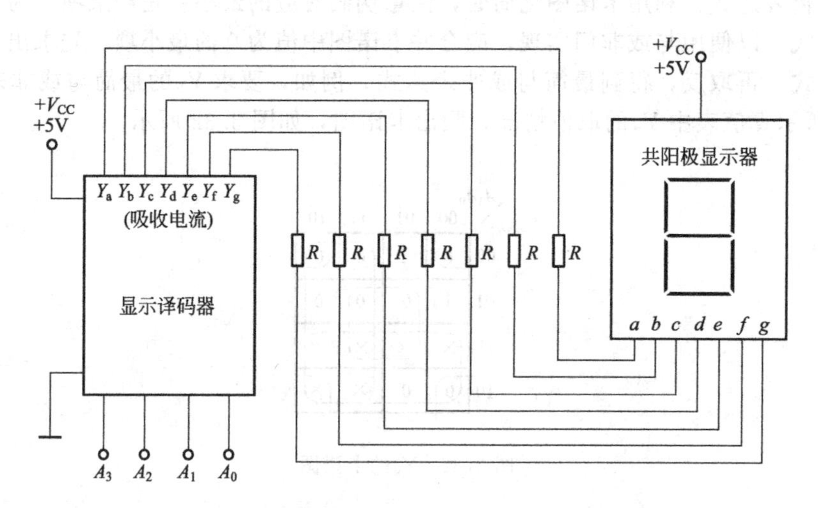

图 3.34　显示译码器与共阳极显示器的接线图

需要指出的是，由于采用了共阳极七段发光二极管显示器，因此，图 3.30 所示显示译码器的各个输出端，必须具有足够的吸收电流的能力，即带灌电流的能力，以驱动有关显示段发光。因为对于共阳极结构的显示器，电源正极接在阳极上，显示段发光时，其电流由阴极流出，进入译码器相应的输出端而形成灌电流负载，接线图如图 3.34 所示。

归纳

总之，显示译码器输出级的电路结构形式与所选用显示器的结构形式应相匹配，否则不仅不能正常工作，甚至会导致器件损坏。

3）集成显示译码器

由于显示器的种类较多，应用又十分广泛，因而厂家生产用于显示驱动的译码器也有不同的规格和品种。例如，用来驱动七段字形显示器的 BCD —七段字形译码器，就有适用于共阳极字形管的产品——OC 输出、无上拉电阻、0 电平驱动的 74247、74LS247 等，还有适用于共阴极字形管的产品——OC 输出、有 2kΩ 上拉电阻、1 电平驱动的 7448、74LS48、

74248、74LS248 等，以及 OC 输出、无上拉电阻、1 电平驱动的 74249、74LS249、7449 等。读者可根据需要查阅有关资料，这里不再赘述。

4. 用译码器实现逻辑函数

由译码器的工作原理可知，译码器可产生输入地址变量的全部最小项。例如对于一个 3—8 译码器，若输入为 A、B、C，可产生 8 个输出信号：$Y_0=\overline{A}\,\overline{B}\,\overline{C}$，$Y_1=\overline{A}\,\overline{B}C$，$Y_2=\overline{A}B\overline{C}$，$Y_3=\overline{A}BC$，$Y_4=A\overline{B}\,\overline{C}$，$Y_5=A\overline{B}C$，$Y_6=AB\overline{C}$，$Y_7=ABC$，即 $Y_0=m_0$，$Y_1=m_1$，$Y_2=m_2$，$Y_3=m_3$，$Y_4=m_4$，$Y_5=m_5$，$Y_6=m_6$，$Y_7=m_7$。而任何一个组合逻辑函数都可用最小项之和来表示，所以可以用译码器来产生逻辑函数的全部最小项，再用或门将所有最小项相加，实现组合逻辑函数。一个译码器可产生多个逻辑函数。

【例 3.12】 利用中规模集成电路 3—8 译码器，实现逻辑函数：

$$F(A,B,C)=\overline{A}\,\overline{B}\,\overline{C}+A\overline{B}\,\overline{C}+A\overline{B}C+ABC$$

解：(1) 将函数 $F(A,B,C)$ 写成最小项表达式：

$$F(A,B,C)=m_0+m_4+m_5+m_7$$

(2) 将函数输入变量 A、B、C 接到 3—8 译码器的 3 个输入端。集成电路译码器一般都是输出低电平有效，所以 3—8 译码器的输出对应为$\overline{Y}_0=\overline{m_0}$，$\overline{Y}_1=\overline{m_1}$，$\overline{Y}_2=\overline{m_2}$，$\overline{Y}_3=\overline{m_3}$，$\overline{Y}_4=\overline{m_4}$，$\overline{Y}_5=\overline{m_5}$，$\overline{Y}_6=\overline{m_6}$，$\overline{Y}_7=\overline{m_7}$。根据函数 F（A，B，C）的要求，只要将 4 个最小项取出并相与非，即得：

$$F=\overline{\overline{m_0}\,\overline{m_4}\,\overline{m_5}\,\overline{m_7}}=m_0+m_4+m_5+m_7$$

(3) 根据以上分析，画出符合题意的连线图，如图 3.35 所示。图中，3—8 译码器可用前面介绍的集成电路 74LS138 实现。

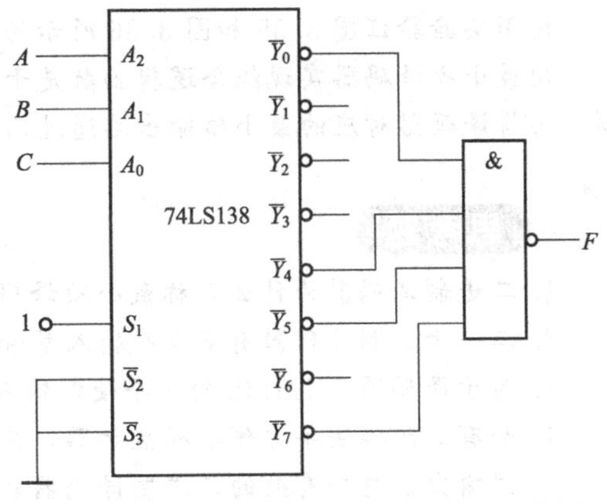

图 3.35　3—8 译码器实现逻辑函数的连线图

【图 3.13】 使用集成译码器设计一个全加器。

解：(1) 选择译码器。全加器有 3 个输入信号 A_i、B_i 和 C_{i-1}，2 个输出信号 S_i 和 C_i，则选 3 线—8 线译码器 74LS138。

(2) 写出最小项标准表达式。按 A_i、B_i、C_{i-1} 的顺序排列变量，再转换为与非表达式：

$$S_i=\overline{A}_i\overline{B}_iC_{i-1}+\overline{A}_iB_i\overline{C}_{i-1}+A_i\overline{B}_i\overline{C}_{i-1}+A_iB_iC_{i-1}$$

$$=m_1+m_2+m_4+m_7=\overline{\overline{m_1}\cdot\overline{m_2}\cdot\overline{m_4}\cdot\overline{m_7}}$$

$$C_i=\overline{A}_iB_iC_{i-1}+A_i\overline{B}_iC_{i-1}+A_iB_i\overline{C}_{i-1}+A_iB_iC_{i-1}$$

$$=m_3+m_5+m_6+m_7$$

$$=\overline{\overline{m_3}\cdot\overline{m_5}\cdot\overline{m_6}\cdot\overline{m_7}}$$

(3) 确认表达式。

$$A_2=A_i,A_1=B_i,A_0=C_{i-1}$$

$$S_i=\overline{\overline{Y}_1\cdot\overline{Y}_2\cdot\overline{Y}_4\cdot\overline{Y}_7}$$

$$C_i=\overline{\overline{Y}_3\cdot\overline{Y}_5\cdot\overline{Y}_6\cdot\overline{Y}_7}$$

（4）画出连线图，如图 3.36 所示。

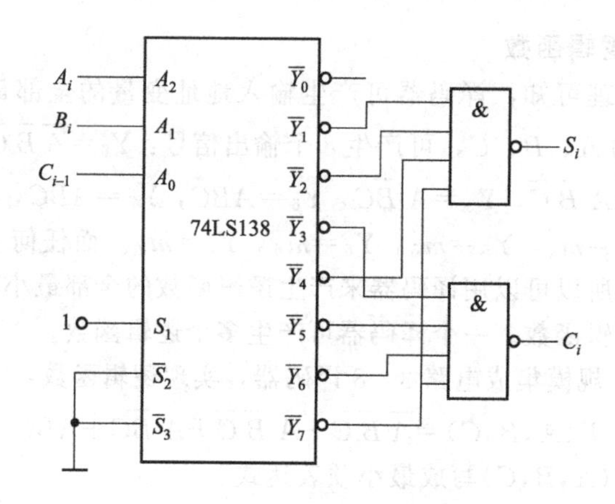

图 3.36 ［例 3.13］全加器连线图

请用实验验证图 3.35 和图 3.36 所示的电路功能（或用 Multisim 软件仿真）。

用最小项译码器实现组合逻辑函数是十分简便的。为此，先求出逻辑函数所包含的最小项，再将译码器对应的最小项输出端通过门电路组合起来，就可以实现该函数。

思考题

1. 二进制译码器为什么又称最小项译码器？
2. 二—十进制译码器有多少个输入端和输出端？
3. 对于译码器 74LS138 的 3 个使能输入端，只要一端满足条件，是否就可以工作？
4. 如有共阳接法半导体数码显示器，应选用什么输出电平有效的显示译码器？
5. 用输出低电平有效的二进制译码器实现逻辑函数时，应选用什么门电路？

3.3.5 数据选择器和分配器

1. 数据选择器

在多路数据传送过程中，能够根据需要，将其中任意一路挑选出来的电路，叫做数据选择器，也称多路选择器或多路开关。

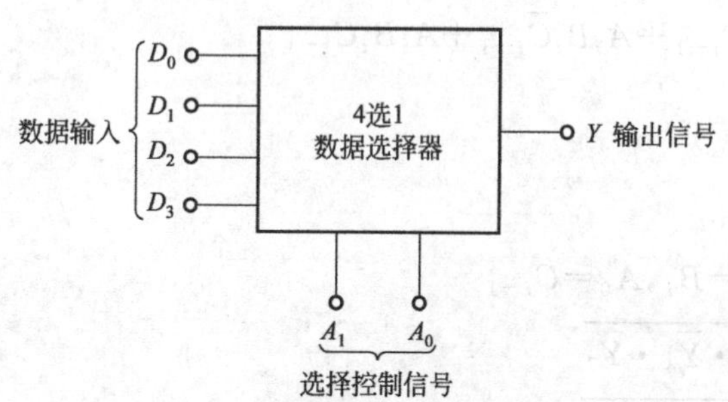

图 3.37 4 选 1 数据选择器示意框图

1）4 选 1 数据选择器

（1）输入、输出信号分析。

① 输入信号：4 路数据，用 D_0、D_1、D_2和 D_3表示；2 个选择控制信号，用 A_1和 A_0表示。

② 输出信号：用 Y 表示，它可以是 4 路输入数据中的任意一路。究竟是哪一路，完全由选择控制信号决定。示意框图如图 3.37 所示。

（2）选择控制信号状态约定。令 $A_1A_0=00$ 时 $Y=D_0$，$A_1A_0=01$ 时 $Y=D_1$，$A_1A_0=10$ 时 $Y=D_2$，$A_1A_0=11$ 时 $Y=D_3$。

（3）根据数据选择器的概念和 A_1A_0 状态的约定，列出如表 3.16 所示的真值表。

（4）逻辑表达式。由表 3.16 所示的真值表，得到：

$$Y=D_0\overline{A}_1\overline{A}_0+D_1\overline{A}_1A_0+D_2A_1\overline{A}_0+D_3A_1A_0 \tag{3.33}$$

表 3.16　4 选 1 数据选择器的真值表

输　入			输　出
D	A_1	A_0	Y
D_0	0	0	D_0
D_1	0	1	D_1
D_2	1	0	D_2
D_3	1	1	D_3

（5）逻辑图。在图 3.38 中，A_1A_0 也叫做地址码或地址控制信号。因为随着 A_1A_0 取值不同，与或门中被打开的与门随之变化，只有加在打开的与门输入端的数据，才能传送到输出端。

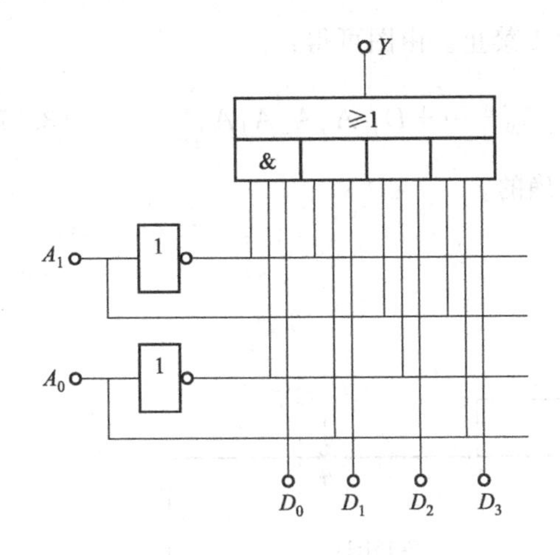

图 3.38　4 选 1 数据选择器

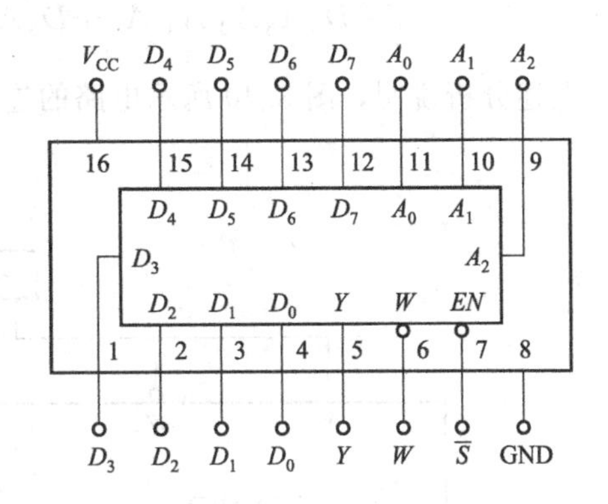

图 3.39　8 选 1 数据选择器引脚排列图

2）集成数据选择器

集成数据选择器的规格、品种较多，重要的是能够看懂其真值表，理解其逻辑功能。

（1）8 选 1 数据选择器。图 3.39 所示是集成 8 选 1 数据选择器（74151、74LS151、74251、74LS251）的引脚功能端排列图。8 选 1 数据选择器有 8 个数据输入端 $D_0\sim D_7$、3 个地址输入端 $A_0\sim A_2$、1 个选通控制端 $\overline{S}$ 以及 2 个互补的输出端 Y 和 W。

真值表如表 3.17 所示。由真值表可以明显看出：当选通输入端信号 $\overline{S}=1$ 时，选择器被禁止，$Y=0$，$\overline{Y}=1$，输入数据和地址均不起作用。当 $\overline{S}=0$ 时，选择器被选中，或者说其使能（工作）。

$$Y=D_0\overline{A}_2\overline{A}_1\overline{A}_0+D_1\overline{A}_2\overline{A}_1\overline{A}_0+\cdots+D_7A_2A_1A_0 \tag{3.34}$$

$$W=\overline{D}_0\overline{A}_2\overline{A}_1\overline{A}_0+\overline{D}_1\overline{A}_2\overline{A}_1A_0+\cdots+\overline{D}_7A_2A_1A_0 \tag{3.35}$$

表 3.17　8 选 1 数据选择器的真值表

型　号	输　入					输　出	
	D	A_2	A_1	A_0	$\overline{S}$	Y	W
74151 74S151 74LS151	×	×	×	×	1	0	1
	D_0	0	0	0	0	D_0	$\overline{D_0}$
	D_1	0	0	1	0	D_1	$\overline{D_1}$
	D_2	0	1	0	0	D_2	$\overline{D_2}$
	D_3	0	1	1	0	D_3	$\overline{D_3}$
	D_4	1	0	0	0	D_4	$\overline{D_4}$
	D_5	1	0	1	0	D_5	$\overline{D_5}$
	D_6	1	1	0	0	D_6	$\overline{D_6}$
	D_7	1	1	1	0	D_7	$\overline{D_7}$

（2）集成数据选择器的扩展。利用选通控制端，很容易扩展数据选择器的功能。将两片 74151 连接起来，构成 16 选 1 数据选择器，连线图如图 3.38 所示。当 $A_3=0$ 时，$\overline{S}_1=0$，$\overline{S}_2=1$，片 2 禁止，片 1 使能。由图可得：

$$Y=D_0\overline{A}_3\overline{A}_2\overline{A}_1\overline{A}_0+D_1\overline{A}_3\overline{A}_2\overline{A}_1A_0+\cdots+D_7\overline{A}_3A_2A_1A_0 \tag{3.36}$$

当 $A_3=1$ 时，$\overline{S}_1=1$，$\overline{S}_2=0$，片 2 使能，片 1 禁止。由图可得：

$$Y=D_8A_3\overline{A}_2\overline{A}_1\overline{A}_0+D_9A_3\overline{A}_2\overline{A}_1A_0+\cdots+D_{15}A_3A_2A_1A_0 \tag{3.37}$$

上述分析说明，图 3.40 所示电路的连接是正确的。

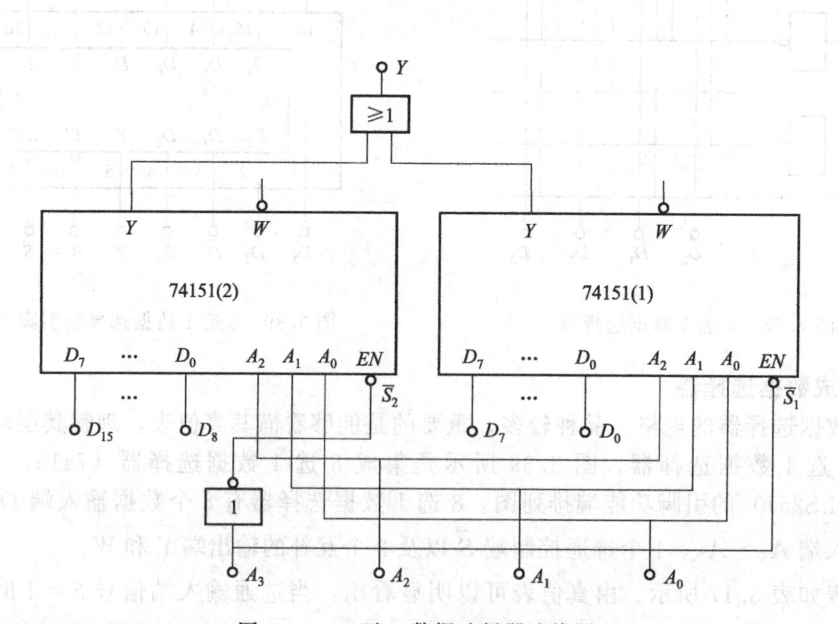

图 3.40　16 选 1 数据选择器连线图

请用实验验证图 3.40 所示的电路功能（或用 Multisim 软件仿真）。

2. 用数据选择器实现逻辑函数

由数据选择器的工作原理可知，数据选择器输出函数逻辑表达式就是一个组合逻辑表达式。表达式中包含由输入地址变量和数据线组合的全部最小项。如 4 选 1 数据选择器的输出函数逻辑表达式为 $Y=D_0\overline{A}_2\,\overline{A}_1+D_1\overline{A}_1A_0+D_2A_1\overline{A}_0+D_3A_1A_0=D_0m_0+D_1m_1+D_2m_2+D_3m_3$，而任何一个组合逻辑函数都可用最小项之和来表示，所以可以用数据选择器来产生逻辑函数的全部最小项，再配合适当的门电路，实现组合逻辑函数。一个数据选择器可以产生单个逻辑函数。下面举例说明如何利用数据选择器实现组合逻辑函数。

【例 3.14】 试用数据选择器设计一个全加器。

解：(1) 选择译码器。全加器有 3 个输入信号 A_i、B_i 和 C_{i-1}，两个输出信号 S_i 和 C_i。因而可以用 8 选 1 数据选择器 74LS151 直接实现；或者用 4 选 1 数据选择器再加适当的门电路实现。

(2) 写出全加器最小项标准表达式，按 A_i、B_i、C_{i-1} 顺序排列变量。

$$S_i=\overline{A}_i\,\overline{B}_iC_{i-1}+\overline{A}_iB_i\overline{C}_{i-1}+A_i\overline{B}_i\,\overline{C}_{i-1}+A_iB_iC_{i-1}$$

$$C_i=\overline{A}_iB_iC_{i-1}+A_i\overline{B}_iC_{i-1}+A_iB_i\overline{C}_{i-1}+A_iB_iC_{i-1}$$

(3) 确认数据选择器表达式中的 D_i 因子。

选择 8 选 1 数据选择器时，

$$A_2=A_i,A_1=B_i,A_0=C_{i-1}$$

S_i 与输出函数逻辑表达式比较，得：

$$D_1=D_2=D_4=D_7=1,D_0=D_3=D_5=D_6=0$$

C_i 与输出函数逻辑表达式比较，得：

$$D_3=D_5=D_6=D_7=1,D_0=D_1=D_2=D_4=0$$

选择 4 选 1 数据选择器时，

$$A_1=A_i,A_0=B_i$$

S_i 与输出函数逻辑表达式比较，得：

$$D_0=D_3=C_{i-1},D_1=D_2=\overline{C}_{i-1}$$

C_i 与输出函数逻辑表达式比较，得：

$$D_0=0,D_3=1,D_1=D_2=C_{i-1}$$

(4) 画出连线图，如图 3.41 所示。

3. 数据分配器

能够将 1 个输入数据根据需要传送到 m 个输出端的任何 1 个输出端的电路，叫做数据分配器，又称多路分配器，其逻辑功能正好与数据选择器相反。数据选择器有 m 个数据输入端、1 个输出端，能够根据需要将 m 个数据中任何 1 个选择出来传送到输出端，实现 m 中选 1。数据分配器只有 1 个数据输入端，但是有 m 个输出端，实现的也可以说是 m 中选 1，然而，它是在 m 个输出端中选出 1 个，供数据输出用，并称为 1 路～m 路数据分配器。两者的输入选择控制信号个数都是 n，m 与 n 的关系是 $m=2^n$。

1) 1 路～4 路数据分配器

(1) 输入、输出信号分析。

① 输入信号：1 路输入数据，用 D 表示；2 个输入选择控制信号，用 A_0 和 A_1 表示。

② 输出信号：4 个数据输出端，用 Y_0、Y_1、Y_2 和 Y_3 表示。

示意框图如图 3.42 所示。

(2) 选择控制信号状态约定。

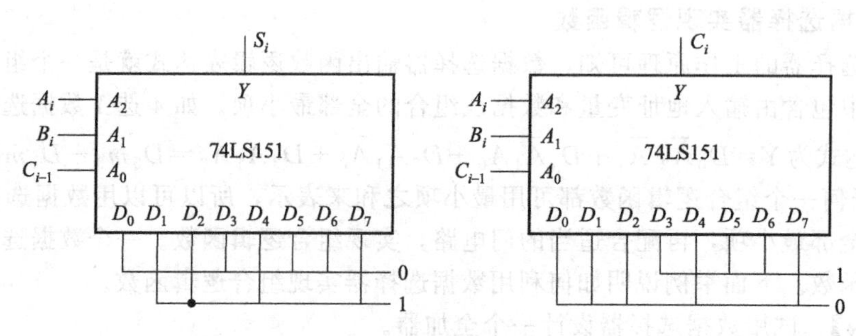

(a) 8选1数据选择器连线图

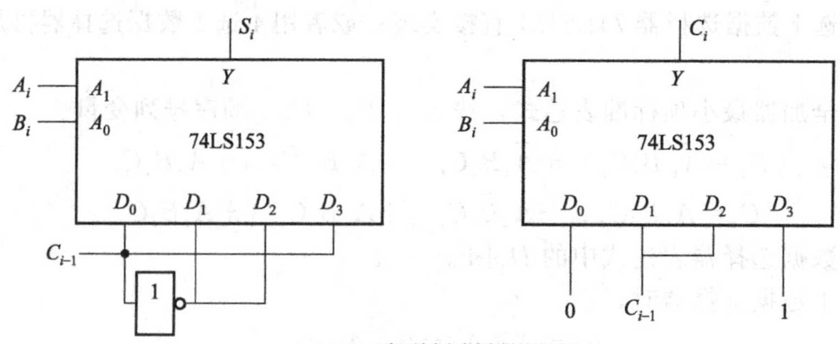

(b) 4选1数据选择器连线图

图 3.41 ［例 3.14］全加器电路图

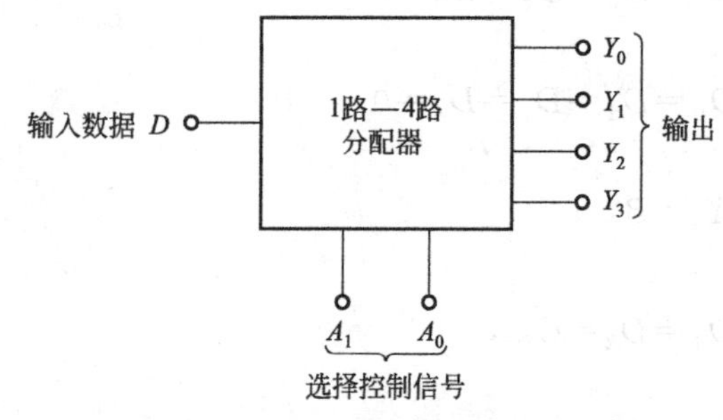

图 3.42 1路—4路数据分配器示意框图

令 $A_1A_0=00$ 时，选中输出端 Y_0，即 $Y_0=D$；$A_1A_0=01$ 时，选中 Y_1，即 $Y_1=D$；$A_1A_0=10$ 时，选中 Y_2，即 $Y_2=D$；$A_1A_0=11$ 时，选中 Y_3，即 $Y_3=D$。

(3) 真值表。根据上述分析和约定，列出如表 3.18 所示真值表。

(4) 逻辑表达式。由真值表可直接得到：

$$Y_0=D\overline{A}_1\overline{A}_0,Y_1=D\overline{A}_1A_0,Y_2=DA_1\overline{A}_0,Y_3=DA_1A_0$$

表 3.18 1路—4路数据分配器的真值表

输入			输出			
	A_1	A_0	Y_0	Y_1	Y_2	Y_3
D	0	0	D	0	0	0
	0	1	0	D	0	0
	1	0	0	0	D	0
	1	1	0	0	0	D

(5) 逻辑图。根据上述逻辑表达式，画出如图 3.43 所示逻辑图。

2) 集成数据分配器

从图 3.43 所示逻辑图可以看出，数据分配器和译码器有着相同的基本电路结构形式：由与门组成的阵列。在数据分配器中，D 是数据输入端，A_1、A_0是选择信号控制端；在译码器中，与 D 相应的是选通控制信号端，A_1 和 A_0 是输入的二进制代码。其实，集成数据分配器就是带选通控制端（也叫使能端）的二进制集成译码器。只要在使用时，把二进制集成译码器的选通控制端当作数据输入端，二进制代码输入端当作选择控制端就可以了。例如，74LS139 是集成 2 线—4 线译码器，也是集成 1 路—4 路数据分配器；74LS138 是集成3 线—8 线译码器，也是集成 1 路—8 路数据分配器（将 3—8 译码器控制端$\overline{S}_2$ 或$\overline{S}_3$ 接数据端 D，即可实现原码输出；控制端 S_1接数据端 D，即可实现反码输出），而且其型号相同。

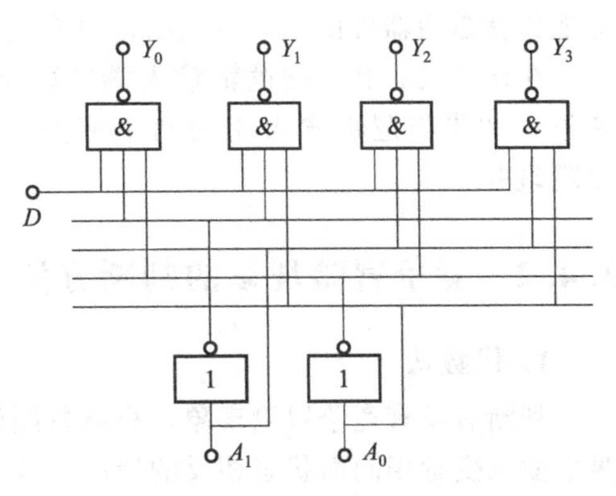

图 3.43　1 路—4 路数据分配器逻辑图

1. 为什么有时将数据选择器称为多路转换器？

2. 为什么有时将数据分配器称为多路分配器？举例说明如何用译码器来做数据分配器。

3. 当逻辑函数变量个数多于地址变量个数时，如何用数据选择器实现逻辑函数？

3.4　组合逻辑电路中的竞争冒险现象

上述组合逻辑电路的分析与设计，是在理想条件下进行的，忽略了信号传输时间延迟对门电路的影响。若考虑信号传输中时间延迟的影响，电路输出端可能产生干扰脉冲（又称毛刺），影响电路的正常工作，这种现象称为竞争冒险。

3.4.1　竞争冒险现象的产生原因

前面在对组合逻辑电路进行分析及设计时，均是针对器件处于稳定工作状态的情况，没有考虑信号变化瞬间的情况。为了保证电路工作的稳定性及可靠性，有必要再观察一下当输入信号逻辑电平发生变化的瞬间，电路的工作情况。

图 3.44(a) 所示为非门及或门构成的电路。当电路稳定时，其输出为 $F=A+\overline{A}=1$。图 3.44(b) 所示为其输入与输出的波形，可以看出，其输出不是固定为 1，而是在一段时间内输出为 0。这是什么原因造成的呢？

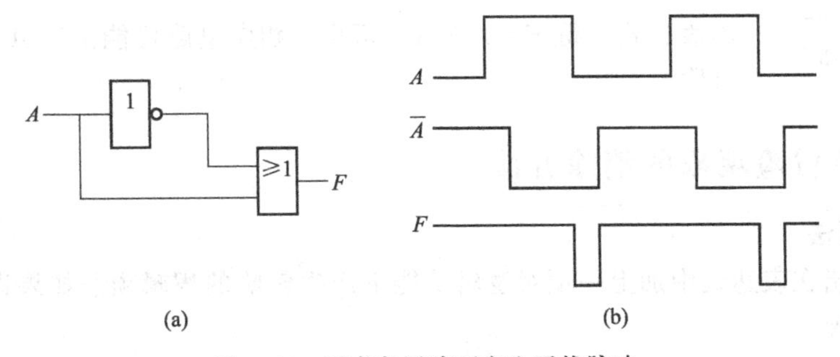

图 3.44　因竞争冒险而产生干扰脉冲

前面在设计和分析电路时没有考虑器件的延时问题，而实际器件是存在延时的。竞争冒险现象就是由器件的延时造成的，没有延时，就没有竞争冒险。

在图 3.44 中，或逻辑输入端的两个输入变量的状态正好相反，因而出现竞争冒险现象；如果与逻辑输入端的两个变量状态正好相反，并且有延时的话，也会出现竞争冒险现象。

3.4.2 竞争冒险现象的判断方法

1. 代数法

判断有没有竞争冒险现象，只要判断任意一个与逻辑（或逻辑）输入端变量会不会出现两个输入变量相同而状态相反的情况；或者两个输入变量相同且状态也相同，但经过的路径不同的情况。如果满足上述条件，则可能存在竞争冒险现象。这可以很方便地用代数法判断。

【例 3.15】 判断 $F_1=AC+B\overline{C}$ 和 $F_2=AC+B\overline{C}+AB$ 是否存在竞争冒险。

解： 当 $A=B=1$ 时，$F_1=C+\overline{C}$。显然，C 变量与 $\overline{C}$ 变量经过的时间是不同的，故 F_1 存在竞争冒险现象。

当 $A=B=1$ 时，$F_2=C+\overline{C}+1$。由于 $AB=1$，所以 F_2 始终为 1，故 F_2 不存在竞争冒险现象。

2. 卡诺图法

除上述判断方法外，还可以用卡诺图来判断。当描述电路的逻辑函数为与或表达式时，采用卡诺图来判断冒险比用代数法更加直观、方便。具体做法是：首先画出函数卡诺图，并画出和逻辑表达式中各与项对应的卡诺圈。若发现某两个卡诺圈存在相切关系，即两个卡诺圈之间存在不被同一卡诺圈包含的相邻最小项，则该电路可能产生冒险。下面举例说明。

【例 3.16】 已知某逻辑电路对应的逻辑表达式为 $F=\overline{A}D+\overline{A}C+AB\overline{C}$，试判断电路是否可能产生冒险。

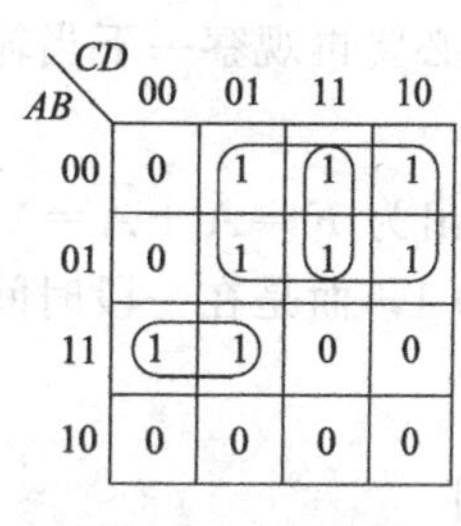

图 3.45 卡诺图

解： 画出给定函数 F 的卡诺图，并画出逻辑表达式中各与项对应的卡诺圈，如图 3.45 所示。

观察卡诺图可发现，包含最小项 m_1、m_3、m_5、m_7 的卡诺圈和包含最小项 m_{12}、m_{13} 的卡诺圈中，m_5 和 m_{13} 相邻，且 m_5 和 m_{13} 不被同一个卡诺圈包含，所以这两个卡诺圈相切，说明相应的电路可能产生冒险。这一结论可用代数法验证。假定 $B=D=1$，$C=0$，代入逻辑表达式，得 $F=A+\overline{A}$。可见，相应电路可能由于 A 的变化而产生冒险。

3.4.3 竞争冒险现象的消除方法

1. 冗余项法

冗余项是指在表达式中加上一项对逻辑功能不产生影响的逻辑项。如果进行逻辑化简，会将该项化简掉。

2. 选通法

可以在电路中加上一个选通信号。当输入信号变化时，输出端与电路断开；当输入稳定后，选通信号工作，使电路输出改变其状态。

3. 滤波法

从实际的竞争冒险波形可以看出，输出的波形宽度非常窄，可以在输入端加上一个小电容来滤去尖脉冲。门电路的延时造成了竞争冒险现象，但是否所有的竞争冒险都必须消除呢？答案是否定的。竞争冒险现象虽然会导致电路误动作，但由于一般门电路的延时为纳秒（ns）数量级，对于慢速电路来说，不会产生误动作，只有当电路的工作速度与门电路的最高工作速度在同一个数量级（或者门电路的延时与信号的周期在同一个数量级）时，竞争冒险才必须消除。

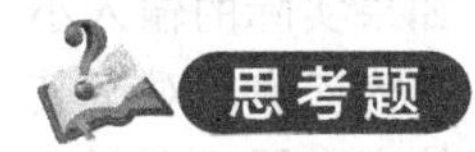

1. 组合逻辑电路的竞争现象是由什么引起的？表现为什么脉冲？
2. 产生竞争冒险的主要原因是什么？
3. 消除竞争冒险的方法有哪些？

3.5 故障诊断和排查

第 2 章讨论了逻辑门中一些常见故障的诊断和排查方法。本节将讨论开路/短路输入和开路/短路输出的具体实例，并研究它们如何影响加法器、比较器、编码器、译码器和数据选择器的性能。

3.5.1 电平恒定

当逻辑电路器件的输入或输出始终不发生变化时，称其电平恒定。输入或输出可能恒为高电平，也可能恒为低电平。导致电平恒定的原因各异，且在大多数情况下，这些原因互不相关。故障起因可能是短路到地、短路到电源电压，或者是短路到另一个输入/输出（输入/输出可能位于发生故障的逻辑器件的内部，也可能位于其外部）。此外，电平恒定还可能源于开路连接（可能位于逻辑器件的内部和外部）。因此，应该检查器件引脚和 PCB 板之间的连接情况，防止出现开路或短路的情况。

3.5.2 加法器的故障排查技术

加法器中的开路或短路输入会导致输出和项错误，除非故障时输入电平与恒定电平相同。加法器的测试方法是：为两个输入提供两组输入数据，其中一组恒为全零，另一组为变化的数据（即变量所有可能的取值）。然后，将两个输入位置对换，重复一次上述测试过程。如果加法器没有故障，在测试过程中，输出总是等于输入（变化数据的这一组），并随之变化，这是因为二进制数加上零之后，结果还是其本身。

如果某一个输入端或输出端发生了故障，则该输入端对应的输出电平将总是等于故障电平（恒为高电平或恒为低电平）；而且无论输入是何值，该位不会发生变化。

3.5.3 比较器的故障排查技术

对于某些二进制组合而言，比较器的开路/短路输入会导致错误。比较器输入故障（假定“$A=B$”输出端没有故障）的测试方法之一是向两个输入端 A、B 输入相同的 4 位数据，然后将两个输入同时取反，使 1 和 0 都能在每个输入端测试一次。具体来说，先向 A、B 同时输入 1010，然后向 A、B 同时输入 0101。如果输入没有故障，对于上述两组输入，$A=B$ 输出总是高电平；如果输入恒为高电平或恒为低电平，则输出端 $A>B$ 或 $A<B$ 将变为高电平，这取决于故障的具体情况。

3.5.4 编码器的故障排查技术

对于优先编码器，如果有某个错误的输入，就会影响优先编码器的工作。如果错误输入产生了一个有效电平，并且其优先级比实际输入高，那么，输出编码就出错了。例如，假设某个编码器的输入高电平有效，它的十进位制 6 输入恒为高电平。那么，如果实际的输入小于 6，输出编码就会出错；但是如果实际的输入大于或等于 6，那么输出依然正确。对于其他编码器，若输出出现故障，无论输入什么值，出错的输出线都会始终保持高电平或者低电平不变。

3.5.5 译码器的故障排查技术

当译码器的输入恒为高电平或者低电平时，它的某些输出端将会失效，因为这种故障输入会限制可译码的编码组合的个数。测试译码器的一种方法就是将所有可能的编码组合分别加载到其输入端，然后观察它的输出。例如，如果按顺序将所有 10 个编码组合加载到 BCD 码—十进制码译码器上，当相应的编码加载到其输入端时，应该看到各个输出分别呈现其有效状态。任何一个输入出现故障，都会导致编码序列的某些位置出现一个或多个错误的输出。

3.5.6 数据选择器的故障排查技术

数据选择器根据选择输入信号的状态，按照一定的时间顺序，将输入端的数据切换到输出端。如果某个数据输入恒为高电平或者低电平，当选中该数据输入时，会在输出端看到恒定不变的电平。如果某个数据输入端出现故障，出现故障的选择输入端会把错误的数据切换到输出端上。

实际使用中规模集成电路器件时，一定要注意正确连接器件使能端，确保器件正常工作。

本章小结

1. 组合逻辑电路一般是由若干个基本逻辑单元组合而成，特点是不论任何时候，输出信号仅仅取决于当时的输入信号，与电路原来所处的状态无关。它的基础是逻辑代数和门电路。

2. 分析给定的组合逻辑电路时，可以逐级地写出输出的逻辑表达式，然后化简，力求获得一个最简单的逻辑表达式，使输出与输入之间的逻辑关系一目了然。

3. 设计组合逻辑电路时，按设计步骤进行设计，把实际问题转化为逻辑关系。

4. 常用的中规模集成电路包括加法器、数值比较器、编码器、译码器、数据选择器和数据分配器。为了增加使用的灵活性和便于功能扩展，在多数中规模组合逻辑器件中设置了使能端（或称选通端、控制端等）。它们既可控制电路（器件）的工作状态，又可作为输出信号的选通信号，还可作为信号的输入端来使用，以便构成比较复杂的数字电路系统。

5. 组合逻辑电路存在竞争与冒险现象，在电路的输出端会出现尖峰干扰脉冲，可能引起负载电路的错误动作。因此，应采用措施消除冒险现象，通常有加封锁脉冲、接滤波电容、加选通脉冲和修改逻辑设计等。

本章关键术语

组合逻辑 combinational logic 连接在一起的能够实现某种特定功能的逻辑门组合，其输出电平总是取决于其输入电平的组合情况。

半加器 half-adder 一种逻辑电路，能够对两个比特（一位二进制数）进行加法运算，产生一位和项与一位进位输出。

全加器 full-adder 一种逻辑电路，能够对两个比特与一个低位进位执行加法运算，并产生一位和项与一位进位输出。

全加器 full-adder 一种逻辑电路，能够对两个比特与一个低位进位执行加法运算，并产生一位和项与一位进位输出。

并行二进制加法器 parallel binary adder 一种逻辑电路，其中包含包含两个或多个全加器，能够执行两个二进制数的加法。

比较器 comparator 一种逻辑电路，能够比较两个二进制数的大小并产生一个输出，指出这两个数是否相等或者哪一个更大。

编码器 encoder 一种逻辑电路，产生的编码能够表示特定的有效输入信号。

优先编码器 priority encoder 一种仅仅识别最高优先级输入信号，而忽略其他输入信号的编码器。

译码器 decoder 一种逻辑电路，产生的输出与其输入端的特定编码相对应。

七段显示器 7-segment display 一种由七段显示管组成的显示器件，经过激活，分别显示10个十进制数字。

数据选择器 multiplexer 一种能够将多条并行输入线上的数据切换输出到一条线上进行串行传输的逻辑电路（简称MUX）。

数据分配器 demultiplexer 一种能够将单条输入线上的串行数据切换输出到多条并行线上的逻辑电路（简称DE MUX）。

自我测试题

一、选择题（请将下列题目中的正确答案填入括号）

1. 1和1进行二进制求和，结果为（　　）。

(a) 0　　(b) 1　　(c) 10

2. 下列各项中，（　　）会产生进位。

(a) 0+1　　(b) 1+0　　(c) 1+1

3. 半加器具有（　　）。

(a) 两个输入和一个输出　(b) 两个输入和两个输出　(c) 三个输入和两个输出

4. 全加器具有（　　）。

(a) 两个输入和一个输出　(b) 两个输入和两个输出　(c) 三个输入和两个输出

5. 可以完成两个4比特数与输入进位比特加法的逻辑电路是（　　）。

(a) 半加器　　(b) 全加器　　(c) 并行二进制加法器

6. 二进制数 A 为 1111，二进制数 B 为 0111，将其作为比较器的输入，则（　　）。

(a) 输出“$A<B$”有效　(b) 输出“$A>B$”有效　(c) 输出“$A=B$”有效

7. BCD 码—十进制码译码器有（　　）。

(a) 10 个输入和 4 个输出　(b) 4 个输入和 10 个输出　(c) 4 个输入和 16 个输出

8. BCD 码—七段译码器有（　　）。

(a) 4 个输入和 10 个输出　(b) 4 个输入和 7 个输出　(c) 7 个输入和 4 个输出

9. 当优先编码器有多个输入有效时，输出编码是（　　）。

(a) 所有有效输入的组合　(b) 等于最小值的输入　(c) 等于最大值的输入

10. 数据选择器可以看成是（　　）。

(a) 译码器　　(b) 并—串转换器　　(c) 串—并转换器

二、判断题（正确的在括号内打√，错误的在括号内打×）

1. 组合逻辑电路全部由门电路组成。（　　）

2. 半加器是指不带进位的两个同位二进制数相加。（　　）

3. 编码器电路的输出量是某个特定的控制信息。（　　）

4. 译码器是产生单一函数的器件。（　　）

5. 数据分配器可以用译码器实现。（　　）

6. 译码器的作用就是将输入的代码译成特定的信号。（　　）

三、分析计算题

1. 在 4 位串行进位加法器中（如图 3.10 所示），若 A_0B_0、A_1B_1、A_2B_2、A_3B_3 分别为 11、11、01、10，求其输出。

2. 设计一个路灯控制电路，要求在 3 个不同的地方都能独立控制路灯的亮和灭。当一个开关动作后灯亮，则另一个开关动作后灯灭。设计能实现此要求的组合逻辑电路。

3. 试用 4 选 1 数据选择器，设计一个 16 选 1 数据选择器。

4. 试用译码器和门电路实现下列函数。

(1) $F_1=\bar{A}\bar{B}+BC+A\bar{C}$

(2) $F_2=AB\bar{C}+\bar{B}\bar{D}+AB\bar{C}D$

5. 试用 4 选 1 数据选择器实现下列逻辑函数。

(1) $F_1=A\bar{B}\bar{C}+BC+\bar{A}\bar{C}$

(2) $F_2=A\bar{B}+AB\bar{C}$

习题

一、选择题（请将下列题目中的正确答案填入括号）

1. 组合逻辑电路的输出取决于（　　）。

(a) 输入信号的现态

(b) 输出信号的现态

(c) 输入信号的现态和输出信号变化前的状态

2. 组合逻辑电路的设计是指（　　）。

(a) 已知逻辑要求，求解逻辑表达式并画逻辑图的过程

(b) 已知逻辑要求，列真值表的过程

(c) 已知逻辑要求，求解逻辑功能的过程

3. 七段数码显示译码电路应有（　　）个输出端。

(a) 8　　(b) 7　　(c) 16

4. 译码电路的输入量是（　　）。

(a) 二进制数　　(b) 十进制数　　(c) 某个特定信息

5. 全加器是指（　　）。

(a) 两个同位的二进制数相加

(b) 不带进位的两个同位二进制数相加

(c) 两个同位的二进制数及来自低位的进位三者相加

6. 编码电路和译码电路中，（　　）电路的输出是二进制代码。

(a) 编码　　(b) 译码　　(c) 编码译码

7. 译码电路的输出量是（　　）。

(a) 二进制代码　　(b) 十进制数　　(c) 某个特定的控制信息

8. 组合逻辑电路的竞争冒险是指（　　）。

(a) 输入信号有干扰时，在输出端产生了干扰脉冲

(b) 输入信号改变状态时，输出端可能出现的虚假信号

(c) 输入信号不变时，输出端可能出现的虚假信号

9. 下列哪种说法可以消除组合逻辑电路的竞争冒险？（　　）

(a) 输入状态不变　　(b) 加精密的电源　　(c) 接滤波电容

10. 组合逻辑电路（　　）。

(a) 可能出现竞争冒险　　(b) 一定出现竞争冒险

(c) 在输入信号状态改变时，可能出现竞争冒险

11. 将一个输入数据送到多路输出指定的通道上的电路是（　　）。

(a) 数据分配器　　(b) 数据选择器　　(c) 数值比较器

12. 从多个输入数据中选择一个数据输出的电路是（　　）。

(a) 数据分配器　　(b) 数据选择器　　(c) 数值比较器

二、判断题（正确的在括号内打√，错误的在括号内打×）

1. 全加器是带进位的两个二进制数相加。（　　）

2. 译码器电路的输出量是某个特定的控制信息。（　　）

3. 优先编码器可以有多个输入同时有效。（　　）

4. 数据选择器是产生单-函数的器件。（　　）

5. 数据分配器可以看成是串-并转换器。（　　）

6. 编码器可以对多个请求编码的信号同时编码。（　　）

三、分析计算题

1. 试分析逻辑图 3.46(a)、(b)、(c) 所示的逻辑功能。

2. 某实验室有红、黄两个故障指示灯，用来表示 3 台设备的工作情况。当只有一台设备故障时，黄灯亮；若有两台设备故障时，红灯亮；只有当 3 台设备都产生故障时，才会使红灯和黄灯都亮。设计一个控制灯亮的电路。

3. 一种比赛有 A、B、C 三名裁判员，还有一名总裁判。当总裁判认为合格时，算两票；A、B、C 裁判认为合格时，分别算一票。试设计多数通过的表决逻辑电路。

4. 用与非门设计一个逻辑电路。已知：

(1) X、Y 均为 4 位二进制数，且 $X=X_3X_2X_1X_0$，$Y=Y_3Y_2Y_1Y_0$。

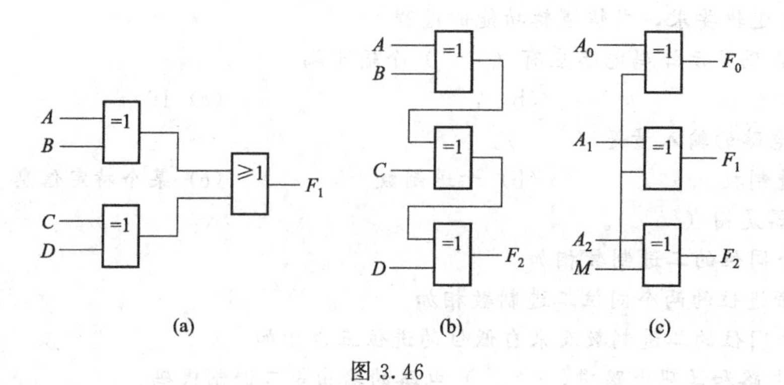

图 3.46

（2）当 $0 \leqslant X \leqslant 4$ 时，$Y=X$；当 $5 \leqslant X \leqslant 9$ 时，$Y=X+3$，且 X 不大于 9。

5. 试用 4 位全加器，将 8421 码变成余 3 码。

6. 设计一个能把 4 位二进制代码（8421）转换为循环码的组合电路。

7. 两个 2 位二进制数 A_1A_0 和 B_1B_0 相乘，其积为多位二进制数。写出输出各位的最简逻辑表达式，并给出由与非门来实现乘积中权值为 4（十进制数）的逻辑图。

8. 设计一个路灯控制电路，要求在 4 个不同的地方都能独立控制路灯的亮和灭。当一个开关动作后灯亮，另一个开关动作后灯灭。

9. 试设计一个 1 位全减器电路。

10. 试设计一个比较 2 位二进制数 A 和 B 的电路，要求当 $A=B$ 时，输出 F 为 1，否则 F 为 0。

11. 设 B、Z 为 3 位二进制数，$B=B_2B_1B_0$ 为输入，$Z=Z_2Z_1Z_0$ 为输出，要求二者之间的关系如下：当 $B<2$ 时，$Z=1$；当 $2 \leqslant B \leqslant 5$ 时，$Z=B+2$；当 $B>5$ 时，$Z=0$。请列出真值表和逻辑表达式。

12. 在 8 输入优先编码器中，输入、输出均为高电平有效。优先等级按 $I_7 \sim I_0$ 依次递降。设输入状态 $I_7I_6I_5I_4I_3I_2I_1I_0=00110010$。试问：

（1）当使能端 $\overline{S}=0$ 时，输出什么状态？

（2）当 $\overline{S}=1$ 时，输出什么状态？

13. 用集成二进制译码器 74LS138 和门电路实现下列逻辑函数，并画出连接图。

（1）$F_2=\overline{A}\overline{B}C+A\overline{B}C+\overline{B}C$

（2）$F_3=AB+\overline{A}C$

14. 用集成二进制译码器 74LS138 和与非门构成全加器和全减器。

15. 试用 4 选 1 数据选择器设计一个交通灯故障报警电路。

16. 试用 4 选 1 数据选择器实现下列逻辑函数：

（1）$F_1=\sum m(1,2,3,5,6,8,9,12)$

（2）$F_2=A\overline{B}C+\overline{A}BC+\overline{A}D+\overline{B}D$

17. 试用两片 74LS153 双 4 选 1 数据选择器和一片 74LS138 译码器接成 16 选 1 数据选择器。

18. 试设计一个 3 输入变量的奇偶校验电路。当输入变量中有偶数个 1 或全部为 0 时，输出 F 为 1，否则输出 F 为 0（分别用 4 选 1 数据选择器和译码器 74LS138 来实现）。

19. 用与非门设计能实现下列逻辑功能的组合电路。（1）4 变量表决电路；（2）4 变量不一致电路（4 个变量状态不相同时，输出为 1；相同时，输出为 0）；（3）4 变量判奇电路（4 个变量中有奇数个 1 时，输出为 1；否则，输出为 0）。

20. 某电子产品有 A、B、C 和 D 四项质量指标。规定 D 指标必须满足要求，其他三项指标中只要有任意两项指标满足要求，产品就合格。试用 8 选 1 数据选择器设计该产品的质量检查电路。

21. 试用 8 选 1 数据选择器产生 11011010 的序列脉冲信号，并画出输入和输出波形。设地址端输入为自然二进制代码。

22. 试分析图 3.47 所示电路，写出输出函数 F 的逻辑表达式。

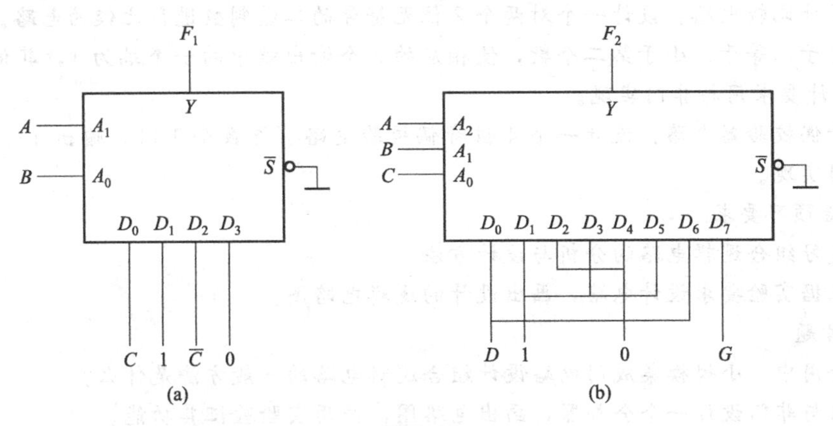

图 3.47

23. 试用 8 选 1 数据选择器构成一个多功能组合逻辑电路，如图 3.48 所示。G_1、G_0 为功能选择输入信号，X、Z 为输入逻辑变量，F 为输出信号。试分析该电路在不同选择信号的情况下，可获得哪几种逻辑功能？

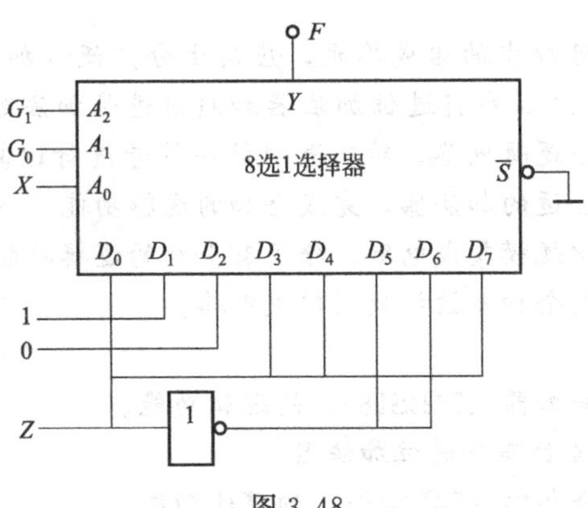

图 3.48

24. 用与、或、非门构成逻辑函数 $F=A\bar{B}+\bar{A}C+\bar{B}C$。试分析该电路是否存在冒险现象。

实验与实训

一、组合逻辑电路

1. 实验目的

（1）掌握组合逻辑电路的分析和设计方法。

（2）验证半加器、全加器、奇偶校验器的逻辑功能。

2. 实验原理

使用中、小规模集成门电路分析和设计组合逻辑电路是数字逻辑电路的任务之一。本实验中有半加器、全加器逻辑功能的测试，又有表决电路、比较电路、奇偶校验器的逻辑设计。通过实验，要求熟练掌握组合逻辑电路的分析和设计方法。

3. 实验内容

（1）测试由门电路组成的半加器和全加器的逻辑功能。

（2）设计比较电路：设计一个对两个2位无符号的二进制数进行比较的电路。根据第一个数是否大于、等于、小于第二个数，使相应的3个输出端中的一个端为1，其他输出端均为0。本设计要求用与非门实现。

（3）奇偶校验器电路：设计一个4位奇偶校验电路（奇数个1时，输出1）。本设计要求用异或门实现。

4. 实验预习要求

（1）复习组合逻辑电路的分析与设计方法。

（2）根据实验要求设计电路，画出设计的逻辑电路图。

5. 思考题

（1）使用中、小规模集成门电路设计组合逻辑电路的一般方法是什么？

（2）用与非门设计一个全加器，画出电路图，并用实验验证其功能。

二、全加器

1. 实验目的

（1）掌握中规模集成电路全加法器的工作原理及其逻辑功能。

（2）学习全加器的应用。

2. 实验原理

加法器是计算机中不可缺少的组成单元，应用十分广泛。加法器从功能上，分为半加器、全加器、多位加法器（4位串行进位加法器和超前进位加法器）。全加器是常用的组合逻辑部件之一。它通过组合逻辑电路，对二进制数字信号进行运算，完成全加的逻辑功能。使用时，可根据要求选择合适的加法器，完成全加的逻辑功能。

全加器是一种通用的中规模集成电路，除了有全加的逻辑功能外，还可用于设计码制转换电路等。本实验内容为用全加器设计码制转换电路。

3. 实验内容

（1）测试双保留进位全加器（74LS183）的逻辑功能。

（2）用74LS183组成4位串行进位加法器。

（3）测试4位二进制全加器（74LS283）的逻辑功能。

（4）用4位二进制全加器实现BCD码到余3码的转换。将每个BCD码加上0011，即可得到相应的余3码。

4. 实验预习要求

（1）复习加法器的有关内容。

（2）设计本实验中的逻辑功能电路，画出实验图，列出测试表格。

5. 思考题

（1）为了提高计算机的运算速度，应选择何种类型的加法器？为什么？

（2）试用74LS183设计一个8位二进制数的串行进位加法器，画出逻辑电路接线图，并验证其功能。

三、数据选择器

1. 实验目的

(1) 熟悉中规模集成数据选择器的逻辑功能和测试方法。

(2) 学习用集成数据选择器进行逻辑设计。

2. 实验原理

数据选择器是常用的组合逻辑部件之一。它通过组合逻辑电路，对数字信号进行控制，来完成较复杂的逻辑功能。它有若干个数据输入端 D_0、D_1、…，若干个控制输入端 A_0、A_1、…，和一个输出端 Y。在控制输入端加上适当的信号，即可从多个数据输入端中将所需的数据信号选择出来，并送到输出端。使用时，可以在控制输入端加上一组二进制编码程序的信号，使电路按要求输出一串信号，所以它是一种可编程序的逻辑部件。

数据选择器是一种通用性很强的中规模集成电路，除了能传递数据外，还可以把它设计成数码比较器，变并行码为串行码，组成函数发生器。本实验内容为用数据选择器设计全加器、表决电路和函数发生器。

3. 实验内容

(1) 测试双4选1数据选择器的（74LS1534）逻辑功能。

(2) 用4选1数据选择器构成全加器。

(3) 用4选1数据选择器构成函数 $F=A\overline{C}+B$。

4. 实验报告要求

(1) 复习数据选择器74LS151的逻辑功能。

(2) 设计本实验中逻辑功能电路，画出实验图，列出测试表格。

5. 思考题

(1) 如何用4选1数据选择器构成16选1数据选择器？

(2) 设计用4选1数据选择器构成三人表决器，画出逻辑电路接线图，列出测试表格。

四、数码比较器

1. 实验目的

(1) 学习用数码比较器进行数值比较。

(2) 掌握中规模集成数码比较器的逻辑功能和使用方法。

2. 实验原理

比较器是常用的组合逻辑部件之一。比较是一种最基本的操作，人们只能在比较中识别事物，计算机只能在比较中鉴别数据和代码，实现操作。在数字电路中，数码比较器的输入是要进行比较的二进制数，输出是比较的结果。

数码比较器从大小，可分为大小比较器、相等比较器（同比较器）；从电路结构，可分为串行比较器和并行比较器。前者的比较电路结构简单，但速度慢；后者的比较电路结构复杂，但速度快。

3. 实验内容

(1) 用门电路设计1位二进制数比较器。

(2) 用门电路设计4位二进制数同比较器。

(3) 4位数码比较器74LS85逻辑功能测试。

(4) 猜数游戏：先由同学甲在测数输入端 A 输入一个0000～1111之间的任意数，再有同学乙在测数输入端B输入一个所猜的数，由数码比较器的输出显示所猜的结果。当 $A=B$ 为1时，表示猜中。经过反复操作，总结出又快又准的猜数方法。

4. 实验预习要求

（1）复习数码比较器74LS85的逻辑功能。

（2）设计本实验中的逻辑功能电路，画出实验电路图，列出测试表格。

5. 思考题

用门电路设计2位二进制数比较器，画出逻辑电路接线图，并验证其功能。

五、译码器

1. 实验目的

（1）掌握中规模集成译码器的逻辑功能和使用方法。

（2）学习用译码器进行逻辑设计与应用。

2. 实验原理

译码器是一个多输入、多输出的组合逻辑电路。它的作用是把给定的代码“翻译”变成相应的状态，使输出通道中相应的一路有信号输出。译码器在数字系统中有广泛的用途，不仅用于代码转换、终端数字显示，还用于数据分配、存储器寻址和组合控制信号等。

3. 实验内容

（1）译码器74LS138逻辑功能测试。

（2）用两片74LS138译码器组成4—16线译码器。

（3）用译码器组成全加器。

4. 实验预习要求

（1）复习译码器74LS138的逻辑功能。

（2）设计本实验中的逻辑功能电路，画出实验电路图，列出测试表格。

5. 思考题

（1）如何用3—8线译码器构成4—16线译码器？

（2）用译码器实现$F=A\bar{B}+\bar{A}BC$，画出逻辑电路接线图，列出测试表格。

六、综合实训

1. 加减运算电路

请分别用译码器（74LS138）与门电路和数据选择器（74LS253）与门电路组成一个能完成1位二进制数全加和全减运算的组合电路。

2. 制作温度检测报警电路

在电路中，输入温度数据接在A端，与预设的报警数值（接在B端）进行比较。温度设置数值自定。

第4章
触发器

学习目标

- **要掌握：** 触发器的原理与工作特点；基本RS触发器的功能；同步、主从和边沿触发器的特点；T和T′触发器的功能。
- **会画出：** 与非门、或非门组成基本RS触发器的电路及逻辑符号图；上升边沿触发的D触发器、下降边沿触发的JK触发器的逻辑符号图及其输出波形；用JK触发器构成T触发器和用D触发器构成T′触发器的连线图。
- **会写出：** RS触发器、D触发器、JK触发器的状态方程。
- **会使用：** 集成触发器直接置位和复位端的状态在各种情况下的设置方法。

本章讲述的触发器和门电路一样，也是构成各种复杂数字系统的一种基本逻辑单元。

触发器逻辑功能的基本特点是可以保存1位二值信息。因此，又把触发器叫做半导体存储单元或记忆单元。由于输入方式以及触发器状态随输入信号变化的规律不同，各种触发器在具体的逻辑功能上有所差别，根据这些差异，将触发器分成RS、JK、D、T、T′等不同的类型。这些逻辑功能可以用状态（特性）表、状态（特性）方程或状态转换图等来描述。

此外，从电路结构形式上，把触发器分为基本触发器、同步触发器、主从触发器、边沿触发器等不同类型。介绍这些电路结构的主要目的，在于说明由于电路结构不同而带来的不同动作特点。只有了解不同的动作特点，才能正确地使用触发器。

需要特别指出，触发器的电路结构形式和逻辑功能是两个不同的概念，两者没有固定的对应关系。同一种逻辑功能的触发器可以用不同的电路结构实现；同一种电路结构的触发器可以做成不同的逻辑功能。不要把这两个概念混同起来。

当选用触发器电路时，不仅要知道它的逻辑功能，还必须知道它的电路结构类型。只有这样，才能把握住它的动作特点，完成正确的设计。

在各种复杂的数字电路中，不但需要对二值信号进行算术运算和逻辑运算，还经常需要将这些信号和运算结果保存起来。为此，需要使用具有记忆功能的基本逻辑单元。能够存储1位二值信号的基本单元电路统称为触发器。为了实现记忆1位二值信号的功能，触发器必须具备两个特点：第一，应该具有两个能自行保持的稳定状态，用来表示逻辑状态0和1，或二进制数0和1，以正确表征其存储的内容。第二，根据不同的输入信号，能被置成1状态和0状态；在输入信号消失后，能将获得的新状态保存下来。

迄今为止，人们研制出许多种触发器电路。根据电路结构形式的不同，可分为基本触发器、同步触发器、主从触发器和边沿触发器等。这些不同的电路结构在状态变化过程中具有不同的动作特点，掌握这些动作特点对于正确使用触发器是十分必要的。根据在时钟脉冲控制下逻辑功能的不同，分为RS型触发器、JK型触发器、D型触发器、T型触发器和T′型触发器。实际上，同步触发器、主从触发器、边沿触发器都是在时钟信号CP脉冲操作下工作的，都是时钟触发器。不过，在这里约定，时钟触发器仅限于主从触发器和边沿触发器，也就是说，这里讲的时钟触发器不包括同步触发器。

此外，触发器还有其他分类方法。例如，按电路使用开关元件不同，有TTL触发器和CMOS触发器等之分；按是否集成，有分立元件触发器和集成触发器之分等。

触发器的工作状态有现态和次态之分。触发器接收输入信号之前的状态叫做现态，用Q^n表示。触发器接收输入信号之后的状态叫做次态，用Q^{n+1}表示。现态和次态是两个相邻离散时间里触发器输出端的状态。

归纳

触发器次态输出Q^{n+1}与现态Q^n和输入信号之间的逻辑关系，是贯穿本章的基本问题。如何获得、描述和理解这种逻辑关系，是本章学习的中心任务。

4.1 基本触发器

基本触发器又称直接复位和置位触发器（有时也称为锁存器），是各种触发器电路结构中最简单的一种，也是构成其他触发器的最基本单元。

4.1.1 用与非门组成的基本触发器

1. 电路组成及逻辑符号

1）电路组成

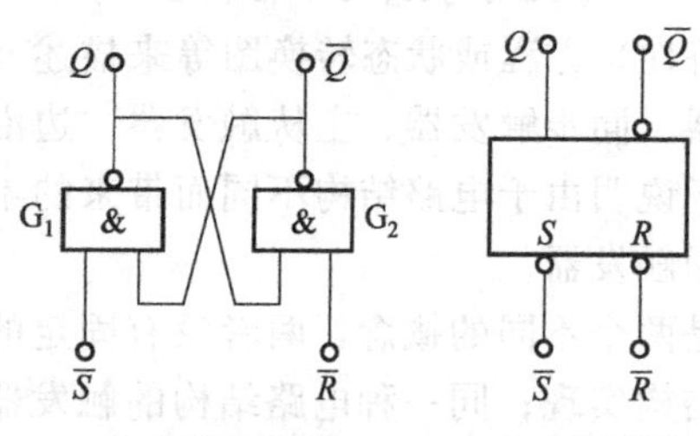

图4.1 由与非门构成的基本RS触发器

图4.1(a)所示是用两个与非门交叉连接起来构成的基本RS触发器。$\overline{R}$、$\overline{S}$是信号输入端，字母上面的非号表示低电平有效。即$\overline{R}$、$\overline{S}$端为低电平时，表示有信号；为高电平时，表示无信号。Q、$\overline{Q}$既表示触发器的状态，又是两个互补的信号输出端。

2）逻辑符号

图4.1(b)所示是基本RS触发器的逻辑符号，方框下面输入端处的小圆圈表示低电平有效。这是一种约定，只有当所加信号的实际电压为低电平时，才表示有信号，否则就是无信号。方框上面的两个输出端，一个无小圆圈，为Q端；一个有小圆圈，为$\overline{Q}$端。在正常工作情况下，两者是互补的，即一个为高电平，另一个就是低电平，反之亦然。

2. 工作原理

1）具有两个稳定的状态

以Q这个输出端的状态为触发器的状态。例如$Q=1(\overline{Q}=0)$时，称触发器为1状态；$Q=0(\overline{Q}=1)$时，称触发器为0状态。

分析图4.1电路所示，在接通电源以后，如果$\overline{R}$和$\overline{S}$端均未加低电平，$\overline{R}=\overline{S}=1$，此时触发器若处于1状态，那么这个状态一定是稳定的。因为$Q=1$，门G_2输入端必然全为1，$\overline{Q}$一定为0。门G_1输入端有0，$Q=1$是稳定的，这时$\overline{Q}=0$也是稳定的。如果触发器处于0态，那么这个状态在输入端不加低电平信号时也是稳定的。因为$Q=0$，门G_2输入端有0，$\overline{Q}$一定为1，门G_1输入端全为1，所以$Q=0$是稳定的，这时$\overline{Q}=1$也是稳定的。这说明触发器在未接收低电平输入信号时，一定处于两个状态中的一个，无论处于哪个状态，都是稳定的，所以说触发器具有两个稳态。

2）电路接收输入信号工作过程

(1) 接收置 1 信号过程：当 $\overline{R}=1$，$\overline{S}=0$ 时，触发器将变成 1 状态，即有 $Q=1$，$\overline{Q}=0$。当 $\overline{R}=1$，$\overline{S}=0$ 时，如果触发器原来处在 0 状态，根据与非门的逻辑特性，可以肯定门 G_1 输出高电平，门 G_2 输出低电平，即 $Q=1$，$\overline{Q}=0$；如果触发器原来处在 1 状态，则仍保持 1 状态，仍有 $Q=1$，$\overline{Q}=0$。

(2) 接收置 0 信号过程：当 $\overline{R}=0$，$\overline{S}=1$ 时，触发器将变成 0 状态，即有 $Q=0$，$\overline{Q}=1$。当 $\overline{R}=0$，$\overline{S}=1$ 时，如果触发器原来处在 0 状态，则仍保持 0 状态，即仍有 $Q=0$，$\overline{Q}=1$；如果触发器原来处在 1 状态，根据与非门的逻辑特性，可以肯定门 G_2 输出高电平，门 G_1 输出低电平，即有 $Q=0$，$\overline{Q}=1$。也就是说，触发器肯定变为 0 状态。

3）接收失效与不定状态信号过程

当 $\overline{R}$ 端和 $\overline{S}$ 端均加上低电平信号，即 $\overline{R}=\overline{S}=0$ 时，根据与非门的逻辑特性，Q 端和 $\overline{Q}$ 端都将为高电平。对触发器来说，这是一种未定义的状态，没有意义，因为这既不是 0 状态，也不是 1 状态，称为失效状态。

在正常工作情况下，基本 RS 触发器用作存储单元时，不允许 $\overline{R}$ 端和 $\overline{S}$ 端出现同时为 0 的情况。

当 $\overline{R}$ 端和 $\overline{S}$ 端同时由低电平跳变到高电平时，触发器出现竞争现象，即 0 状态和 1 状态竞争的现象。两个与非门动态特性的微小差异，Q 端和 $\overline{Q}$ 端负载情况的稍许不同，$\overline{R}$ 端和 $\overline{S}$ 端撤销时间的点滴区别，这些无法准确知道的因素将影响触发器状态竞争的结果，既可能是 0 状态，也可能是 1 状态，无法预先确定，称为不定状态。

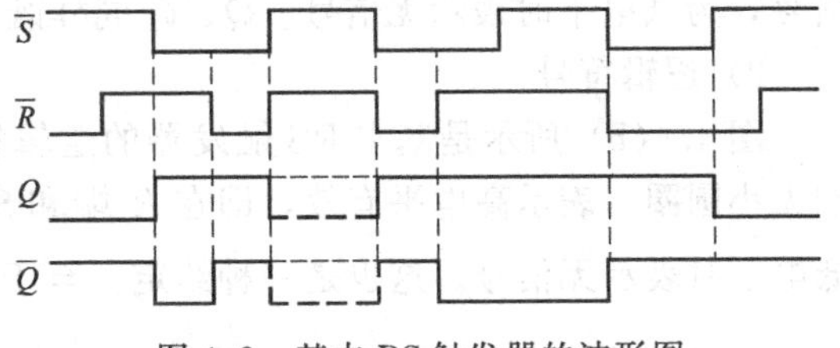

图 4.2　基本 RS 触发器的波形图

如果 $\overline{R}$ 端的信号先撤销，触发器将变成 1 状态；若 $\overline{S}$ 端的信号先撤销，触发器会转到 0 状态。

图 4.2 所示波形图说明了上述 3 种情况，不能预先确定的情况用虚线表示。

3. 逻辑功能的表示方法

1）状态表

反映触发器次态 Q^{n+1} 与现态 Q^n 和输入 R、S 之间对应关系的表格叫做状态表（或称特性表）。根据工作原理的分析，可以很容易地列出图 4.1(a) 所示基本 RS 触发器的状态表，如表 4.1 所示。它是基本 RS 触发器逻辑功能的数学表达形式，直观地表示了 Q^{n+1} 与 Q^n、R、S 取值间的对应关系。

表 4.1　基本 RS 触发器的状态表

$\overline{R}$	$\overline{S}$	Q^{n+1}	功能说明
1	1	Q^n	保持
1	0	1	置 1
0	1	0	置 0
0	0	1	失效

2）状态方程

从表 4.1 所示状态表可以明显地看出：①Q^{n+1}的值不仅和$\overline{R}$、$\overline{S}$有关，还决定于Q^n，即Q^n和$\overline{R}$、$\overline{S}$一样，也是决定取值的一个变量；②Q^n、$\overline{R}$、$\overline{S}$这 3 个变量的 8 种取值中，在正常情况下，000、100 这 2 种取值是不会出现的，即最小项$Q^n\overline{R}\,\overline{S}$和$Q^n\overline{R}\,\overline{S}$是约束项。由表 4.1 画出如图 4.3 所示$Q^{n+1}$的卡诺图。

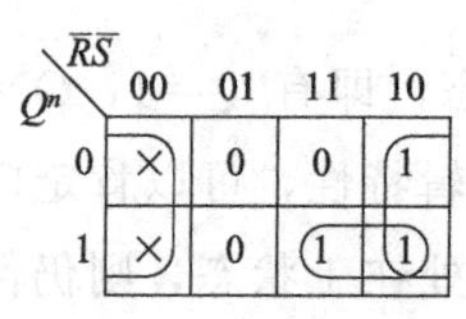

图 4.3　基本 RS 触发器Q^{n+1}的卡诺图

由图 4.3，可得：

$$Q^{n+1}=S+\overline{R}Q^n\text{（约束条件：}\overline{R}+\overline{S}=1\text{ 或 }RS=0\text{）}\qquad(4.1)$$

式(4.1) 高度概括地描述了基本 RS 触发器次态输出Q^{n+1}与现态Q^n和输入$\overline{R}$、$\overline{S}$之间的函数关系，称之为状态方程（或称特性方程）。在遵守约束条件$RS=0$的前提下（即$\overline{R}$、$\overline{S}$不能同时为 0），可以根据输入信号$\overline{R}$、$\overline{S}$的取值和现态Q^n，利用状态（特性）方程计算出次态输出Q^{n+1}。

4.1.2　用或非门组成的基本触发器

1. 电路组成及逻辑符号

1）电路组成

图 4.4(a) 所示是用两个或非门交叉耦合起来构成的基本 RS 触发器。和图 4.1(a) 所示电路相比，不仅R、S的几何位置不同，而且其上无反号。注意到这种区别，就能够很容易地理解其工作原理。R、S上面无反号，表示高电平有效，即R端、S端为高电平时表示有信号，为低电平时表示无信号。Q、$\overline{Q}$同样既表示触发器的状态，又是两个互补的输出端。

2）逻辑符号

图 4.4(b) 所示是基本 RS 触发器的逻辑符号。与图 4.1(b) 所示符号相比，R端和S端无小圆圈，表示高电平有效，即在R端和S端加的输入信号为高电平时表示有信号，为低电平时表示无信号。这也是一种约定。至于Q端和$\overline{Q}$端的含义，两者并无区别。

2. 工作原理

1）电路有两个稳定状态

如图 4.4(a) 所示电路，由于交叉耦合的结果，当无输入信号，即$R=S=0$时，无论是 0 状态$Q=0$、$\overline{Q}=1$，还是 1 状态$Q=1$、$\overline{Q}=0$，都是稳定的。因为若$Q=0$，$\overline{Q}=1$，则$\overline{Q}=1$反馈送到或非门G_1的输入端，使$Q=0$，而$Q=0$和$S=0$一起保证了$\overline{Q}=1$。显然，0 状态是稳定的。同理，当$Q=1$，$\overline{Q}=0$时，由于$Q=1$反馈送到门G_2的输入端使$\overline{Q}=0$，而$\overline{Q}=0$和$R=0$一起也保证了$Q=1$，所以 1 状态也是稳定的。

2）接收输入信号工作过程

由或非门的逻辑特性知道，当$R=0$，$S=1$时，触发器肯定为 1 状态，即置 1；当$R=1$，$S=0$时，触发器一定为 0 状态，即置 0。而且在置 1、置 0 过程中，电路内部伴随有相应的正反馈过程，保证触发器能够快速地翻转。

3）接收失效与不定状态信号过程

当$R=S=1$时，由或非门的逻辑特性知道，Q端和$\overline{Q}$端将同时为低电平，这种状态同样未给定义，也是一种非 0、非 1 状态，称为失效状态。作为存储单元应用的基本 RS 触发器，显然不允许出现这样的情况。

当 R、S 同时由 1 跳变到 0 时，会发生竞争现象，而竞争结果无法预先确定。

当 R、S 分时由 1 跳变到 0 时，触发器的状态决定于先撤销者。若 R 先撤销，触发器将变成“1”状态；反之，若 S 先撤销，触发器将变成“0”状态。

图 4.5 所示波形图具体说明了上述 3 种情况，不能预先确定状态的情况用虚线表示。

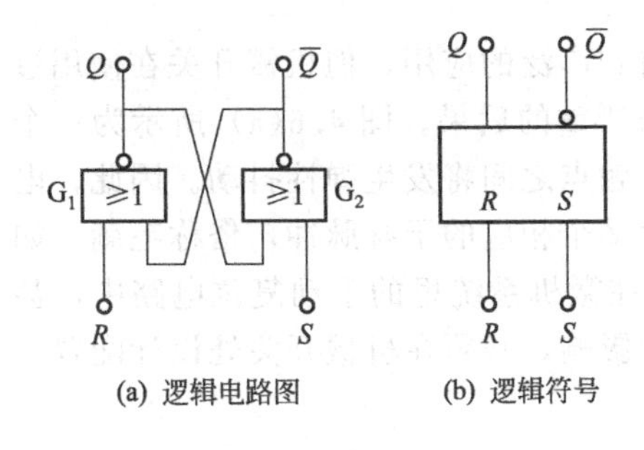

图 4.4　由或非门构成的基本 RS 触发器

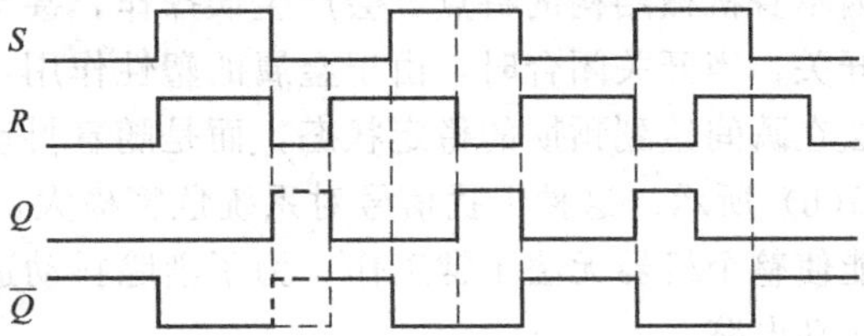

图 4.5　或非门构成的基本 RS 触发器的波形图

请用实验验证图 4.1(a) 和图 4.4(a) 所示电路的逻辑功能（或用 Multisim 软件仿真）。

3. 逻辑功能表示方法

1）状态表

根据工作原理分析，列出如表 4.2 所示状态表。

表 4.2　用或非门构成的基本 RS 触发器的状态表

R	S	Q^{n+1}	功能说明
0	0	Q^n	保持
0	1	1	置 1
1	0	0	置 0
1	1	0	失效

2）状态方程

状态方程与式(4.1) 是一样的，需要指出的是，当违反约束条件 $R=S=1$ 时，在图 4.1(a) 所示电路中，出现的情况是 Q 端和 $\overline{Q}$ 端均为高电平；而在图 4.4(a) 所示电路中，出现的情况是 Q 端和 $\overline{Q}$ 端均为低电平。这种区别在图 4.2 和图 4.5 所示波形图中特别明显。

4.1.3　基本 RS 触发器的特点及应用

无论是由与非门还是或非门构成的基本 RS 触发器，其优、缺点并无区别。

1. 基本 RS 触发器的主要优点

结构简单，只要把两个与非门或者或非门交叉连接起来即可，是触发器的基础结构形式；具有置 0、置 1 和保持功能，其状态方程为 $Q^{n+1}=S+\overline{R}Q^n$，约束条件为 $\overline{R}+\overline{S}=1$ 或 $RS=0$。

2. 基本 RS 触发器的存在问题

电平直接控制，即在输入信号存在期间，其电平直接控制触发器输出端的状态。这不仅给触发器的使用带来不便，而且导致电路抗干扰能力下降。R、S之间有约束。在由与非门构成的基本RS触发器中，当违反约束条件$R=S=1$时，Q端和$\overline{Q}$端都将为高电平；在由或非门构成的电路中，出现的将是Q端和$\overline{Q}$端均为低电平的情况。显然，这个缺点也限制了基本RS触发器的使用。

3. 基本RS触发器的实际应用

机械开关在电气电路中因结构简单、使用方便而得到广泛的应用，但机械开关在使用过程中因本身机械结构的特点，会产生误操作，甚至带来严重的后果。图4.6(a) 所示为一个机械开关，当开关闭合时，由于金属的塑性作用，两个触点之间将发生弹性抖动。因此，电路无法在瞬间达到预期的稳定状态，而是随着抖动产生多个相应的干扰脉冲，俗称毛刺，如图4.6(b) 所示。这种干扰信号对系统危害极大，例如在微机系统里的手动复位电路中，甚至可能使整个机器无法正常工作。为了消除抖动造成的影响，必须在机械开关处设计配置一个防抖动电路。

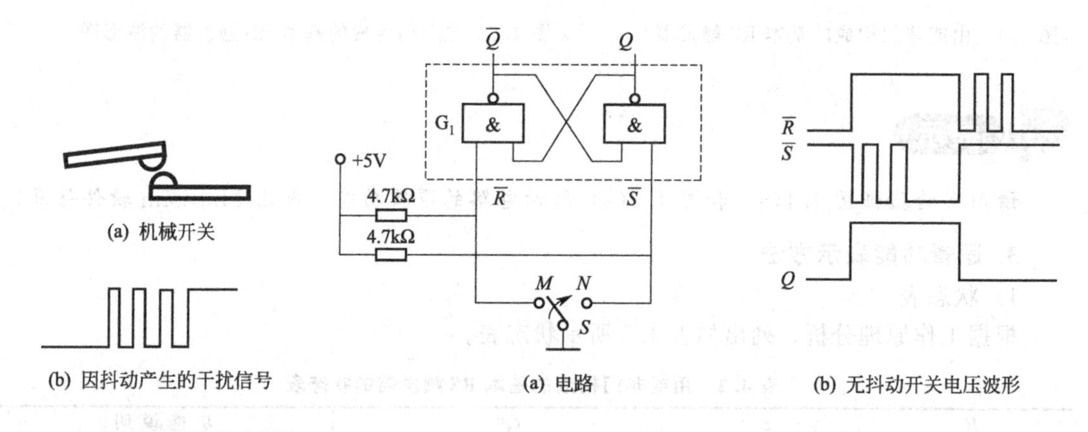

图4.6　机械开关及抖动现象　　　图4.7　机械开关防抖动电路

防抖动电路必须具有两个功能：一是体现开关作用，即将电路开和关的状态准确、稳定地保存下来；二是防抖动，即确保电路的状态不受干扰脉冲的影响。显然，不管采用何种防抖动电路，该电路必须具有记忆功能。在抖动的过程中，必须能将开关预期的稳定状态保存下来，在抖动过程中对开关的状态没有任何影响。根据上述要求，应采用触发器电路，构成一个比较理想的防抖动开关，电路如图4.7(a) 所示。图中，虚线框内的部分即为基本RS触发器。例如，图中开关S处在位置M时，$\overline{R}=0$，$\overline{S}=1$，触发器的状态为$Q=0$，$\overline{Q}=1$。当开关S由位置M打至位置N时，$\overline{R}=1$。由于开关S的振动，使$\overline{S}$端在低电平和高电平之间来回振动数十毫秒，对Q端输出的高电平1没有影响。开关S稳定地接至位置N时，$\overline{S}=0$，触发器输出状态为$Q=1$，$\overline{Q}=0$。同样，当开关S由位置N打至位置M时，$\overline{S}=1$。$\overline{R}$端虽在低电平和高电平之间振动，对Q端输出的低电平1同样没有影响，其电压波形图如图4.7(b) 所示。

思考题

1. 触发器与逻辑门的区别是什么？基本RS触发器有几种常见的电路结构形式？
2. 当RS触发器［如图4.4(a)］置位时，S和R端应该输入何种电平？
3. 在图4.4(a) 中，当$S=0$，$R=0$时，对输出端Q有什么影响？

4.2 同步触发器

对于基本 RS 触发器，输入信号在其存在期间直接控制 Q、$\overline{Q}$ 端的状态，并因此被叫做直接置位、复位触发器，这不仅使电路的抗干扰能力下降，而且不便于多个触发器同步工作，于是工作受时钟脉冲电平控制的同步触发器应运而生。

4.2.1 同步 RS 触发器

1. 电路组成及逻辑符号

1）电路组成

图 4.8(a) 所示是同步 RS 触发器的逻辑电路图。与非门 G_1 和 G_2 构成基本触发器，与非门 G_3 和 G_4 是控制门，输入信号 R、S 通过控制门传送。CP 叫时钟脉冲，它是输入控制信号。

2）逻辑符号

图 4.8(b) 所示是同步 RS 触发器的逻辑符号。方框下面输入端处的小圆圈表示低电平有效，时钟 $C1$ 端高电平有效。方框上面的两个输出端，一个无小圆圈，为 Q 端；一个有小圆圈，为 $\overline{Q}$ 端；在正常工作情况下，两者是互补的。

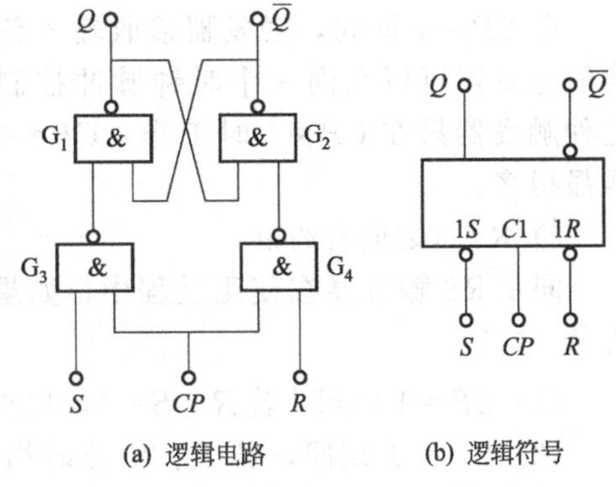

(a) 逻辑电路　　(b) 逻辑符号

图 4.8　同步 RS 触发器

2. 工作原理

从图 4.8(a) 所示电路可以明显看出，$CP=0$ 时，控制门 G_3、G_4 被封锁，基本 RS 触发器保持原状态不变。只有当 $CP=1$ 时，控制门被打开后，输入信号才会被接收，而且工作情况与图 4.1 (a) 所示电路没有什么区别。因此，列出如表 4.3 所示的状态表。

由表 4.3 所示状态表，列出以下状态方程式：

$$Q^{n+1}=S+\overline{R}Q^n \text{（约束条件 } \overline{R}+\overline{S}=1\text{，或 } RS=0\text{、}CP=1 \text{ 期间有效）} \quad (4.2)$$

其实直接从图 4.8(a) 所示电路也可以推导出状态方程式(4.2)。因为当 $CP=1$ 时，门 G_3 的输出为 $\overline{S\cdot CP}=\overline{S\cdot 1}=\overline{S}$，门 G_4 的输出为 $\overline{R\cdot CP}=\overline{R\cdot 1}=\overline{R}$。

对照由与非门构成的基本 RS 触发器的逻辑功能，可得到式(4.2)。

表 4.3 和式(4.2) 都准确地表达了图 4.8(a) 所示同步 RS 触发器的逻辑功能，即电路在 CP 脉冲控制下，其次态输出 Q^{n+1} 与现态 Q^n 和输入 R、S 之间的逻辑关系。

表 4.3　同步 RS 触发器的状态表

输入			现态	次态	功能说明
CP	S	R	Q^n	Q^{n+1}	Q^{n+1}
1	0	0	0	0	Q^n
1	0	0	1	1	(保持)
1	0	1	0	0	0
1	0	1	1	0	(置 0)
1	1	0	0	1	1
1	1	0	1	1	(置 1)
1	1	1	0	1	×
1	1	1	1	1	(失效)

提示

请用实验验证图 4.8(a) 所示电路的逻辑功能（或用 Multisim 软件仿真）。

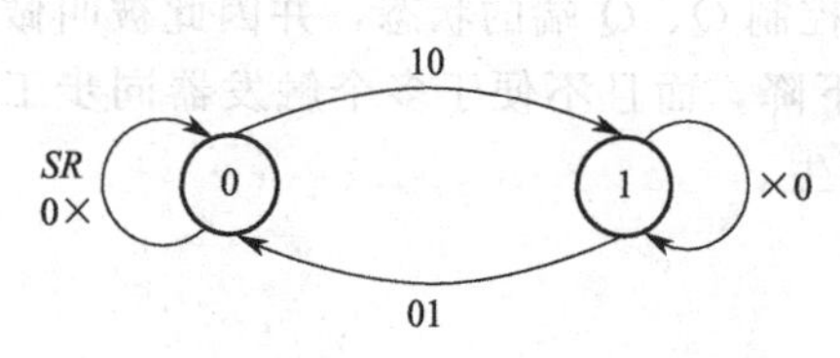

图 4.9　同步 RS 触发器的状态转换图

除了以上表示触发器逻辑功能的方式外，还可以用状态图表示。此方法将触发器的两个稳态 0 和 1 用两个圆圈表示，用箭头表示由现态到次态的转换方向，在箭头旁边用文字及其相应的信号表示实现转换必备的输入条件。这种图称为状态转换图。其实，状态转换图与状态表是统一的，它是状态表的直观、形象表示。同步 RS 触发器的状态转换图如图 4.9 所示。

3. 主要特点

1）时钟电平控制

在 $CP=1$ 期间，触发器接收输入信号；$CP=0$ 时，触发器保持状态不变。多个这样的触发器可以在同一个时钟脉冲控制下同步工作，给用户使用带来方便，而且由于这种触发器只在 $CP=1$ 时工作，$CP=0$ 时被禁止，所以其抗干扰能力比基本 RS 触发器强得多。

2）R、S 之间有约束

同步 RS 触发器在使用过程中，如果违反了 $RS=0$ 的约束条件，可能出现下列 4 种情况。

(1) $CP=1$ 期间，若 $R=S=1$，将出现 Q 端和 $\overline{Q}$ 端均为高电平的不正常情况。

(2) $CP=1$ 期间，若 R、S 分时撤销，则触发器的状态决定于先撤销者。

(3) $CP=1$ 期间，若 R、S 同时从 1 跳变到 0，会出现竞争现象，而竞争结果是不能预先确定的。

(4) 若 $R=S=1$ 时 CP 突然撤销，即由 1 跳变到 0，也会出现竞争现象，竞争结果亦不能预先确定。

图 4.10 所示波形图具体地说明了上述几种情况。

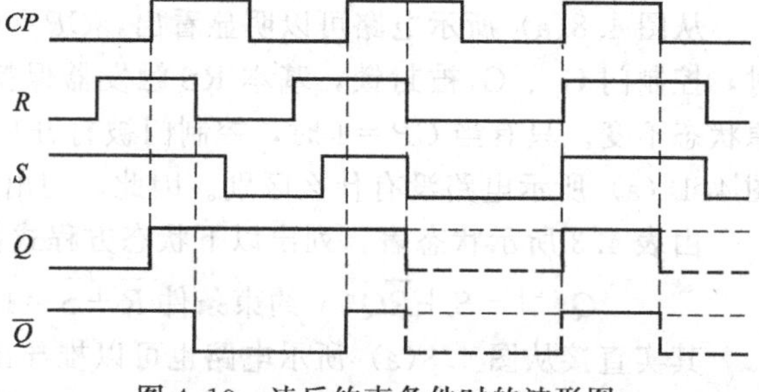

图 4.10　违反约束条件时的波形图

4.2.2　同步 D 触发器

R、S 之间有约束，限制了同步 RS 触发器的使用。为了解决该问题，出现了电路的改进形式——同步 D 触发器，又叫做 D 锁存器。

1. 电路组成

图 4.11 所示是同步 D 触发器的电路图。注意观察很容易发现，在同步 RS 触发器的基础上，增加了反相器 G_5，通过它把加在 S 端的 D 信号反相之后送到 R 端。除此之外，没有其他差异。

2. 工作原理

由图 4.11 所示电路可得 $S=D$，$R=\overline{D}$，代入同步 RS 触发器的状态方程，得到：

$$Q^{n+1}=S+\overline{R}Q^{n}=\mathrm{D}+\overline{\overline{\mathrm{D}}}Q^{n}=D\ （CP=1\ 期间有效）\tag{4.3}$$

式(4.3)就是反映同步D触发器逻辑功能的状态方程。显然，在同步RS触发器中，R、S之间有约束的问题没有了。

如果把门G_3的输出同时送到R端，即将R与G_3的输出连接起来，得到如图4.12所示电路，与图4.11相比，省掉了反相器G_5。

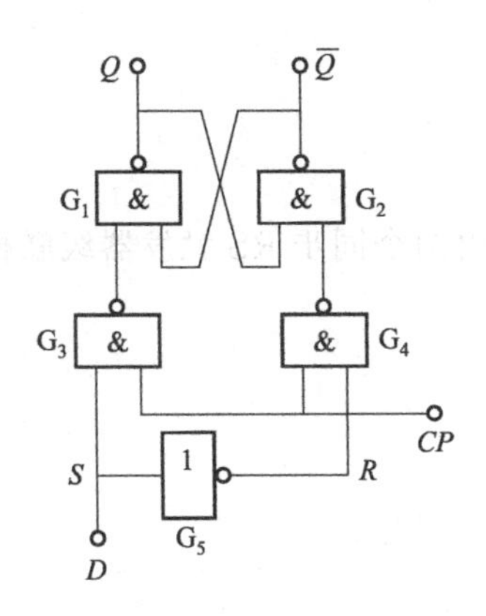

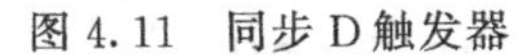
图4.11　同步D触发器

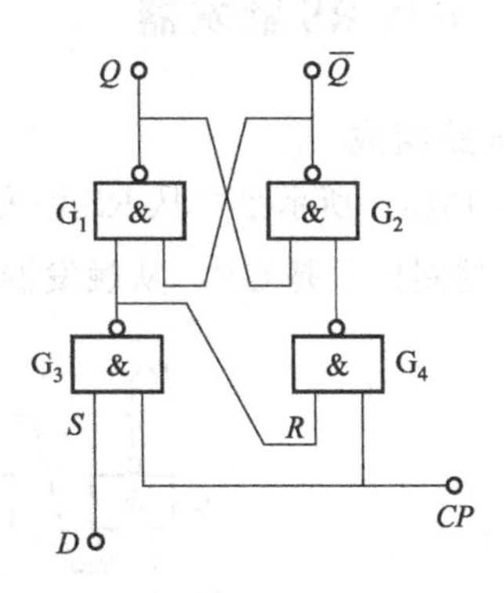

图4.12　同步D触发器简化电路

在图4.12所示电路中，当$CP=1$时，门G_3的输出为$\overline{S\cdot CP}=\overline{S\cdot 1}=\overline{S}=R$，代入同步RS触发器的状态方程，同样可得到式（4.3）。

3. 主要特点

（1）时钟电平控制，无约束问题。

同步D触发器采用时钟电平控制，这和同步RS触发器没有什么区别。在$CP=1$期间，若$D=1$，则$Q^{n+1}=1$；若$D=0$，则$Q^{n+1}=0$，即根据输入信号D取值不同，触发器既可以置1，也可以置0，但由于电路是在同步RS触发器基础上经过改进得到的，所以约束问题不存在了。

（2）$CP=1$时跟随，下降沿到来时才锁存。

在$CP=1$期间，输出端Q和$\overline{Q}$的状态跟随D变化。D若变为1，Q随之变为1，$\overline{Q}$随之变为0。只有当CP脉冲下降沿到来时才锁存，锁存的内容是CP下降沿瞬间D的值。

4.2.3　同步RS触发器的空翻问题

对触发器加时钟脉冲的目的是确定触发器状态变化的时刻。因此，当一个时钟触发脉冲作用时，要求触发器的状态只能翻转1次。同时，RS触发器虽然能按一定的时间节拍进行状态动作，但在$CP=1$期间，随着输入R、S发生变化，同步触发器的状态可能发生两次或两次以上的翻转，这种现象称为空翻。空翻会造成节拍混乱和系统工作不稳定，这是同步触发器的一个缺陷。为了克服空翻现象，实现触发器状态的可靠翻转，对触发器电路做改进，产生了多种结构的触发器，应用较多和性能较好的有主从式触发器和边沿触发器。

思考题

1. 说明为什么基本RS触发器称为异步触发器，而门控RS触发器称为同步触发器。
2. 对于同步RS触发器，当电路使能时，改变S和R输入信号，对输出端Q有影响吗？
3. D锁存器和同步RS触发器有什么不同？

4.3 主从触发器

为了解决同步触发器空翻现象，提高触发器工作的可靠性，人们在同步触发器的基础上设计了一种主从结构的主从触发器。

4.3.1 主从 RS 触发器

1. 电路组成

图 4.13(a) 所示是主从 RS 触发器的逻辑电路图，由两个同步 RS 触发器级联构成。主触发器的控制信号是 CP，从触发器的控制信号是 $\overline{CP}$。

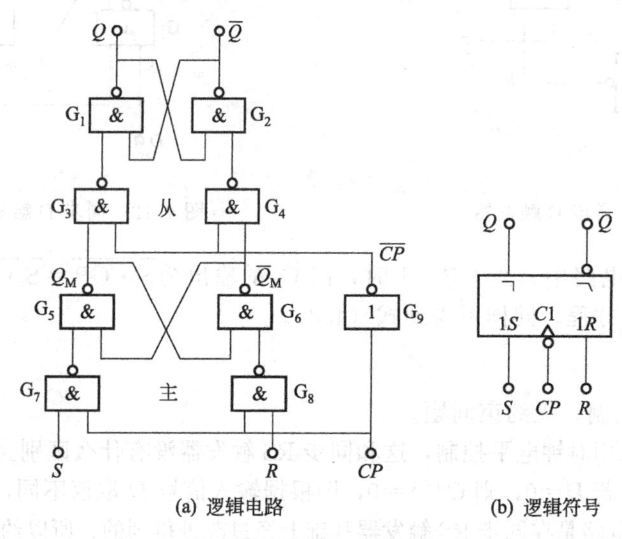

(a) 逻辑电路　　(b) 逻辑符号

图 4.13　主从 RS 触发器

图 4.13(b) 所示为主从 RS 触发器逻辑符号，输出端有小圆圈者为 $\overline{Q}$ 端，无者为 Q 端；方框内的符号“¬”表示延迟，即直到 CP 脉冲下降沿到来时，Q 端和 $\overline{Q}$ 端才会改变状态；1S、1R 是信号输入端；$C1$ 是时钟脉冲端，小圆圈表示 CP 下降沿有效。

2. 工作原理

在主从 RS 触发器中，接收输入信号和输出分成两步执行。

1）接收输入信号过程

在 $CP=1$ 期间，主触发器接收输入信号，从触发器保持原来状态不变。

$CP=1$ 时，$\overline{CP}=0$，主触发器控制门 G_7、G_8 被打开，因此可以顺利地把输入信号 R、S 接收进去，即有 $Q_M^{n+1}=S+\overline{R}Q^n$（约束条件 $RS=0$ 在 $CP=1$ 期间有效）。

从触发器控制门 G_3、G_4 被封锁，因此其状态理所当然地不会改变。

2）输出信号过程

当 CP 下降沿到来时，主触发器控制门 G_7、G_8 被封锁，在 $CP=1$ 期间接收的内容被储存起来。同时，从触发器控制门 G_3、G_4 被打开，主触发器将其接收的内容送入从触发器，输出端随之改变状态。在 $CP=0$ 期间，由于主触发器保持状态不变，因此受其控制的从触发器的状态，即 Q、$\overline{Q}$ 的值当然不可能改变。

综上所述，可得：

$$Q^{n+1}=S+\overline{R}Q^{n}\text{（约束条件 }RS=0\text{ 在 }CP\text{ 下降沿到来时有效）}\tag{4.4}$$

提示

请用实验验证图 4.13(a) 所示电路的逻辑功能（或用 Multisim 软件仿真）。

3. 主要特点

(1) 主从控制，时钟脉冲触发。

主从触发器的工作过程简单概括为：$CP=1$ 期间接收，CP 下降沿到来时更新。说得更准确些，应为：$CP=1$ 期间，主触发器按照同步 RS 触发器的工作原理，接收输入信号 R、S；CP 下降沿到来时，从触发器按照主触发器的内容更新状态。

(2) R、S 之间有约束。

由于主触发器本身是同步 RS 触发器，在 $CP=1$ 期间，R、S 取值的变化都会直接影响其状态，所以 CP 下降沿到来时，主触发器的内容必须根据在 $CP=1$ 期间 R、S 变化的情况才能确定。至于 R、S 之间有约束，则是显而易见的，如果在 $CP=1$ 期间 R、S 的取值违反了 $RS=0$ 的规定，不仅主触发器会出现两个输出端都为高电平的不正常情况，而且倘若 R、S 同时由 1 跳变到 0，或者在 $R=S=1$ 时 CP 下降沿到来，还会出现竞争现象，以至于无法确定主触发器的状态。当然，从触发器的状态也不可能知道了。

归纳

主从 RS 触发器采用的是主从控制脉冲触发，R、S 之间有约束，性能尚需进一步改善。

4.3.2　主从 JK 触发器

主从 JK 触发器是为了解决主从 RS 触发器中 R、S 之间有约束的问题而设计的。

1. 电路组成

图 4.14(a) 所示是主从 JK 触发器的逻辑电路图，是在主从 RS 触发器基础上，把 $\overline{Q}$ 引回到 G_7 的输入端，把 Q 引回到门 G_8 的输入端得到的。原来的 S 变成为 J，R 变成为 K，由于主从结构的电路形式未变，而输入信号变成了 J 和 K，故名主从 JK 触发器。

图 4.14(b) 所示为主从 RS 触发器的逻辑符号，方框内的符号“┐”表示延迟，因图 4.14(a) 所示主从 JK 触发器在时钟脉冲上升沿时刻就把输入信号接收进去，但是直至 CP 下降沿到来，Q 端和 $\overline{Q}$ 端才会改变状态。图中，$\overline{S}_D$ 为异步置 1 端（亦称置位端），$\overline{R}_D$ 端为异步置 0 端（亦称复位端）。

异步置位端和异步复位端不受时钟控制，通常用于设定触发器初始状态。

2. 工作原理

比较图 4.14(a) 和图 4.13(a) 所示两个电路门 G_7 和 G_8 输入端的信号情况，得到：

$$S=J\overline{Q^{n}},R=KQ^{n}$$

代入主从 RS 触发器的状态方程，可得：

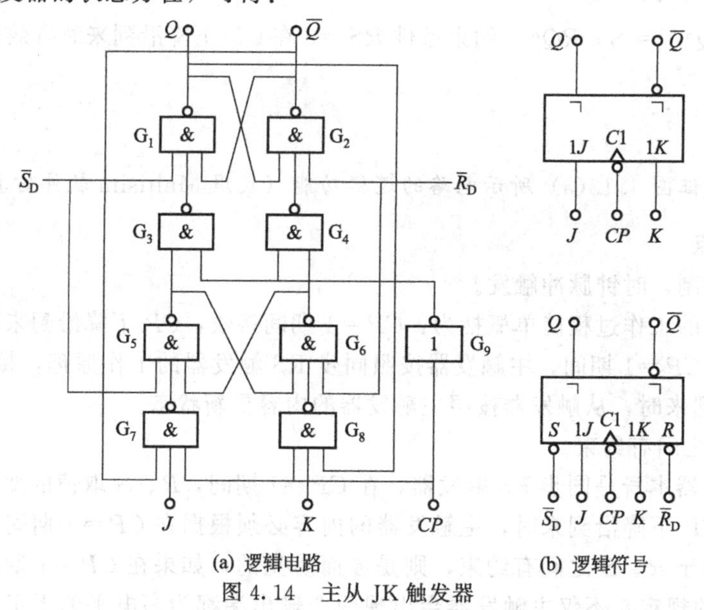

(a) 逻辑电路　　(b) 逻辑符号

图 4.14　主从 JK 触发器

$$Q^{n+1}=S+\overline{R}Q^n=J\overline{Q^n}+\overline{KQ^n}Q^n=J\overline{Q^n}+\overline{K}Q^n \quad (CP\text{ 下降沿到来时有效}) \tag{4.5}$$

至于约束条件 $RS=0$，因为在 $CP=1$ 期间，Q 端和 $\overline{Q}$ 端的状态不仅互补，而且不会改变，显然可以满足。其实，把 $S=J\overline{Q^n}$、$R=KQ^n$ 代入约束条件，亦可得：

$$R\cdot S=KQ^n\cdot J\overline{Q^n}=0$$

表 4.4　主从 JK 触发器的状态表

J	K	Q^n	Q^{n+1}	注
0	0	0	0	$Q^{n+1}=Q^n$
0	0	1	1	保持
0	1	0	0	$Q^{n+1}=0$
0	1	1	0	置 0
1	0	0	1	$Q^{n+1}=1$
1	0	1	1	置 1
1	1	0	1	$Q^{n+1}=\overline{Q^n}$
1	1	1	0	翻转

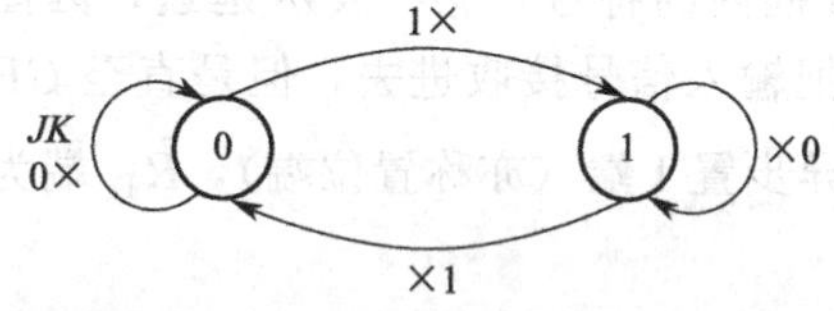

图 4.15　主从 JK 触发器的状态转换图

根据式(4.5)，列出如表 4.4 所示的状态表。该表直观地描述了主从 JK 触发器的逻辑功能：次态 Q^{n+1} 与现态 Q^n 和输入 J、K 间的逻辑关系。同样地，可以用状态图来描述逻辑功能，如图 4.15 所示。

请用实验验证图 4.14(a) 所示电路的逻辑功能（或用 Multisim 软件仿真）。

3. 主要特点

主从 JK 触发器采用主从控制，时钟脉冲触发，功能完善，J、K 之间没有约束，是一种使用起来十分灵活、方便的时钟触发器，但存在一次变化问题，因此抗干扰能力尚需提高。主从触发器中的主触发器，在 $CP=1$ 期间，其状态能且只能变化一次。这种变化既可能发生在 CP 上升沿，也可能发生在 $CP=1$ 期间某时刻，甚至发生在 CP 下降沿前一瞬间；既可以是 JK 变化引起的，也可以由干扰脉冲造成。所以，一般情况下，主从 JK 触发器要求在 $CP=1$ 期间，输入信号的取值保持不变。如果在 $CP=1$ 期间，输入信号发生变化，会产生一次性变化。假设 $Q^n=0$ （$\overline{Q^n}=1$），且 $J=0$，$K=1$，如果在 $CP=1$ 期间，JK 发生变化，使 $J=1$，$K=0$ 或 $J=K=1$，则主触发器被置 1，又恢复 $J=0$，$K=1$，则门 G_8 被 Q^n 封锁，所以主触发器无法恢复为 0 状态，当 CP 下降沿到来时，从触发器也被置 1。所以，在 $CP=1$ 期间，主触发器只能翻转一次，无论 JK 如何变化，不再变回来。这种现象称为一次性变化。

1. 主从触发器为什么被称为高电平捕捉器？
2. 主从 JK 触发器存在什么问题？是否需要进一步优化？
3. 触发器的清零信号有什么作用？

4.4 边沿触发器

为了解决主从 JK 触发器的一次变化问题，增强电路工作的可靠性，出现了边沿触发器。边沿触发器的电路结构形式较多，但边沿触发或控制的特点是相同的。下面以由同步 D 触发器级联构成的边沿触发器为例，说明电路的工作原理和主要特点。

4.4.1 边沿 D 触发器

1. 电路组成

图 4.16(a) 所示是用两个同步 D 触发器级联构成的边沿 D 触发器。它虽然具有主从结构形式，却是边沿控制的电路。

图 4.16(b) 所示为边沿 D 触发器的逻辑符号。

2. 工作原理

图 4.16(a) 所示为具有主从结构形式的边沿 D 触发器，由两个同步 D 触发器组成。主触发器受 CP 操作，从触发器用 $\overline{CP}$ 管理。

(1) $CP=0$ 时的情况：$CP=0$ 时，门 G_7、G_8 被封锁，门 G_3、G_4 打开，从触发器的状态决定于主触发器，$Q=Q_M$，$\overline{Q}=\overline{Q}_M$。输入信号 D 被拒之门外。

(2) $CP=1$ 时的情况：$CP=1$ 时，门 G_7、G_8 打开，门 G_3、G_4 被封锁，从触发器保持原状态不变，D 信号进入主触发器。但是要特别注意，这时主触发器只跟随而不锁存，即 Q_M 跟随 D 变化，D 怎么变 Q_M 随之怎么变。

(3) CP 下降沿时刻的情况：CP 下降沿到来时，将封锁门 G_7、G_8，打开门 G_3、G_4，主触发器锁存 CP 下降时刻 D 的值，即 $Q_M=D$；随后，将该值送入从触发器，使 $Q=D$，$\overline{Q}=\overline{D}$。

(4) CP 下降沿过后的情况：CP 下降沿过后，主触发器锁存的 CP 下降沿时刻 D 的值显然将保持不变，从触发器的状态当然也不可能发生变化。

综上所述，可得：

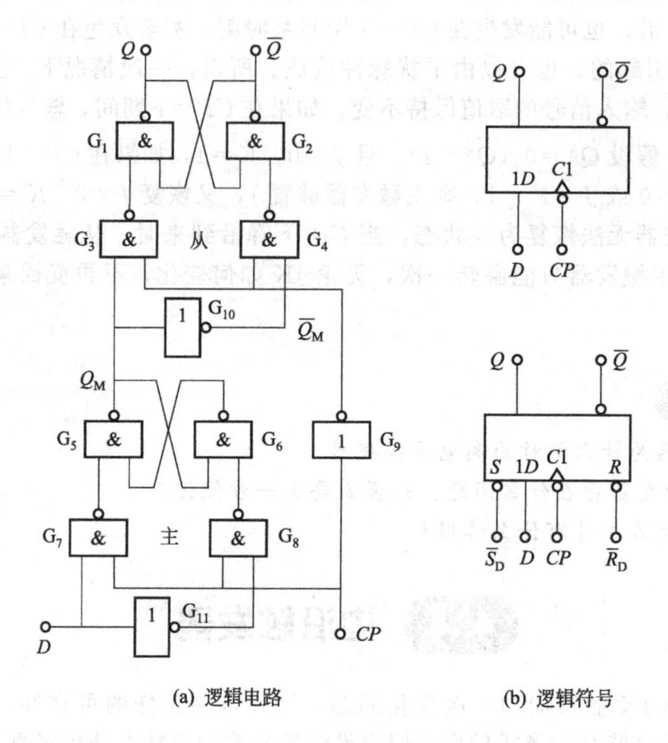

(a) 逻辑电路　　　　(b) 逻辑符号

图 4.16　边沿 D 触发器

$$Q^{n+1}=D \text{（}CP\text{ 下降沿时刻有效）} \quad (4.6)$$

式(4.6) 就是边沿 D 触发器的状态方程，CP 下降沿时刻有效。注意，式中的 Q^{n+1} 只能取 CP 下降时刻输入信号 D 的值。

与主从触发器中的情况一样，在边沿 D 触发器中也设置有异步输入端$\overline{R}_D$ 和$\overline{S}_D$。$\overline{R}_D$ 用于复位，称为直接复位端或清 0 端；$\overline{S}_D$ 用于直接置位，叫做直接置位端或置 1 端。如图 4.16(b) 所示的逻辑符号图中，异步输入端的小圆圈表示低电平有效。若无小圈，表示高电平有效。CP 端有小圆圈，表示下降沿触发；若无小圆圈，表示上升沿触发。

请用实验验证图 4.16(a) 所示电路的逻辑功能（或用 Multisim 软件仿真）。

3. 主要特点

(1) 时钟 CP 边沿触发。

在时钟 CP 上升沿（或下降沿）时刻，触发器按照状态方程 $Q^{n+1}=D$ 的规定转换状态。实际上是加在 D 端的信号被锁存起来，并送到输出端。

(2) 抗干扰能力强。

因为是边沿触发，触发器只要在一个极短暂的时间内，加在 D 端的输入信号保持稳定，触发器就能够可靠地接收；在其他时间里，输入信号对触发器不起作用。

(3) 只具有置 1、置 0 功能。

在某些情况下，边沿 D 触发器使用起来不如 JK 触发器方便，因为 JK 触发器在时钟脉冲操作下，根据 J、K 取值不同，具有保持、置 0、置 1 和翻转 4 种功能。

4.4.2　边沿 JK 触发器

边沿 JK 触发器的电路结构形式较多。下面以用边沿 D 触发器构成的电路为例，说明其工作原理和特点。

1. 电路组成

在边沿 D 触发器的基础上增加 3 个门 G_1、G_2、G_3，把输出 Q 送回 G_1、G_3，构成如图 4.17(a) 所示的边沿 JK 触发器。

图 4.17(b) 所示为边沿 JK 触发器的逻辑符号，CP 端的小圆圈表示电路是下降沿触发的边沿 JK 触发器。

2. 工作原理

由图 4.17(a) 所示电路，得到 D 的逻辑表达式为：

$$D=\overline{\overline{J+Q^n}+KQ^n}=(J+Q^n)\overline{KQ^n}=(J+Q^n)(\overline{K}+Q^n)$$

$$=J\overline{Q}^n+\overline{K}Q^n+J\overline{K}=J\overline{Q}^n+\overline{K}Q^n \tag{4.7}$$

将式(4.7) 代入边沿 D 触发器的状态方程，得到：

$$Q^{n+1}=D=J\overline{Q}^n+\overline{K}Q^n\ （CP\ 下降沿时有效） \tag{4.8}$$

显然，式(4.8) 准确地表达了如图 4.17(a) 所示电路次态 Q^{n+1} 与现态 Q^n 和输入 J、K 之间的逻辑关系。

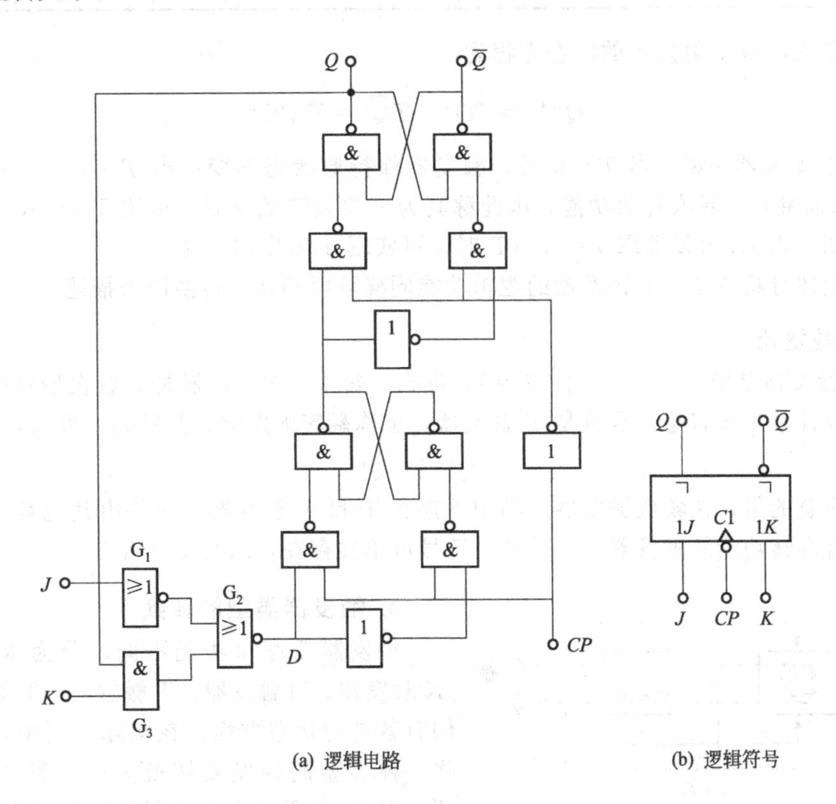

图 4.17　边沿 JK 触发器

请用实验验证图 4.17(a) 所示电路的逻辑功能（或用 Multisim 软件仿真）。

3. 主要特点

时钟脉冲边沿控制，在 CP 上升沿或下降沿瞬间，加在 J 和 K 端的信号才会被接收，故也称边沿触发。这种边沿触发器抗干扰能力强，工作速度高。

边沿 JK 触发器功能齐全，使用灵活、方便。在 CP 边沿控制下，根据 J、K 取值的不同，边沿 J、K 触发器具有保持、置 0、置 1 和翻转 4 种功能，是一种全功能的电路。

4.4.3 其他类型触发器

1. T 触发器

在 CP 脉冲的作用下，根据输入信号 T 的不同情况，凡是具有保持和翻转功能的触发器都称为 T 触发器。

根据 T 触发器逻辑功能的定义，列出 T 触发器的状态表，如表 4.5 所示。

表 4.5 T 触发器的状态表

T	Q^n	Q^{n+1}	说　明
0	0	0	$Q^{n+1}=Q^n$
0	1	1	保持
1	0	1	$Q^{n+1}=\overline{Q}^n$
1	1	0	翻转

由状态表，得 T 触发器的状态方程为

$$Q^{n+1}=\overline{T}Q^n+T\overline{Q}^n=T\oplus Q^n \tag{4.9}$$

对于 T 触发器来说，当 $T=0$ 时，触发器保持原状态不变；当 $T=1$ 时，触发器将随 CP 的到来而翻转，具有计数功能，因此称其为可控翻转触发器。对比 T 和 JK 触发器的状态方程可知，当 JK 触发器取 $J=K=T$ 时，可实现 T 触发器功能。

按照上述分析方法，T 触发器的逻辑功能同样可以用状态转换图来描述。

2. T′触发器

在 T 触发器基础上，如果固定 $T=1$，那么，每来一个 CP 脉冲，触发器状态都将翻转一次，构成计数工作状态，这就是 T′触发器，也称翻转触发器，其状态方程为：

$$Q^{n+1}=\overline{Q}^n \tag{4.10}$$

值得注意的是，在集成触发器产品中不存在 T 和 T′触发器，而是由其他类型的触发器连接成具有翻转功能的触发器，但其逻辑符号可单独存在，以突出其特点。

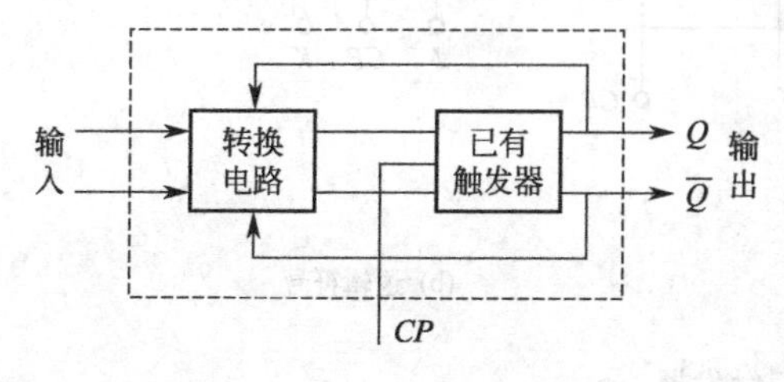

图 4.18　触发器转换图

3. 触发器类型的转换

触发器按逻辑功能不同，分为 RS 触发器、JK 触发器、D 触发器、T 触发器、T′触发器，它们有各自的状态方程。在实际应用中，有时可以将一种类型的触发器转换为另一种类型的触发器。图 4.18 所示为触发器转换的示意图。其中，已有的触发器为已有的某种结构和功能的触发器，虚线框表示转换后的触发器。由图 4.18 可以看出，转换的核心是求转换电路。该转换电路的输入是新功能触发器的驱动输入，输出是已知触发器的驱动输入。

下面介绍几种触发器的转换方法。

1）JK 触发器转换成 D、T、RS 触发器

（1）JK 触发器转换成 D 触发器。

因为 JK 触发器的状态方程为 $Q^{n+1}=J\overline{Q}^n+\overline{K}Q^n$，而 D 触发器的状态方程为 $Q^{n+1}=D$，比较两个等式可得：$Q^{n+1}=D=D(\overline{Q}^n+Q^n)=D\overline{Q}^n+DQ^n$，令 $D=J$，$K=\overline{D}$，得到转换后的 D 触发器。图 4.19 所示为 JK 触发器转换为 D 触发器的电路图。

（2）JK 触发器转换成 T 触发器。

因为 JK 触发器的状态方程为 $Q^{n+1}=J\overline{Q}^n+\overline{K}Q^n$，而 T 触发器的状态方程为 $Q^{n+1}=\overline{T}Q^n+T\overline{Q}^n$，比较两个等式，可得 $J=T$，$K=T$，其转换电路如图 4.20 所示。转换电路极简单，令 $T=1$，得到计数触发器：$Q^{n+1}=\overline{Q}^n$。

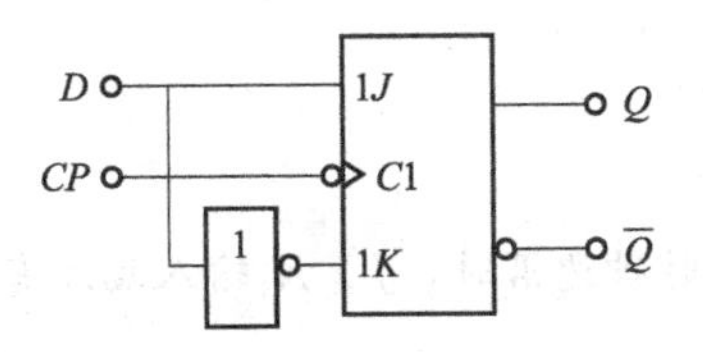

图 4.19 JK 触发器转换为 D 触发器电路图

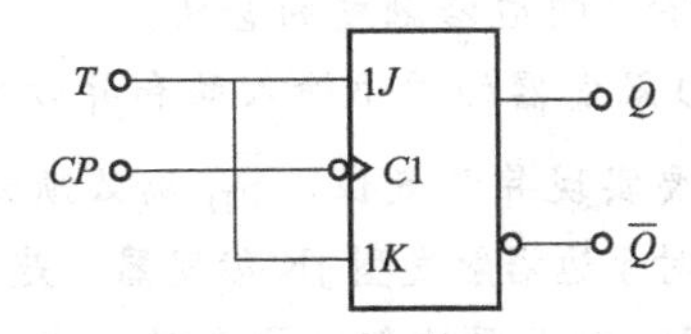

图 4.20 JK 触发器转换为 T 触发器电路图

（3）JK 触发器转换成 RS 触发器。

因为 JK 触发器的状态方程为 $Q^{n+1}=J\overline{Q}^n+\overline{K}Q^n$，而 RS 触发器的状态方程为 $Q^{n+1}=S+\overline{R}Q^n$，变换 RS 触发器的状态方程后，比较两个等式，可得 $S=J$，$R=K$，得到 JK 触发器转换为 RS 触发器的电路图，如图 4.21 所示。

2）D 触发器转换成 JK、RS、T 触发器

（1）D 触发器转换成 JK 触发器。

由 D 触发器和 JK 触发器的状态方程式，得到 $D=J\overline{Q}^n+\overline{K}Q^n$，以及转换后 JK 触发器的电路图，如图 4.22 所示。

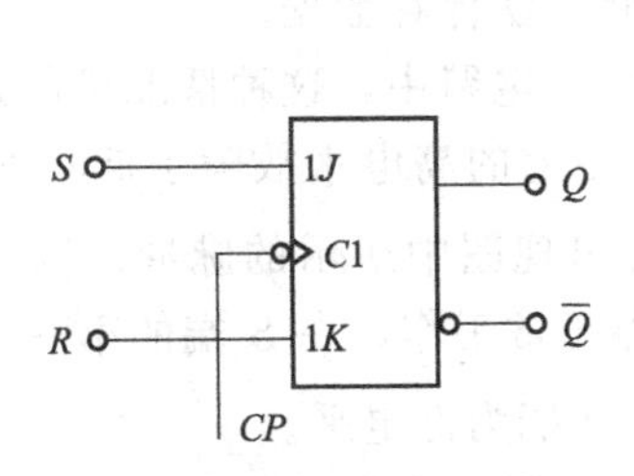

图 4.21 JK 触发器转换为 RS 触发器电路图

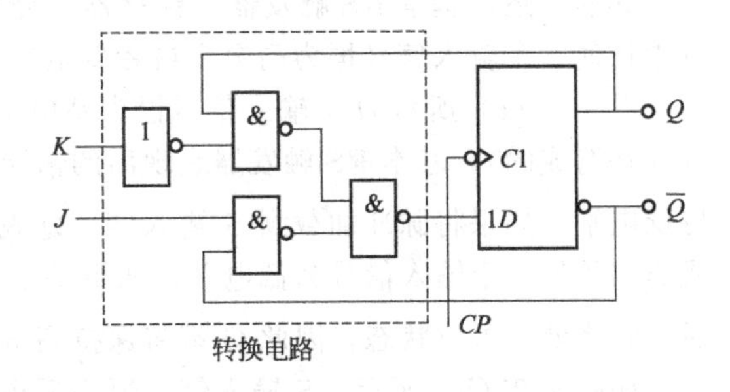

图 4.22 D 触发器转换为 JK 触发器电路图

（2）D 触发器转换成 RS 触发器。

由 D 触发器和 RS 触发器的状态方程式，得到 $D=S+\overline{R}Q^n=\overline{\overline{S}\cdot\overline{\overline{R}Q^n}}$，以及转换后 RS 触发器的电路图，如图 4.23 所示。

（3）D 触发器转换成 T 触发器。

由D触发器和T触发器的状态方程式，得到 $D=\overline{T}Q^n+T\overline{Q^n}=T\oplus Q^n$，以及转换后T触发器的电路图，如图4.24所示。

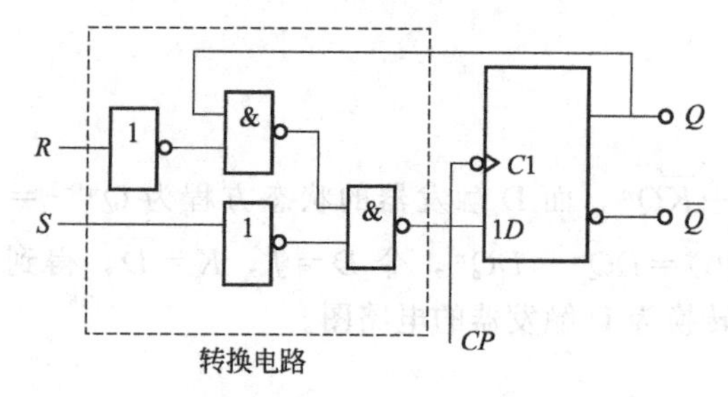

图4.23 D触发器转换为RS触发器电路图

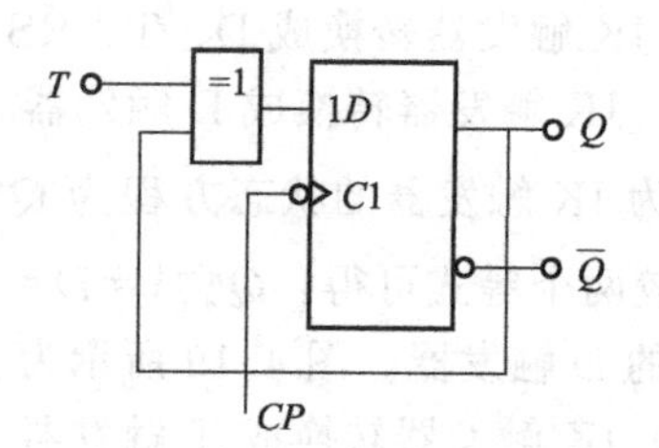

图4.24 D触发器转换为T触发器电路图

1. 请说明边沿触发的含义。
2. D触发器的同步输入端和异步输入端分别是哪个？
3. 要实现异步置位，$\overline{S}_D$ 端必须为什么电平？
4. 对于边沿触发型JK触发器，是否仅当 CP 为有效时钟边沿时，J、K 输入端才有效？
5. JK触发器的翻转状态对输出端 Q 有什么影响？

4.5 故障诊断和排查

触发器（锁存器）的主要故障诊断方法同门和其他逻辑电路的故障诊断方法类似。触发器或者锁存器可能保持某个逻辑状态不变，使其输出信号不变。

本节介绍故障是如何影响触发器和锁存器的工作的。如果电路无法正常工作，一般应该首先检查该集成电路（IC）的电源和地的连接，并检查是否存在短路或者开路接触的情况。

4.5.1 基本RS触发器的故障排查技术

如前所述，基本RS触发器（锁存器）受控于置位（S）和复位（R）输入信号。如果其中任何一个输入信号恒为高电平或者低电平，触发器将无法保存数据。

图4.25(a) 所示为 R 输入信号恒为高电平时（在TTL电路中，这种情况可能是由于输入开路造成的），基本RS触发器表现出的情况。R 输入端上的高电平故障引起 Q 输出端保持低电平。如果将脉冲加载到 S 输入端，$\overline{Q}$ 输出端也会出现图中所示的脉冲。因为其下面或非门的另一个输入信号为低电平，如果基本RS触发器正常工作，在 S 端的第一个脉冲之后，它将处于置位状态，因此 Q 端将保持高电平，R 的 $\overline{Q}$ 端为低电平。

如图4.25(b) 所示，S 输入信号恒为低电平。在 R 的第一个脉冲之后，基本RS触发器进入复位状态。对于 R 的连续脉冲，$\overline{Q}$ 保持低电平，Q 保持高电平。如果将脉冲加载到 S 输入端，基本RS触发器将不会置位，因为存在恒为低电平的条件。

每种故障都可能引发其特有的症状。

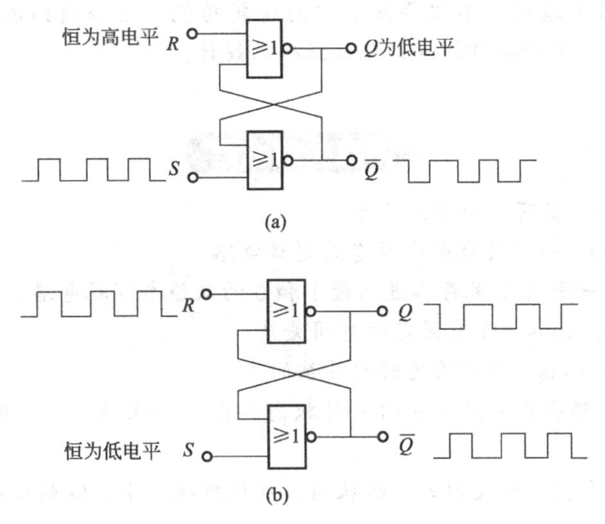

图 4.25 D触发器转换为T触发器电路图

4.5.2 边沿JK触发器的故障排查技术

与基本RS触发器一样，边沿触发器中的故障会引起触发器出现不规则的行为，或者处在某一状态。边沿触发器有一个时钟输入端，如果时钟端恒为高电平或者低电平，触发器的状态将不变。如果边沿D触发器的输入端恒为高电平或者低电平，Q输出信号将在第一个时钟脉冲进入无效状态，并保持这一状态。

归纳

集成电路触发器都有异步置位端和异步复位端，正常工作时，应该要把这两个端正确连接，否则触发器的状态不变。

思考题

1. 如果图4.25(b) 中的S输入信号恒为高电平，在Q和$\overline{Q}$输出端会看到什么情况？
2. 如果触发器的时钟输入端开路，会出现什么情况？

本章小结

1. 触发器和门电路一样，也是构成数字系统的一种基本逻辑单元。触发器逻辑功能的基本特点是可以保存1位二值信息。因此，又把触发器叫做半导体存储单元或记忆单元。

2. 触发器逻辑功能是指触发器输出的次态和输出的现态及输入信号之间的逻辑关系。描写触发器逻辑功能的方法主要有状态（特性）表、状态（特性）方程、状态转换图和时序图。

3. 根据逻辑功能的不同，将触发器分成RS、JK、D、T、T′等不同的类型。此外，从电路结构形式上，把触发器分为基本触发器、同步触发器、主从触发器、边沿触发器等类型。不同结构的触发器具有不同的触发条件和动作特点。触发器逻辑符号中，CP端有小圆圈的，表示下降沿触发；没有小圆圈的，表示上降沿触发。

4. 同一种逻辑功能的触发器可以用不同的电路结构实现；同一种电路结构的触发器可以做成不同的逻辑功能。不要把这两个概念混同起来。

5. 当选用触发器电路时，不仅要知道它的逻辑功能，还必须知道它的电路结构类型。只有这样，才能把握住它的动作特点，完成正确的设计。

本章关键术语

双稳态　bistable　具有两个稳定状态。

触发器　flip-flop　一种具有两个稳态的逻辑电路。

锁存器　latch　一种可以保存二进制数1和0的双稳态逻辑电路。

异步的　asynchronous　没有固定的时间关系。

同步的　synchronous　具有固定时间关系的。

复位　RESET　锁存器和触发器的一种状态。在这种状态下，Q 输出低电平，器件中实际上存储的值为0。

置位　SET　锁存器和触发器的一种状态。在这种状态下，Q 输出高电平，器件中实际上存储的值为1。

存储　storage　器件能够长时间保存1和0的特性。

翻转　toggle　触发器在时钟脉冲触发沿到来时改变状态。

使能　enable　逻辑电路的一个输入信号，根据其输入的电平，禁止或允许该电路响应其他输入信号。

自我测试题

一、选择题（请将下列题目中的正确答案填入括号）

1. 具有保持和翻转功能的触发器叫做（　　）。

(a) JK触发器　　(b) D触发器　　(c) T触发器

2. 触发器的异步置0端和置1端正确的用法是（　　）。

(a) 都接高电平1　　(b) 都接低电平0

(c) 有小圆圈，不用时接高电平1；没有小圆圈，不用时接低电平0

3. 按电路结构组成方式，双稳态触发器分为（　　）。

(a) 基本和同步触发器　　(b) 主从和边沿触发器

(c) 基本、同步、主从和边沿触发器

4. 存在空翻问题的是（　　）触发器。

(a) 主从型RS　　(b) 基本RS　　(c) 同步RS

5. 当D触发器的输入信号为高电平时，经过一个时钟后，输出将会是（　　）。

(a) 低电平　　(b) 高电平　　(c) 取决于该时钟前的输出状态

二、判断题（正确的在括号内打√，错误的在括号内打×）

1. 一个触发器可以保存1位二进制数。（　　）

2. 对于或非门构成的基本触发器，当 $R=S=0$ 时，触发器的状态为不定。（　　）

3. 当触发器被清零时，它处于复位状态。（　　）

4. 同步触发器存在空翻现象，而主从触发器克服了空翻。（　　）

5. 主从JK触发器存在一次性变化。（　　）

6. 当触发器设置为翻转工作模式时，输出将保持高电平。（　　）

7. D触发器的特征方程为 $Q^{n+1}=D$，与 Q^n 无关，所以它没有记忆功能。（　　）

8. 不同逻辑功能的触发器可以相互转换。（ ）

三、分析计算题

1. 在JK触发器中，当$J=K=1$时，经过5个时钟之后，触发器Q输出是什么值？假设初态Q为高电平，经过100个时钟之后，结果又如何？

2. 用JK触发器设计一种电路，使其能够将输入时钟二分频。

3. 在下降沿D触发器中，已知CP、D的波形如图4.26所示，试画出Q、$\overline{Q}$端波形。设触发器的初始状态为$Q=1$。

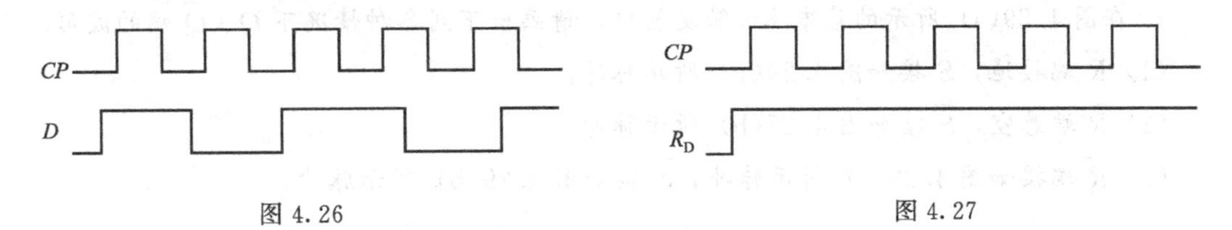

图4.26　　　　图4.27

4. 在下降沿JK触发器中，已知时钟和复位端波形如图4.27所示，J和K接高电平，试画出Q端波形。设触发器的初始状态为$Q=0$。

5. 试画出如图4.28所示触发器的Q_0、Q_1端波形。设各触发器起始状态为0。

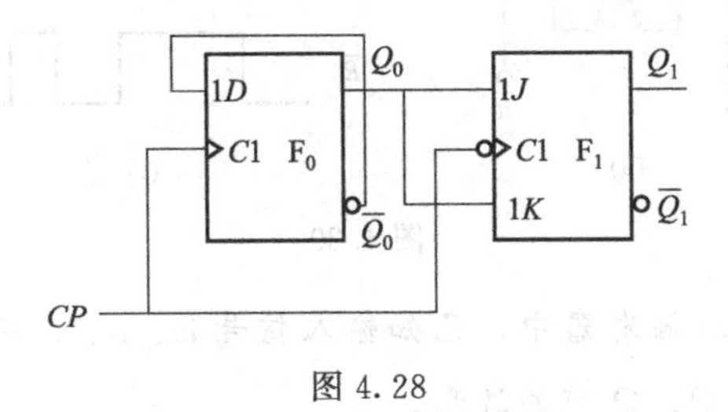

图4.28

习题

一、选择题（请将下列题目中的正确答案填入括号）

1. 具有置0、置1、保持和翻转功能的触发器叫做（ ）。

(a) JK触发器　(b) D触发器　(c) T触发器

2. 触发器由门电路构成，但与门电路功能相比，其主要特点是（ ）。

(a) 和门电路功能一样　(b) 有记忆功能　(c) 没有记忆功能

3. TTL型触发器的直接置0端R_D和置1端S_D的正确用法是（ ）。

(a) 不用时都接高电平1　(b) 不用时都接低电平0　(c) 可以随意连接

4. 按触发方式，双稳态触发器分为（ ）。

(a) 高电平和低电平触发　(b) 上升沿和下降沿触发

(c) 电平触发、主从触发和边沿触发

5. 存在一次翻转问题的是（ ）触发器。

(a) 主从型JK　(b) 主从型RS　(c) 边沿JK

6. 为避免一次翻转现象，应采用（ ）的触发器。

(a) 主从触发　(b) 边沿触发　(c) 电平触发

二、判断题（正确的在括号内打√，错误的在括号内打×）

1. 无论触发器的电路结构是哪种形式，它们的逻辑功能都相同。（ ）

2. 由或非门组成的基本 RS 触发器在 $R=0$、$S=1$ 时，触发器置 1。（　）

3. 边沿 JK 触发器在 $CP=1$ 期间，J、K 端输入信号变化时，对输出端 Q 的状态没影响。（　）

4. 同步触发器在时钟有效时间内存在空翻。（　）

5. T 触发器在输入 $T=1$ 时，时钟 CP 频率为 10kHz 时，输出端 Q 的频率为 5kHz。（　）

6. 边沿触发器在时钟 $CP=1$ 期间，输出状态随输入信号变化。（　）

三、分析计算题

1. 在图 4.29(a) 所示的基本 RS 触发器中，请画出下列各种情况下 Q、$\overline{Q}$ 端的波形。

(1) $\overline{R}$ 端接地，$\overline{S}$ 接如图 4.29(b) 所示脉冲。

(2) $\overline{R}$ 端悬空，$\overline{S}$ 接如图 4.25(b) 所示脉冲。

(3) $\overline{R}$ 端接如图 4.29(c) 所示脉冲，$\overline{S}$ 接如图 4.29(b) 所示脉冲。

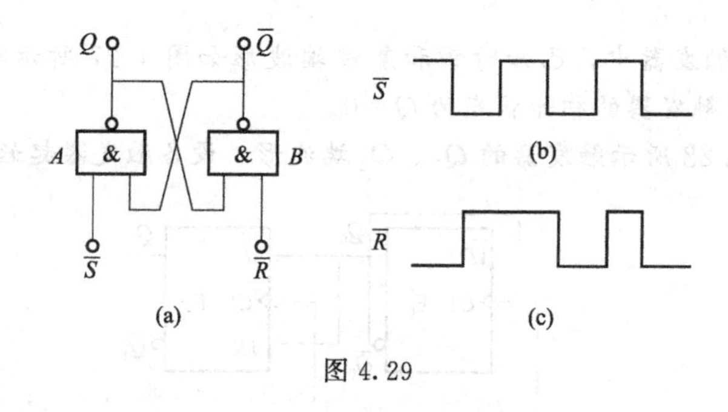

图 4.29

2. 在图 4.30(a) 所示的触发器中，已知输入信号 a、b、c 的波形如图 4.30(b) 所示。设起始状态 $Q=0$，试画出 Q、$\overline{Q}$ 端的波形。

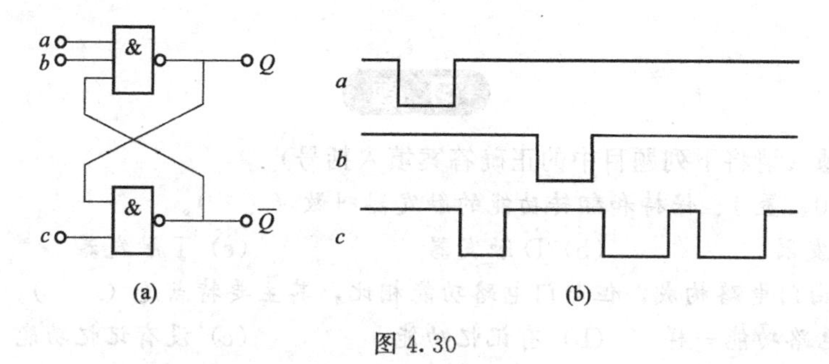

图 4.30

3. 在图 4.31(a) 所示的触发器中，已知输入信号 R、S 的波形如图 4.31(b) 所示，请画出 Q、$\overline{Q}$ 端的波形。

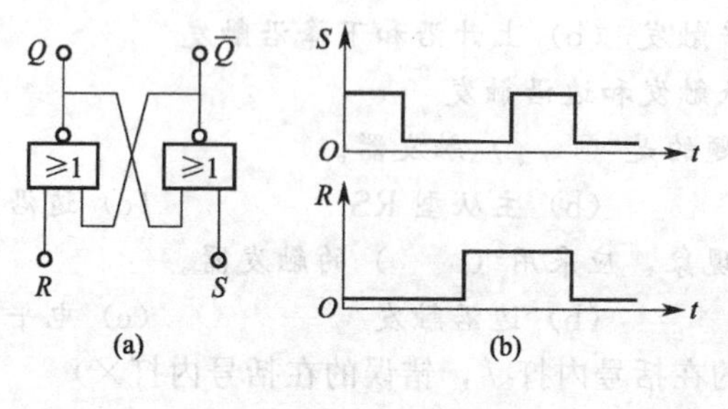

图 4.31

4. 在主从JK触发器中，若已知波形如图4.32所示，触发器起始状态为0，试画出Q、$\overline{Q}$端的波形。

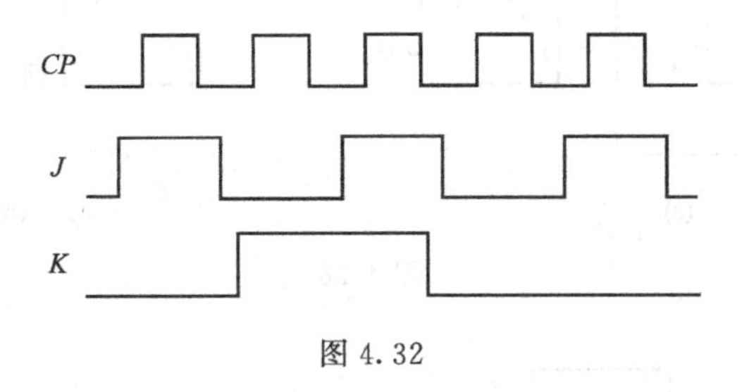

图 4.32

5. 试画出图4.33中所示各触发器在时钟信号作用下Q端的波形。设触发器起始状态皆为0。

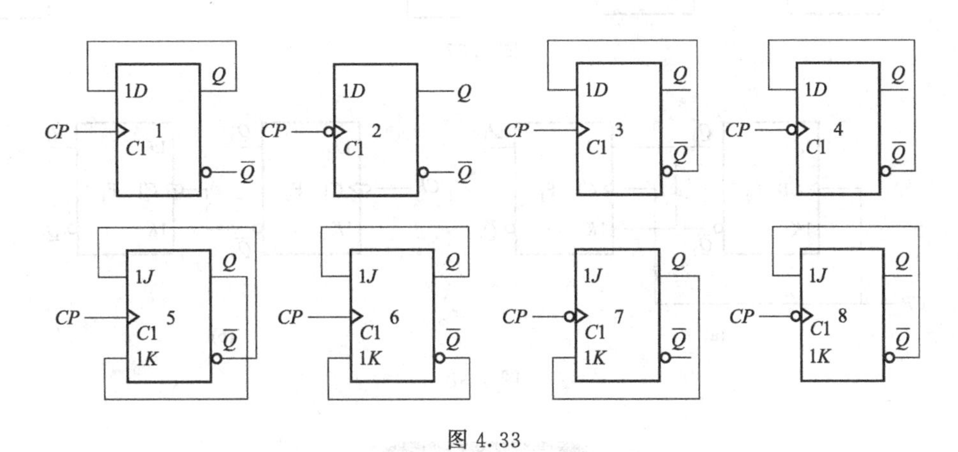

图 4.33

6. 在上升沿D触发器中，已知CP、D的波形如图4.34所示，试画出Q、$\overline{Q}$端波形。

7. 试写出如图4.35所示触发器次态方程的表达式，并画出Q_0、Q_1端波形。

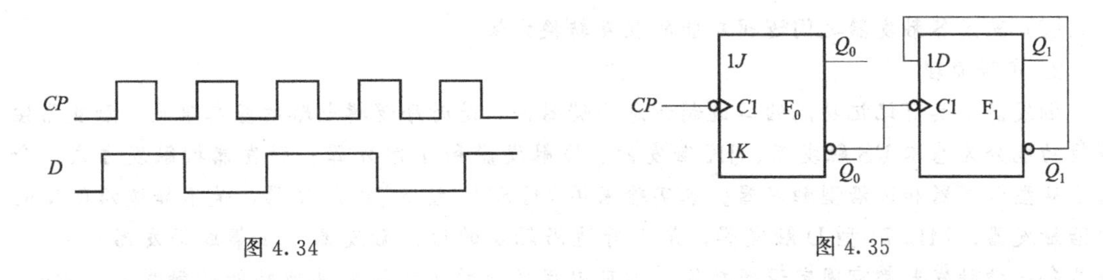

图 4.34　　　　图 4.35

8. 若已知XY触发器的状态方程为$Q^{n+1}=(\overline{X}+\overline{Y})\overline{Q}^n+(X+Y)Q^n$，试画出该触发器的状态转换图和状态表。

9. 试画出如图4.36所示电路中Q_0、Q_1的波形。设各触发器起始状态为0。

10. 试画出如图4.37所示电路中Q_0、Q_1的波形。设各触发器起始状态为0。

11. 试画出如图4.38所示电路Q_0、Q_1的波形，设各触发器起始状态为0。

12. 试说明描述触发器的逻辑功能通常有哪几种方法，并以T触发器为例具体说明。

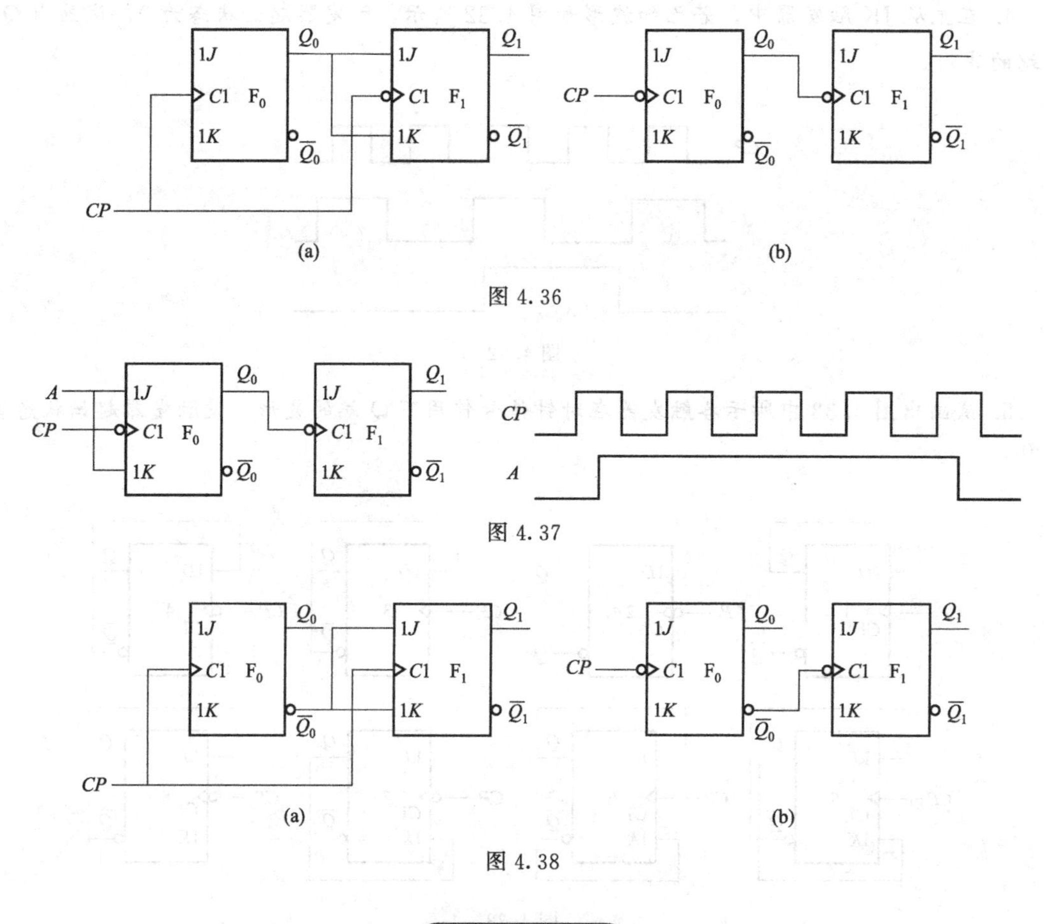

图 4.36

图 4.37

图 4.38

实验与实训

一、触发器

1. 实验目的

（1）掌握基本 RS 触发器、JK 触发器、D 触发器和 T 触发器的逻辑功能。

（2）熟悉各触发器之间逻辑功能的相互转换方法。

2. 实验原理

触发器是具有记忆功能的二进制信息存储器件，是时序逻辑电路的基本单元。触发器按逻辑功能分为基本 RS 触发器、JK 触发器、D 触发器和 T 触发器；触发器按触发方式，分为主从型触发器和边沿型触发器。本实验采用 74LS112 型双 JK 触发器，是下降边沿触发的边沿触发器；74LS74 型 D 触发器，是上升边沿触发的边沿触发器。在集成触发器产品中，虽然每一种触发器都有固定逻辑功能，但可以用转换的方法得到其他功能的触发器。例如，JK 触发器可转换为 D、T、T′触发器；D 触发器可转换为 JK、T、T′触发器。

3. 实验内容

（1）测试基本 RS 触发器的逻辑功能。

（2）测试双 JK 触发器 74LS112 的逻辑功能。

（3）测试双 D 触发器 74LS74 的逻辑功能。

（4）测试 JK 触发器构成 T 触发器的逻辑功能。

（5）测试 D 触发器构成 T′触发器的逻辑功能。

4. 实验预习要求

(1) 复习各类触发器的逻辑功能和特点。

(2) 列出各触发器的测试表格。

5. 思考题

(1) JK 触发器和 D 触发器在实现正常逻辑功能时，$\overline{R}_D$、$\overline{S}_D$ 应处于什么状态？

(2) 触发器的时钟脉冲输入为什么不能用逻辑开关作脉冲源，而要使用单次脉冲源或连续脉冲源？

二、综合实训

1. 用触发器和门电路设计一个 7 人参赛的智力竞赛抢答器

设 7 名参赛选手和主持人每人有一个控制开关，并由主持人控制电路和声响、显示电路。当主持人允许抢答时，给出抢答指令，7 名参赛选手谁先给出抢答信号（如高电平为有效电平），标志该抢答者的相应的显示电路发出光亮；同时由声响电路发出声音，其他参赛选手再要求抢答，无效，对应的显示电路不亮。

2. 设计总线数据锁存器

设计一个 4 路数据锁存器，用 4 个 2 输入与门中的一端作为数据输入，另一端作为数据选通控制端；用触发器寄存数据，并由三态门缓冲器起到隔离的作用。

第5章 时序逻辑电路

学习目标

● **要掌握：** 时序逻辑电路的特点，时序逻辑电路分析和设计方法；寄存器和移位寄存器及各种计数器的功能；同步和异步的含义。

● **会写出：** 时序逻辑电路的驱动方程、输出方程、状态方程。

● **会画出：** 时序逻辑电路的状态转换表、状态转换图、时序图；用反馈清零、反馈置数方法在同步或异步情况下的 N 进制计数器电路接线。

● **会使用：** 由功能表反映的双向移位寄存器，各种集成计数器的引脚功能、同步和异步清零或置数。

按照逻辑功能的不同特点，整个数字电路分成两大类，一类是如第3章所述的组合逻辑电路，其基础是逻辑代数和门电路；另一类是本章将介绍的时序逻辑电路，其基础主要是逻辑代数和触发器。就地位而言，在数字电路中，时序逻辑电路显得更突出、更重要、更具代表性。

时序逻辑电路的输出不仅和输入有关，还决定于电路原来所处的状态，而电路状态是由构成时序逻辑电路的触发器来记忆和表示的，这就是时序逻辑电路的基本特点。

常用的表示时序逻辑电路逻辑功能的方法有5种：逻辑图、状态方程、状态表、状态图和时序图。它们虽然形式不同，特点各异，但在本质上是相通的，可以互相转换。对于初学者，尤其要注意由逻辑图到状态图和时序图，以及由状态图到逻辑图的转换。

时序逻辑电路的基本分析方法，从某种意义上讲，就是由逻辑电路图到状态图的转换；对于设计方法，在完成问题逻辑抽象获得最简状态图之后，剩下的主要是由状态图到逻辑电路图的转换问题。

无论是从电路结构和逻辑功能看，还是从基本分析、设计方法出发，计数器都是极具典型性和代表性的时序逻辑电路，应用十分广泛，几乎无处不在。所以，将其作为重点，从综合角度较为详细地介绍，并仔细讲解用集成计数器构成 N 进制计数器的方法。寄存器、顺序脉冲发生器等也都是比较典型、应用很广的时序逻辑电路，要注意有关概念与方法的理解和学习。

5.1 时序逻辑电路的特点和分类

在数字电路系统中，逻辑电路分为组合逻辑电路和时序逻辑电路。时序逻辑电路的特点是：任一时刻的输出不仅取决于该时刻的输入状态，而且与电路以前的状态有关。

5.1.1 时序逻辑电路的特点

时序逻辑电路简称时序电路，图5.1所示是它的结构示意框图。

时序逻辑电路由两部分组成，一部分是在第3章中介绍的组合逻辑电路，一部分是在第

4 章中讲解的触发器构成的存储电路。

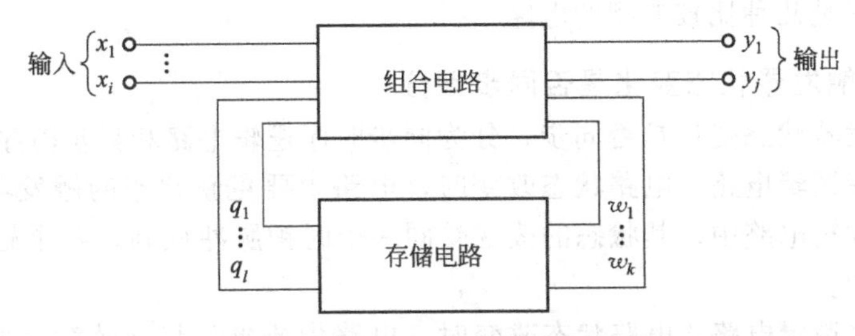

图 5.1　时序逻辑电路结构示意框图

1. 逻辑功能特点

在数字电路中，凡是在任何时刻，电路的稳态输出不仅和该时刻的输入信号有关，还取决于电路原来的状态，都称之为时序逻辑电路，简称时序电路。这既可以看成是时序逻辑电路的定义，也是其逻辑功能特点。

2. 电路组成特点

时序逻辑电路的状态由存储电路来记忆和表示，所以从电路组成看，时序逻辑电路一定包含作为存储单元的触发器。实际上，时序逻辑电路的状态，就是依靠触发器记忆和表示的。时序逻辑电路中可以没有组合电路，但不能没有触发器。

5.1.2　时序逻辑电路功能表示方法

其实，触发器也是时序逻辑电路，只不过因其功能十分简单，一般情况下仅当做基本单元电路处理罢了。

1. 逻辑表达式

在图 5.1 中，如果用 $X(x_1, x_2, \cdots, x_i)$、$Y(y_1, y_2, \cdots, y_j)$、$W(w_1, w_2, \cdots, w_k)$ 和 $Q(q_1, q_2, \cdots, q_l)$ 分别代表时序电路的现在输入信号、现在输出信号、存储电路的现在输入和输出信号，那么，这些信号之间的逻辑关系可以用下面 3 个向量函数表示：

$$Y(t_n)=F[X(t_n),Q(t_n)] \tag{5.1}$$

$$W(t_n)=G[X(t_n),Q(t_n)] \tag{5.2}$$

$$Q(t_{n+1})=H[W(t_n),Q(t_n)] \tag{5.3}$$

式中，t_n 和 t_{n+1} 是相邻的两个离散时间。由于 y_1，y_2，…，y_j 是电路的输出信号，故把式(5.1) 叫做输出方程；而 w_1，w_2，…，w_k 是存储电路的驱动或激励信号，所以把式(5.2) 称为驱动或激励方程；至于式(5.3)，叫做状态方程，因为 q_1，q_2，…，q_l 表示的是存储电路的状态，称之为状态变量。

2. 状态表、卡诺图、状态图和时序图

只要注意到时序逻辑电路的现态和次态是由构成该时序逻辑电路的现态和次态分别表示的，就不难根据在第 4 章介绍的有关方法，列出时序逻辑电路的状态表，画出时序逻辑电路的卡诺图、状态图和时序图。更具体的做法，将在后面结合具体电路进行说明。

5.1.3　时序逻辑电路分类

1. 按逻辑功能划分

按逻辑功能划分，有计数器、寄存器、移位寄存器、读/写存储器、顺序脉冲发生器等。

显然，在科研和生产、生活中，完成各种各样操作的时序逻辑电路是千变万化，不胜枚举的，这里提到的只是几种比较典型的电路。

2. 按电路中触发器状态变化是否同步划分

按电路中触发器状态变化是否同步，分为同步时序逻辑电路和异步时序逻辑电路。

（1）同步时序逻辑电路：电路状态改变时，电路中要更新状态的触发器是同步翻转的。因为在这种时序逻辑电路中，其状态的改变受同一个时钟脉冲控制，各个触发器的 CP 信号都是输入时钟脉冲。

（2）异步时序逻辑电路：电路状态改变时，电路中要更新状态的触发器，有的先翻转，有的后翻转，是异步进行的。因为在这种时序逻辑电路中，有的触发器的 *CP* 信号就是输入时钟脉冲；有的触发器则不是，而是其他触发器的输出。

3. 按电路输出信号的特性划分

按电路输出信号的特性，分为 Mealy（米利）型和 Moore（摩尔）型。

（1）Mealy 型时序逻辑电路：其输出不仅与现态有关，还决定于电路的输入，其输出方程为 $Y(t_n)=F[X(t_n),Q(t_n)]$。

（2）Moore 型时序逻辑电路：其输出仅决定于电路的现态，其输出方程为 $Y(t_n)=FQ(t_n)]$。

此外，按能否编程，有可编程和不能编程时序逻辑电路之分；按集成度不同，有 SSI、MSI、LSI、VLSI 之别；按使用的开关元件类型，还有 TTL 和 CMOS 等时序逻辑电路之分。

思考题

1. 如何描述时序逻辑电路的逻辑功能？
2. 时序逻辑电路有什么特点？时序逻辑电路有几种？

5.2 时序逻辑电路的分析和设计

关于时序逻辑电路，有两大任务：一是时序逻辑电路的分析；二是时序逻辑电路的设计。所谓分析，就是对于给定的时序逻辑电路，找出其输入与输出的逻辑关系，或者描述其逻辑功能、评价其电路是否为最佳设计方案。

5.2.1 时序逻辑电路的分析

分析时序逻辑电路的目的是对给定的时序逻辑电路找出输入、输出的关系。描述这种关系，使用逻辑表达式、状态转换表、状态转换图、时序图等。

1. 时序逻辑电路分析的一般步骤

分析时序逻辑电路一般分为 5 步。

（1）根据给定逻辑电路，写出其时钟方程、驱动方程（亦即触发器输入信号的逻辑表达式）、输出方程。

（2）求状态方程，即将各触发器的驱动方程代入相应触发器的状态方程，得出与电路相一致的状态。

（3）进行状态计算。把电路的输入和现态的各种可能的取值组合代入状态方程和输出方程进行计算，得到相应的次态和输出。这里应注意以下 3 点：①状态方程有效的时钟条件；②各个触发器现态的组合作为该电路的现态；③以给定的或设定的初态为条件，计算出相应的次态和组合电路的输出状态。

（4）列状态表、画状态图或时序图。整理计算结果，列状态表时需要注意 3 点：①状态转换是由现态到次态，不是由现态到现态或次态到次态；②输出是现态的函数，不是次态的函数，即转换箭头旁斜线下方标出转换后的输出值；③如需画时序图，应在 CP 触发沿到来时更新状态。

（5）电路功能说明。

一般情况下，用状态图或状态表可以反映电路的工作特性。但是，在实际应用中，各个输入、输出信号都有确定的物理含义，因此，常常需要结合这些信号的物理含义，进一步说明电路的具体功能，或者结合时序图说明时钟脉冲与输入、输出及内部变量之间的时间关系。

上述对时序逻辑电路的分析步骤不是一成不变的，可根据电路繁简情况和分析者的熟悉程度进行取舍。

2. 时序逻辑电路分析举例

【例 5.1】 试分析如图 5.2 所示电路的逻辑功能。

解： 这是一个 Mealy 型的时序逻辑电路。

（1）根据逻辑图写出每个触发器的驱动方程和输出方程。

$$J_0=K_0=1,\quad J_1=K_1=X\oplus Q_0^n,\quad Z=\overline{X\overline{Q}_1^n}$$

（2）将驱动方程代入触发器的特征方程，求得电路的状态方程。

$$Q_0^{n+1}=J_0\overline{Q}_0^n+\overline{K}_0Q_0^n=\overline{Q}_0^n$$

$$Q_1^{n+1}=J_1\overline{Q}_1^n+\overline{K}_1Q_1^n=X\oplus Q_0^n\oplus Q_1^n$$

（3）列出状态转换表，画出状态转换图与时序波形图。

根据状态方程，求得状态表（或称状态转换真值表），如表 5.1 所示。由表 5.1，得到状态转换图，如图 5.3 所示。

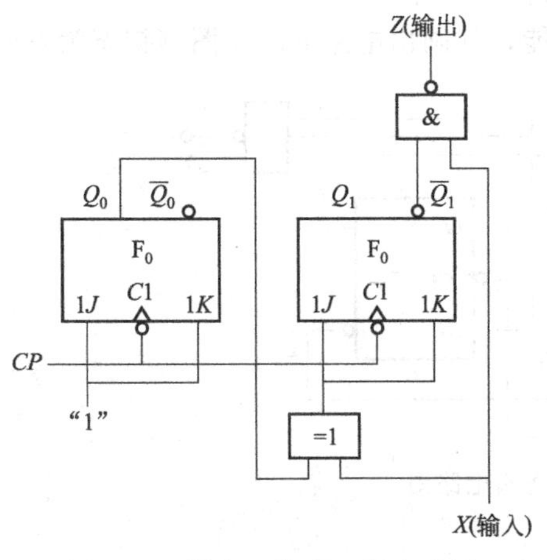

图 5.2　［例 5.1］的逻辑电路图

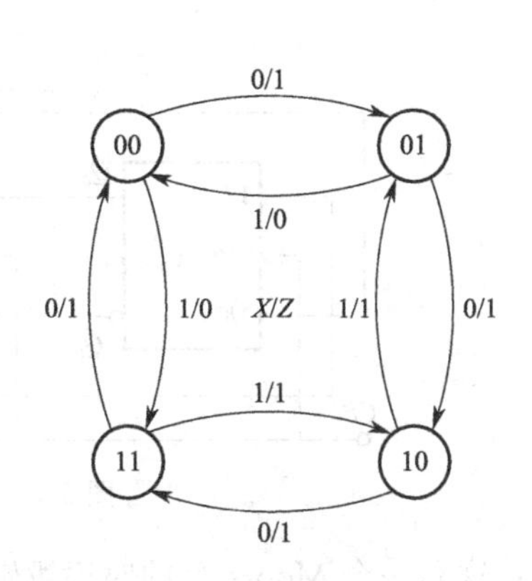

图 5.3　状态转换图

分析状态图可知，此电路的逻辑功能是：

① 当 $X=0$ 时，状态依次为 00、01、10、11，再回到 00。

② 当 $X=1$ 时，状态依次为 00、11、10、01，再回到 00。

在了解计数器的原理后，可以得出结论：此电路是一个同步可逆四进制计数器。$X=0$，为同步四进制递增计数器；$X=1$，为同步四进制递减计数器。

表 5.1 ［例 5.1］的状态表

时钟	输入	现态		次态		输出
CP	X	Q_1^n	Q_0^n	Q_1^{n+1}	Q_0^{n+1}	Z
0	0	0	0	0	1	1
1	0	0	1	1	0	1
2	0	1	0	1	1	1
3	0	1	1	0	0	1
0	1	0	0	1	1	0
1	1	1	1	1	0	1
2	1	1	0	0	1	1
3	1	0	1	0	0	0

根据状态表，画出电路的时序波形图，如图 5.4 所示。

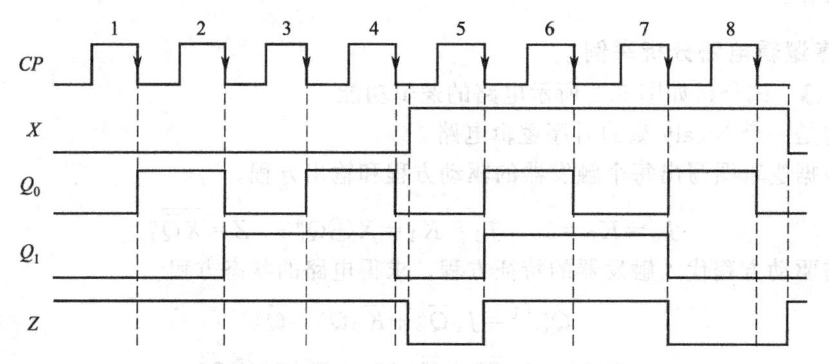

图 5.4 时序波形图

请用 D 触发器组成一个同步四进制加减计数器。

【例 5.2】 试分析如图 5.5 所示电路的逻辑功能，并画出电路的时序图（初态为 000）。

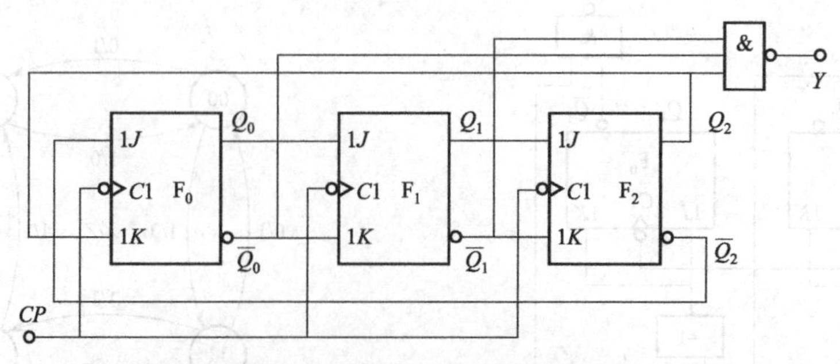

图 5.5 ［例 5.2］的逻辑电路图

解： 这是一个 Moore 型的时序逻辑电路。

(1) 图 5.5 所示是一个同步时序逻辑电路。根据逻辑图，求出触发器的驱动方程和输出方程。

驱动方程：$J_0=\overline{Q}_2^n$，$K_0=Q_2^n$；$J_1=Q_0^n$，$K_1=\overline{Q}_0^n$；$J_2=Q_1^n$，$K_2=\overline{Q}_1^n$

输出方程：$Y=\overline{Q_2^n\overline{Q}_1^n\overline{Q}_0^n}$

(2) 求状态方程。

JK触发器的状态方程为 $Q^{n+1}=J\overline{Q}^n+\overline{K}Q^n$，把驱动方程分别代入状态方程，可得：

$$Q_0^{n+1}=J_0\overline{Q}_0^n+\overline{K}_0Q_0^n=\overline{Q}_2^n\overline{Q}_0^n+\overline{Q}_2^nQ_0^n=\overline{Q}_2^n$$

$$Q_1^{n+1}=J_1\overline{Q}_1^n+\overline{K}_1Q_1^n=Q_0^n\overline{Q}_1^n+Q_0^nQ_1^n=Q_0^n$$

$$Q_2^{n+1}=J_2\overline{Q}_2^n+\overline{K}_2Q_2^n=Q_1^n\overline{Q}_2^n+Q_1^nQ_2^n=Q_1^n$$

(3) 列出状态转换表，画出状态转换图和时序波形图。

依次设电路的现态 $Q_2^nQ_1^nQ_0^n$，代入状态方程和输出方程，求出相应的次态和输出，结果如表5.2所示。由状态表，画出状态图与时序图，如图5.6和图5.7所示。

表5.2　［例5.2］的状态表

现态			次态			输出
Q_2^n	Q_1^n	Q_0^n	Q_2^{n+1}	Q_1^{n+1}	Q_0^{n+1}	Y
0	0	0	0	0	1	1
0	0	1	0	1	1	1
0	1	1	1	1	1	1
1	1	1	1	1	0	1
1	1	0	1	0	0	0
1	0	0	0	0	0	1
0	0	0	0	0	1	1
1	0	1	0	1	0	1
0	1	0	1	0	1	1
1	0	1	0	1	0	1

(4) 状态分析。

① 有效状态与有效循环：在时序电路中，凡是被利用了的状态，都叫做有效状态。凡是有效状态形成的循环，都称为有效循环。例如，如图5.6(a)所示为有效循环，因为这6个状态都是有效状态。

② 无效状态与无效循环：在时序电路中，凡是没有被利用的状态，都叫做无效状态。如果无效状态形成了循环，这种循环就称为无效循环。例如，如图5.6(b)所示为无效循环，因为这两个状态都是无效状态。

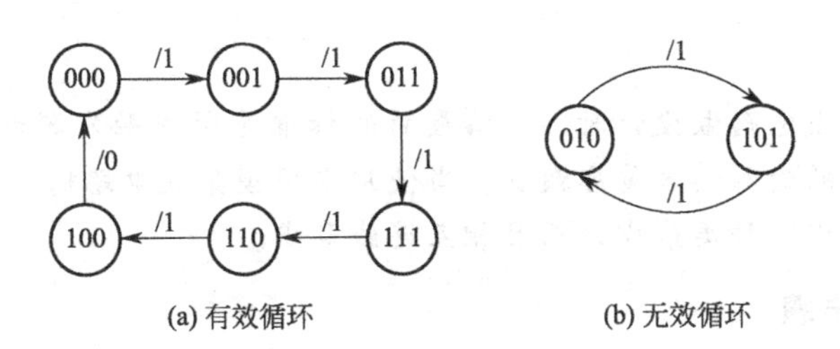

图5.6　［例5.2］的状态图

③ 能自启动与不能自启动：

- 能自启动：在时序逻辑电路中，虽然存在无效状态，但它们没有形成循环，这样的时序逻辑电路叫做能够自启动的时序逻辑电路。

● 不能自启动：在时序逻辑电路中，既有无效状态存在，它们之间又形成了循环，这样的时序逻辑电路称为不能自启动的时序逻辑电路。

如图 5.6 所示状态图中，既存在无效状态 010、101，又形成了无效循环，因此，图 5.5 所示电路是一个不能自启动的时序逻辑电路。在这种时序逻辑电路中，一旦因某种原因，例如干扰，而落入无效循环，就再也回不到有效状态了；当然，再要正常工作，也就不可能了。[例 5.2] 的时序图如图 5.7 所示。

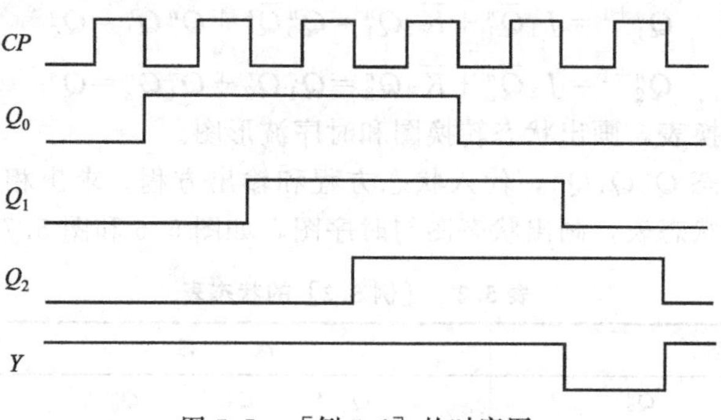

图 5.7 [例 5.2] 的时序图

请用实验验证图 5.2 和图 5.5 所示电路的逻辑功能（或用 Multisim 软件仿真）。

1. 分析现态和次态之间的关系。
2. 如何分析时序逻辑电路的功能？
3. 什么情况下称时序逻辑电路能自启动？

5.2.2 时序逻辑电路的设计

设计是分析的逆过程，是指给定要求，设计出满足要求的逻辑电路。在设计时序逻辑电路时，要求设计者根据给出的具体逻辑问题，求出完成这一逻辑功能的时序逻辑电路。所设计的逻辑电路应力求最简。

当选用小规模集成电路做设计时，电路最简的标准是所用触发器和门电路的数量最少，而且触发器和门电路的输入端数量亦最少。当使用中规模集成电路时，电路最简的标准是使用的集成电路数量最少、种类最少，而且相互连线最少。

1. 设计的一般步骤

时序逻辑电路设计一般分如下 7 步。

（1）分析设计要求，确定输入变量、输出变量及电路的状态数，建立原始状态转换图。

（2）确定触发器的类型及数目。如果要设计的时序电路有 M 个状态，触发器的个数为 n，则 $2^{n-1}<M<2^n$。

(3) 选择状态编码，进行状态分配。对所选择的编码要便于记忆和识别，并且遵循一定的规律。

(4) 由状态编码列出状态转换表，由状态转换表画出各触发器的状态卡诺图，求状态方程和输出方程。

(5) 检查是否自启动。对于无效状态，代入状态方程，求出状态与输出，完成状态转换图，并判断是否能自启动。

(6) 根据转换状态方程所选触发器类型的特征方程形式，求各触发器的驱动方程。

(7) 画逻辑电路图。

2. 设计举例

【例 5.3】 试设计一个带有进位输出的同步七进制计数器。

解： 首先分析设计要求。

计数器的工作特点是在时钟信号操作下自动地依次从一个状态转为下一个状态。所以，计数器没有输入信号，只有输出信号。可见，计数器是属于 Moore 型的一种简单时序逻辑电路。

取进位信号为输出逻辑变量 C，同时规定有进位输出时 $C=1$，无进位输出时 $C=0$。

七进制计数器应该有 7 个状态，分别用 S^0、S^1、S^2、S^3、S^4、S^5、S^6 表示，按题意画出如图 5.8 所示的状态转换图。

因为七进制计数器必须用 7 个不同的状态表示已经输入的时钟脉冲数，所以状态不能再化简。

根据要求，M 有 7 个状态，故应取触发器位数 $n=3$，因为 $2^2<7<2^3$，如无特殊要求，取自然进制数 000～110 为 S^0～S^6 的编码，得到如表 5.3 所示的状态表。

因为电路的次态 $Q_2^{n+1}Q_1^{n+1}Q_0^{n+1}$ 和进位输出 C 唯一地取决于电路现态 $Q_2^nQ_1^nQ_0^n$ 的值，故可根据表 5.3 画出表示次态逻辑函数和进位输出函数的卡诺图，如图 5.9 所示。计数器正常工作时不会出现 111 这种状态，所以将 $Q_2Q_1Q_0$ 这个最小项作为约束项处理，在卡诺图上用“×”表示。

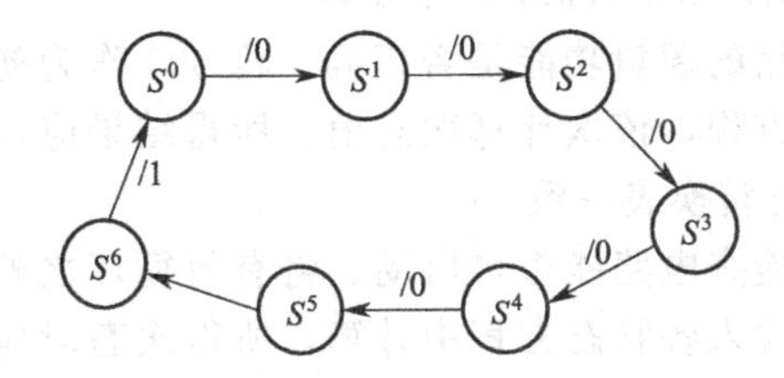

图 5.8　[例 5.3] 的电路状态转换图

Q_2^n \ $Q_1^nQ_0^n$	00	01	11	10
0	001/0	010/0	100/0	011/0
1	101/0	110/1	×××/×	000/0

图 5.9　[例 5.3] 电路次态/输出（$Q_2^{n+1}Q_1^{n+1}Q_0^{n+1}$）的卡诺图

化简卡诺图，不难写出电路的状态方程为：

$$Q_0^{n+1}=\overline{Q_1^nQ_2^n}\,\overline{Q_0^n}$$

$$Q_1^{n+1}=Q_0^n\overline{Q_1^n}+\overline{Q_0^n}\,\overline{Q_2^n}Q_1^n$$

$$Q_2^{n+1}=Q_1^nQ_0^n\overline{Q_2^n}+\overline{Q_1^n}Q_2^n$$

输出方程为

$$C=Q_1^nQ_2^n。$$

JK 触发器特性方程为

$$Q^{n+1}=J\overline{Q^n}+\overline{K}Q^n$$

表 5.3 ［例 5.3］的状态表

状态顺序	状态编码			进位输出 C	等效十进制数
	Q_2	Q_1	Q_0		
S^0	0	0	0	0	0
S^1	0	0	1	0	1
S^2	0	1	0	0	2
S^3	0	1	1	0	3
S^4	1	0	0	0	4
S^5	1	0	1	0	5
S^6	1	1	0	1	6

如果选用 JK 触发器，将状态方程与 JK 触发器特性方程的标准形式相比较，得到驱动方程为

$$J_0=\overline{Q_1^n Q_2^n}，K_0=1；J_1=Q_0^n，K_1=\overline{\overline{Q_0^n}\,\overline{Q_2^n}}；J_2=Q_0^n Q_1^n，K_2=Q_1^n$$

根据驱动方程与输出方程，画出同步计数器的逻辑图，如图 5.10 所示。

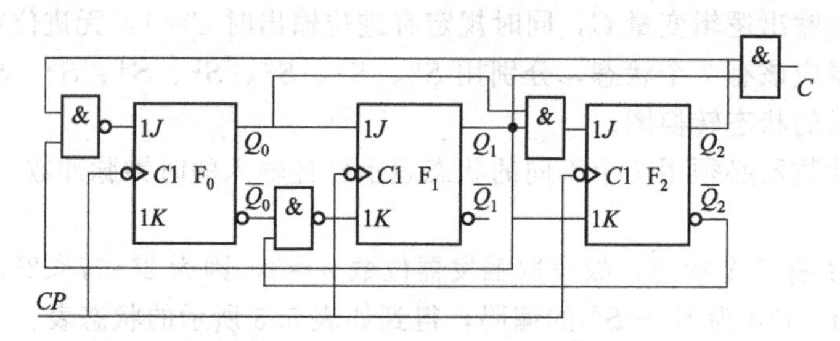

图 5.10 ［例 5.3］逻辑电路图

提示

请用实验验证图 5.10 所示电路的逻辑功能（或用 Multisim 软件仿真）。

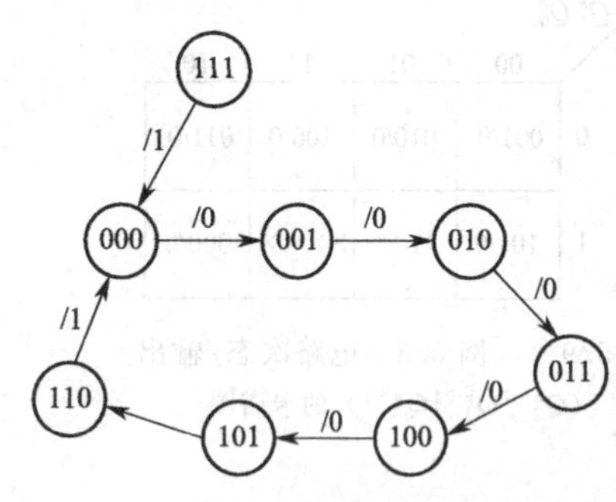

图 5.11 ［例 5.3］的完整状态转换图

为验证电路的逻辑功能是否正确，将 000 作为初始状态代入状态方程，依次计算次态值，所得结果应与表 5.3 所示的状态转换表一致。

最后还应检查电路能否自启动。将有效循环之外的一个状态 111 代入各状态方程中计算，所得次态对应为 000，故电路能自启动。

图 5.11 是图 5.10 所示电路的完整转换图。

思考题

如何进行时序逻辑电路设计？

5.3 计 数 器

人们在日常生活、工作、学习、生产及科研中，都会遇到计数问题，总也离不开计数。在商场购物交款要计数，看时间、量温度要计数，清点人数、记录成绩要计数，统计产品、了解生产情况要计数……总之，人们做任何事情都应心中有数，广义地讲，就是计数。

广义地讲，一切能够完成计数工作的器物都是计数器。算盘是计数器，里程表是计数器，钟表是计数器，温度计等都是计数器。计数器，可以说是不胜枚举，不计其数。

5.3.1　计数器的特点和分类

1. 数字电路中计数器的特点

在数字电路中，把记忆输入 CP 脉冲个数的操作叫做计数，能实现计数操作的电路称为计数器。它的主要特点如下所述。

(1) 一般地说，这种计数器除了输入计数脉冲 CP 信号之外，很少有另外的输入信号，其输出通常也都是现态的函数，是一种 Moore 型的时序电路。输入计数脉冲 CP 被当作触发器的时钟信号对待。

(2) 从电路组成看，其主要组成单元是时钟触发器。

计数器应用十分广泛，从各种各样的小型数字仪表，到大型电子数字计算机，几乎无所不在。计数器是任何数字仪表，乃至数字系统中，不可缺少的组成部分。

2. 计数器的分类

计数器按数的进制分为二进制计数器、十进制计数器和 N 进制计数器。当输入计数脉冲到来时，按二进制数规律计数的电路都叫做二进制计数器；按十进制数规律计数的电路称为十进制计数器；按其他进制数计数的电路称为 N 进制计数器。按计数时是递增还是递减，分为加法计数器、减法计数器和可逆计数器。当输入计数脉冲到来时，按递增规律计数的电路叫做加法计数器；按递减规律计数的电路称为减法计数器；在控制的信号作用下，既可递增计数，也可递减计数的电路叫做可逆计数器。按计数器中触发器翻转是否同步，分为同步计数器和异步计数器。在同步计数器中，各个时钟触发器的时钟信号都是输入计数脉冲；在异步计数器中，有的触发器的时钟信号是输入计数脉冲，有的触发器的时钟信号是其他触发器的输出。按计数器中使用的开关元件，分为 TTL 计数器和 CMOS 计数器。

归纳

计数器不仅应用十分广泛，分类方法不少，规格品种也很多。但是，就其工作特点、基本分析及设计方法而言，差别不大。下面将分别讲述。

5.3.2　二进制计数器

1. 同步二进制计数器

同步计数器时钟脉冲同时触发计数器中的全部触发器，各个触发器的翻转与时钟脉冲同步，所以工作速度较快，工作频率较高。

1) 同步二进制加法计数器

由于同步计数器的各触发器均由同一个时钟脉冲输入，因此它们的翻转由其输入信号的状态决定，即触发器应该翻转时，要满足计数状态的条件；不应翻转时，要满足状态不变的条件。由此可见，利用 T 触发器构成同步二进制计数器比较方便，因为它只有 1 个输入端 T。当 $T=1$ 时，为计数状态；当 $T=0$ 时，保持状态不变。如果使用 JK 触发器，也很容易实现 T 触发器的功能，令 $J=K=T$ 就可以了。

由二进制加法计数状态表 5.4 可知，每来一个计数脉冲，触发器 F_0 翻转 1 次，应有 $J_0=K_0=1$。对于其余各位，所有低位（相对于所说的某位）均为 1 时，再来计数脉冲才翻转，应有 $J_1=K_1=Q_0$，$J_2=K_2=Q_1Q_0$，$J_3=K_3=Q_2Q_1Q_0$ 等。这些 J 和 K 的表达式，是进行级间连接的依据。

表 5.4 4位二进制加法计数器计数状态表

计数顺序	电路状态				等效十进制数
	Q_3	Q_2	Q_1	Q_0	
0	0	0	0	0	0
1	0	0	0	1	1
2	0	0	1	0	2
3	0	0	1	1	3
4	0	1	0	0	4
5	0	1	0	1	5
6	0	1	1	0	6
7	0	1	1	1	7
8	1	0	0	0	8
9	1	0	0	1	9
10	1	0	1	0	10
11	1	0	1	1	11
12	1	1	0	0	12
13	1	1	0	1	13
14	1	1	1	0	14
15	1	1	1	1	15
16	0	0	0	0	0

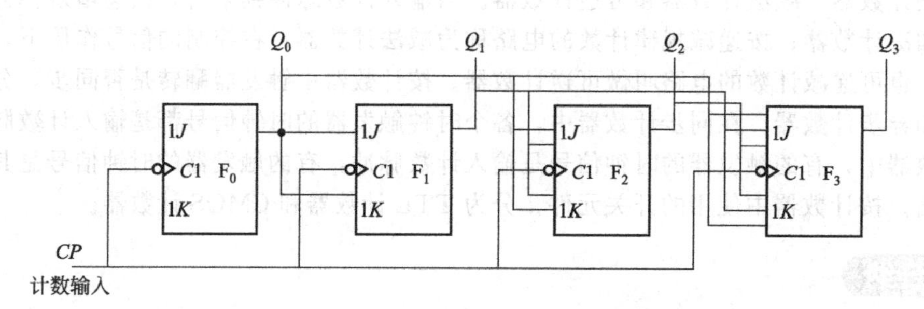

图 5.12 4位同步二进制加法计数器逻辑图

图 5.12 所示是由 JK 触发器构成的 4 位同步二进制加法计数器。由图 5.12 可知，该计数器中的各触发器受同一时钟脉冲控制，决定各触发器翻转的条件（J、K 状态）也是并行产生的，所以这种计数器输入脉冲的最短周期为一级触发器的传输延迟时间，即 $T_{\min}=t_{\text{pd}}$，与异步计数器相比，速度更快。

请用实验验证图 5.12 所示电路的逻辑功能（或用 Multisim 软件仿真）。

2）同步二进制减法计数器

根据二进制减法计数状态转换的规律，最低位触发器 F_0 与递增（加法）计数器中的 F_0 相同，亦是每来一个计数脉冲，翻转 1 次，应有 $J_0=K_0=1$。其他触发器和翻转条件是所有低位触发器的 Q 端全为 0，应有 $J_1=K_1=\overline{Q}_0$，$J_2=K_2=\overline{Q}_1\overline{Q}_0$，$J_3=K_3=\overline{Q}_2\overline{Q}_1\overline{Q}_0$。显然，只要将图 5.12 所示加法计数器中 $F_1 \sim F_3$ 的 J、K 端由原来接低位的 Q 端改为接 $\overline{Q}$ 端，就构成了二进制减法计数器。

3）可编程同步集成二进制计数器

74LS163是一个中规模集成电路。它的主体电路是同步二进制计数器，加入了多个控制端，实现任何起始状态下全清零，也可在任何起始状态下实现二进制加法，还可以实现预置某个数、保持某组数等功能。通常称其为可编程同步二进制计数器。

74LS163的外部引脚排列图如图5.13所示，其功能表如表5.5所示。

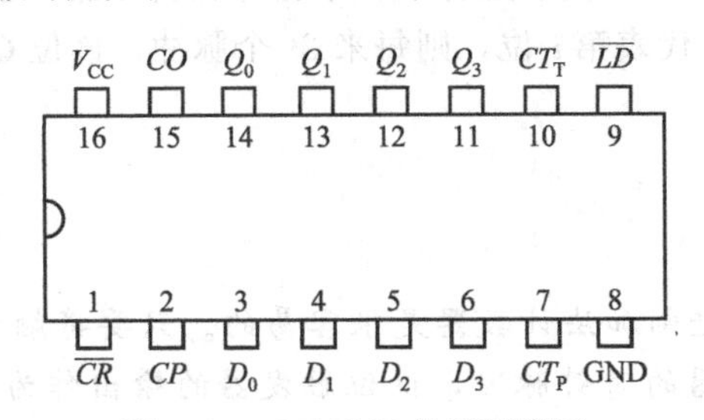

图5.13 74LS163外部引脚图

表5.5 74LS163功能表

序号	输入									输出			
	清零 $\overline{CR}$	使能 CT_P	CT_T	置数 $\overline{LD}$	时钟 CP	并行输入 D_0	D_1	D_2	D_3	Q_0	Q_1	Q_2	Q_3
1	0	×	×	×	↑	×	×	×	×	0	0	0	0
2	1	×	×	0	↑	d_0	d_1	d_2	d_3	d_0	d_1	d_2	d_3
3	1	1	1	1	↑	×	×	×	×	计数			
4	1	0	×	1	×	×	×	×	×	保持			
5	1	×	0	1	×	×	×	×	×	保持			

从表5.5可知，该计数器的输入信号有清零信号$\overline{CR}$，使能信号CT_P、CT_T，置数信号$\overline{LD}$，时钟输入信号CP，数据输入$D_0 \sim D_3$。输出信号有数据输出$Q_0 \sim Q_3$和进位输出CO。

74LS163是具有清零、置数、计数和保持等5种功能的加法同步4位二进制计数器。通过正确级联，还可以构成8位以上二进制计数器。各控制端的作用简述如下。

(1) 清零：$\overline{CR}$是具有最高优先级别的同步清零端。当$\overline{CR}=0$且有CP上升沿时，不管其他控制信号如何，计数器清零（功能表序号1）。该计数器的清零方式属于同步清零。

(2) 置数：当$\overline{CR}=1$时，具有次优先权的为$\overline{LD}$。当$\overline{LD}=0$时，输入一个CP上升沿，则不管其他控制端如何，计数器置数，为$d_0d_1d_2d_3$（功能表序号2）。如果给计数器先预置某一个数据，然后计数，计数将从被预置的状态开始，直至计满到1111，再从某预置数开始。如果让计数器从0000开始计数，可用两种方法实现：一种是先清零后计数，另一种是先预置0000后计数。

(3) 计数：当$\overline{CR}=\overline{LD}=1$，且优先级别最低的使能端$CT_P=CT_T=1$时，在$CP$上升沿触发，计数器计数（功能表序号3）。

(4) 保持：当$\overline{CR}=\overline{LD}=1$，且$CT_P$和$CT_T$中至少有一个为0时，$CP$将不起作用，计数器保持原状态不变（如功能表序号4、5）。

(5) 构成二制计数器：进位输出$CO=Q_3Q_2Q_1Q_0 \cdot CT_T$，即当计数到$Q_3Q_2Q_1Q_0=1111$，且使能信号$CT_T=1$时，产生一个高电平，作为向高4位级联的进位信号，以构成8位以上二进制的计数器。

2. 异步二进制计数器

1) 异步二进制加法计数器

根据表 5.4 所示 4 位二进制加法计数的规律，最低位 Q_0（即第 1 位）是每来 1 个脉冲变化 1 次（翻转 1 次）；次低位 Q_1（即第 2 位）是每来 2 个脉冲翻转 1 次，且当 Q_0 从 1 跳为 0 时，Q_1 翻转；次高位 Q_2（即第 3 位）是每来 4 个脉冲翻转 1 次，且当 Q_1 从 1 跳为 0 时，Q_2 翻转；高位 Q_3（即第 4 位）是每来 8 个脉冲翻转 1 次，且当 Q_2 从 1 跳为 0 时，Q_3 翻转。依次类推，如以 Q_i 代表第 i 位，则每来 2^i 个脉冲，该位 Q_i 翻转 1 次，且当 Q_{i-1} 从 1 跳为 0 时 Q_i 翻转。

采用异步方式构成二进制加法计数器是很容易的。只要将触发器接成 T′触发器，外来时钟脉冲作为最低位触发器的时钟脉冲，低位触发器的输出作为相邻高位触发器的时钟脉冲，使相邻两位之间符合“逢二进一”的加法计数规律即可。

如果是下降沿触发的触发器构成计数器，则由低位 Q 端引出进位信号，作为相邻高位的时钟脉冲；如果是上升沿触发的触发器，则由低位 $\overline{Q}$ 端引出进位信号，作为相邻高位的时钟脉冲。

这两种情况分别如图 5.14 和图 5.15 所示。

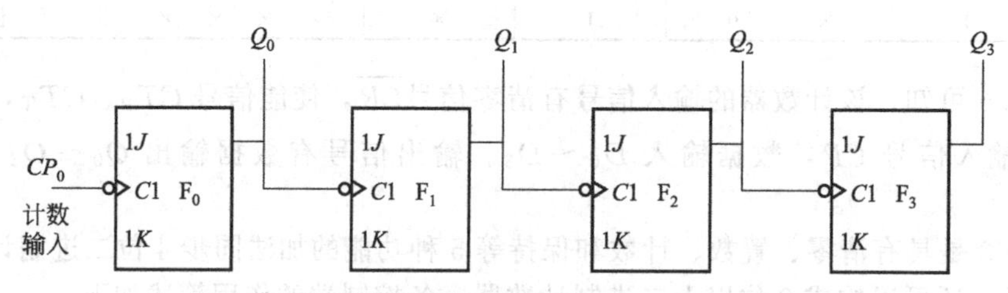

图 5.14 下降沿触发的异步 4 位二进制加法计数器

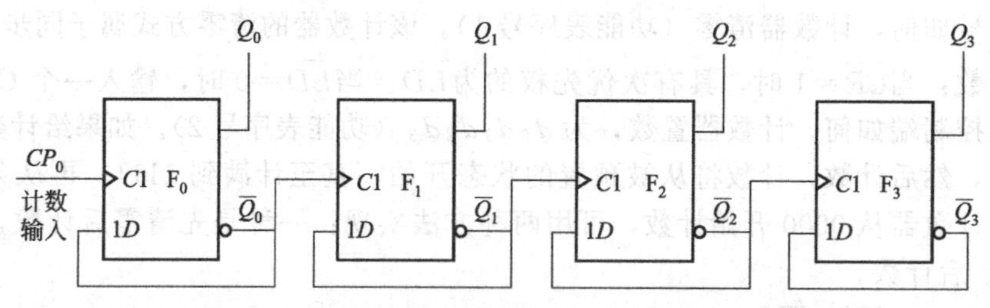

图 5.15 上升沿触发的异步 4 位二进制加法计数器

请用实验验证图 5.14 和图 5.15 所示电路的逻辑功能（或用 Multisim 软件仿真）。

根据 T′触发器的翻转规律，可依次画出 Q_0、Q_1、Q_2、Q_3 在一系列 CP_0 计数脉冲作用下的波形，即时序图。图 5.15 所示电路的时序图如图 5.16 所示。

由图 5.16 看到，如果 CP_0 的频率为 f_0，那么 Q_0、Q_1、Q_2、Q_3 的频率分别为 (1/2) f_0、(1/4)f_0、(1/8)f_0、(1/16)f_0，说明计数器具有分频作用，也叫分频器。对于图 5.14 和图 5.15 所示电路，每经过一级 T′触发器，输出脉冲的频率就被二分频。即相对于 CP_0

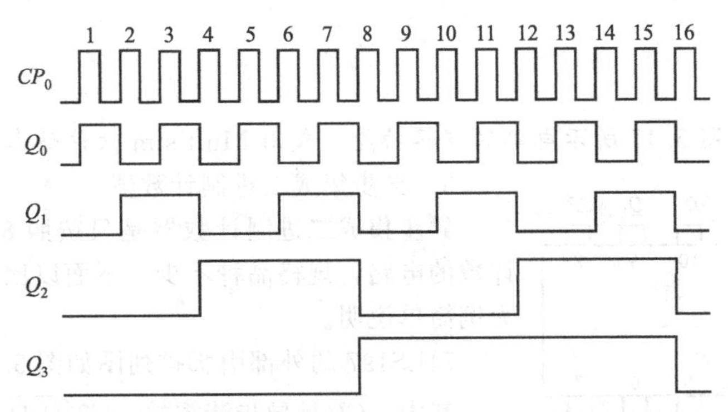

图 5.16　上升沿触发的异步 4 位二进制加法计数器时序图

的频率而言，各级依次称为二分频、四分频、八分频和十六分频。

n 位二进制计数器最多能累计的脉冲个数为 2^n-1，称之为计数长度或计数容量。4 位二进制计数器的计数长度为 15。包含 $Q_3Q_2Q_1Q_0=0000$ 在内，它共有 16 个有效状态，即 $N=2^n=16$。称计数器的有效状态总数 N 为计数器的模，也称为计数器的循环长度。

2）异步二进制减法计数器

根据 4 位二进制减法计数的规律，列出其减法计数状态表。分析二进制减法计数器状态表可知，若低位已经是 0，再来一个脉冲，本位变为 1，同时向相邻高位发出借位信号，使高位翻转。最低位是每来一个脉冲，翻转 1 次；相邻两位之间是当低位由 0 跳 1 时，高位翻转。用 T′触发器构成二进制减法计数器时，都是将低位触发器的一个输出送至相邻高位触发器的 CP 端。与加法计数相反，对下降沿动作的 T′触发器来说，要由低位 $\overline{Q}$ 端引出，作为相邻高位 CP 输入；对上升沿动作的 T′触发器来说，要由低位 Q 端引出，作为相邻高位 CP 输入。4 位异步二进制减法计数器的逻辑图如图 5.17 所示。与图 5.17 所示电路相对应的二进制减法计数器的时序图如图 5.18 所示。

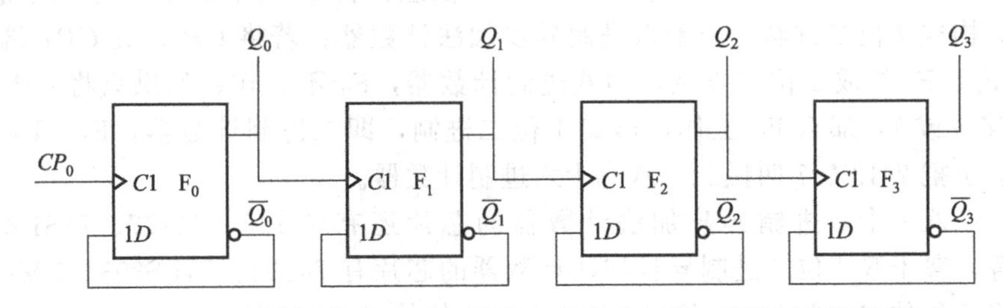

图 5.17　上升沿触发的 T′触发器构成的异步 4 位二进制减法计数器

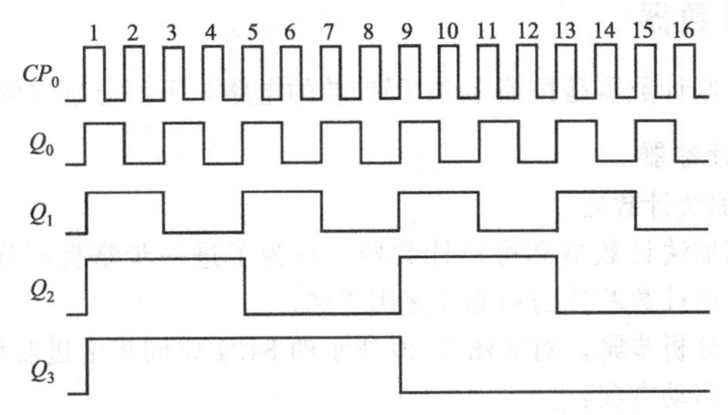

图 5.18　上升沿动作的二进制减法计数器的时序图

提示

请用实验验证图 5.17 所示电路的逻辑功能（或用 Multisim 软件仿真）。

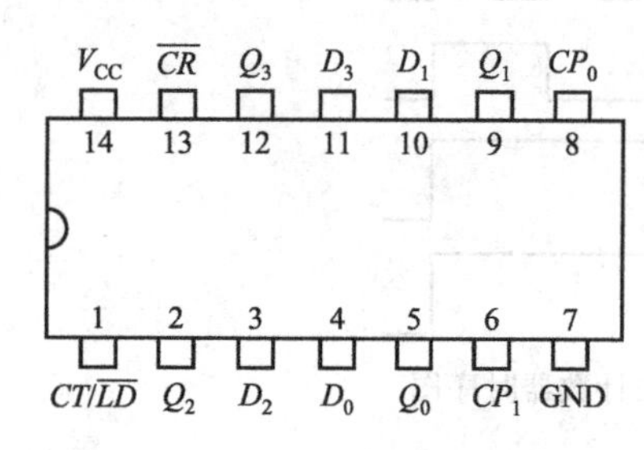

图 5.19　74LS197 引出端排列图

3）异步集成二进制计数器

异步集成二进制计数器是只按照 8421 编码进行加法计数的电路，规格品种不少。下面以比较典型的 74LS197 为例简单说明。

74LS197 的外部引脚排列图如图 5.19 所示。

其中，$\overline{CR}$是异步清零端；$CT/\overline{LD}$是计数和置数控制端；CP_0 是触发器 F_0 的时钟输入端；CP_1 是 F_1 的时钟输入端；$D_0 \sim D_3$ 是并行数据输入端；$Q_0 \sim Q_3$ 是计数器状态输出端。表 5.6 所示是 74LS197 的功能表。

表 5.6　74LS197 功能表

输入							输出				注
$\overline{CR}$	$CT/\overline{LD}$	CP	D_0	D_1	D_2	D_3	Q_0	Q_1	Q_2	Q_3	
0	×	×	×	×	×	×	0	0	0	0	清零
1	0	×	d_0	d_1	d_2	d_3	d_0	d_1	d_2	d_3	置数
1	1	↓	×	×	×	×	计数				$CP_0=CP, CP_1=Q_0$

从表 5.6 可知其具有如下功能。

（1）清零功能：当$\overline{CR}=0$时，计数器异步置数。

（2）置数功能：当$\overline{CR}=1$，$CT/\overline{LD}=0$时，计数器异步置数。

（3）4 位二进制异步加法计数功能。

当$\overline{CR}=1$，$CT/\overline{LD}=1$时，异步加法计数。注意：将 CP 加在 CP_0 端，把 Q_0 与 CP_1 连接起来，构成 4 位二进制，即十六进制异步加法计数器；若将 CP 加在 CP_1 端，则计数器中 F_1、F_2、F_3 构成 3 位二进制，即八进制计数器，F_0 不工作；如果只将 CP 加在 CP_0 端，CP_1 接 0 或 1，那么 F_0 工作，形成 1 位二进制，即二进制计数器，F_1、F_2、F_3 不工作。因此，也把 74LS197 叫做二—八—十六进制计数器。

属于二—八—十六进制异步加法计数器的芯片还有 74197、74177、74S197、74293、74LS293 等，属于双 4 位二进制异步加法计数器的芯片有 74393、74LS393。CMOS 集成异步计数器有 7 位的 CC4024、12 位的 CC4040、14 位的 CC4060 等。

5.3.3　十进制计数器

使用最多的十进制计数器是按照 8421 码计数的电路，下面分别讲解。

1. 同步十进制计数器

1）同步十进制加法计数器

分析同步十进制加法计数器和可逆计数器，是为了进一步掌握时序逻辑电路的分析方法，并熟悉常用十进制计数芯片的功能和使用方法。

按照时序电路的分析步骤，对如图 5.20 所示的 8421 码同步十进制计数器分析如下。

写出各触发器的驱动方程：

$$J_0=K_0=1；J_1=\overline{Q_3^n}Q_0^n，K_1=Q_0^n；J_2=K_2=Q_1^nQ_0^n；J_3=Q_2^nQ_1^nQ_0^n，K_3=Q_0^n$$

将驱动方程代入触发器的状态方程，得到各触发器的状态方程为：

$$Q_0^{n+1}=J_0\overline{Q}_0^n+\overline{K}_0Q_0^n=\overline{Q}_0^n$$

$$Q_1^{n+1}=\overline{Q}_3^nQ_0^n\overline{Q}_1^n+\overline{Q}_0^nQ_1^n$$

$$Q_2^{n+1}=Q_1^nQ_0^n\overline{Q}_2^n+(\overline{Q}_1^n+\overline{Q}_0^n)Q_2^n$$

$$Q_3^{n+1}=Q_2^nQ_1^nQ_0^n\overline{Q}_3^n+\overline{Q}_0^nQ_3^n$$

输出方程为

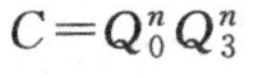

$$C=Q_0^nQ_3^n$$

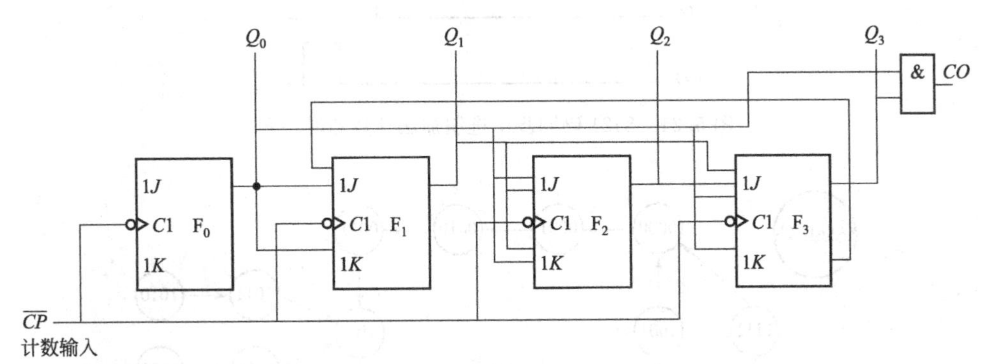

图 5.20　8421 码同步十进制加法计数器

根据状态方程，列出如表 5.7 所示计数状态表。

表 5.7　同步十进制加法计数器状态表

状态序号	现态 Q_3^n	Q_2^n	Q_1^n	Q_0^n	次态 Q_3^{n+1}	Q_2^{n+1}	Q_1^{n+1}	Q_0^{n+1}	输出 CO	分析
0	0	0	0	0	0	0	0	1	0	有效循环
1	0	0	0	1	0	0	1	0	0	
2	0	0	1	0	0	0	1	1	0	
3	0	0	1	1	0	1	0	0	0	
4	0	1	0	0	0	1	0	1	0	
5	0	1	0	1	0	1	1	0	0	
6	0	1	1	0	0	1	1	1	0	
7	0	1	1	1	1	0	0	0	0	
8	1	0	0	0	1	0	0	1	0	
9	1	0	0	1	0	0	0	0	1	
10	1	0	1	0	1	0	1	1	0	有自启动能力
11	1	0	1	1	0	1	0	0	1	
12	1	1	0	0	1	1	0	1	0	
13	1	1	0	1	0	1	0	0	1	
14	1	1	1	0	1	1	1	1	0	
15	1	1	1	1	0	0	0	0	1	

由此画出如图 5.21 所示的时序图，以及如图 5.22 所示的状态图。从计数状态表和状态图可知，状态序号 0～9 为十进制计数的有效循环，状态序号 10～15 为非有效状态，并具有自启动能力，可自动进入有效循环。

实际分析时，状态图和时序图有其一即可，二者是一致的。从时序图和状态图可以看出，第 10 个计数脉冲到来时，计数器的状态 $Q_3Q_2Q_1Q_0$ 由 1001 返回到 0000，且在第 9 个脉冲后给出进位信号 $CO=1$，为高一位计数器进行加 1 运算提供了条件。这样，第 10 个脉

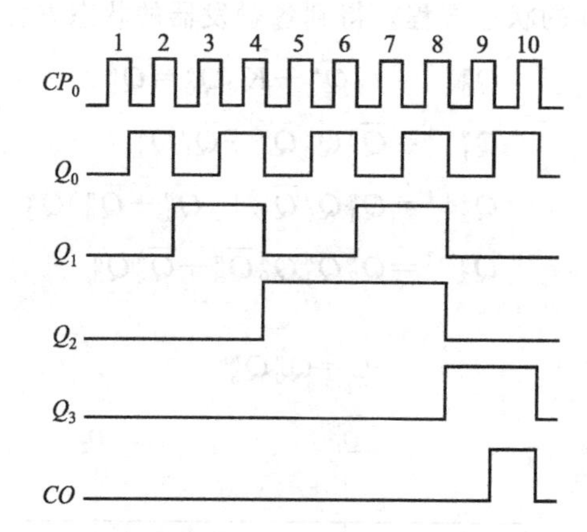

图 5.21　8421 码同步十进制加法计数器时序图

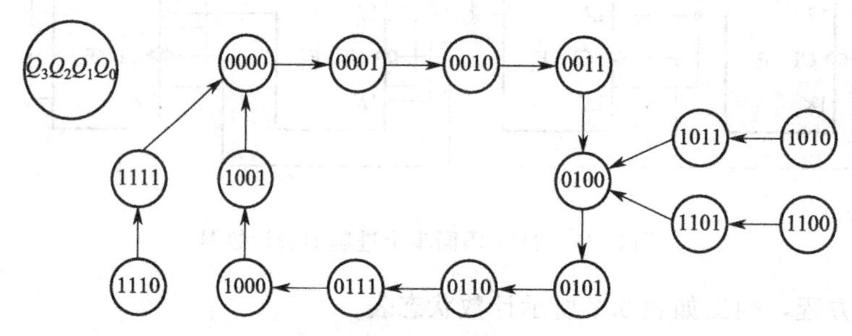

图 5.22　8421 码同步十进制加法计数器状态图

冲到来时，计数器复零的同时，高一位计数器加 1，符合“逢十进一”的规律。因此，该计数器为 8421 码十进制计数器。

2）同步集成十进制计数器

常用的同步集成十进制计数器有加法计数和可逆计数两大类，采用的都是 8421 码。

（1）同步集成十进制加法计数器：TTL 产品有 74160、74LS160、74162、74S162、74LS162 等。以比较典型的 74LS160 为例简单说明如下。

74LS160 的外部引脚排列图与 74LS163 相同，只不过 74LS160 是同步十进制加法计数器，而 74LS163 是 4 位二进制（十六进制）同步加法计数器。表 5.8 所示是 74LS160 的功能表。

由表 5.8 可知其具有如下功能。

① 异步清零：$\overline{CR}$是具有最高优先级别的异步清零端。当$\overline{CR}=0$ 时，不管其他控制信号如何，计数器清零（功能表序号 1）。

表 5.8　74LS160 功能表

序号	输入									输出			
	清零 $\overline{CR}$	使能 CT_P	CT_T	置数 $\overline{LD}$	时钟 CP	并行输入 D_0	D_1	D_2	D_3	Q_0	Q_1	Q_2	Q_3
1	0	×	×	×	×	×	×	×	×	0	0	0	0
2	1	×	×	0	↑	d_0	d_1	d_2	d_3	d_0	d_1	d_2	d_3
3	1	1	1	1	↑	×	×	×	×	计数			
4	1	0	×	1	×	×	×	×	×	保持			
5	1	×	0	1	×	×	×	×	×	保持			

② 同步置数：当$\overline{CR}=1$时，具有次优先权的为$\overline{LD}$。当$\overline{LD}=0$时，输入一个CP上升沿，则不管其他控制端如何，计数器置数，为$d_0d_1d_2d_3$（功能表序号 2）。

③ 同步计数：当$\overline{CR}=\overline{LD}=1$，且优先级别最低的使能端$CT_P=CT_T=1$时，在$CP$上升沿触发，计数器进行计数（功能表序号 3）。

④ 保持：当$\overline{CR}=\overline{LD}=1$，且$CT_P$和$CT_T$中至少有一个为 0 时，$CP$将不起作用，计数器保持原状态不变（如功能表序号 4、5）。

值得注意的是，74162、74S162、74LS162 采用的是同步清零方式，即当$\overline{CR}=0$，尚需CP上升沿到来时，计数器才被清零。CMOS 电路中有十进制同步减法计数器，其型号是 CC4522、C182。

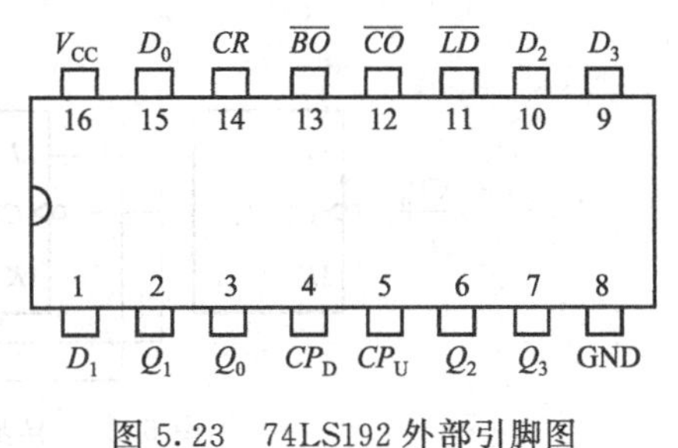

图 5.23　74LS192 外部引脚图

(2) 同步集成十进制可逆计数器：图 5.23 所示为同步集成十进制可逆计数器 74LS192 的外部引脚排列图，其逻辑功能如表 5.9 所示。各功能说明如下。

表 5.9　74LS192 功能表

CR	$\overline{LD}$	CP_U	CP_D	D_3	D_2	D_1	D_0	Q_3	Q_2	Q_1	Q_0
1	×	×	×	×	×	×	×	0	0	0	0
0	0	×	×	d_3	d_2	d_1	d_0	d_3	d_2	d_1	d_0
0	1	↑	1	×	×	×	×	递	增	计	数
0	1	1	↑	×	×	×	×	递	减	计	数
0	1	1	1	×	×	×	×	保			持

74LS192 的输入端有异步清零端CR，高电平有效，仅当$CR=1$时，计数器输出清零，与其他控制状态无关。

$\overline{LD}$为异步置数控制端，低电平有效，当$CR=0$且$\overline{LD}=0$时，D_3、D_2、D_1、D_0被置数，不受CP控制。

当CR和$\overline{LD}$均无有效输入，即$CR=0$和$\overline{LD}=1$，而减法计数输入端CP_D为高电平，计数脉冲从加法计数输入端CP_U输入时，进行加法计数。当CP_D和CP_U条件互换时，进行减法计数。当$CR=0$，$\overline{LD}=1$（无有效输入），且当$CP_U=CP_D=1$时，计数器处于保持状态。加计数，并在Q_3和Q_0均为 1，$CP_U=0$时，即在计数状态为 1001 时，$\overline{CO}$给出一个进位信号；减计数，当Q_3、Q_2、Q_1、Q_0均为 0 且$CP_D=0$时，即在计数状态为 0000 时，$\overline{BO}$给出一个借位信号。这是十进制计数的规律。

归纳

如构成 2 位以上的十进制计数器，只需将低位的$\overline{CO}$和$\overline{BO}$分别接到高位的CP_U和CP_D即可。因为$\overline{CO}$和$\overline{BO}$在低电平情况下，当低位CP到来时，将输出一个上升沿，使高位计数器执行加 1 或减 1 运算。

2. 异步十进制计数器

1）异步十进制加法计数器

十进制的编码方式很多，其计数器的种类也很多，因为其读出结果都是 BCD 码，所以十进制计数器亦称二—十进制计数器。图 5.24 所示是常用的 8421BCD 码异步十进制加法计数器的典型电路。它是由 4 位二进制加法计数器修改而成。

如果计数器从 $Q_3Q_2Q_1Q_0=0000$ 开始计数，那么在第 8 个计数脉冲以前，F_0、F_1、F_2 的 J 和 K 始终为 1，所以触发器工作在 T' 状态，工作过程与二进制加法器相同。在此期间，每次 Q_0 下降沿到达时，$J_3=Q_1Q_2=0$，所以 F_3 始终保持 0 状态不变。

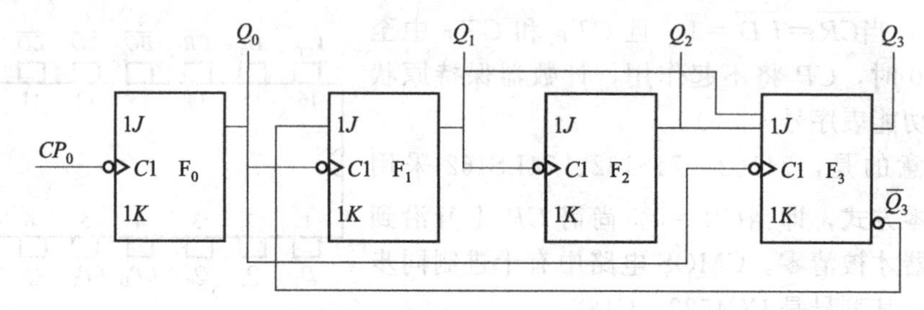

图 5.24　异步十进制加法计数器逻辑电路图

请用实验验证图 5.20 和图 5.24 所示电路的逻辑功能（或用 Multisim 软件仿真）。

当第 8 个脉冲到达时，由于 $J_3=K_3=1$，当 F_0 由 1 翻转为 0 时，Q_0 送给 F_3 的 CP_3，产生一个下降沿触发，所以 F_3 由 0 变 1；F_2 和 F_1 分别接收下降沿 CP_2 和 CP_1 而跳回 0，$Q_3Q_2Q_1Q_0=1000$。

第 9 个脉冲输入后，Q_0 由 0 变 1，同时由于 $J_1=\overline{Q}_3=0$，Q_2 和 Q_1 保持不变，F_3 虽然处于 $J_3=0$，$K_3=1$，但因是正跳，所以 Q_3 亦不变，即保持为 1，$Q_3Q_2Q_1Q_0=1001$。

第 10 个脉冲输入后，F_0 翻回到 0，Q_1 和 Q_2 仍保持不变，而 F_3 得到一个 $CP_3=Q_0$，下降沿触发，所以 Q_3 变为 0，$Q_3Q_2Q_1Q_0=0000$。

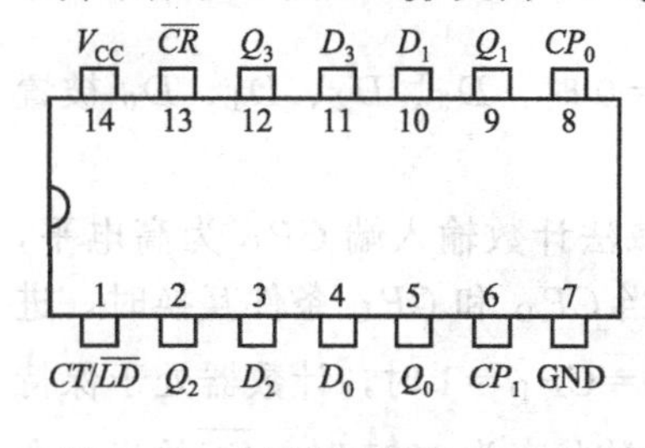

图 5.25　十进制计数器 74LS196

上述工作过程说明，异步十进制计数器是由 4 位二进制的 16 个组合状态中除去 1010～1111 这 6 个状态构成的。其时序图和状态转换图与同步十进制计数器类同。

2）异步集成十进制计数器

按照图 5.24 所示电路制成的中规模集成计数器有 CT54/74LS196、CT54/74LS290 等。图 5.25 所示为一种可预置的二—五—十进制计数器 74LS196 的外部引脚排列图，其逻辑功能如表 5.10 所示。各功能说明如下。

表 5.10　74LS196 二—五—十进制计数器功能表

输入							输出			
$\overline{CR}$	$CT/\overline{LD}$	CP	D_3	D_2	D_1	D_0	Q_3	Q_2	Q_1	Q_0
0	×	×	×	×	×	×	0	0	0	0
1	0	×	d_3	d_2	d_1	d_0	d_3	d_2	d_1	d_0
1	1	↓	×	×	×	×	递	增	计	数

当异步清零端 $\overline{CR}$ 为低电平时，可完成清零功能，与时钟端 CP_0、CP_1 的状态无关。

当计数/置入控制端 $CT/\overline{LD}$ 为低电平时，不管 CP_0、CP_1 状态如何，输出 $Q_3\sim Q_0$ 可预置成与数据输入端 $D_3\sim D_0$ 一致的状态。$CT/\overline{LD}$ 还可作为锁存器的选通端，当 $CT/\overline{LD}$ 为低电平时，$Q_3\sim Q_0$ 随 $D_3\sim D_0$ 而变化；当 $CT/\overline{LD}$ 为高电平时，只要时钟不作用，$Q_3\sim Q_0$ 将保

持不变。当 $CT/\overline{LD}$ 为高电平时，在 CP_0、CP_1 脉冲下降沿作用下进行计数。

（1）计数脉冲由 CP_0 输入，CP_1 与 Q_0 连接，计数器为 8421 编码十进制计数。

（2）计数脉冲由 CP_1 输入，CP_0 与 Q_3 连接，计数器为 5421 编码十进制计数。对于 74LS196 来说，此种情况的数据读出顺序为 $Q_0Q_3Q_2Q_1$，Q_0 位的位权为 5，Q_3、Q_2、Q_1 的位权依次为 4、2、1，这样读出才能符合 5421BCD 码的计数状态表。

（3）CP_0 输入，由 Q_0 输出时，为二进制计数器；CP_1 输入，由 Q_1～Q_3 输出时，为五进制计数器。

5.3.4　N 进制计数器

在计数脉冲的驱动下，计数器中循环的状态个数称为计数器的模数。如用 N 来表示模数，则 n 位二进制计数器的模数为 $N=2^n$（n 为构成计数器的触发器的个数）。1 位十进制计数器的模数为 10，2 位十进制计数器的模数为 100，依次类推。此处所说的 N 进制计数器，其模是非二进制和十进制的计数器，也称任意进制计数器。在有些数字系统中，任意进制计数器经常用到，如七进制、十二进制、六十进制等。

构成 N 进制计数器的方法大致分三种：第一种是利用触发器直接构成，称为反馈阻塞法；第二种是用集成计数器构成，称为反馈归零法或反馈置数法；第三种是利用级联方法获得大容量的 N 进制计数器。

1. 由触发器构成的 N 进制计数器

n 个触发器可构成模为 2^n 的二进制计数器，但如果改变其级联方法，舍去某些状态，就构成了 $N<2^n$ 的任意进制计数器。这种方法称为反馈阻塞法。图 5.26 和图 5.27 分别给出同步和异步 N 进制计数器的逻辑图。请读者根据前面介绍的方法，对给定的逻辑电路图自行分析。

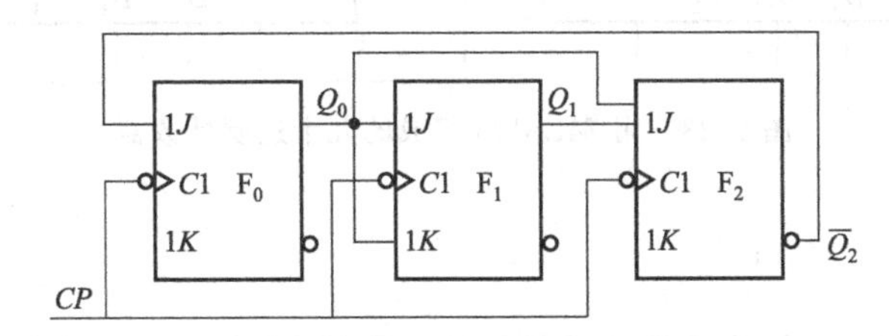

图 5.26　同步 N 进制计数器

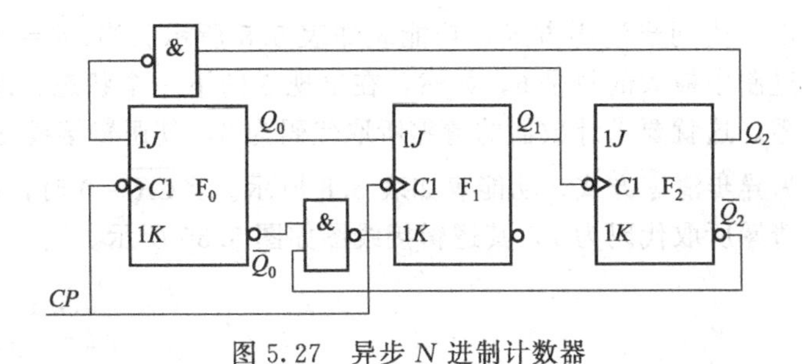

图 5.27　异步 N 进制计数器

请用实验验证图 5.26 和图 5.27 所示电路的逻辑功能（或用 Multisim 软件仿真）。

2. 用集成计数器芯片构成的 N 进制计数器

利用集成二进制或集成十进制计数器芯片，可以很方便地构成任意进制计数器，采用的方法有两种。

（1）反馈归零法。

利用计数器清零端的清零作用，截取计数过程中的某一个中间状态控制清零端，使计数器由此状态返回到零，重新开始计数，于是弃掉了一些状态，把模较大的计数器改成了模较小的计数器。

【例 5.4】 试利用 74LS196 组成九十进制计数器。

解： 7LS196 为二—五—十进制计数器，现在要求计数器的模 $N=90$，需用两片才能完成。由 74LS196 功能表可知：该集成计数器芯片可构成二进制、五进制和十进制 3 种计数器。

根据功能表，应将$\overline{LD}$接高电平，使其具有计数条件，$\overline{CR}$为异步清零端。为构成九十进制计数器，当低位片子输出 0，高位片子输出 9 时，应执行归零功能。只要将处于 1 状态的 Q 端由与非门引导到$\overline{CR}$端就可以了，其逻辑接线图如图 5.28 所示。这里，计数脉冲由$\overline{CP}_0$输入，$\overline{CP}_1$ 与 Q_0 连接，为 8421 编码十进制计数。

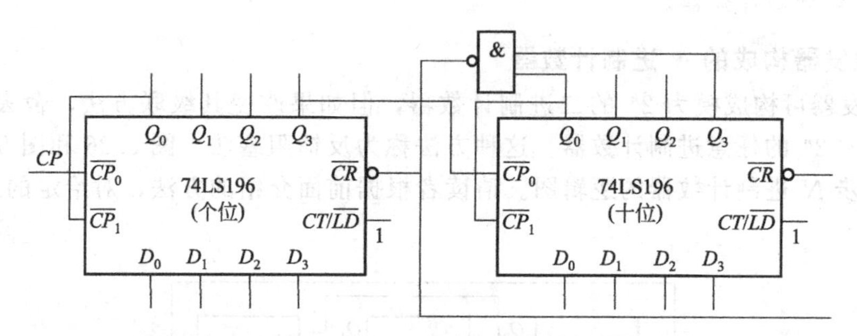

图 5.28　用 74LS196 组成的九十进制计数器

请用实验验证图 5.28 所示电路的逻辑功能（或用 Multisim 软件仿真）。

【例 5.5】 试利用 74LS163 和 74LS160 分别组成七进制计数器。

解：（1）74LS163 为同步清零方式，功能表如表 5.5 所示。当$\overline{CR}=0$后，再来 CP 脉冲，完成清零。七进制中最大的数是 6，显然，在出现 6 的下一个状态，即下一个 CP 脉冲到来时，计数器清零。这就要求计数器的清零所取代码为 6，其逻辑接线图如图 5.29 所示。

（2）74LS160 为异步清零方式，功能表如表 5.8 所示。当$\overline{CR}=0$时，计数器立即清零。这就要求计数器的清零所取代码为 7，其逻辑接线图如图 5.30 所示。

请用实验来验证图 5.29 和图 5.30 所示电路的逻辑功能（或用 Multisim 软件仿真）

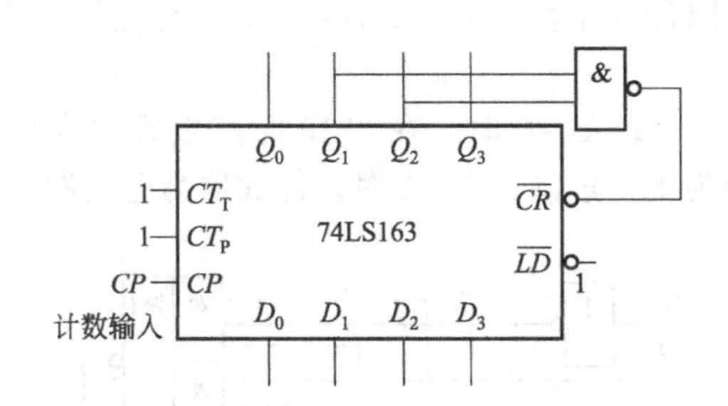

图 5.29　用 74LS163 组成的七进制计数器

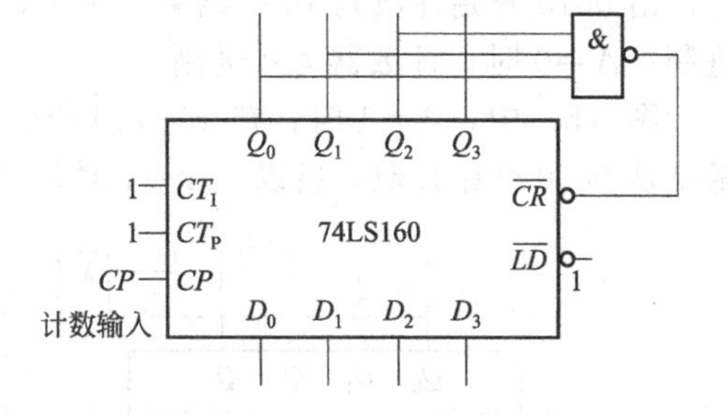

图 5.30　用 74LS160 组成的七进制计数器

归纳

由上述两例可知，确定置 0 所取输出代码是个关键，这与芯片的清零方式有关（同步清零还是异步清零）。异步清零以 N 作为置 0 的输出代码，同步清零以 $N-1$ 作为置 0 的输出代码。此外，还要注意清零端的有效电平，以确定反馈引导门是与门还是与非门。

（2）反馈置数法。

利用具有置数功能的计数器（如 74LS163），截取某一计数中间状态反馈到置数端，而将数据输入端 D_3、D_2、D_1、D_0 全部接 0，会使计数器的状态在 0000 至这一中间状态之间循环。这种方法类似于反馈归零法。另一种方法是利用计数器到达 1111 这个状态时产生的进位信号，将进位信号（高电平）反馈到置数端，而数据输入端 $D_3D_2D_1D_0$ 置成需要的某一最小数 $d_3d_2d_1d_0$，计数器就可以重新从这一最小数开始计数。整个计数器将在 $d_3d_2d_1d_0$～1111 等 N 个状态中循环。

【例 5.6】 试利用二进制计数器 74LS163 构成一个计数状态为自然二进制数 0111～1111 的计数器。

解： 采用由进位信号置最小数的方法，当 $Q_3Q_2Q_1Q_0=1111$ 时，由进位端给出高电平，经反相器送至 $\overline{LD}$ 端，置入 $D_3D_2D_1D_0=0111$ 的最小数，使计数器由置数功能转为计数，将从 0111 状态计到 1111，为九进制，即 $N=9$，其逻辑图如图 5.31 所示。

【例 5.7】 试分析图 5.32 的计数器是多少进制计数器。

解： 从数据输入端被置入的最小数为 0010，当输出端为 $Q_3Q_2Q_1Q_0=1110$ 时，将该最小数置入。又因为是同步置数方式，所以在计数器中循环的状态为 0010～1110，共 13 个状态，$N=13$，该计数器为十三进制。

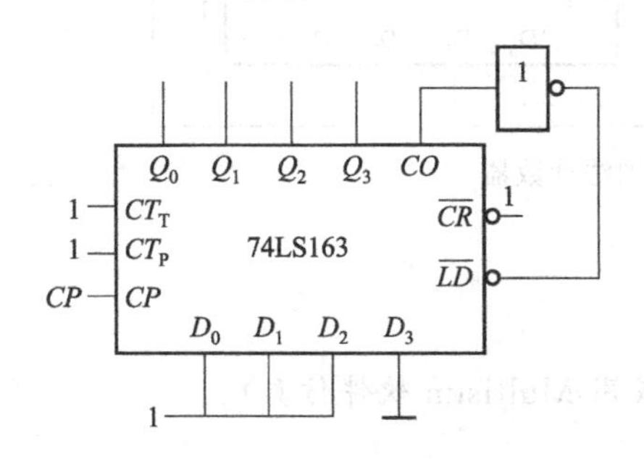

图 5.31　［例 5.6］的逻辑图

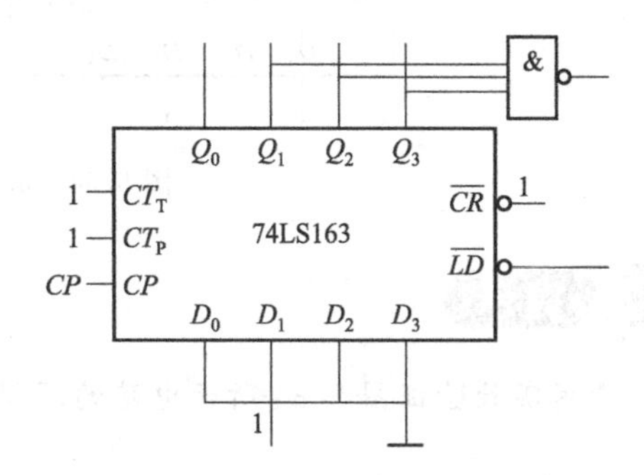

图 5.32　［例 5.7］的逻辑图

【例 5.8】 试分析图 5.33 所示电路在控制信号 $A=1$ 和 $A=0$ 时各为几进制计数器。

解： 图（a）中 $A=1$ 时，由 0100 开始计数到 1001 结束，一个计数周期计 6 个数；$A=0$

时，由 0010 开始计数到 1001 结束，一个计数周期计 8 个数。所以，$A=1$ 时，计数器为六进制；$A=0$ 时，计数器为八进制。

图（b）中，$A=1$ 时，在 1010 时产生置数信号；$A=0$ 时，在 0110 时产生置数信号，都是从 0000 开始计数。所以，$A=1$ 时，计数器为十一进制；$A=0$ 时，计数器为七进制。

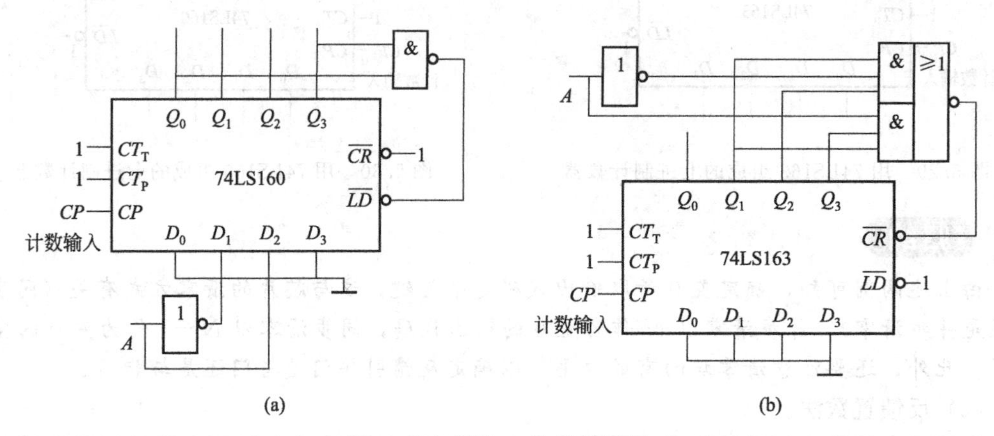

图 5.33 ［例 5.8］的逻辑图

请用实验验证图 5.31～图 5.33 所示电路的逻辑功能（或用 Multisim 软件仿真）。

（3）利用级联方法获得大容量的 N 进制计数器。

所谓级联方法，就是把多个计数器串接起来，获得所需的大容量 N 进制计数器。例如，把一个 N_1 进制的计数器和一个 N_2 进制的计数器串接起来，构成 $N=N_1\times N_2$ 进制计数器。图 5.34 所示就是由六进制和十进制计数器级联起来构成的 6×10＝60 进制计数器。

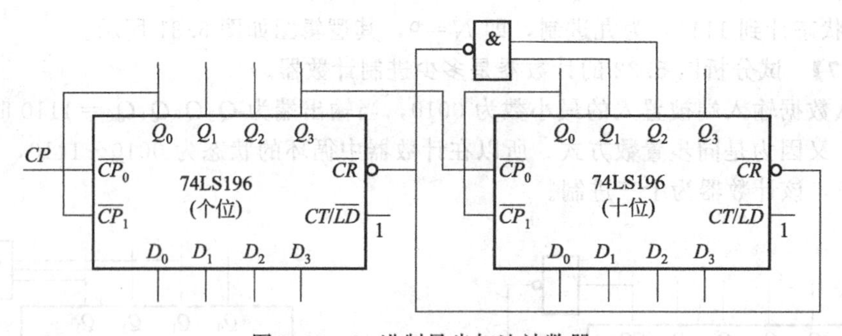

图 5.34 60 进制异步加法计数器

请用实验验证图 5.34 所示电路的逻辑功能（或用 Multisim 软件仿真）。

思考题

1. 如何使用两片集成计数器构成 80 分频电路？
2. 同步计数器与异步计数器相比，有什么优点？

5.4 寄 存 器

把二进制数据或代码暂时存储起来的操作叫做寄存。其实，人们随处都会遇到寄存问题。例如外出旅游，把小件行李暂时寄存在车站或码头的暂存处，到自选商场要将提包交服务员暂时保管等。

具有寄存功能的电路称为寄存器。在日常生活、工作中，类似于寄存器的场所到处都是。例如，一个单位的办公室，总是先把送来的文件和报章杂志接收下来，再由办事员分发；商店中的货柜，售货员总是先把商品从大仓库中取出来放在货柜中，以备顾客选购。

寄存器是一种基本时序逻辑电路，在各种数字系统中，几乎无处不在。因为任何现代数字系统都必须把需要处理的数据、代码先寄存起来，以便随时取用。

5.4.1 寄存器的主要特点和分类

1. 寄存器的主要特点

图 5.35 所示是寄存器的结构示意框图。

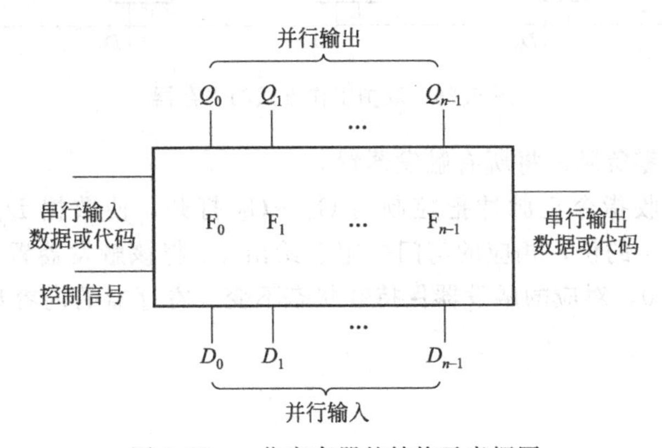

图 5.35　n 位寄存器的结构示意框图

(1) 从电路组成看：寄存器是由具有存储功能的触发器组合起来构成的，使用的可以是基本触发器、同步触发器、主从触发器或边沿触发器，电路结构比较简单。

(2) 从基本功能看：寄存器的任务主要是暂时存储二进制数据或者代码。一般情况下，不对存储内容进行处理，逻辑功能比较单一。

2. 寄存器分类

1）按功能差别分

(1) 基本寄存器：数据或代码只能并行送入寄存器，需要时也只能并行输出。存储单元采用基本触发器、同步触发器、主从触发器及边沿触发器均可。

(2) 移位寄存器：存储在寄存器中的数据或代码在移位脉冲的操作下可以依次逐位右移或左移。数据或代码既可以并行输入、并行输出，也可以串行输入、串行输出，还可以并行输入、串行输出，串行输入、并行输出，十分灵活，用途也很广。存储单元只能采用主从触发器或者边沿触发器。

2）按使用开关元件的不同分

寄存器按照器件内部使用的不同开关元件，分成许多种，目前使用最多的是 TTL 寄存器和 CMOS 寄存器。它们都是中规模集成电路。

5.4.2 基本寄存器

寄存器的功能是存储二进制代码，它由具有存储功能的触发器构成。因为一个触发器只有0和1两个状态，只能存储1位二值代码，所以N个触发器构成的寄存器能存储N位二值代码。寄存器还应有执行数据接收和清除命令的控制电路。控制电路一般由门电路构成。

按照接收数码的方式不同，寄存器有双拍工作方式和单拍工作方式两种。

1. 双拍工作方式的寄存器

图5.36所示为由4个D触发器构成的4位寄存器，它分两步（双拍）接收代码。

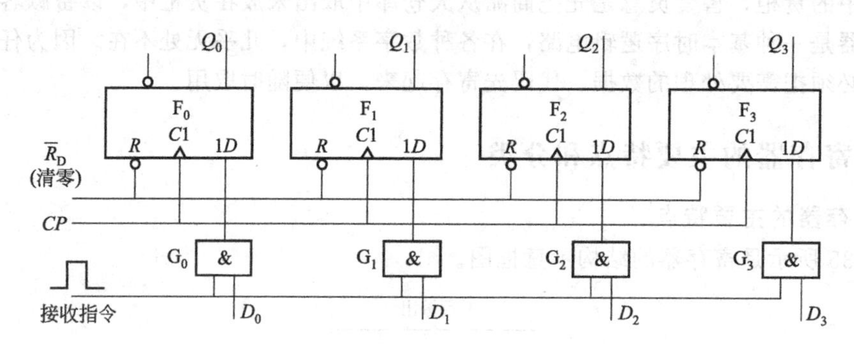

图5.36 双拍工作方式的寄存器

第一步，先用清零负脉冲将所有触发器置0。

第二步，再用接收指令正脉冲把控制门$G_3 \sim G_0$打开，使数据$D_3D_2D_1D_0$存入触发器。凡是输入数据为1的位，相应的与门一定会给出1，将该触发器置1；数据输入为0的位，相应与门输出为0，对应的触发器保持0状态不变。寄存器的内容从$Q_3 \sim Q_0$这4个触发器的输出端读出。

归纳

双拍工作方式的优点是电路简单；缺点是每次接收数据，都必须给两个控制脉冲，不仅操作不够方便，而且限制了电路的工作速度，所以定型产品集成寄存器很少采用双拍工作方式，都采用单拍工作方式。

2. 单拍工作方式的寄存器

图5.37所示也是由4个D触发器构成的4位寄存器，触发器同步翻转，输出$Q_3 \sim Q_0$将分别随$D_3 \sim D_0$数值而变。这种电路寄存数据不需要去除原来数据的过程，只要上升沿一到达，新的数据就会存入，所以是单拍工作方式。

请用实验验证图5.36和图5.37所示电路的逻辑功能（或用Multisim软件仿真）。

归纳

基本寄存器的优点是数据存取速度快，常用于暂时存放数据，供后续运算使用；其主要缺点是一旦断电，暂存的数据全部丢失。因此，它不能用于长期存储数据，只能用于运算过程中的暂时存放。

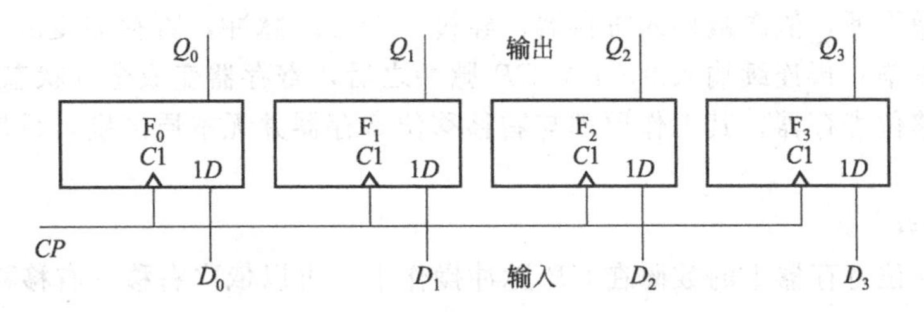

图 5.37　单拍工作方式的寄存器

5.4.3　移位寄存器

移位寄存器常按照在移位命令操作下移位情况的不同，分为单向移位寄存器和双向移位寄存器两大类。

1. 单向移位寄存器

1）电路组成

图 5.37 所示是用边沿 D 触发器构成的单向移位寄存器。从电路结构看，它有两个基本特征：一是由相同存储单元组成，存储单元的个数就是移位寄存器的位数；二是各个存储单元共用一个时钟信号——移位操作命令，电路工作是同步的，属于同步时序电路。

2）工作原理

在图 5.38 所示单向移位寄存器中，假设各个触发器的起始状态均为 0，即 $Q_0^nQ_1^nQ_2^nQ_3^n=$ 0000，根据图 5.38 所示电路可得如表 5.11 所示的状态表。

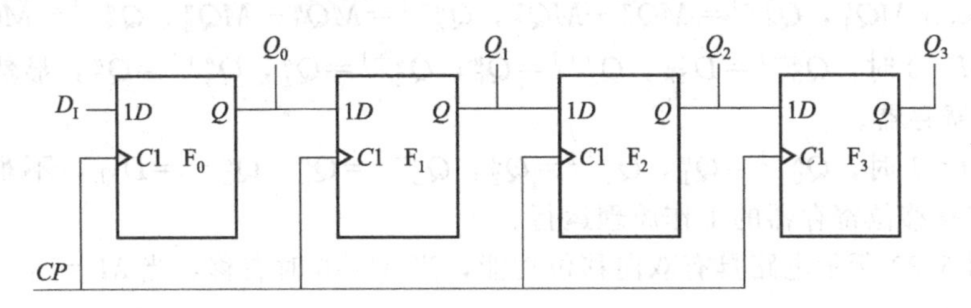

图 5.38　单向移位寄存器

请用实验验证图 5.38 所示电路的逻辑功能（或用 Multisim 软件仿真）。

表 5.11　4 位右移移位寄存器的状态表

输入		现态				次态				注
D_I	CP	Q_0^n	Q_1^n	Q_2^n	Q_3^n	Q_0^{n+1}	Q_1^{n+1}	Q_2^{n+1}	Q_3^{n+1}	
1	↑	0	0	0	0	1	0	0	0	连续输入 4 个 1
1	↑	1	0	0	0	1	1	0	0	
1	↑	1	1	0	0	1	1	1	0	
1	↑	1	1	1	0	1	1	1	1	
0	↑	1	1	1	1	0	1	1	1	连续输入 4 个 0
0	↑	0	1	1	1	0	0	1	1	
0	↑	0	0	1	1	0	0	0	1	
0	↑	0	0	0	1	0	0	0	0	

表 5.11 生动、具体地描述了单向（右移）移位过程。当连续输入 4 个 1 时，D_I 经 F_0

在CP上升沿操作下，依次被移入寄存器；经过4个CP脉冲，寄存器变成全1状态，即4个1右移输入完毕；再连续输入0，4个CP脉冲之后，寄存器变成全0状态。

对于左移移位寄存器，其工作原理与右移移位寄存器并无本质区别，只是移位方向变成为由右至左。

3）主要特点

（1）单向移位寄存器中的数码在CP脉冲操作下，可以依次右移（右移移位寄存器）或左移（左移移位寄存器）。

（2）n位单向移位寄存器可以寄存n位二进制数码。n个CP脉冲可完成串行输入工作，此后可从$Q_0 \sim Q_{n-1}$端获得并行的n位二进制数码，再用n个CP脉冲实现串行输出操作。

（3）若串行输入端状态为0，则n个CP脉冲后，寄存器被清零。

2. 双向移位寄存器

把左移和右移移位寄存器组合起来，加上移位方向控制信号，便可方便地构成双向移位寄存器。图5.39所示是基本的4位双向移位寄存器。M是移位方向控制信号，D_{SR}是右移串行输入端，D_{SL}是左移串行输入端，$Q_0 \sim Q_3$是并行输出端，CP是时钟脉冲—移位操作信号。

在图5.39中，4个与或门构成了4个2选1数据选择器，其输出就是送给相应的边沿D触发器的同步输入端信号，M是选择控制信号。由电路可得驱动方程：

$$D_0=\overline{M}D_{SR}+MQ_1^n,\ D_1=\overline{M}Q_0^n+MQ_2^n,\ D_2=\overline{M}Q_1^n+MQ_3^n,\ D_3=\overline{M}Q_2^n+MD_{SL}$$

代入D型触发器的状态方程，可得到4个触发器的状态方程（CP上升沿时刻有效）：

$$Q_0^{n+1}=\overline{M}D_{SR}+MQ_1^n,\ Q_1^{n+1}=\overline{M}Q_0^n+MQ_2^n,\ Q_2^{n+1}=\overline{M}Q_1^n+MQ_3^n,\ Q_3^{n+1}=\overline{M}Q_2^n+MD_{SL}$$

（1）当$M=0$时，$Q_0^{n+1}=D_{SR}$，$Q_1^{n+1}=Q_0^n$，$Q_2^{n+1}=Q_1^n$，$Q_3^{n+1}=Q_2^n$，显然，电路成为4位右移移位寄存器。

（2）当$M=1$时，$Q_0^{n+1}=Q_1^n$，$Q_1^{n+1}=Q_2^n$，$Q_2^{n+1}=Q_3^n$，$Q_3^{n+1}=D_{SL}$，不难理解，电路将按照4位左移移位寄存器的工作原理运行。

因此，图5.39所示电路具有双向移位功能，当$M=0$时右移，当$M=1$时左移。

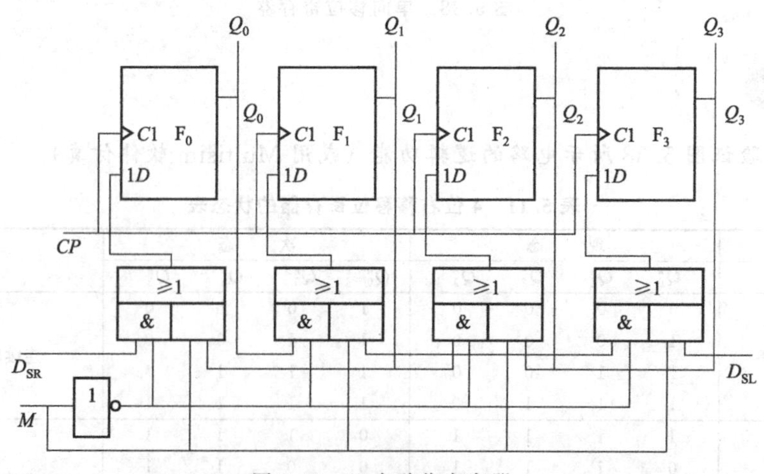

图5.39　双向移位寄存器

3. 集成移位寄存器

集成移位寄存器产品较多。下面以比较典型的4位双向移位寄存器74LS194为例简单说明。

图 5.40 所示是 4 位双向移位寄存器 74LS194 的外部引脚排列图。$\overline{CR}$是清零端；S_0 和 S_1 是工作状态控制端；D_{SR}和 D_{SL}分别为右移和左移串行数码输入端；D_0～D_3 是并行数码输入端；Q_0～Q_3 是并行数码输出端；CP 是时钟脉冲—移位操作信号。

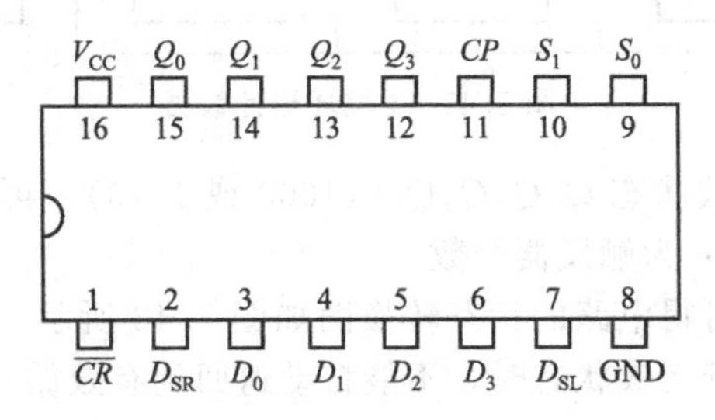

图 5.40　74LS194 的外部引脚排列图

逻辑功能表如表 5.12 所示。

表 5.12　4 位双向移位寄存器 74LS194 功能表

输入										输出				注
$\overline{CR}$	S_1	S_0	D_{SR}	D_{SL}	CP	D_0	D_1	D_2	D_3	Q_0^{n+1}	Q_1^{n+1}	Q_2^{n+1}	Q_3^{n+1}	
0	×	×	×	×	×	×	×	×	×	0	0	0	0	清零
1	×	×	×	×	0	×	×	×	×	Q_0^n	Q_1^n	Q_2^n	Q_3^n	保持
1	1	1	×	×	↑	d_0	d_1	d_2	d_3	d_0	d_1	d_2	d_3	并行输入
1	0	1	1	×	↑	×	×	×	×	1	Q_0^n	Q_1^n	Q_2^n	右移输入 1
1	0	1	0	×	↑	×	×	×	×	0	Q_0^n	Q_1^n	Q_2^n	右移输入 0
1	1	0	×	1	↑	×	×	×	×	Q_1^n	Q_2^n	Q_3^n	1	左移输入 1
1	1	0	×	0	↑	×	×	×	×	Q_1^n	Q_2^n	Q_3^n	0	左移输入 0
1	0	0	×	×	↑	×	×	×	×	Q_0^n	Q_1^n	Q_2^n	Q_3^n	保持

表 5.12 十分清晰地反映出 4 位双向移位寄存器 74LS194 具有下列逻辑功能。

(1) 清零功能：当$\overline{CR}=0$ 时，双向移位寄存器异步清零。

(2) 保持功能：当$\overline{CR}=1$ 时，$CP=0$ 或 $S_1=S_0=0$，双向移位寄存器保持状态不变。

(3) 并行送数功能：当$\overline{CR}=1$，并且 $S_1=S_0=1$ 时，CP 上升沿可将加在并行输入端 D_0～D_3 的数码 d_0～d_3 送入寄存器。

(4) 右移串行送数功能：当$\overline{CR}=1$ 时，$S_1=0$，$S_0=1$，在 CP 上升沿的操作下，可依次把加在 D_{SR}端的数码从时钟触发器 F_0 串行送入寄存器。

(5) 左移串行送数功能：当$\overline{CR}=1$ 时，$S_1=1$，$S_0=0$，在 CP 上升沿的操作下，可依次把加在 D_{SL}端的数码从时钟触发器 F_3 串行送入寄存器。

5.4.4　移位寄存器型 N 进制计数器

将移位寄存器的输出以一定的方式反馈到串行输入端，可构成许多特殊编码的移位寄存器型 N 进制计数器。这种方法称为串行反馈法。反馈的逻辑电路不同，得到的计数器形式有所不同。

1. 环形计数器

图 5.41 所示为一个自循环移位寄存器。

取 $D_0=Q_3$，在 CP 脉冲操作下，循环移位一个 1，也可以循环移位一个 0。只要先用

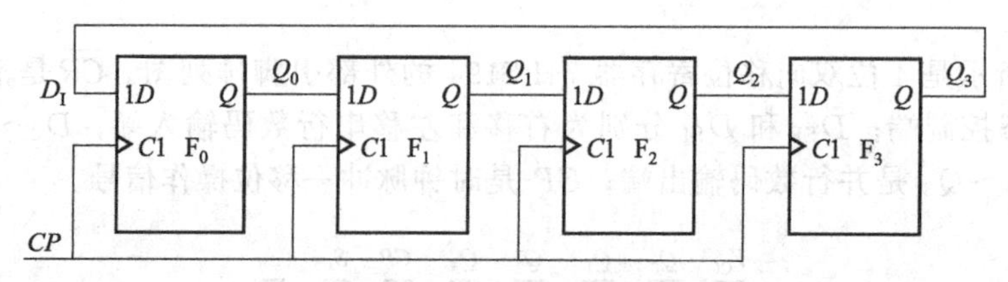

图 5.41　4 位环形计数器

启动脉冲将计数器置入有效状态 $Q_3Q_2Q_1Q_0$（1000 或 1110），再加 CP，可以得到 N 个状态循环的计数器，$N=n$，n 为触发器个数。

根据初始状态不同，可得电路的状态转换图如图 5.42 所示。从图中看出，该计数器是不能自启动的。即当它处于无效状态时，不能自动返回到有效循环，必须先将其置为有效状态。另外，这种计数器的状态利用率较低。这也是一个缺点。

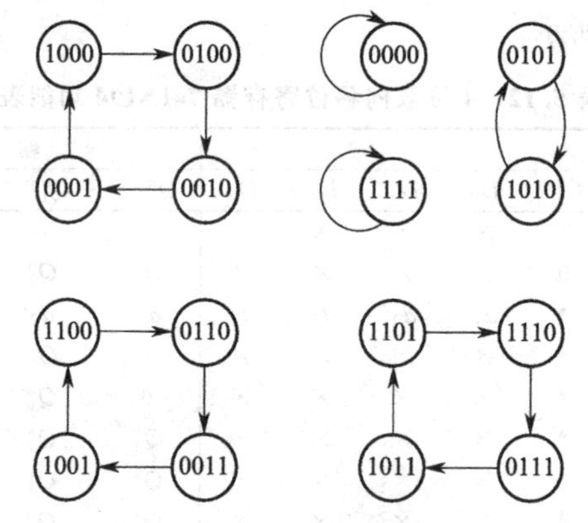

图 5.42　4 位环形计数器的状态图

如果将图 5.41 改造为图 5.43 所示的形式，就能够自启动了。读者可自行分析，并画出其状态图。

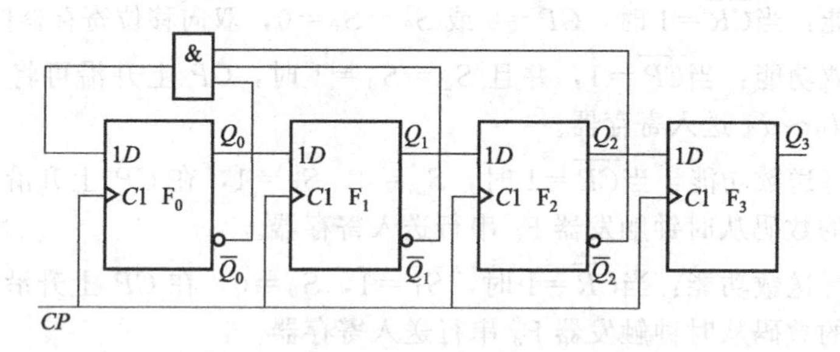

图 5.43　具有自启动的 4 位环形计数器

请用实验验证图 5.41 和图 5.43 所示电路的逻辑功能（或用 Multisim 软件仿真）。

归纳

环形计数器的优点是所有触发器中只有一个为 1（或 0），利用 Q 端作为状态输出，不需加译码器。在 CP 脉冲的驱动下，Q 端轮流出现矩形脉冲，所以也可以用作脉冲分配器。

2. 扭环形计数器

扭环形计数器的结构特点是取 $D_0=\overline{Q}_{n-1}^{n}$，它的状态利用率比环形计数器提高 1 倍，$N=2n$。图 5.44 和图 5.45 所示电路分别是不能自启动和能自启动的扭环形计数器。

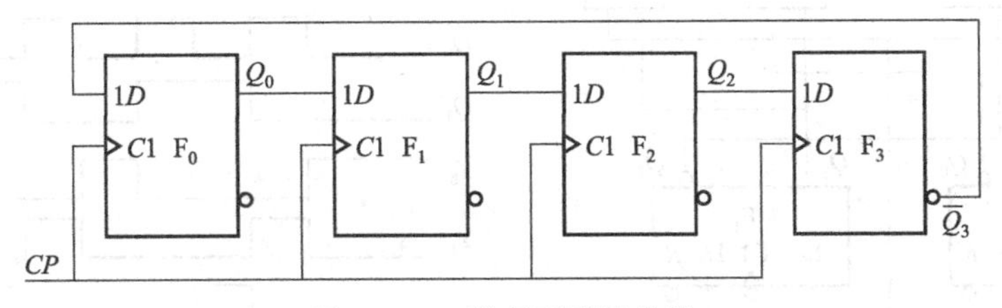

图 5.44　4 位扭环形计数器

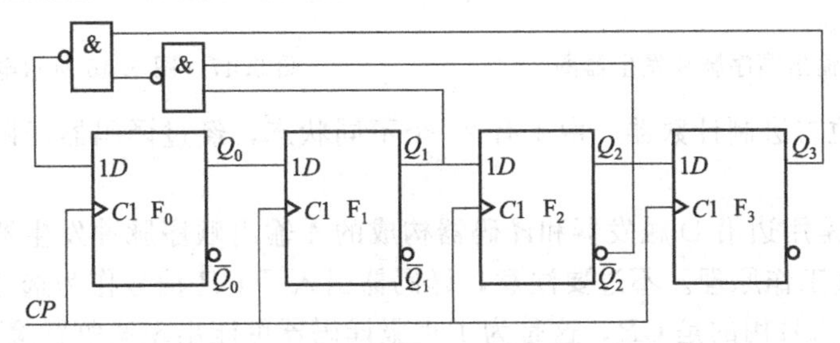

图 5.45　具有自启动的 4 位扭环形计数器

提示

请用实验验证图 5.44 和图 5.45 所示电路的逻辑功能（或用 Multisim 软件仿真）。

归纳

扭环形计数器的优点是每次状态变化只有 1 个触发器翻转，因此译码时不存在竞争冒险，而且所有的译码门都只需要两个输入端。它的缺点仍然是状态利用率较低，在 n 位计数器中（$n\geqslant 3$ 时），有 2^n-2n 个状态没有被利用。

5.4.5　顺序脉冲发生器

在数控装置和数字计算机中，往往需要机器按照人们事先规定的顺序进行运算或操作。这不仅要求机器的控制部分能正确地发出各种控制信号，而且要求这些控制信号在时间上有一定的先后顺序。通常采用的方法是用一个顺序脉冲发生器（或称节拍脉冲发生器）产生时间上有先后顺序的脉冲，实现整机各部分协调动作。

按电路结构不同，顺序脉冲发生器分成计数型和移位型两大类。

1. 计数型顺序脉冲发生器

计数型顺序脉冲发生器一般是用按自然态序计数的二进制计数器和译码器组成。大家知道，计数器在输入计数脉冲的操作下，其状态是依次转换的，而且在有效状态中循环工作。显然，用译码器把这些状态“翻译”出来，就可以得到顺序脉冲。图 5.46 所示是一个能循环输出 4 个脉冲的顺序脉冲发生器的逻辑电路图。2 个 JK 触发器构成 1 个四进制计数器；4 个与门构成译码器。$\overline{CR}$是异步清零信号，可对电路进行初始化—置零；CP 是输入计数脉冲（主时钟脉冲）；Y_0、Y_1、Y_2、Y_3 是 4 个顺序脉冲输出端。其时序图如图 5.47 所示。

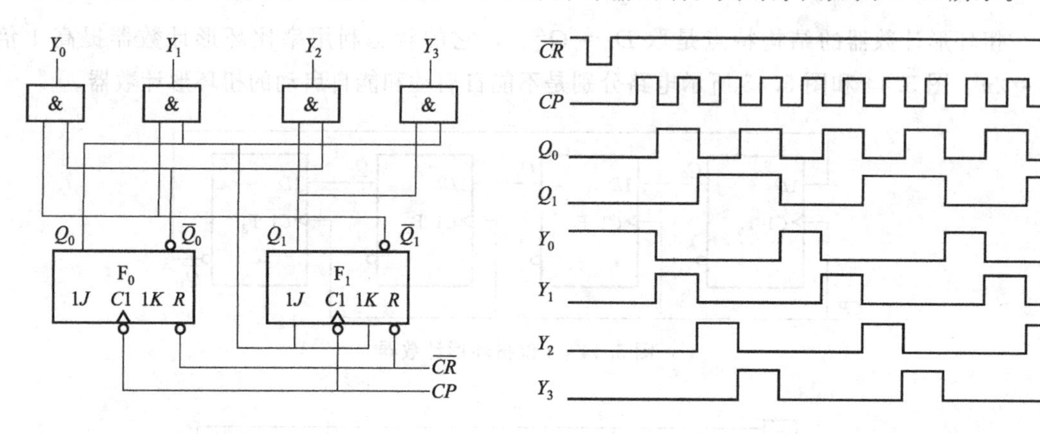

图 5.46　4 输出顺序脉冲发生器图　　　　图 5.47　图 5.46 所示电路的时序图

如果采用 n 位二进制计数器，由于有 2^n 个不同状态，经过译码器译码之后，可以获得 2^n 个顺序脉冲。

图 5.48 所示是用边沿 D 触发器和译码器构成的 4 输出顺序脉冲发生器，读者可用画时序图的方法说明其工作原理。不过要注意，译码器引入了 CP 信号作为选通脉冲，D 型触发器 F_0、F_1 的时钟信号用的是 CP，这是为了克服译码器可能出现竞争冒险而采取的措施。

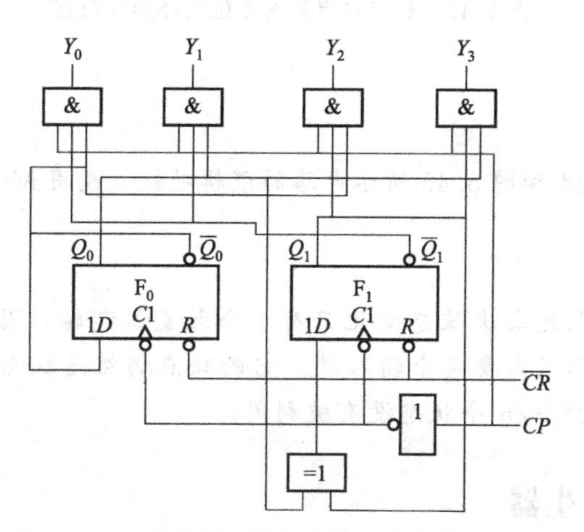

图 5.48　D 触发器和译码器构成的序脉冲发生器

2. 移位型顺序脉冲发生器

对于移位型顺序脉冲发生器，从本质上看，仍然是由计数器和译码器构成的，与计数型顺序脉冲发生器没有区别。但是，它采用的是按非自然态序进行计数的移位寄存器型计数器，其电路组成、工作原理和特性都别具特色。因此，将其定名为移位型顺序脉冲发生器，并专门介绍。

1）由环形计数器构成的顺序脉冲发生器

图 5.49 所示是由 4 位环形计数器构成的 4 输出顺序脉冲发生器，时序图如图 5.50 所示。

2）用扭环形计数器构成的顺序脉冲发生器

图 5.51 所示是一个由 4 位扭环形计数器和译码器构成的 8 输出移位型顺序脉冲发生器。该电路可用下述方法获得。

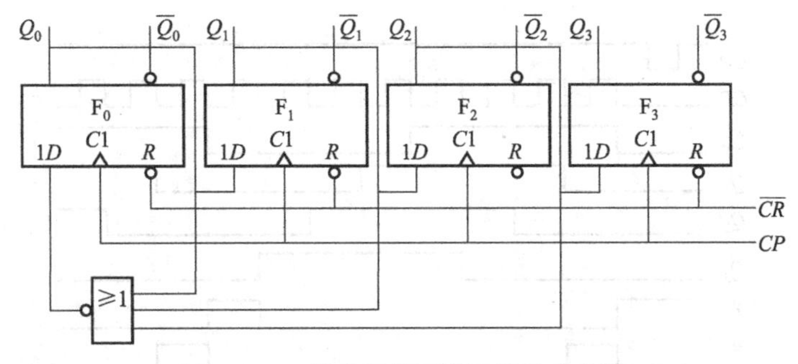

图 5.49　4输出移位型顺序脉冲发生器

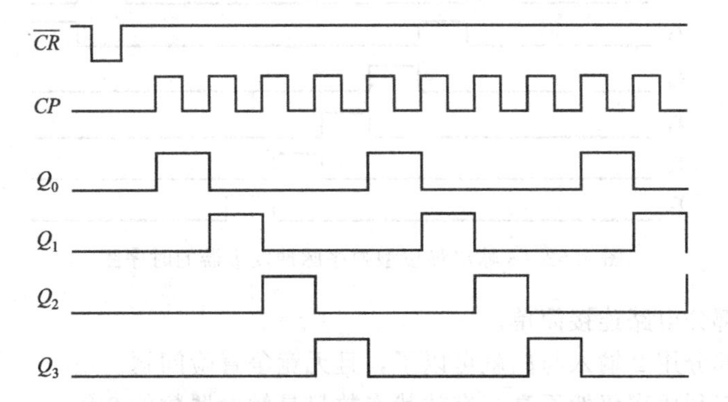

图 5.50　4输出移位型顺序脉冲发生器的时序图

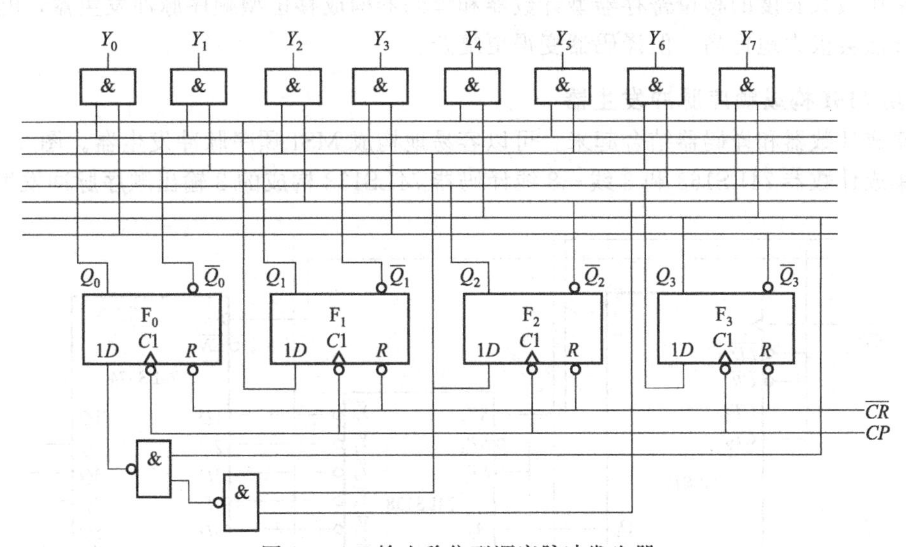

图 5.51　8输出移位型顺序脉冲发生器

(1) 画出4位扭环形计数器的基本电路。

(2) 画出基本电路的状态图，修改无效循环，实现状态图的自启动。

(3) 修改反馈逻辑，画出能自启动的4位扭环形计数器的逻辑电路图。

(4) 设计译码器。

由图5.51所示逻辑电路图可以看出，对于扭环形计数器的状态译码，只要用二输入端与门就能实现，而且由于每次 CP 信号到来时，计数器中只有一个触发器改变状态，所以译码器无竞争冒险问题。时序图如图5.52所示。

该电路的主要特点如下所述。

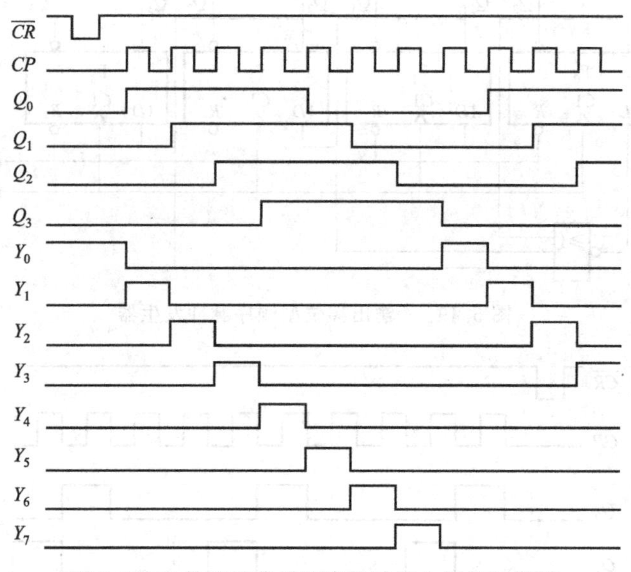

图 5.52　8 输出移位型顺序脉冲发生器的时序图

（1）计数器部分电路连接简单。

（2）译码器部分用 2 输入与门就可以了，且无竞争冒险问题。

（3）电路状态利用率仍然不高，有效状态数只是触发器数的 2 倍。

如果用最大长度的移位寄存器型计数器和译码器构成移位型顺序脉冲发生器，电路状态利用率显然会极大地提高，但译码器变得更复杂。

3. 用 MSI 构成顺序脉冲发生器

把集成计数器和译码器结合起来，可以容易地构成 MSI 顺序脉冲发生器。图 5.53 所示就是用集成计数器 74LS163 和 3 线—8 线译码器 74LS138 构成的 8 输出顺序脉冲发生器。

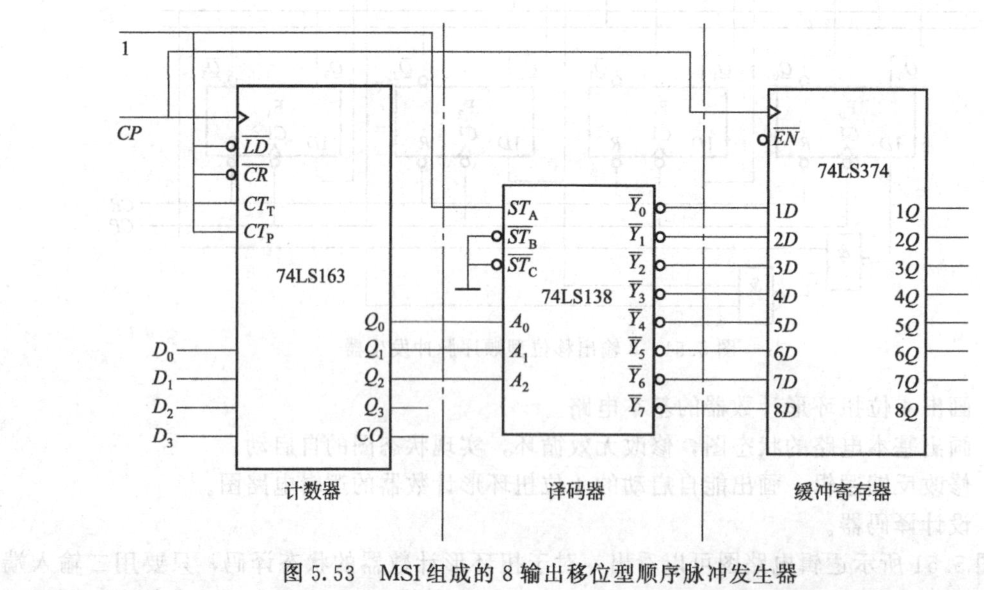

图 5.53　MSI 组成的 8 输出移位型顺序脉冲发生器

如果采用 4 线—16 线译码器（可用两片 74LS138 构成），得到的将是 16 输出顺序脉冲发生器。图中，74LS374 是缓冲用寄存器，三态输出，用它既可以从根本上解决译码器中的

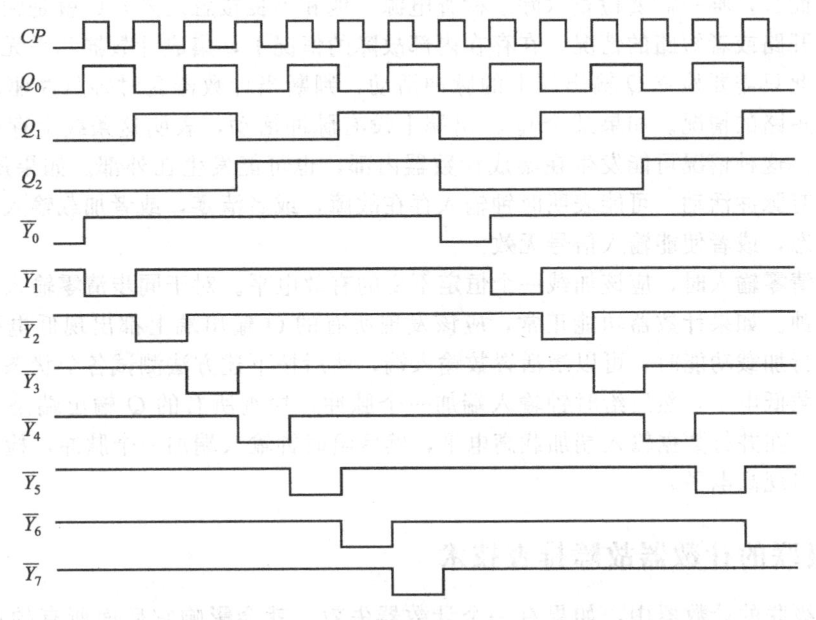

图 5.54　计数器、译码器的时序图

竞争冒险问题，又能够起到输出缓冲作用。由于 74LS374 具有三态输出结构，当输出使能端$\overline{EN}=0$ 时，1Q～8Q 分别反映 $\overline{Y}_0\sim\overline{Y}_7$；当$\overline{EN}=1$ 时，输出被禁止，各输出端均为高阻态。注意：寄存器 74LS374 的输出比译码器 74LS138 的输出要滞后一个时钟周期。

图 5.54 所示是 MSI 8 输出顺序脉冲发生器中计数器和译码器的时序图。在 *CP* 脉冲操作下，当计数器里有两个或两个以上触发器改变状态时，在译码器相应门电路的输入端会出现竞争冒险，有两个信号同时向相反方向改变取值，其输出端（$\overline{Y}_0\sim\overline{Y}_7$）容易产生极窄的尖脉冲。如果从寄存器 74LS374 输出，这些尖脉冲就没有了，得到的将是滞后一个时钟周期的“干净”的顺序脉冲。读者可在图 5.54 所示时序图的基础上，对应画出寄存器各输出端的波形图。

思考题

1. 移位寄存器中的所有触发器是否由同一个时钟输入驱动？
2. 移位寄存器中如何连接，才能使数据从一个触发器移到下一个触发器？
3. 用 JK 触发器构成的移位寄存器如何进行数据并行置数？
4. 如何将 74LS194 连接成一个左移循环寄存器？
5. 双向寄存器 74LS194 可以允许数据通过它向任一方向传输吗？

5.5 故障诊断和排查

计数器的故障诊断可能很简单，也可能非常麻烦，这取决于计数器的类型和发生故障的类型。

5.5.1　集成计数器故障排查技术

对于有故障的、具有简单计数序列（或称顺序）的计数器（如不受外部逻辑控制的二进制计数器）而言，唯一需要检查（除了检查电源、地和不良接触之外）的就是输入端或输出端是否存在开路或者短路的情况。在存在内部故障的情况下，集成计数器几乎无法改变其状态序列，因此只需要检查 Q 输出端上的脉冲活动，判断当计数器受时钟脉冲驱动时是否存在开路或者短路的情况。如果某个 Q 输出端上没有脉冲活动，表明这条线上存在开路或者短路的问题。这种情况可能发生在集成计数器内部，也可能发生在外部。如果所有的 Q 输出端上都没有脉冲活动，可能表明时钟输入存在故障，或者清零，或者加载输入信号始终维持在有效状态，或者使能输入信号无效。

在检查清零输入时，应该加载一个恒定不变的有效电平。对于同步清零输入，必须给计数器加上时钟。如果计数器功能正常，应该发现所有的 Q 输出端上都出现低电平。在检查计数器的并行加载功能时，可以激活置数输入端，然后按下述方法测试各个状态。在并行数据输入端加载低电平，然后给时钟输入端加一个脉冲，检查所有的 Q 输出端是否出现低电平。接下来，在并行数据输入端加载高电平，然后给时钟输入端加一个脉冲，检查所有的 Q 输出端是否出现高电平。

5.5.2 级联的计数器故障排查技术

在一串级联的计数器中，如果有一个计数器失效，就会影响它后面所有的计数器。例如，如果某个计数使能端输入出现开路，那么它实际上相当于高电平（对于 TTL 逻辑而言），计数器就始终处于使能状态。如果这种失效情况出现在级联的某个计数器上，就使该计数器不分频（计数），并使所有后续计数器的分频速率超出它们的正常速率。

5.5.3 触发器构成的计数器故障排查技术

由触发器和门电路构成的计数器的故障诊断比较难，这种计数器比集成计数具有更多的带外部连接的输入端和输出端。输入端或输出端上的开路或短路故障会影响计数器的序列。图 5.55 所示为八进制计数器。其中，(b) 波形中 CP_0、Q_0、Q_1、Q_2 为计数器工作正常时的输出波形，CP_0、Q_0、Q_1、Q_2' 为有故障时的输出波形，此时发现 Q_1 和 Q_2' 的波形相同，因此引起 F_1 翻转的条件似乎也在控制 F_2。这表明，Q_0 可能由于某种原因穿通了与门，发生这种情况的唯一条件就是与门的 Q_1 输入总是高电平。但是从图中发现 Q_1 的波形是正确的。因此，与门下方的输入端必定出现了开路，相当于高电平。在进行接触点或线路的开路检查之后，可以将该与门换掉，然后重新测试电路。

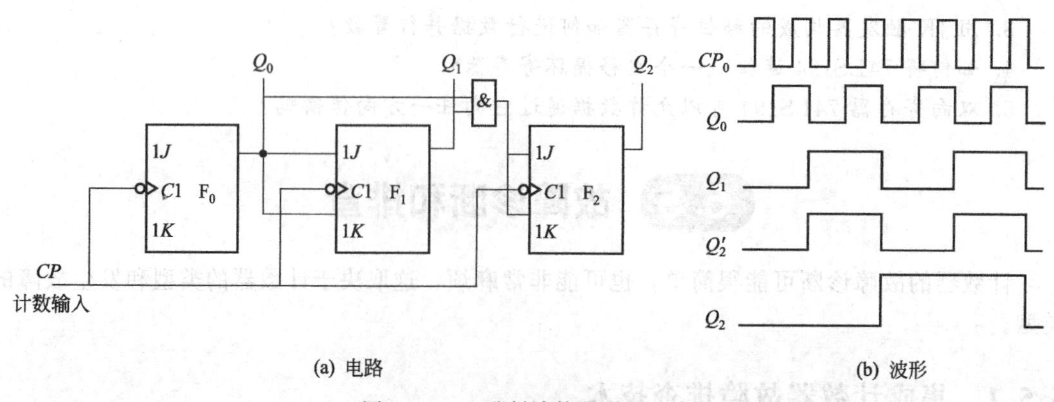

图 5.55　八进制计数器测试电路

思考题

1. 在图5.55中，如果F_1的Q_1输出出现开路，计数器的Q_2输出会怎样？

2. 如果图5.55中F_1的K端输入端恒为低电平，该计数器序列（状态）将会出现什么情况？

3. 如果图5.55中F_0的J和K端输入端错误接地，而不是恒为低电平，该计数器序列（状态）将会出现什么情况？

本章小结

1. 时序逻辑电路的输出不仅和输入有关，还决定于电路原来所处的状态。这是时序逻辑电路的基本特点。

2. 时序逻辑电路分析步骤一般为：观察逻辑电路图，求驱动方程、状态方程、输出方程，作状态表、状态图、时序波形图，最后描述逻辑功能。

3. 分析时序逻辑电路的关键是求出状态方程和状态转换表，由此可分析出时序逻辑电路的功能，然后根据状态表画出状态转换图和时序图。

4. 中规模集成计数器是一种简单而又最常用的时序逻辑电路器件，在计算机和其他数字系统中起着非常重要的作用。计数器不仅能用于统计输入时钟脉冲的个数，还能用于分频、定时、产生节拍脉冲。

5. 寄存器是一种常用的时序逻辑电路器件，分为数码寄存器和移位寄存器两种。移位寄存器又分单向移位寄存器和双向移位寄存器。集成移位寄存器具有使用方便、功能全、输入和输出方式、灵活等优点。用移位寄存器可实现数据的串行—并行转换，组成环形计数器、扭环计数器等。

本章关键术语

时序图　timing diagram　一种表示两个或多个波形之间时间关系的图形。

同步计数器　synchronous counter　一种计数器，其中所有的触发器同时受同一个时钟的控制。

异步计数器　asynchronous counter　一种计数器，其中的各个触发器不受同一个时钟的控制。

二进制计数器　binary counter　一种由触发器组成的逻辑电路，能够在时钟脉冲的触发作用下按二进制所有状态计数。

十进制计数器　decade counter　一种具有十个状态的计数器。

分频器　frequency divider　一种能够将输入的时钟频率降低分解成指定频率的计数器。

双向　bidirectional　具有两个方向。在双向移位寄存器中，所存储的数据可以向左移或者向右移。

移位　shift　在移位寄存器或者其他存储器件中对二进制数据进行逐级移动，或者将二进制数据移入或移出该器件。

移位寄存器　shift register　由两个或多个触发器连接而成，用来临时存储数据，并能够将二进制数据从其中的一个触发器移到另一个触发器。

移位寄存计数器　shift register counter　移位寄存器的一种，其串行输出数据反向连接到串行输入端，形成一系列特殊的状态。

自我测试题

一、选择题（请将下列题目中的正确答案填入括号）

1. 2位二进制计数器最多具有（　　）。

(a) 3个状态　　(b) 4个状态　　(c) 8个状态

2. 4位二进制计数器的最大模数为（　　）。

(a) 4　　(b) 8　　(c) 16

3. 3位二进制计数器能够将时钟频率（　　）分频。

(a) 2　　(b) 4　　(c) 8

4. BCD码十进制计数器最终计数是（　　）。

(a) 0000　　(b) 1001　　(c) 1010

5. 当把3个十进制计数器串联起来时，总模数为（　　）。

(a) 30　　(b) 100　　(c) 1000

6. 下列（　　）是BCD码十进制计数器中的无效状态。

(a) 1100　　(b) 1001　　(c) 0101

7. 8比特移位寄存器的存储能力为（　　）。

(a) 半字节　　(b) 2个字节　　(c) 1个字节

8. 设计模为36的计数器，至少需要（　　）级触发器。

(a) 4　　(b) 5　　(c) 6

9. 如果4比特移位寄存器中存有数据1010，那么需要（　　）拍时钟才能将数据串行移出。

(a) 1拍　　(b) 4拍　　(c) 8拍

10. 在移位寄存器中，双向是指数据可以（　　）。

(a) 并行加载　　(b) 串行输入　　(c) 右移或左移

二、判断题（正确的在括号内打√，错误的在括号内打×）

1. 由触发器组成的电路是时序逻辑电路。（　　）

2. 当一个模数为6和一个模数为9的计数器串联时，总模数为15。（　　）

3. 在同步计数器中，最后一级的时钟来自最后一级的上一级。（　　）

4. 如果对3位计数器的状态5进行译码，并用译码后的结果将计数器复位为000，那么该计数器的模为6。（　　）

5. 从50Hz的电源信号中获得10ms间隔的脉冲信号，应该使用5分频的计数器。（　　）

6. 和异步计数器相比，同步计数器的显著优点是工作速度高。（　　）

三、分析计算题

1. 模数为12的计数器需要多少个触发器？

2. 要设计模数为10000的计数器，必须级联多少个十进制计数器？

3. 使用触发器、模数为5的计数器和十进制计数器的任意组合，用常规普通的框图表示如何从10MHz的时钟产生下列频率。

(1) 5MHz；(2) 2.5MHz；(3) 2MHz；(4) 1MHz；(5) 50kHz。

4. 如果在移位寄存器中存储1字节的数据，需要多少个触发器？

5. 在4比特串行输入/并行输出移位寄存器中，需要多少拍时钟脉冲，才能将所有保存的数据移出？

6. 现将一组数据 10110101 串行输入（按照从右到左的顺序）8 比特并行输出移位寄存器，已知该寄存器的初始状态为 11100100。在 2 个时钟脉冲之后，寄存器中保存的数据是什么？

7. 设计一个数字钟电路，要求能用七段数码显示 0 时 0 分 0 秒到 23 时 59 分 59 秒之间的任一时刻。

8. 设计一个可控进制的计数器。当输入控制变量 $X=0$ 时，工作在六进制；$X=1$ 时，工作在十二进制。请标出计数输入端和进位输出端。

习　题

一、选择题（请将下列题目中的正确答案填入括号）

1. 时序逻辑电路输出状态的改变（　　）。

(a) 仅与该时刻输入信号的状态有关

(b) 仅与时序电路的原状态有关

(c) 与 (a)、(b) 皆有关

2. 按计数器状态变化的规律，计数器分为（　　）计数器。

(a) 加法、减法及加减可逆　(b) 同步和异步　(c) 二、十和 N 进制

3. 利用集成计数器构成任意进制计数器（状态从 0 到 $N-1$）的方法有（　　）。

(a) 复位法　(b) 预置数法　(c) 级联法

4. 用同步状态译码预置数法构成 M 进制加法计数器。若预置数据为 0，应将（　　）所对应的状态译码后驱动预置数控制端。

(a) M　(b) $M-1$　(c) $M+1$

5. 对于异步预置数计数器，用状态译码置数法构成 M 进制加法计数器。若预置数据为 N，应将（　　）对应的状态译码后驱动预置数控制端。

(a) M　(b) $M+N$　(c) $M+N-1$

6. 计数式脉冲分配器的一般组成是（　　）。

(a) 计数器　(b) 译码器　(c) 计数器和译码器

7. 构成模为 256 的二进制计数器，需要（　　）级触发器。

(a) 128　(b) 2　(c) 8

8. 要将 1 个字节的数据串行输入 8 比特移位寄存器，需要（　　）。

(a) 1 个时钟脉冲　(b) 8 个时钟脉冲　(c) 4 个时钟脉冲

二、判断题（正确的在括号内打√，错误的在括号内打×）

1. 十进制计数器由 10 个触发器组成。（　　）

2. 当一个模数为 5 和一个模数为 12 的计数器串联起来时，总模数为 60。（　　）

3. 在同步时序电路中，用同一时钟来控制电路的工作状态。（　　）

4. 如果对 4 位计数器的状态 13 进行译码，并用译码后的结果将计数器置位为 010，那么该计数器的模为 13。（　　）

5. 要想从 1kHz 的信号中获得 10μs 间隔的脉冲信号，应该使用 10 分频的计数器。（　　）

三、分析计算题

1. 画出如图 5.56 所示时序电路的时序图，起始状态 $Q_2Q_1Q_0=100$。

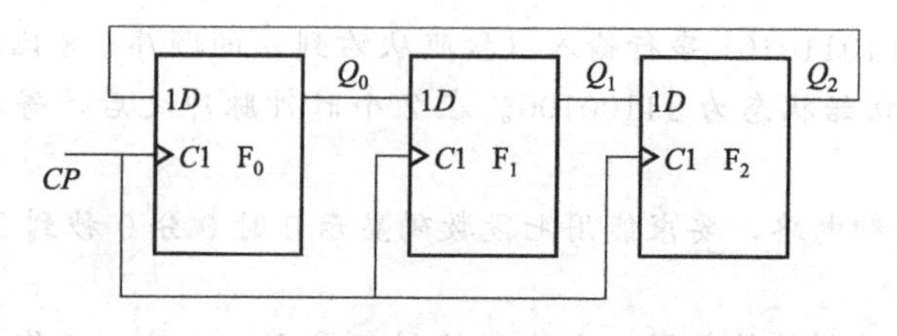

图 5.56

2. 试分析图 5.57 所示电路的逻辑功能。电路能自启动吗？

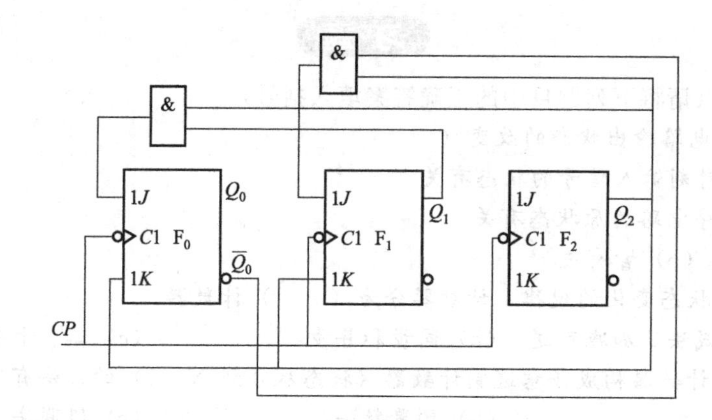

图 5.57

3. 画出图 5.58 所示电路的时序图和状态图，起始状态 $Q_3Q_2Q_1Q_0=1000$。

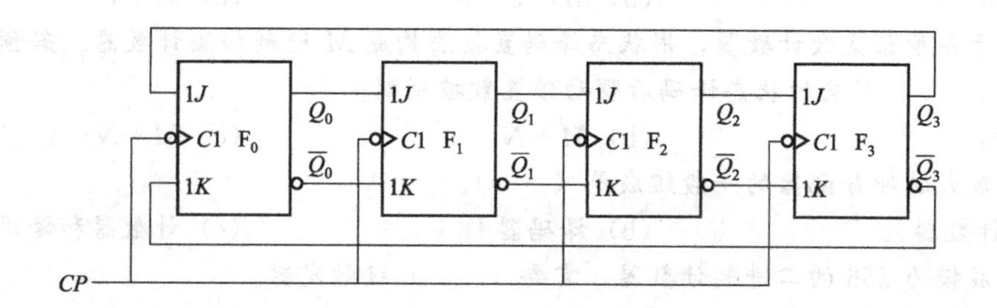

图 5.58

4. 画出图 5.59 所示电路的状态图，起始状态 $Q_2Q_1Q_0=010$。

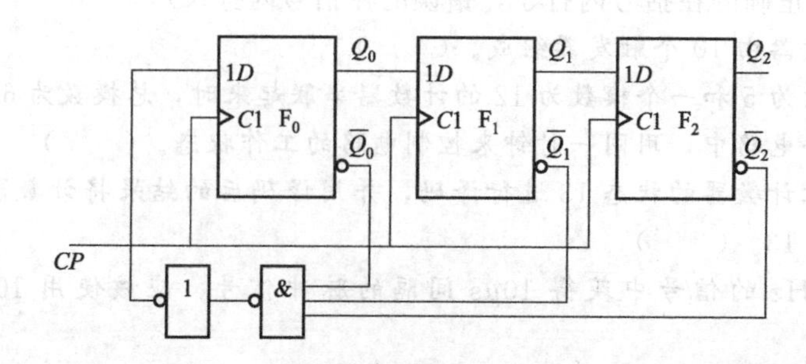

图 5.59

5. 画出图 5.60 所示电路的时序图和状态图，并说明逻辑功能。

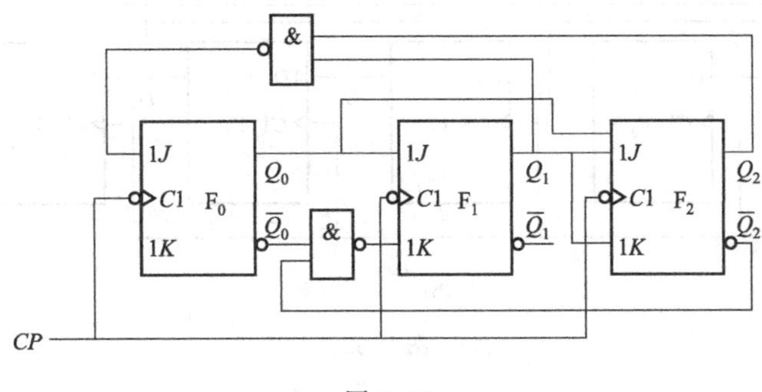

图 5.60

6. 试问图 5.61 所示电路的计数模 N 是多少？能自启动吗？

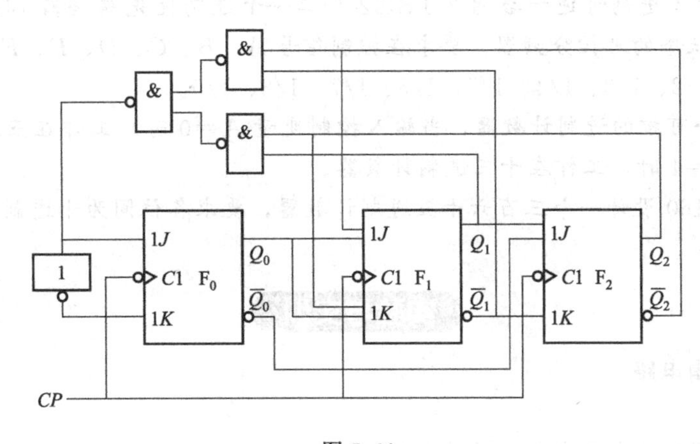

图 5.61

7. 设计一个同步五进制计数器。

8. 试用中规模集成同步十进制加法计数器（选用 74LS160）构成一个六十进制计数器。

9. 试分别画出利用下列方法构成的六进制计数器的连线图。

(1) 利用清零功能（选用 74LS160)。

(2) 利用置数功能，置数为 $D_3D_2D_1D_0=0010$（选用 74LS160)。

10. 试用 74LS160 构成异步五十进制计数器（采用置 0 方法)。

11. 试用 74LS160 接成同步二十五进制计数器（采用置数方法)。

12. 设图 5.62(a) 和 (b) 中移位寄存器保存的原始地址为 1111。试问下一个时钟脉冲后，它保存什么样的信息？多少个时钟脉冲作用后，信息循环一周？

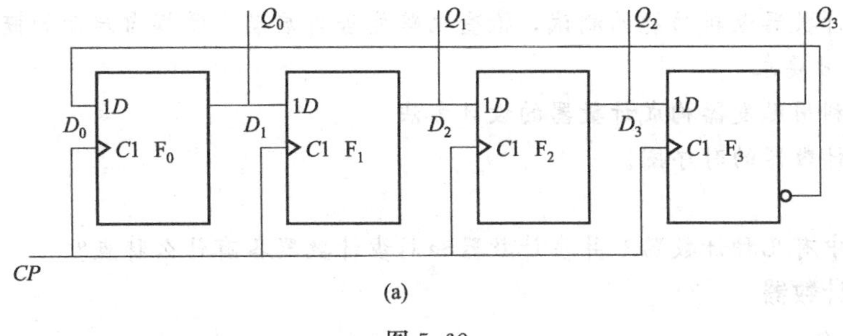

图 5.62

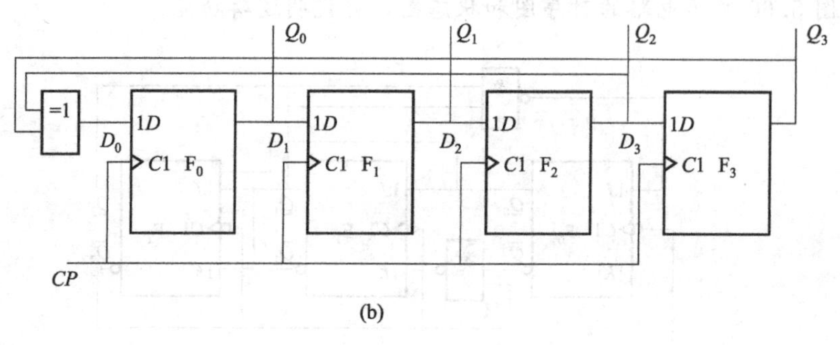

(b)

图 5.62

13. 设计一个数字钟，要求能用七段数码管显示从 0 时 0 分 0 秒到 11 时 59 分 59 秒之间的任意时刻。

14. 试用同步十进制可逆计数器 74LS192 和二—十进制优先编码器 74LS147 设计一个工作在减法计数状态的可控分频器。要求在控制信号 A、B、C、D、E、F、G、H 分别为 1 时，分频比为 1/2、1/3、1/4、1/5、1/6、1/7、1/8、1/9。

15. 设计一个可控的进制计数器，当输入控制变量 $A=0$ 时，工作在五进制计数器；当输入控制变量 $A=1$ 时，工作在十三进制计数器。

16. 用 74LS160 设计一个三百六十五进制计数器，要求各位间为十进制关系。

实验与实训

一、时序逻辑电路

1. 实验目的

(1) 掌握常用时序电路分析、设计和测试的方法。

(2) 熟悉用触发器组成计数器的方法。

2. 实验原理

计数器是一个用于实现计数功能的时序部件，它不仅可用来计脉冲数，还常常在数字系统中用于定时、分频和执行数字运算等。计数器的种类很多。按构成计数器中的各触发器是否使用一个时钟脉源，分为同步计数器和异步计数器；按计数器进制，分为二进制计数器、十进制计数器、任意进制计数器；按计数器的增减趋势，分为加法、减法和可逆计数器。本实验用触发器构成各种计数器，并测试其功能。

3. 实验内容

(1) 异步二进制计数器（加法和减法）逻辑功能的测试。

(2) 异步二-十进制计数器逻辑功能的测试。

(3) 环形计数器逻辑功能的测试，检查电路能否自启动，掌握自启动的概念。

4. 实验预习要求

(1) 复习利用触发器构成计数器的设计方法。

(2) 熟悉计数器的时序图。

5. 思考题

时序电路中有几种计数器？异步计数器和同步计数器各有什么特点？

二、集成计数器

1. 实验目的

（1）熟悉集成计数器的逻辑功能和各控制端的作用。

（2）掌握集成计数器的使用方法和应用。

2. 实验原理

中规模集成电路计数器的应用十分普及。然而，定型产品的种类很有限，常用的多为十进制、二-五-十进制、十六进制等几种。因此，必须学会用已有的计数器芯片构成其他任意进制计数器的方法。本实验采用中规模集成电路计数器74LS290、74LS160、74LS161、74LS192芯片，利用不同的方法构成任意进制计数器。

3. 实验内容

（1）集成计数器74LS196功能测试。

（2）计数器级联：用74LS160（或74LS192）组成异步五十进制计数器，用74LS160（或4LS192）组成同步六十进制计数器。

（3）任意进制计数器（用复位法和置数法）：用74LS160组成七进制计数器、用74LS160（或74LS192）组成四十五进制计数器。

4. 实验预习要求

（1）复习中规模集成电路计数器的逻辑功能及使用方法。

（2）熟悉74LS196、74LS160、74LS192等芯片的功能及外部引脚排列。

5. 思考题

（1）用中规模集成电路计数器构成N进制计数器的方法有几种？

（2）试用74LS160构成六十进制计数器，画出逻辑电路图，并进行实验验证。

三、移位寄存器

1. 实验目的

（1）掌握移位寄存器的工作原理及电路组成。

（2）测试双向移位寄存器的逻辑功能。

（3）掌握二进制码的串行/并行转换技术、二进制码的传输和累加。

2. 实验原理

移位寄存器是一种由触发器连接组成的同步时序电路。每个触发器的输出端连到下一级触发器的控制输入端；在时钟的作用下，存储在移位寄存器中的信息逐位左移或右移。

74LS194为集成的4位双向移位寄存器，当控制端工作在不同方式及状态下时，实现左移、右移、保持、送数等功能。

3. 实验内容

（1）由D触发器构成的单向移位寄存器（右移和左移寄存器）。

（2）双向移位寄存器：测试送数（并行输入）、右移、左移、保持、串入并出、并入串出等功能。

（3）二进制码的传输。

4. 实验预习要求

（1）移位寄存器的功能和特点。

（2）所用器件的功能和外部引脚排列。

5. 思考题

（1）移位寄存器有哪些应用？

（2）在串/并行转换中，若二进制代码高位在前，低位在后，移位寄存器应采用哪种方式传输？

（3）使寄存器清零，除采用清零端$\overline{R}_D$输入低电平外，可否采用右移或左移的方法？可否使用并行送数法？若可行，如何操作？

四、综合实训

1. 用计数器（74LS192）组成一个1～99分频的可调分频电路。

2. 请用寄存器（74LS194）、计数器（74LS192）和译码器（74LS138）组成一个汽车尾灯控制电路。

汽车在夜间行驶过程中，其尾灯的变化规律如下：当车辆正常行驶时，车后6盏尾灯全部亮；左转时，左边3盏灯依次从右向左循环闪动，右边3盏灯熄灭；右转时，右边3盏灯依次从左向右循环闪动，左边3盏灯熄灭；当车辆停止时，6盏灯一明一暗同时闪动。

3. 试用74LS161集成计数器和门电路设计一个在时钟作用下能周期性地输出10101000011001的序列发生器

4. 制作自动售货冷饮机。

设冷饮机只能接收5角或1元的硬币，冷饮机售冷饮价格为1元。一次投币最多2元（两个5角，一个1元）。当投币大于等于1元时，给出冷饮1支并找多余的钱币；小于1元时，只还钱币而不给冷饮。钱币投入完毕，要启动一下冷饮机，开始执行交易（要求设计电路能够自启动）。

第6章

脉冲发生与整形电路

学习目标

● **要掌握：** 555定时器引脚功能；基本RS触发器功能；多谐振荡器、单稳触发器和施密特触发器三种电路的基本功能。

● **会画出：** 施密特触发器波形变换或整形的输出波形。

● **会选用：** 实现脉宽定时、延时控制脉冲、波形变换、整形、时钟脉冲、标准时基脉冲信号等功能的电路结构类型。

● **会写出：** 单稳触发器的输出脉宽、多谐振荡器的振荡频率。

本章介绍555集成定时器的结构、工作原理及引脚功能。用555集成定时器可以构成各种脉冲产生与整形电路。其中，多谐振荡器是一种自激振荡电路，不需要外加输入信号，就可以自动地产生矩形脉冲。施密特电路和单稳态触发器虽然不能自动地产生矩形脉冲，但可以把其他形状的信号变换成为矩形波，为数字系统提供“干净”的脉冲信号。

本章介绍的几种电路用途很广。例如，多谐振荡器经常用于产生标准频率信号和时间信号的脉冲发生器，其中的石英晶体多谐振荡器利用石英晶体的选频特性，产生频率稳定性极好的脉冲；施密特触发器除用作整形外，还可以用于电平比较和脉冲鉴幅等；从延迟和定时角度看，单稳态触发器本身就是很好的脉冲延迟环节和定时单元。

本章学习的重点是典型电路的基本工作原理及输入、输出电压波形间的定性关系。

6.1 脉冲信号基本参数

在数字电路中，基本工作信号是二进制的数字信号或两状态的逻辑信号，二进制数字信号只有0、1两个数字符号，两状态逻辑信号只有0、1两种取值。它们都具有二值特点，用波形图表示就是矩形脉冲，如图6.1所示。

在图6.1所示波形图中标出了定量描述矩形脉冲特性的几个参数，如下所述。

(1) 脉冲周期 T：周期性重复的脉冲序列中，两个相邻脉冲间的时间间隔。有时也用频率表示，即单位时间内脉冲重复的次数。

(2) 脉冲幅度 U_m：脉冲电压的最大变化幅度。

(3) 脉冲宽度 t_W：从脉冲前沿上升到 $0.5U_m$ 处开始，到脉冲后沿下降到 $0.5U_m$ 为止的一段时间。

(4) 上升时间 t_r：脉冲前沿从 $0.1U_m$ 上升到 $0.9U_m$ 所需要的时间。

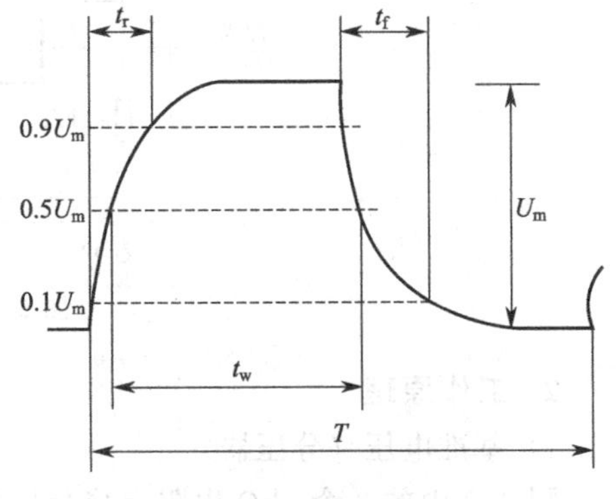

图6.1　矩形脉冲及描述矩形脉冲特性的指标

（5）下降时间 t_f：脉冲后沿从 $0.9U_m$ 下降到 $0.1U_m$ 所需要的时间。

利用这些参数，可以把一个矩形脉冲的基本特性大体上表示清楚了。对于理想矩形脉冲，其上升时间 t_r 和下降时间 t_f 均为零。

脉冲有哪些参数？

6.2 集成定时器

集成定时器（555）是中规模集成器件，只要在其外部配上适当的阻容元件，就很容易组成多谐振荡器、施密特触发器、单稳态触发器等脉冲产生和整形电路，具有功能强、使用灵活和应用范围广等优点，广泛应用于工业控制、定时、家用电器、防盗报警、电子玩具乐器和数字设备等方面。该器件工作电压范围宽（4.5～18V），驱动电流较大（100～200mA），并提供与 TTL、CMOS 电路相容的逻辑电平值。

集成定时器产品有 TTL 型和 CMOS 型两类。TTL 型产品型号的最后 3 位数码都是 555，CMOS 产品型号的最后 4 位数码都是 7555，它们的逻辑功能和外部引线排列完全相同。所以，不论什么型号、类型，总称 555 定时器。下面以 TTL 的 555 为例来介绍。

6.2.1 555 定时器

1. 电路组成

图 6.2 所示为 555 集成定时器的电路结构图。电路由基准电压、比较器、基本 RS 触发器、直接复位（预置）端、开关放电管、输出缓冲器等 6 个部分组成。

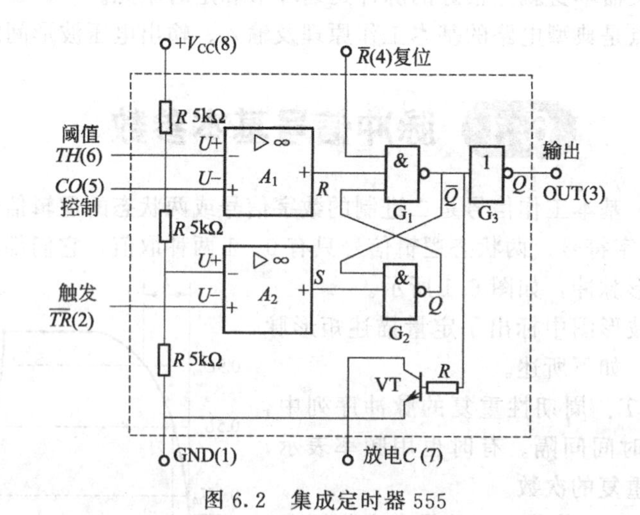

图 6.2 集成定时器 555

2. 工作原理

1）基准电压（分压器）

图 6.2 中的 3 个 5kΩ 电阻组成分压器，提供 2 个基准电压。CO 端为外加电压控制端。通过该端的外加电压 V_{CO} 可改变 2 个基准电压。通常该端通过 0.01μF 的电容接地，以减少高频干扰。

2）比较器

电路中有2个完全相同的高精度电压比较器A_1和A_2。当比较器的2个输入端上所加的电压$U_+>U_-$时，电压比较器输出高电平（V_{CC}）；当所加的电压$U_+<U_-$时，电压比较器输出低电平（0）。2个输入端基本上不向外电路索取电流，即输入电阻趋近于无穷大。

3）基本RS触发器

由2个或非门组成基本RS触发器，2个比较器的输出信号决定触发器输出端的状态。

4）直接复位（预置）端

当$\overline{R}=0$时，将基本RS触发器预置为$Q=0$状态；当$\overline{R}=1$时，基本RS触发器维持原状态不变。

5）开关放电管

开关放电三极管的状态受$\overline{Q}$端控制。当$\overline{Q}=0$时，三极管截止，C、E间断开；当$\overline{Q}=1$时，三极管导通，C、E间接通。

6）输出缓冲器

输出缓冲器由非门G_3组成，其作用是提高定时器的带负载能力和隔离负载对定时器的影响。

归纳

555定时器不仅提供了$\frac{2}{3}V_{CC}$复位电平和$\frac{1}{3}V_{CC}$置位电平，还提供了可通过$\overline{R}$端直接从外部置0的基本RS触发器，并且给出了一个状态受该触发器$\overline{Q}$端控制的开关放电管，因此使用起来极为灵活。

3. 555定时器的逻辑功能

555定时器共有8个引脚，如图6.3所示。按照编号，各端功能依次为：①接地端；②低触发输入（置位）端；③输出端；④复位端；⑤电压控制端，改变比较器的基准电压，不用时，要经0.01μF的电容接地；⑥高触发输入（复位）端；⑦放电端，外接电容器，三极管导通时，电容器由C经三极管VT放电；⑧电源端。

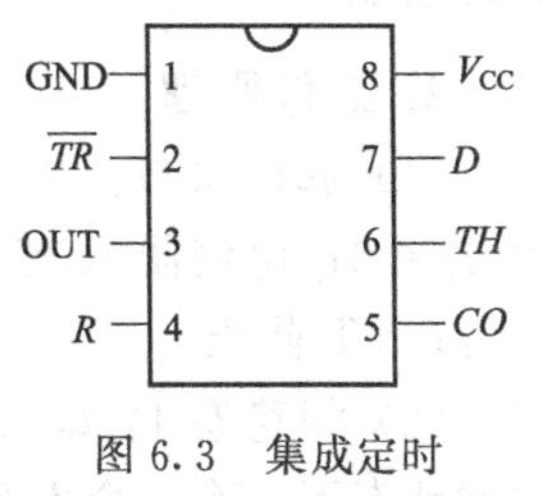

图6.3　集成定时器555引脚图

555定时器逻辑功能如表6.1所示。它全面地展示了555定时器的基本功能。

表6.1　555逻辑功能表

TH(6)	$\overline{TR}$(2)	$\overline{R}$(4)	OUT(3)	放电管VT(7)
×	×	0	0	导通
$>(2/3)V_{CC}$	$>(1/3)V_{CC}$	1	0	导通
$<(2/3)V_{CC}$	$>(1/3)V_{CC}$	1	不变	维持原状
×	$<(1/3)V_{CC}$	1	1	关闭

6.2.2　脉冲产生整形电路

脉冲产生整形电路的种类很多，本章只介绍用得很广，也是最基本、最典型的几种。即属于产生矩形脉冲的多谐振荡器，可以划归脉冲整形电路的施密特触发器和单稳态触发器。在讲解时，都以用555集成定时器构成的电路为典型，分析工作过程，说明工作原理。至于其他电路，例如石英晶体多谐振荡器、集成施密特触发器和集成单稳态触发器，介绍其主要特点和外部特性，并用少量篇幅简单介绍它们的应用情况。

思考题

1. 对于555集成定时器芯片内部的比较器，在反相输入端电位高于同相输入端电位时，输出为什么电平？

2. 在555定时器内，放电三极管在管脚3输出何种电平时，将7脚与地短路？

3. 当555定时器管脚6的电位高于多少电平时，RS触发器复位？此时，管脚3输出何种电平？

6.3 多谐振荡器

多谐振荡器是一种自激振荡电路。当电路连接好之后，只要接通电源，在其输出端可获得矩形脉冲。由于矩形脉冲中除基波外还含有极丰富的高次谐波，所以把这种电路叫作多谐振荡器。

6.3.1 用555定时器构成的多谐振荡器

1. 电路组成

图6.4所示是用555定时器构成的多谐振荡器。其中 R_1、R_2、C 是外接定时元件，定时器 TH（6）、$\overline{TR}$（2）端连接起来接电容 C，开关放电三极管集电极（7）接到 R_1、R_2 的连接点上。

2. 工作原理

（1）起始状态：接通电源前，电容 C 上无电荷，所以接通电源瞬间，C 来不及充电，故 $u_C=0$；比较器 A_2 输出为1，比较器 A_1 输出为0；基本RS触发器 $Q=1$，$\overline{Q}=0$，$u_O=U_{OH}$；VT截止。

（2）暂稳态1：$Q=1$，$\overline{Q}=0$，$u_O=U_{OH}$；VT截止，是电路的一种暂稳状态，因为在这种状态下，有一个电容 C 充电，u_C 处于缓慢升高的渐变过程，充电回路是 $V_{CC}\to R_1\to R_2\to C\to$ 地，时间常数是 $\tau_1=(R_1+R_2)C$。

（3）自动翻转1：当电容 C 充电，u_C 上升到大于 $\frac{1}{3}V_{CC}$ 而小于 $\frac{2}{3}V_{CC}$ 时，比较器 A_1 和比较器 A_2 输出均为1，所以基本RS触发器的状态维持不变。当 u_C 上升到 $\frac{2}{3}V_{CC}$ 时，比较器 A_1 输出跳变为0，基本RS触发器立即翻转到状态 $Q=0$，$\overline{Q}=1$，$u_O=U_{OL}$；VT饱和导通。

（4）暂稳态：$Q=0$，$\overline{Q}=1$，$u_O=U_{OL}$；VT饱和导通，是电路的另一种暂稳状态。因为在这种状态下，同样有一个电容 C 放电，u_C 处于缓慢下降的渐变过程，放电回路是 $C\to R_2\to$ VT $\to$ 地，时间常数是 $\tau_2=R_2C$（忽略 VT_N 导通电阻）。

（5）自动翻转2：当电容 C 放电，u_C 下降到 $\frac{1}{3}V_{CC}$ 时，比较器 A_1 输出跳变为1，比较器 A_2 输出跳变为0，基本RS触发器立即翻转到1状态，$Q=1$，$\overline{Q}=0$，$u_O=U_{OH}$；VT截止，即暂稳态1。在暂稳态1，电容 C 又充电，u_C 再上升，……，重复上述工作过程。电路在两个暂稳态之间来回翻转振荡，在输出端产生矩形脉冲。电路工作波如图6.5所示。

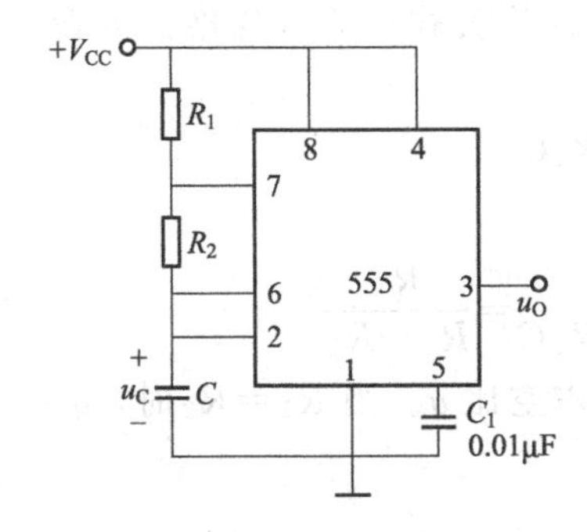

图 6.4　多谐振荡器

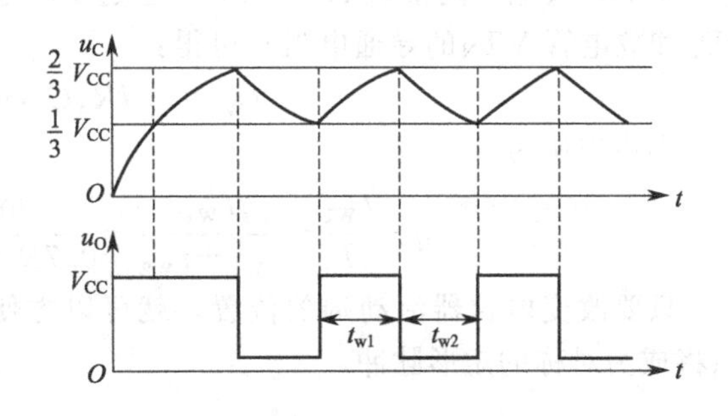

图 6.5　多谐振荡器的工作波形

3. 振荡频率

由工作原理分析可知，电路稳定工作之后，电容 C 充电和放电的过渡过程总是周而复始地进行着。

其中，电容 C 的充电时间，即暂稳态 1 维持时间 t_W 的估算如下。

电容充电时，时间常数 $\tau_1=(R_1+R_2)C$，起始值 $u_C(0^+)=\frac{1}{3}V_{CC}$，终了值 $u_C(\infty)=V_{CC}$，转换值 $u_C(t_{W1})=\frac{2}{3}V_{CC}$，代入 RC 过渡过程计算公式进行计算：

$$t_{W1}=\tau_1\ln\frac{u_C(\infty)-u_C(0^+)}{u_C(\infty)-u_C(t_{W1})}=\tau_1\ln\frac{V_{CC}-\frac{1}{3}V_{CC}}{V_{CC}-\frac{2}{3}V_{CC}}=\tau_1\ln 2=0.7(R_1+R_2)C \tag{6.1}$$

用同样的方法计算电容 C 的放电时间，即暂稳态 2 维持时间 t_{W2} 的估算。代入 RC 过渡过程计算公式：$t_{W2}=0.7R_2C$，振荡周期为两个暂稳态维持时间和，即

$$T=t_{W1}+t_{W2}=0.7(R_1+2R_2)C \tag{6.2}$$

电路的振荡频率为周期的倒数。

4. 占空比可调电路

脉冲波形中，脉冲宽度与重复周期之比，称为占空比，即

$$q=\frac{t_{W1}}{T} \tag{6.3}$$

在图 6.4 所示多谐振荡器电路中，由于电容 C 的充电时间常数 $\tau_1=(R_1+R_2)C$，放电时间常数 $\tau_2=R_2C$，所以总是 $t_{W1}>t_{W2}$，u_O 的波形不仅不可能对称，而且占空比不易调节，给使用带来不便。为了实现脉冲波形的脉冲宽度可调，图 6.4 所示电路需要改进。

利用半导体二极管的单向导电特性，把电容 C 的充电和放电回路隔离开来，再加上一个电位器，便得到占空比可调的多谐振荡器，如图 6.6 所示。

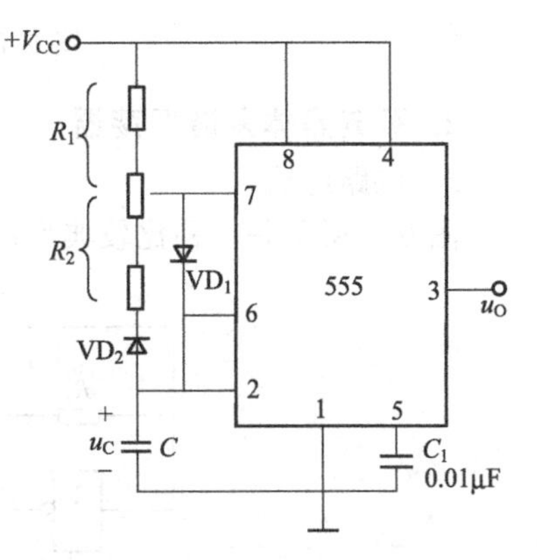

图 6.6　占空比可调的多谐振荡器

从图 6.6 所示电路可以看出，电容充电时间常数

$\tau_1=R_1C$，放电时间常数 $\tau_2=R_2C$，通过 RC 过渡过程计算公式计算（忽略二极管 VD_1、VD_2和放电管 VT_N的导通电阻）可得：

$$t_{W1}=0.7R_1C, t_{W2}=0.7R_2C$$

则占空比为

$$q=\frac{t_{W1}}{T}=\frac{t_{W1}}{t_{W1}+t_{W2}}=\frac{0.7R_1C}{0.7R_1C+0.7R_2C}=\frac{R_1}{R_1+R_2} \tag{6.4}$$

只要改变电位器活动端的位置，就可以方便地调节占空比 q。当 $R_1=R_2$时，$q=0.5$，u_O将成为对称的矩形脉冲。

6.3.2 石英晶体多谐振荡器

在许多数字系统中，都要求时钟脉冲的重复频率 f 十分稳定。例如在数字钟表里，计数脉冲频率的稳定性，直接决定了计时的精度。对于前面介绍的多谐振荡器，由于其工作频率决定于电容 C 充、放电过程中电压到达转换值的时间，所以稳定度不够高。因为第一，转换电平易受温度变化和电源波动的影响；第二，电路的工作方式易受干扰，从而使电路状态转换提前或滞后；第三，电路状态转换时，电容充、放电的过程已经比较缓慢，转换电平的微小变化或者干扰，对振荡周期影响都比较大。因此，在对振荡频率稳定性要求很高的地方，都需要采取稳频措施，其中最常用的一种方法，就是利用石英谐振器（简称石英晶体或晶体）来构成石英晶体多谐振荡器。

1. 石英晶体的选频特性

图 6.7 所示为石英晶体的电抗频率特性和符号。由图 6.7 可知，当外加电压的频率 $f=f_0$时，石英晶体的电抗 $X=0$；在其他频率下，电抗都很大。石英晶体不仅选频特性极好，而且振荡频率 f_0十分稳定，其稳定度可达 $10^{-10}\sim10^{-11}$。

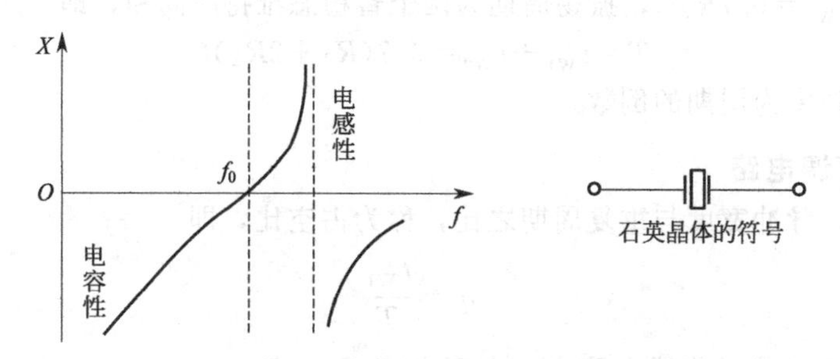

图 6.7　石英晶体的电抗频率特性及符号

2. 石英晶体多谐振荡器

1）电路组成

图 6.8 所示是一种比较典型的石英晶体振荡电路。

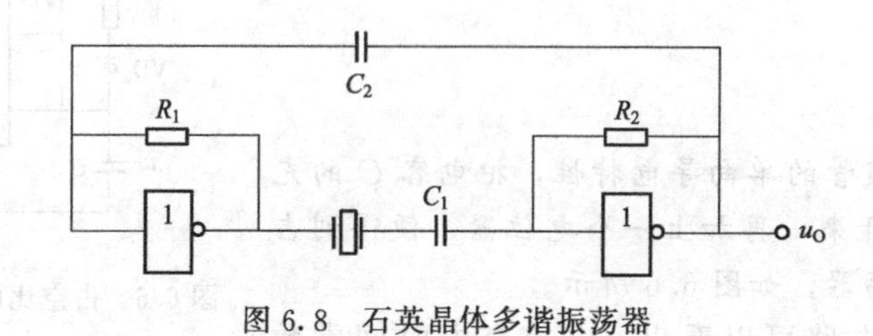

图 6.8　石英晶体多谐振荡器

电路中 R_1 和 R_2 的作用是保证两个反相器在静态时都能工作在转折区，使每一个反相器都成为具有很强放大能力的放大电路。对于 TTL 反相器，常取 $R_1=R_2=0.7\sim2\text{k}\Omega$；若是 CMOS 门，常取 $R_1=R_2=10\sim100\text{M}\Omega$；$C_1=C_2=C$ 是耦合电容，它们的容抗在石英晶体谐振频率 f_0 时可以忽略不计，C_1、C_2 也可以不要，而采取直接耦合方式；石英晶体构成选频环节。

2）工作原理

由于串联在两级放大电路中间的石英晶体具有极好的选频特性，只有频率为 f_0 的信号能够顺利通过，满足振荡条件，所以一旦接通电源，电路会在频率 f_0 形成自激振荡。

因为石英晶体的谐振频率 f_0 仅决定于其体积大小、几何形状及材料，与 R、C 无关，所以这种电路的工作频率的稳定度很高。实际使用时，常在图 6.8 所示电路的输出端再加一个反相器。它既起整形作用，使输出脉冲更接近矩形波，又起缓冲隔离作用。

3）石英晶体多谐振荡器

石英晶体多谐振荡器采用如图 6.8 所示电路结构形式，但图 6.9 所示电路更简单，更典型。G_1 和 G_2 是两个反相器。G_1 与 R_F、晶体、C_1、C_2 构成电容三点式振荡电路。R_F 是偏置电阻，取值常在 $10\sim100\text{M}\Omega$ 之间，它的作用是保证在静态时，G_1 能工作在其电压传输特性的转折区，即线性放大状态。C_1、晶体、C_2 组成 π 型选频反馈网络，电路只能在晶体谐振频率 f_0 处产生自激振荡。反馈系数由 C_1、C_2 之比决定。改变 C_1，可以微调振荡频率；C_2 是温度补偿用电容。G_2 是整形缓冲用反相器，因为振荡电路输出接近于正弦波，经 G_2 整形之后才会变成矩形脉冲；G_2 也可以隔离负载对振荡电路工作的影响。

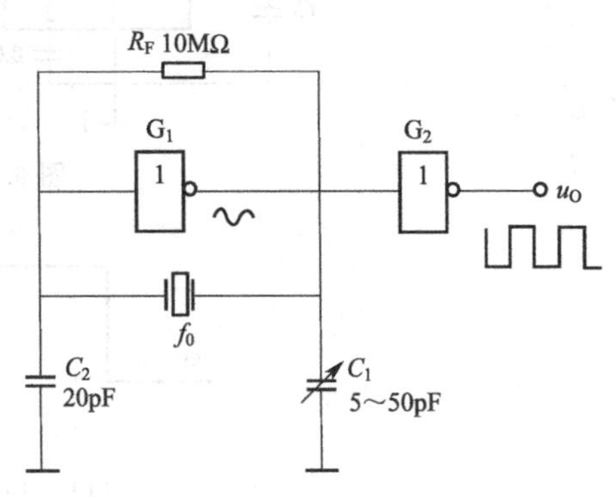

图 6.9　石英晶体多谐振荡器

6.3.3　多谐振荡器应用举例

1. 秒信号发生器

图 6.10 所示是一个秒信号发生器的逻辑电路示意图。石英晶体多谐振荡器产生 $f=32768\text{Hz}$ 的基准信号，经由 T′触发器构成的 15 级异步计数器分频后，得到稳定度极高的秒信号。这种秒信号发生器可作为各种计时系统的基准信号源。

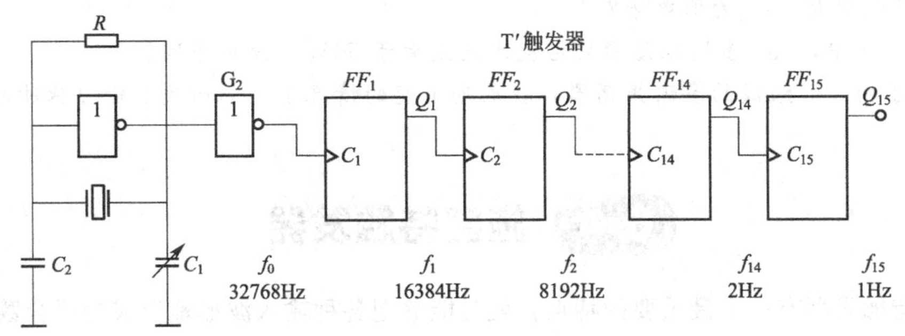

图 6.10　秒信号发生器

2. 模拟声响电路

图 6.11 所示是用两个多谐振荡器构成的模拟声响电路。若调节定时元件 R_{A1}、R_{B1}、C_1，使振荡器Ⅰ之 $f=1\text{Hz}$，扬声器就会发出“呜……呜”的间隙声响。因为振荡器Ⅰ的输出电压 u_{O1}

接到振荡器Ⅱ中 555 定时器的复位端 $\overline{R}$（4 脚）。当 u_{O1} 为高电平时，Ⅱ振荡；为低电平时，555 复位，Ⅱ停止振荡。图 6.12 所示是电路的工作波形。

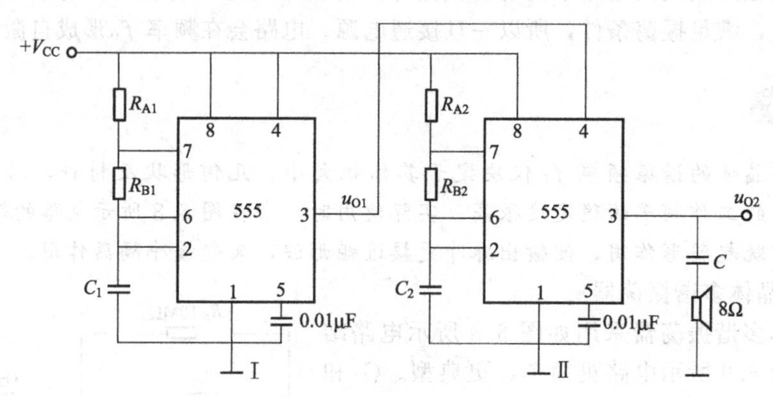

图 6.11 模拟声响电路

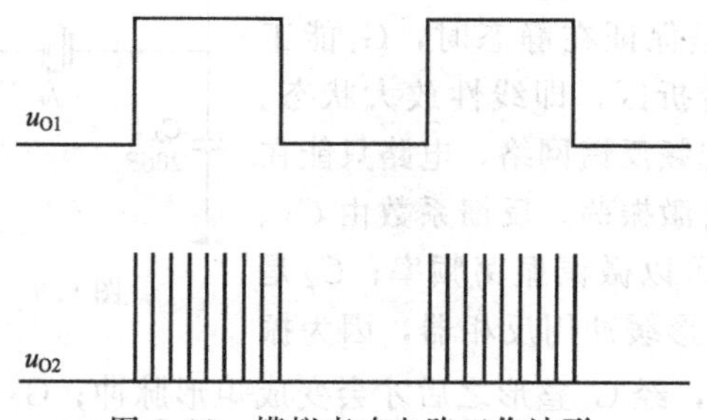

图 6.12 模拟声响电路工作波形

思考题

1. 在电容与电阻串联电路中，如果串联电阻增大，电容充电电压如何变化？

2. 电容 1μF 与电阻 10kΩ 串联电路的充电速率和电容 10μF 与电阻 1kΩ 串联电路的充电速率是否相同？

3. 将 555 定时器连接成多谐振荡器，当电容经哪个电阻充电时，u_O 为高电平？当电容经哪个电阻放电时，u_O 为低电平？

4. 图 6.4 中，555 多谐振荡器的占空比总是大于 50%，分析原因。

5. 对于由 555 组成的多谐振荡器，在周期不变的情况下，如何改变输出脉冲的宽度？

6.4 施密特触发器

施密特触发器有一个最重要的特点，就是能够把各种输入波形整形成为适合数字电路的矩形脉冲，而且由于其具有滞回特性，所以抗干扰能力很强。施密特触发器在脉冲的产生和整形电路中应用很广。

6.4.1　用 555 定时器构成的施密特触发器

1. 电路组成

将 555 定时器的 TH 端（2）、$\overline{TR}$端（6）连接起来作为信号输入端 u_I，便构成了施密特触发器，如图 6.13 所示。555 中的场效应管 VT_N漏极引出端（7）通过 R 接电源 V'_{DD}，成为输出端 u_{O1}，其高电平可通过改变 V'_{DD}进行调节；u_O是 555 的信号输出端（3）。

2. 工作原理

图 6.14 所示是当 u_I为三角波时，施密特电路的工作波形。

当 u_I=0V 时，555 定时器中的比较器 A_1输出为 1，A_2输出为 0，基本 RS 触发器将工作在 1 状态，即 $Q=1$，$\overline{Q}=0$，u_{O1}、u_O均为高电平 U_{OH}。u_I升高，在未到达$\frac{2}{3}V_{CC}$以前，电路的这种状态不会改变。

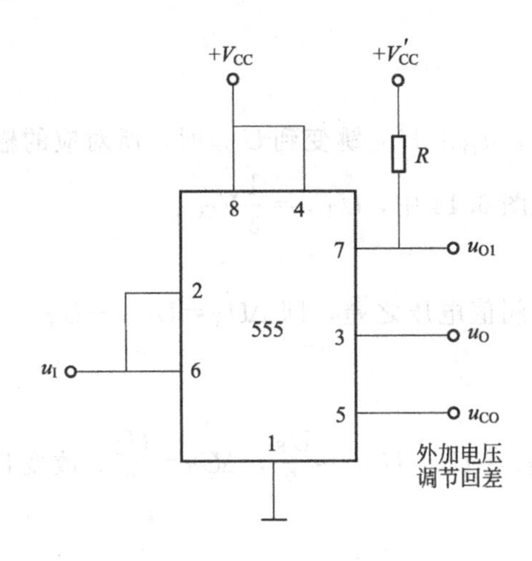

图 6.13　施密特触发器

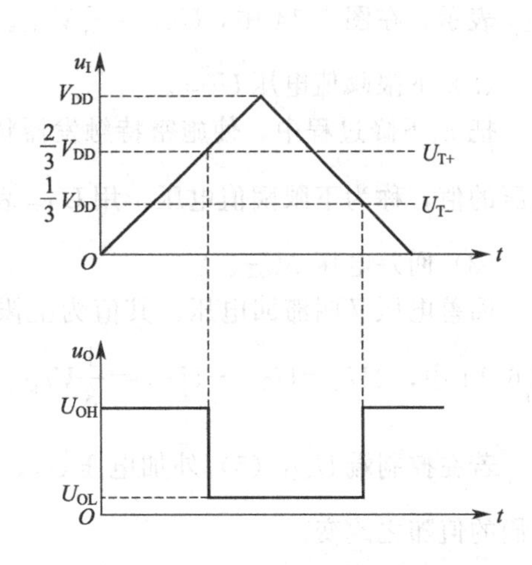

图 6.14　施密特电路工作波形

当 u_I上升到$\frac{2}{3}V_{CC}$时，比较器 A_1输出跳变为 0，A_2输出为 1，基本 RS 触发器被触发，由 1 状态翻转到 0 状态，即跳变到 $Q=0$，$\overline{Q}=1$，u_{O1}、u_O随之由高电平 U_{OH}跳变到低电平 U_{OL}。此后，u_I上升到 V_{CC}，再从 V_{CC}开始下降，但是在未下降到$\frac{1}{3}V_{CC}$以前，$Q=0$，$\overline{Q}=1$，u_{O1}和 u_O均为 U_{OL}的状态一直保持不变。

当 u_I下降到$\frac{1}{3}V_{CC}$时，比较器 A_1输出为 0，A_2输出跳变为 1，基本 RS 触发器被触发，由 0 状态翻转到 1 状态，即跳变到 $Q=1$，$\overline{Q}=0$，u_{O1}、u_{O2}随之由低电平 U_{OL}跳变到高电平 U_{OH}。u_I继续下降，直至 0V，电路的这种状态都不会改变。

归纳

由上述分析可知，图 6.13 所示施密特触发器将输入的缓慢变化的三角波 u_I整形成为输出跳变的矩形脉冲 u_O，如图 6.14 所示。

3. 滞回特性及主要参数

1）滞回特性

图 6.15 所示是施密特触发器的电压传输特性，即输出电压 u_O 与输入电压 u_I 的关系曲线。它是图 6.13 所示电路滞回特性形象而直观的反映。

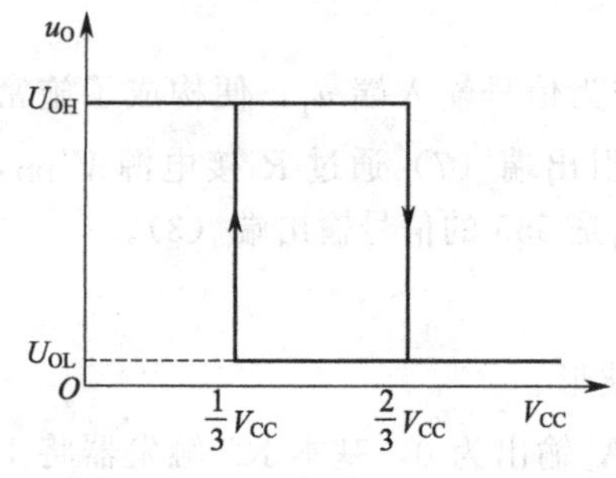

图 6.15　电压传输特性

虽然当 u_I 由 0V 上升到 $\frac{2}{3}V_{CC}$ 时，u_O 由 U_{OH} 跳变到 U_{OL}，但是 u_I 由 V_{CC} 下降到 $\frac{2}{3}V_{CC}$ 时，$u_O=U_{OL}$ 不改变；只有当 u_I 下降到 $\frac{1}{3}V_{CC}$ 时，u_O 才由 U_{OL} 跳变回到 U_{OH}。

2）主要参数

（1）上限阈值电压 U_{T+}。

把 u_I 上升过程中，使施密特触发器状态翻转，输出电压 u_O 由高电平 U_{OH} 跳变到低电平 U_{OL} 时，所对应的输入电压值叫做上限阈值电压，并用 U_{T+} 表示。在图 6.14 中，$U_{T+}=\frac{2}{3}V_{CC}$。

（2）下限阈值电压 U_{T-}。

把 u_I 下降过程中，使施密特触发器状态更新，u_O 由 U_{OL} 跳变到 U_{OH} 时，所对应的输入电压的值，称为下限阈值电压，用 U_{T-} 表示。在图 6.14 中，$U_{T-}=\frac{1}{3}V_{CC}$。

（3）回差电压 ΔU_T。

回差电压又叫滞回电压，其值为上限与下限阈值电压之差，即 $\Delta U_T=U_{T+}-U_{T-}$。在图 6.14 中，$\Delta U_T=U_{T+}-U_{T-}=\frac{1}{3}V_{CC}$。

若在控制端 U_{CO}（5）外加电压 U_S，将有 $U_{T+}=U_S$，$U_{T-}=\frac{U_S}{2}$，$\Delta U_T=\frac{U_S}{2}$。改变 U_S，它们的值随之改变。

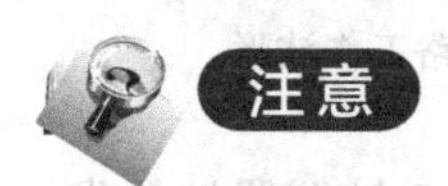

施密特触发器的输出电平由输入信号电平决定。触发的含义是指当 u_I 由低电平上升到 U_{T+}，或由高电平下降到 U_{T-} 时，引起电路内部的正反馈过程，使 u_O 发生跳变。

所以，图 6.13 所示电路，说得准确些，应该叫作具有施密特触发特性的反相器，因为当 $u_I=U_{IL}$ 时 $u_O=u_{OH}$，$u_I=u_{IH}$ 时 $u_O=U_{OL}$，实现的是非即“反相”的逻辑功能，并不是第 4 章介绍的那种意义上的触发器（双稳态触发器）。

施密特触发器可由分立元器件或集成门电路组成，但是因为这种电路应用十分广泛，所以市场上有专门的集成电路产品出售，称为施密特触发门电路，简称集成施密特触发器。

6.4.2　集成施密特触发器

由于施密特触发器的应用非常广泛，所以无论是在 TTL 电路中，还是在 COMS 电路中，都有单片集成的施密特触发器产品。集成施密特触发器性能的一致性好，触发阈值稳定，输出矩形脉冲的边沿陡峭，抗干扰能力强，使用方便。常用的 TTL 集成施密特触发器的芯片有六反相器 74LS14、四 2 输入与非门 74LS132 和双 4 输入与非门 74LS13 等；CMOS

集成施密特触发器的芯片有六反相器 CC40106 和四 2 输入与非门 CC4093 等，其逻辑符号如图 6.16 所示。其中，图 6.16(a) 所示为同相输出逻辑符号，图 6.16(b) 所示为反相输出逻辑符号。

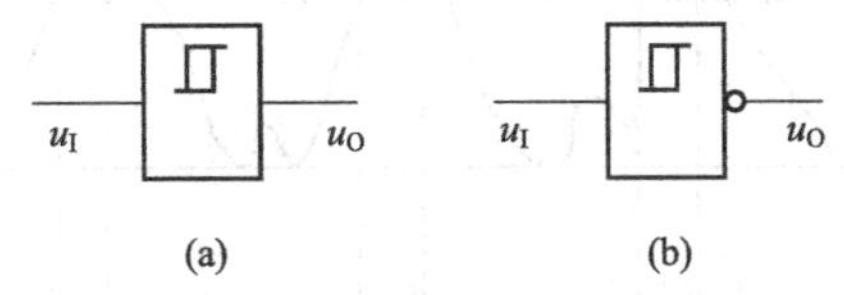

图 6.16　施密特触发器逻辑符号

6.4.3　施密特触发器应用举例

1. 接口与整形

(1) 用作接口。

在图 6.17 所示电路中，施密特触发器用作 TTL 系统的接口；或将缓慢变化的输入信号，转换成为符合 TTL 系统要求的脉冲波形。

(2) 用作整形。

图 6.18 所示是用作整形电路的施密特触发器的输入、输出波形，它把不规则的输入信号整形成为短形脉冲。

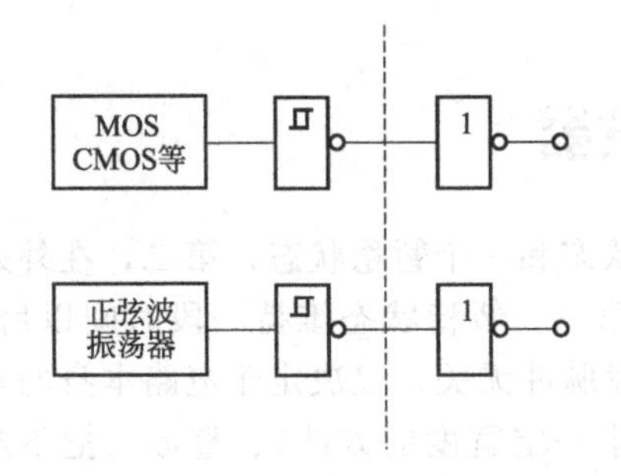

图 6.17　慢输入波形的 TTL 系统接口

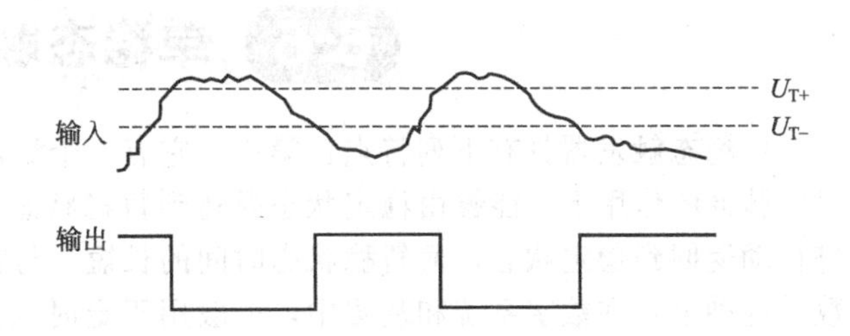

图 6.18　脉冲整形电路的输入、输出波形

2. 用作多谐振荡器

图 6.19 所示是用施密特触发反相器构成的多谐振荡器，其工作原理比较简单。当施密特触发反相器输入端的电压 u_I 为低电平时，其输出电压 u'_O 为高电平，电容 C 充电；随着充电过程的进行，u_I 逐渐升高，当 u_I 上升到 U_{T+} 时，u'_O 由 u_{OH} 跳变为 U_{OL}，电容 C 放电；随着放电过程的进行，u_I 逐渐降低，当 u_I 下降到 U_{T-} 时，u'_O 由 U_{OL} 跳变为 u_{OH}，电容 C 又充电；……；如此周而复始，电路不停地振荡，在施密特触发反相器输出端得到的便是接近矩形的脉冲电压 u'_O，再经过反相器整形，得到比较理想的矩形脉冲 u_O。

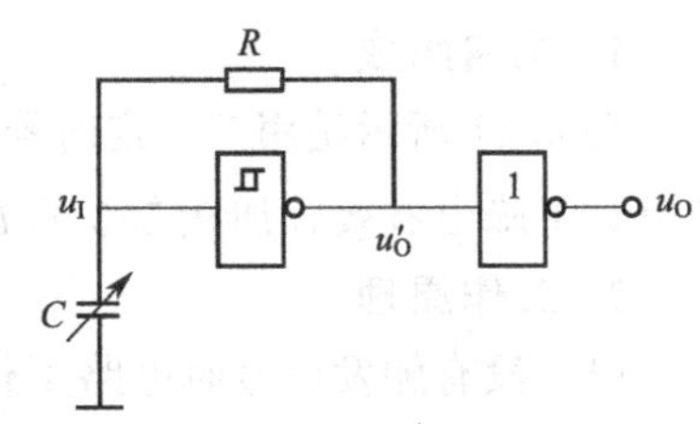

图 6.19　多谐振荡器

3. 幅度鉴别

如图 6.20 所示，u_I 为一串幅度不等的脉冲，需要去掉其中幅度较小的脉冲，保留超过某一值 U' 的脉冲。于是，将该施密特触发器的 U_{T+} 设计为 U'，再将脉冲 u_I 接入，其输出就是幅度鉴别后的波形。

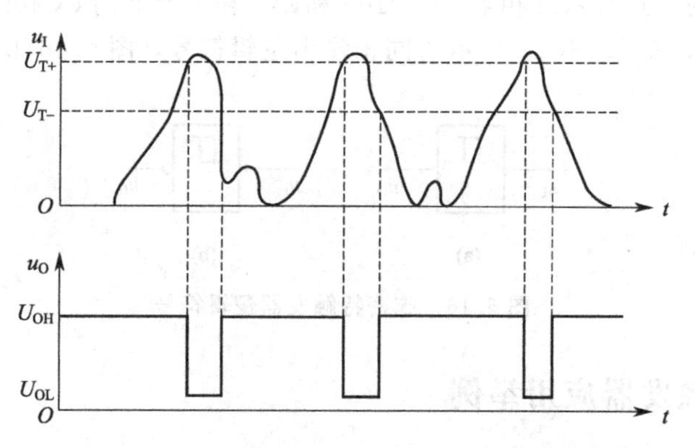

图 6.20　使用施密特触发器进行脉冲幅度鉴别图

施密特触发器应用很广，上面仅介绍了几个比较简单的例子。

思考题

1. 施密特触发器主要有哪些用途？

2. 施密特触发器构成的多谐振荡器中的电容电压由什么确定？输出电压由什么确定？

6.5 单稳态触发器

单稳态触发器具有下列特点：第一，它有一个稳定状态和一个暂稳状态；第二，在外来触发脉冲的作用下，能够由稳定状态翻转到暂稳状态；第三，暂稳状态维持一段时间以后，将自动返回到稳定状态，而暂稳状态时间的长短，与触发脉冲无关，仅决定于电路本身的参数。这种电路在数字系统和装置中，一般用于定时（产生一定宽度的方波）、整形（把不规则的波形转换成宽度、幅度都相等的脉冲）以及延时（将输入信号延迟一定的时间之后输出）等。

6.5.1　用 555 定时器构成的单稳态触发器

1. 电路组成

图 6.21 所示是用 555 定时器构成的单稳态触发器。R、C 是定时元件；u_I是输入触发信号，下降沿有效，加在 555 的$\overline{TR}$端（2 脚）；u_O是输出信号。

2. 工作原理

(1) 没有触发信号时电路工作在稳态。无触发信号，即 u_I 为高电平时，电路工作在稳定状态：$Q=0$，$\overline{Q}=1$，$u_O=U_{OL}$为低电平，VT_N饱和导通。

接通电源后，$u_I=u_{IH}$。如果此时 555 定时器中的基本 RS 触发器处在 0 状态，即 $Q=0$，$\overline{Q}=1$，$u_O=U_{OL}$，VT_N饱和导通，这种状态将保持不变。如果此时 555 定时器中的基本 RS 触发器处在 1 状态，即 $Q=1$，$\overline{Q}=0$，$u_O=U_{OH}$，VT_N截止，这种状态将是不稳定的，经过一段时间之后，电路会自动地返回稳定状态。因为 VT_N截止，电源 V_{DD}通过 R 对 C 充电，u_C将逐渐升高。当 u_C上升到$\frac{2}{3}V_{CC}$时，比较器 A_1输出 1，将基本 RS 触发器复位到 0 状态，$Q=0$，$\overline{Q}=1$，$u_O=U_{OL}$，VT_N饱和导通，电容 C 通过 VT_N迅速放电，使 $u_C\approx0$，电路返回稳态。

（2）u_I下降沿触发。当 u_I下降沿到来时，电路被触发，立即由稳态翻转到暂稳态：$Q=1$，$\overline{Q}=0$，$u_O=u_{OH}$，VT_N截止。因为 u_I由高电平跳变到低电平时，比较器 A_2的输出跳变为 1，基本 RS 触发器立刻被置成 1 状态，即暂稳态。

（3）暂稳态的维持时间。在暂稳态期间，电路中有一个定时电容 C 充电的渐变过程，充电回路是 $V_{DD}\rightarrow R\rightarrow C\rightarrow$地，时间常数为 $\tau_1=RC$。在电容上的电压 u_C上升到$\frac{2}{3}V_{CC}$以前，显然，电路将保持暂稳态不变。

（4）自动返回（暂稳态结束）时间。随着 C 充电过程的进行，u_C逐渐升高，当 u_C上升到$\frac{2}{3}V_{CC}$时，比较器 A_1输出 1，立即将基本 RS 触发器复位到 0，即 $Q=0$，$\overline{Q}=1$，$u_O=U_{OL}$，VT_N饱和导通，暂稳态结束。

（5）恢复过程。当暂稳态结束后，定时电容 C 将通过饱和导通的场效应管 VT_N放电，时间常数为 $\tau_2=r_{on}C$（r_{on}是 VT_N的饱和导通电阻）；经（3～5）τ_2后，C 放电完毕，$u_C=0$，恢复过程结束。恢复过程结束后，电路返回稳定状态，单稳态触发器又可以接收新的输入触发信号。

图 6.22 所示是单稳态触发器的工作波形图。

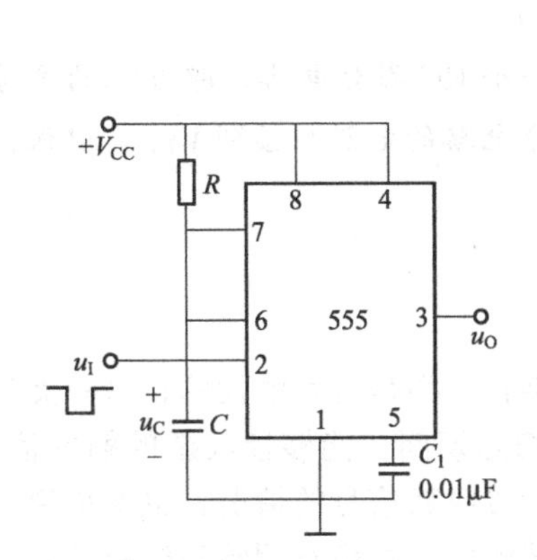

图 6.21　单稳态触发器

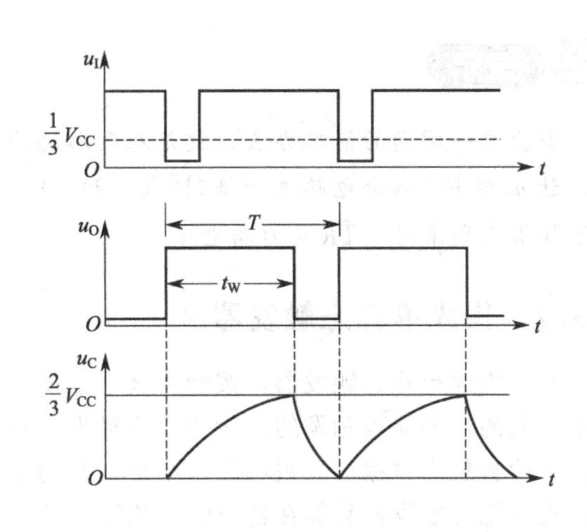

图 6.22　单稳态触发器的工作波形图

3. 主要参数

1）输出脉冲宽度 t_W

分析工作原理可知，输出脉冲宽度等于暂稳态时间，也就是定时电容 C 的充电时间。由图 6.22 所示工作波形不难看出，$u_C(0^+)\approx0$，$u_C(\infty)=V_{CC}$，$u_C(t_W)=\frac{2}{3}V_{CC}$，代入 RC 电路过渡过程计算公式，可得：

$$t_W=\tau_1\ln\frac{u_C(\infty)-u_C(0^+)}{u_C(\infty)-u_C(t_{W1})}=RC\ \ln\frac{V_{CC}-0}{V_{CC}-\frac{2}{3}V_{CC}}=RC\ln3=1.1RC \qquad (6.5)$$

式(6.5) 说明，单稳态触发器输出脉冲宽度 t_W仅决定于定时元件 R、C 的取值，与输入触发信号和电源电压无关。调节 R、C，即可改变 t_W。

2）恢复时间 t_{re}

恢复时间 t_{re} 就是暂稳态结束后，定时电容 C 经饱和导通的场效应管 T_N 放电的时间，一般取 $t_{re}=3\sim5\tau_2$，即认为经过 3～5 倍时间常数，电容就放电完毕。由于 $\tau_2=r_{on}C$，而 r_{on} 很小，所以 t_{re} 极短。

3）最高工作频率 f_{max}

若输入触发信号均是周期为 T 的连续脉冲，为了保证单稳态触发器能够正常工作，应满足下列条件：$T>t_W+t_{re}$，即 u_I 周期的最小值 T_{min} 应为 t_W+t_{re}，$T_{min}=t_W+t_{re}$。

因此，单稳态触发器的最高工作频率应为

$$f_{max}=\frac{1}{T_{min}}=\frac{1}{t_W+t_{re}} \tag{6.6}$$

4）一个应该注意的问题

在图 6.21 所示电路中，输入触发信号 u_I 的脉冲宽度（$u_I=U_{IL}$ 的时间）必须小于电路输出 u_O 的脉冲宽度（$u_O=u_{OH}$ 的时间），否则电路将不能正常工作。因为当单稳态触发器被触发翻转到暂稳态后，如果 $u_I=U_{IL}$，即 $\overline{TR}$（2）端为低电平且一直保持不变，那么比较器 A_2 的输出就总是 1。由或非门的逻辑特性知道，基本 RS 触发器的 Q 端显然会一直为高电平。不难理解，电路将无法按规定时间返回稳定状态。

解决这一问题的简单办法，就是在电路的输入端加一个 RC 微分电路，即当 u_I 为宽脉冲时，让 u_I 经 RC 微分电路之后接到 $\overline{TR}$（2）端。不过微分电路的电阻应接到 V_{DD}，以保证在 u_I 下降沿未到来时，$\overline{TR}$ 端为高电平。

6.5.2 集成单稳态触发器

对于集成单稳态触发器，按能否被重触发，分成两类：一类是可重触发的；另一类是不能重触发的，即非重触发的。所谓可重触发，是指在暂稳态期间，能够接收新的触发信号，重新开始暂稳态过程。非重触发，则是在暂稳态期间不能接收新信号的情况，也就是说，非重触发单稳态触发器只能在稳态时接收输入信号，一旦被触发，由稳态翻转到暂稳态后，即使再有新的信号到来，其既定的暂稳态过程也会照样进行下去，直至结束为止。集成单稳态触发器的使用极为方便，只需外接 R、C 元件，即可实现输入脉冲上升沿或下降沿触发的控制、清零等功能，且具有较好的温度稳定性。

6.5.3 单稳态触发器应用举例

单稳态触发器应用很广，以下举几个简单的例子来说明。

1. 延时与定时

1）延时

在图 6.23 中，如果仔细观察 u_I 与 u'_O 的时间关系，不难发现，u'_O 的下降沿比 u_I 的下降沿滞后了 t_W，即延迟了 t_W。这个 t_W 正好生动、具体地反映了单稳态触发器的延时作用。

2）定时

在图 6.23 中，单稳态触发器的输出 u'_O 送至与门作为定时控制信号。当 $u'_O=u_{OH}$ 时，与门打开，$u_O=u_F$；当 $u'_O=U_{OL}$ 时，与门关闭，$u_O=U_{OL}$。显然，与门打开的时间是恒定不变的，就是单稳态触发器输出脉冲 u'_O 的宽度 t_W。

2. 整形

单稳态触发器能够把不规则的输入信号 u_I 整形成为幅度、宽度都相同的“干净”的矩形脉冲 u_O。因为 u_O 的幅度仅决定单稳电路输出的高、低电平，宽度 t_W 只与 R、C 有关。图 6.24 所示就是单稳态触发器整形最简单的例子的波形图。

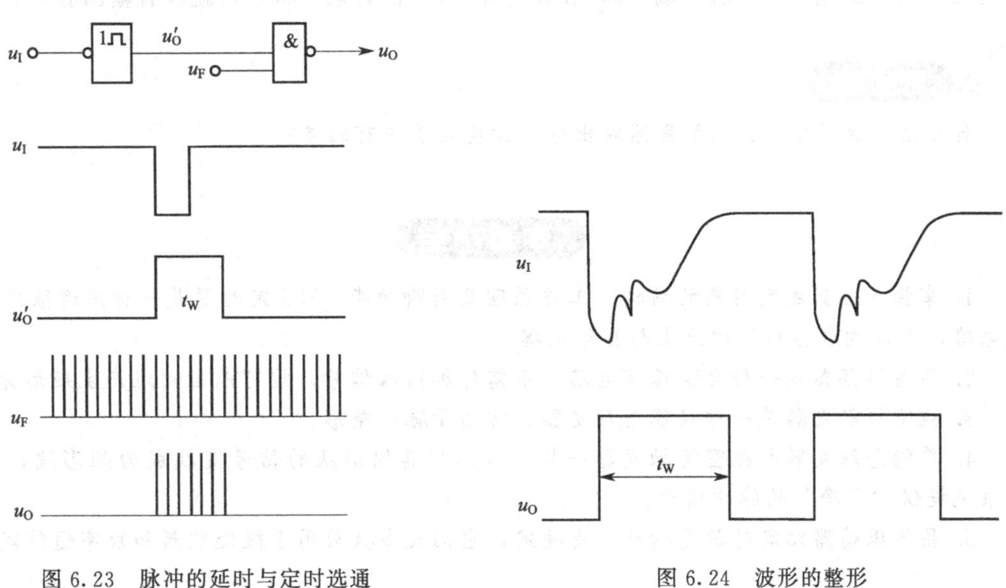

图 6.23　脉冲的延时与定时选通

图 6.24　波形的整形

思考题

1. 单稳态触发器是否可以根据输入触发脉冲的宽度来确定输出脉冲宽度？

2. 当 555 定时器组成单稳态电路时，何种电平触发信号引入管脚 2？迫使 u_O 为什么电平，并使电容开始充电？

6.6 故障诊断和排查

定时器的主要故障诊断方法和其他逻辑电路的故障诊断方法类似。当定时器的功能失效后，它们一般无法产生脉冲输出，或者其脉冲输出的特性发生改变。

6.6.1　定时器的故障分析

定时器故障主要是电源没有接上或不正确，另一种定时器的复位端电平接反，此时定时器不能提供基准电压，电路无法正常工作。一般应该首先检查该集成定时器的电源和地的连接，并检查是否存在短路或者开路接触的迹象。

6.6.2 脉冲发生电路的故障分析

出现故障的脉冲发生电路通常没有输出信号，或者输出信号的脉冲宽度或频率不正确。脉冲发生电路通常有外部的电阻和电容，这两个元件可能失效，也可能出现开路或短路。

如果电阻或者电容出现开路，根据脉冲发生电路的不同类型，其输出脉冲宽度会小于标称值，或者没有输出信号。如果触发输入信号恒为高电平或者低电平，就没有脉冲输出。

若把定时器接成多谐振荡器（如图 6.4 所示）工作模式，任何外部元件发生开路都会导致没有输出脉冲。如果电阻或者电容的值发生变化，输出脉冲波形的频率会跟着变化。如果定时器中的控制端（5）、触发端（2）和放电端（7）恒为某一状态，就没有输出脉冲。

什么情况会引起单稳态触发器输出脉冲宽度大于应有的值？

本章小结

1. 掌握 555 集成定时器的结构、工作原理及引脚功能。555 定时器是一种用途很广的集成电路，可以构成各种脉冲产生与整形电路。

2. 多谐振荡器是一种自激振荡电路，不需外加输入信号，就可以自动地产生矩形脉冲。

3. 施密特触发器是一种双稳态触发器，常用于脉冲整形。

4. 单稳态触发器和施密特触发器一样，可以把其他形状的信号变换成为矩形波，为数字系统提供“干净”的脉冲信号。

5. 晶体振荡器比定时器更精确、更稳定，它们大多数应用于微处理器和数字通信定时。

本章关键术语

幅度　amplitude　从基础电平测量得到的脉冲信号的“高度”，单位为伏特（V）。

频率　frequency　数字波形中的脉冲在 1 秒内出现的次数，常用赫兹（Hz）来表示。

周期　period　相邻两个脉冲之间的时间间隔，单位是秒（s）。

脉冲宽度　pulse width　脉冲的持续时间，单位是秒（s）。

占空比　duty cycle　脉冲宽度与数字波形周期的比值，通常表示为百分比。

非稳态　astable　没有稳定的状态。

单稳态　monostable　只有一个稳定状态。

定时器　timer　一种可以用来产生脉冲的集成电路。

多谐振荡器　multivibrator　一种没有稳定的状态逻辑电路。

施密特触发器　Schmidt trigger　一种能够把各种输入波形整形为脉冲的逻辑电路。

单稳态触发器　one-shot　一种只有一个稳定状态的触发逻辑电路。

自我测试题

一、选择题（请将下列题目中的正确答案填入括号）

1. 将任意波形变换成矩形脉冲，应采用（　　）。

(a) 多谐振荡器　　(b) 单稳态触发器　　(c) 施密特触发器

2. 要将宽度不等的脉冲信号变换成宽度符合要求的脉冲信号，可采用（　）。

(a) 多谐振荡器　　(b) 单稳态触发器　　(c) 施密特触发器

3. 当施密特触发器用于波形整形时，输入信号的最大值应（　）。

(a) 大于上限阈值电压　　(b) 小于上限阈值电压　　(c) 大于下限阈值电压

4. 单稳态触发器输入触发脉冲的频率为20kHz时，输出脉冲的频率为（　）。

(a) 10kHz　　(b) 40kHz　　(c) 20kHz

5. 为获得输出振荡频率稳定性较高的多谐振荡电路，应选用（　）。

(a) 555定时器　　(b) 集成单稳态触发器　　(c) 石英晶体和反相器

二、判断题（正确的在括号内打√，错误的在括号内打×）

1. 多谐振荡器有一个稳定状态和一个暂稳定状态。（　）

2. 由555定时器组成的多谐振荡器在直接置零端接高电平时，可输出波形。（　）

3. 由555定时器组成的单稳态触发器中，加大触发脉冲宽度可增大输出脉冲宽度。（　）

4. 单稳态触发器可将输入的模拟信号变换成矩形脉冲输出。（　）

5. 由555定时器组成的施密特触发器的回差电压不能调节。（　）

三、分析计算题

1. 试用555定时器设计一个振荡频率为5kHz，占空比为60%的多谐振荡器。

2. 试用555定时器设计一个能够产生0.5s输出脉冲宽度的单稳态触发器。

3. 图6.25所示为一个防盗报警电路，a、b两端被一根细铜丝接通。此铜丝置于小偷必经之处。当小偷闯入室内将铜丝碰断后，扬声器发出报警声（扬声器电压为1.2V，通过电流为40mA）。(1) 试问555定时器接成何种电路？(2) 简要说明该报警电路的工作原理。(3) 如何改变报警声的音调？

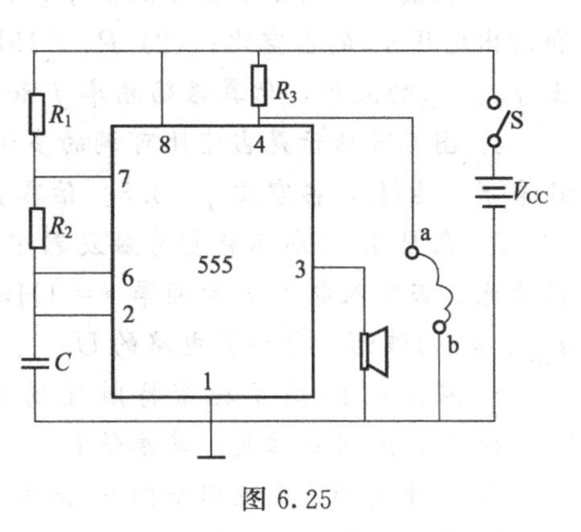

图6.25

习　题

一、选择题（请将下列题目中的正确答案填入括号）

1. 双极型定时器5G1555（NE555）与CMOS型定时器CC7555（ICM7555）在电源电压兼容的情况下，可以（　）互换使用。

(a) 改变电源极性后　　(b) 改变片脚接线后　　(c) 直接

2. 用555定时器构成的单稳态触发器的稳定输出状态是（　）状态。

(a) 0　　(b) 1　　(c) 高阻态

3. 单稳态触发器具有（　）功能。

(a) 计数　　(b) 定时、延时　　(c) 定时、延时、整形

4. 施密特触发器的输出状态有（　）。

(a) 高阻态　　(b) 0和1状态　　(c) 两者皆有

5. 施密特触发器常用于对脉冲波形的（　）。

(a) 延时与定时　　(b) 计数与寄存　　(c) 整形与变换

6. 用555定时器构成的施密特触发器的回差电压可表示为（　）。

（a）$V_{DD}/3$　　（b）$2V_{DD}/3$　　（c）V_{DD}

7. 多谐振荡器能产生（　）。

（a）单一频率的正弦波　　（b）矩形波　　（c）两者皆可

8. 555定时器构成的多谐振荡器输出波形的占空比的大小取决于（　）。

（a）充放电电阻R_1和R_2　　（b）定时电容C　　（c）前两者

二、判断题（正确的在括号内打√，错误的在括号内打×）

1. 由555定时器组成的多谐振荡器正常工作时，直接置零端应接低电平。（　）
2. 改变多谐振荡器外接电阻和电容的大小，可改变输出脉冲的频率。（　）
3. 单稳态触发器有一个稳定状态和一个暂稳定状态。（　）
4. 由555定时器组成的单稳态触发器中，输出脉冲宽度由触发脉冲宽度决定。（　）
5. 施密特触发器可将输入的模拟信号变换成矩形脉冲输出。（　）

三、分析计算题

1. 试用555定时器设计一个振荡频率为20kHz，占空比为25%的多谐振荡器。

2. 在555集成定时器中，输出电压为高电平U_{OH}、低电平U_{OL}及保持原来状态不变的输入信号条件各是什么？假定CO端已通过0.01μF接地，D端悬空。

3. 在图6.4所示多谐振荡器中，(1) $R_1=R_2=1\text{k}\Omega$，$C=1\mu\text{F}$，估算电路的工作频率f和输出电压u_O的占空比；(2) $R_1=15\text{k}\Omega$，$R_2=10\ \text{k}\Omega$，$C=0.05\mu\text{F}$，$V_{CC}=9\text{V}$，定性地画出u_C、u_O的波形，估算振荡频率f和占空比。

4. 图6.6所示是占空比可调的多谐振荡器。其中，$C=0.2\mu\text{F}$，$V_{CC}=9\text{V}$，要求其振荡频率$f=1\text{kHz}$，占空比$q=0.5$。估算R_1、R_2的阻值。

5. 在图6.13所示施密特触发器中，$V_{CC}=12\text{V}$，$V_{CC}'=5\text{V}$，u_{CO}端（5）经0.01μF电容接地。若输入电压u_I为频率$f=1\text{Hz}$的三角波，其最小值为0V，最大值为V_{CC}，试画出u_{O1}、u_O的波形，并估算电路的U_{T+}、U_{T-}、ΔU_T。

6. 在图6.13所示施密特触发器中，若u_{CO}端通过0.01pF电容接地，且$V_{CC}=9\text{V}$，$V_{CC}'=5\text{V}$，u_I为正弦波，其幅值$U_{Im}=9\text{V}$，频率$f=1\text{kHz}$，试画出u_{O1}、u_O的波形。

7. 脉冲波形产生电路如图6.26所示。(1) 试简述电路各部分的功能；(2) 画出电路中A、B、C、D各点的波形。

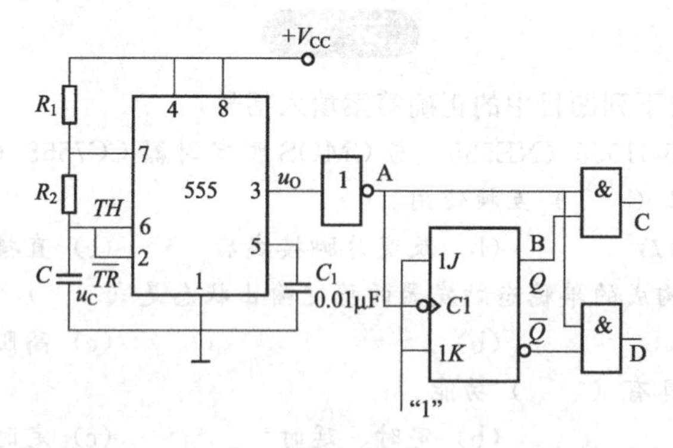

图6.26

8. 图6.27所示为由555定时器和D触发器构成的电路，请问：(1) 555定时器构成的是哪种脉冲电路？(2) 画出u_C、u_{O1}、u_{O2}的波形；(3) 计算u_{O1}、u_{O2}的频率。

9. 在图6.21所示单稳态触发器中，$V_{CC}=12\text{V}$，$R=1\text{k}\Omega$，$C=0.01\mu\text{F}$，估算输出脉冲宽度。若u_I的脉冲宽度为2μs，周期为12μs，试画出u_C、u_O的波形。

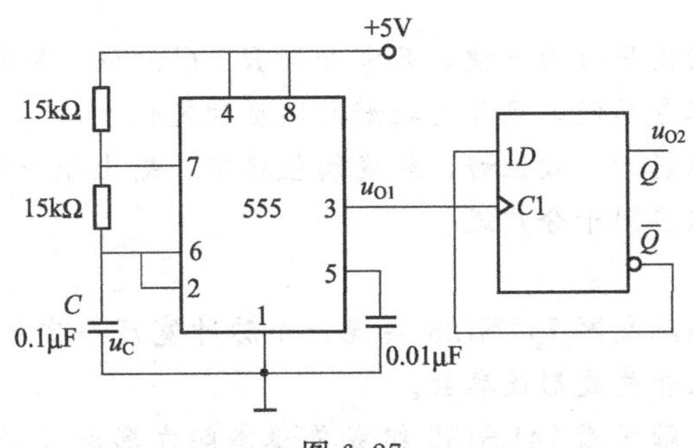

图 6.27

10. 在图 6.21 所示单稳态触发器中，$V_{CC}=9V$，$R=27k\Omega$，$C=0.05\mu F$。(1) 估算输出脉冲 u_O 的宽度 t_W；(2) u_I 为负窄脉冲，其脉冲宽度 $t_{W1}=0.5ms$，重复周期 $T_1=5ms$，高电平 $U_{IH}=9V$，低电平 $U_{IL}=0V$，试画出 u_C、u_O 的波形。

11. 比较多谐振荡器、单稳态触发器、双稳态触发器、施密特触发器的工作特点，说明每种电路的主要用途，它们各有几个暂稳态、几个能够自动保持的稳定状态。

实验与实训

一、集成定时器

1. 实验目的

(1) 熟悉集成定时器的电路结构和引脚功能。

(2) 掌握定时器的典型应用。

2. 实验原理

集成定时器是一种模拟、数字混合的中规模集成电路。只要外接适当的电阻电容等元件，就可以方便地构成多谐振荡器、单稳态触发器和施密特触发器等波形变换电路。

3. 实验内容

(1) 测试由集成定时器组成的多谐振荡器的波形及参数。

(2) 测试由集成定时器组成的施密特触发器的波形及参数。

(3) 测试由集成定时器组成的单稳态触发器的波形及参数。

(4) 利用集成定时器，设计制作一只触摸式开关定时器。每当用手触摸一次，电路即输出一个正脉冲宽度为 10s 的信号。试连接电路并测试电路功能。

4. 实验预习要求

(1) 熟悉定时器的典型应用。

(2) 根据电路中电阻电容的数值，计算有关参数。

5. 思考题

(1) 如何用示波器观察施密特触发器的电压传输特性?

(2) 单稳态触发器要求触发脉冲宽度小于输出脉冲宽度，为什么?

(3) 试用集成定时器设计一个多谐振荡器，其正、负脉冲宽度比为 2∶1。

二、集成单稳态触发器和集成施密特触发器

1. 实验目的

(1) 掌握集成单稳态触发器和集成施密特触发器的基本工作原理。

(2) 熟悉集成单稳态触发器和集成施密特触发器的典型应用。

2. 实验原理

集成单稳态触发器的使用极为方便，只需外接R、C元件，即可实现输入脉冲上升沿或下降沿触发的控制、清零等功能，且具有较好的温度稳定性。

集成施密特触发器性能的一致性好，触发阈值稳定，输出矩形脉冲的边沿陡峭，抗干扰能力强，使用方便，所以应用十分广泛。

3. 实验内容

(1) 利用集成单稳态触发器74LS123实现一个脉冲宽度一定的单稳态触发器并产生一个延时电路，测试并记录相关波形及参数。

(2) 利用集成施密特触发器74LS132组成单稳态触发器和多谐振荡器，测试并记录相关波形及参数。

4. 实验预习要求

(1) 熟悉集成单稳态触发器和集成施密特触发器的功能、引脚排列图及典型应用。

(2) 根据实验要求设计实验电路。

5. 思考题

(1) 如何利用集成单稳态触发器设计一个多谐振荡器电路？

(2) 如何利用集成施密特触发器组成上升沿和下降沿触发的单稳态触发器？

三、综合实训

1. 用555定时器设计一个触摸和声控双延时灯电路。

2. 用555定时器设计一个音乐传花游戏机电路。

在该电路中，按动按钮后，会产生音乐声；经一段时间，音乐声停止。音乐声的保持时间可调，可取代击鼓传花游戏。

第7章

数模和模数转换器

学习目标

- **要掌握：** 数模转换器和模数转换器的功能；权电阻D/A转换器和T型电阻网络D/A转换器的工作原理；双积分型、逐次渐近型和并联比较型A/D转换器的工作原理。
- **会计算：** 集成D/A转换器外部电路的连接，将二进制代码转换为与之成比例的模拟电压；用电压值表示不同位数的DAC和ADC的分辨率和允许最大绝对误差。
- **会选用：** 数模转换器和模数转换器的参数及指标。

本章介绍数模（D/A）转换器和模数（A/D）转换器的工作原理、特点及应用。

数模转换器的功能是将输入的二进制数字信号转换成相对应的模拟信号输出。数模转换器根据工作原理，分为二进制权电阻网络数模转换器和T型电阻网络数模转换器两大类。T型电阻网络数模转换器由于只要求两种阻值的电阻，因此最适合集成工艺。集成数模转换器普遍采用这种电路结构。

模数转换器的功能是将输入的模拟信号转换成一组多位的二进制数字输出。不同模数转换器的转换方式各具特点：并联比较型模数转换器转换速度快，主要缺点是要使用的比较器和触发器很多，随着分辨率提高，所需元件数目按几何级数增加；双积分型模数转换器的性能比较稳定，转换精度高，具有很高的抗干扰能力，且电路结构简单，缺点是工作速度较低，因而常用于对转换精度要求较高、而对转换速度要求较低的场合，如数字万用表等检测仪器中；逐次逼近型模数转换器的分辨率较高，误差较低，转换速度较快，在一定程度上兼顾了以上两种转换器的优点，因此应用广泛。

7.1 数字系统的构成

随着数字电子技术飞速发展，数字电子计算机、数字控制系统、数字通信设备和数字测量仪表等广泛应用于国民经济的各个领域。通过学习数字电子电路，我们知道，数字系统或装置一般只能处理和传输数字信号。可是对于日常需要处理的物理量，绝大部分都是连续变化的模拟信号，例如温度、气压、声音、图像信号等，因此，必须先把这些模拟信号转换成数字信号，才能送入电子计算机或其他数字电路中进行处理和传输。另外，经过数字电路处理后输出的数字信号，往往需要还原成模拟信号才能实现系统的功能。所以，在数字系统的输入和输出部分，一般设有将模拟信号转换成数字信号和将数字信号转换成模拟信号的电路。

图7.1所示是一个简单的计算机控制系统的框图。假设被控制的物理量是温度，首先通过传感器将非电量温度转换成随之变化的模拟电信号，然后通过模拟信号向数字信号转换的电路，再将数字信号送入数字计算机进行处理；经过计算机处理后输出的数字信号必须通过数字信号向模拟信号转换的电路，用模拟信号去推动执行元件，完成控制温度的功能。

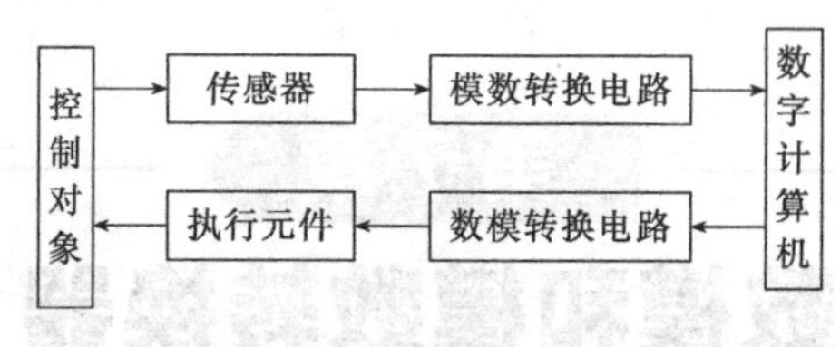

图 7.1　数字系统框图

如图 7.1 所示系统中，能把数字信号转换成模拟信号的电路称为数模转换器（Digital-Analog-Converter），简称 D/A 转换器或 DAC。能把模拟信号转换成数字信号的电路称为模数转换器（Analog-Digital-Converter），简称 A/D 转换器或 ADC。

7.2 数模转换器

数字电路处理的信号一般是多位二进制信息。因此，数模转换器的输入数字信号是二进制数字量，输出的模拟信号是与输入数字量成正比的电压或电流。

7.2.1 数模转换器的工作原理

数模转换器的组成如图 7.2 所示。其中，寄存器用来暂时存放数字量 D。寄存器的输入可以是并行的，也可以是串行的，但输出只能是并行的。通常，输入寄存器的数字量 D 都是数字码。n 位寄存器的输出分别控制 n 个模拟开关的接通或断开。每个模拟开关相当于一个单刀双掷开关，分别与电阻译码电路的 n 条支路相连。当输入数字量为 1 时，开关将参考电压 U_{REF} 按位切换到电阻译码电路；当输入数字量为 0 时，开关接通到地，使电阻译码网络输出电流（或电压）的大小与输入数字量成正比。

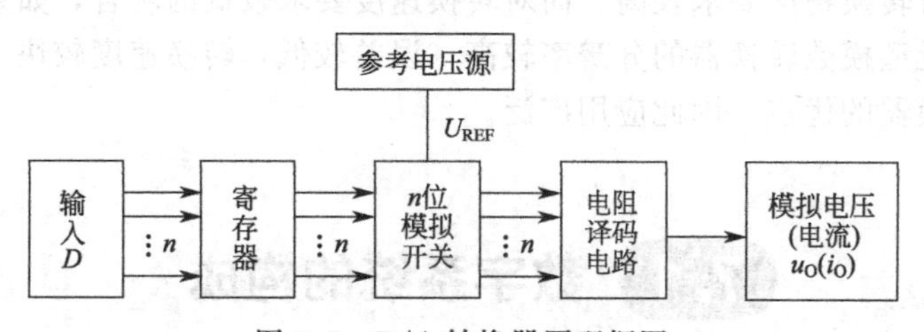

图 7.2　D/A 转换器原理框图

电阻译码电路是一个加权求和电路。它把输入数字量的各位 1 按权变成相应的电流，再通过运算放大器转换成模拟电压 u_O。

7.2.2 权电阻数模转换器

图 7.3 所示为一个 4 位权电阻数模（D/A）转换器的电路图。它包括 4 个部分：参考电压、电子开关、权电阻求和网络和运算放大器。

电路有一个以二进制数码表示的 4 位数字量 $D=D_3D_2D_1D_0$。用 4 位二进制代码分别控制电子开关 S_3、S_2、S_1、S_0。如 $D_i=1$，S_i 接 U_{REF}；$D_i=0$，S_i 接地。当 S_i 接 U_{REF} 时，该支路中的电阻便得到电流，否则该支路中得不到电流。各支路的总电流流到 R_F 上，建立起输出电压。例如 $D=D_3D_2D_1D_0=1001$，则 R 上和 2^3R 上有电流，I 为 R 与 2^3R 两个电阻上的电流之和。因为运算放大器的输入阻抗很大，不需输入电流，所以该电流流入 R_F；

又因为运放反相输入端“虚地”，所以 $u_O = -IR_F = -\frac{R}{2}I$。这是个模拟量。

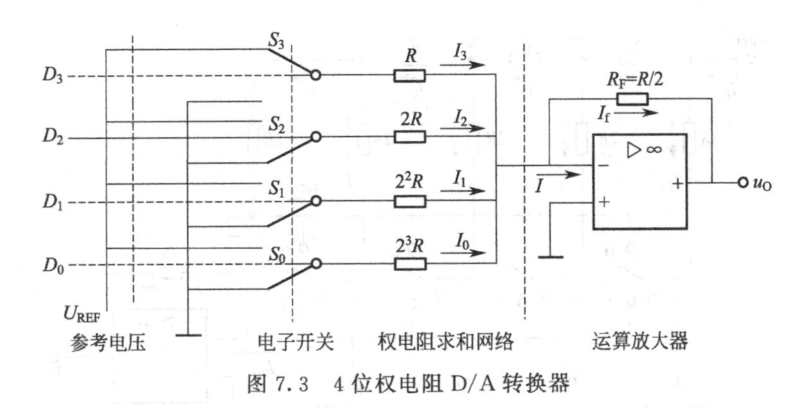

图 7.3　4 位权电阻 D/A 转换器

图 7.3 中的权电阻求和网络存在如下关系式：

$$I = \frac{U_{REF}}{R}D_3 + \frac{U_{REF}}{2R}D_2 + \frac{U_{REF}}{4R}D_1 + \frac{U_{REF}}{8R}D_0 = \frac{U_{REF}}{2^3R}[2^3D_3 + 2^2D_2 + 2^1D_1 + 2^0D_0] \tag{7.1}$$

这里 D_3、D_2、D_1、D_0 可能取 1 或 0。因为反馈电阻为 $R/2$，所以，

$$u_O = -\frac{R}{2}I = -\frac{U_{REF}}{2^4}[2^3 D_3 + 2^2D_2 + 2^1D_1 + 2^0D_0] \tag{7.2}$$

同理，对一个 n 位权电阻 DAC，存在如下关系式：

$$u_O = -\frac{R}{2}I = -\frac{U_{REF}}{2^n}[2^{n-1}D_{n-1} + 2^{n-2}D_{n-2} + \cdots + 2^1D_1 + 2^0D_0] \tag{7.3}$$

式(7.3) 说明，输入数字量转换成了模拟量输出。

对于 $D = D_3D_2D_1D_0 = 1001$，有

$$u_O = -\frac{U_{REF}}{2^4}[2^3 \times 1 + 2^2 \times 0 + 2^1 \times 0 + 2^0 \times 1] = -\frac{U_{REF}}{2^4} \times 9$$

即模拟量输出 u_O 的大小直接与输入二进制数的大小成正比。其中，U_{REF} 为参考电压。由于电阻的数值是按二进制不同的位权值分配的，所以称之为权电阻求和网络。

归纳

权电阻 D/A 转换器的各位数字量同时转换，因而转换速度快。这种转换叫做并行数模转换。这种转换器的位数越多，需要的权电阻越多，而且各个电阻的阻值差越大，如有 10 位，则最小的电阻 $R = 10\text{k}\Omega$，最大的电阻 $2^9R = 5.12\text{M}\Omega$。如果想制成集成电路，非常困难。这种转换的精度与各电阻关系极大，在大范围内又要高精度，实在无法做到，因此权电阻 DAC 用得很少，但它的转换思路颇为有用。

7.2.3　T 型电阻网络数模转换器

T 型电阻网络 D/A 转换器的基本原理如图 7.4 所示。其中，数字量输入为 4 位，电阻值为 R 和 $2R$ 的电阻构成 T 型网络。

$D_3 \sim D_0$ 表示 4 位二进制输入信号，D_3 为高位，D_0 为低位。$S_3 \sim S_0$ 是 4 个电子模拟开

关。当某一位数 $D_i=1$，即表示 S_i 接 1，这时相应电阻的电流 I_i 流向 I_{01}；当 $D_i=0$，即表示 S_i 接 0，流过相应电阻的电流 I_i 流向 I_{02} 到地。

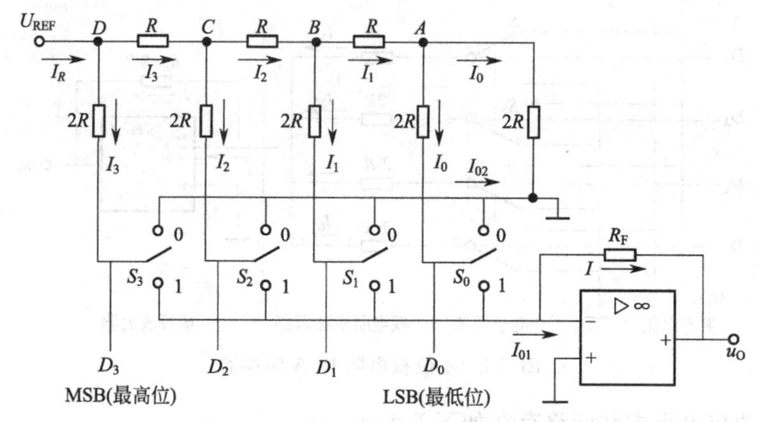

图 7.4　T 型网络 D/A 转换器原理图

由于用作分流的电阻网络中的各电阻值为 R 或 $2R$，而 I_{01} 是流向运算放大器的反相输入端，其“虚地”可看作 0V，因此电阻网络中各节点 A、B、C、D 向右看的二端网络的等效阻值为 R，这与开关 S_i 接 0 还是接 1 无关。由任一个节点向右流出去的两个支路电流总是相等的。下面分析各支路的电流和流向 I_{01} 的电流。

设 S_3 接 1，S_2、S_1、S_0 接 0，根据电阻串、并联关系，可得 $I_R=U_{REF}/R$。因此，由节点 D 分出去的两个支路电流必相等，则 $I_3=I_R/2$，I_3 的值与 S_3 接 1 还是接 0 无关。同样可得出其他各支路上的电流为：$I_2=I_3/2$，$I_1=I_2/2$，$I_0=I_1/2$。所以，运算放大器输入电流 I_{01} 由下式决定：

$$
\begin{aligned}
I_{01} &= I_3\times D_3+I_2\times D_2+I_1\times D_1+I_0\times D_0 \\
&= \frac{U_{REF}}{2R}\times D_3+\frac{1}{2}\frac{U_{REF}}{2R}\times D_2+\frac{1}{2^2}\frac{U_{REF}}{2R}\times D_1+\frac{1}{2^3}\frac{U_{REF}}{2R}\times D_0 \\
&= \frac{U_{REF}}{2^4R}(D_3\times 2^3+D_2\times 2^2+D_1\times 2^1+D_0\times 2^0)
\end{aligned}
\tag{7.4}
$$

图 7.4 中的运算放大器接成反相放大器的形式，其输出电压 u_O 由下式决定：

$$
\begin{aligned}
u_O &= -I_{01}\times R_F \\
&= -\frac{U_{REF}}{2^4}\times\frac{R_F}{R}(D_3\times 2^3+D_2\times 2^2+D_1\times 2^1+D_0\times 2^0)
\end{aligned}
\tag{7.5}
$$

即输出的模拟电压与输入的数字信号 $D_3\sim D_0$ 的状态以及位权成正比。若取 $R_F=R$，则 D/A 转换后的输出电压表示为

$$u_O=-\frac{U_{REF}}{2^4}(D_3\times 2^3+D_2\times 2^2+D_1\times 2^1+D_0\times 2^0) \tag{7.6}$$

如果电阻网络由 n 级组成，则 D/A 转换后的输出电压表示为

$$u_O=-\frac{U_{REF}}{2^n}\ (D_{n-1}\times 2^{n-1}+D_{n-2}\times 2^{n-2}+\cdots+D_1\times 2^1+D_0\times 2^0) \tag{7.7}$$

7.2.4　集成数模转换器

集成数模转换器芯片通常只将 T 型（倒 T 型）电阻网络、模拟开关等集成到一块芯片上，多数芯片中并不包含运算放大器。构成 D/A 转换器时，要外接运算放大器，有时还要

外接电阻。常用的D/A转换芯片有8位、10位、12位、16位等。这里主要介绍8位D/A转换器，其型号为DAC0832，集成芯片内部原理框图和外部引线排列如图7.5所示。

1. 原理框图

由图7.5可知，芯片内部主要由3个部分组成：两个8位寄（锁）存器，即输入寄存器和DAC寄存器，可以进行两次缓冲操作，使操作形式灵活、多样；控制的电路由G_1、G_2、G_3等门电路组成，实现对寄存器的多种控制；8位D/A转换器，主要由倒T型电阻网络组成，参数电压U_{REF}和求和运算放大器需要外接。

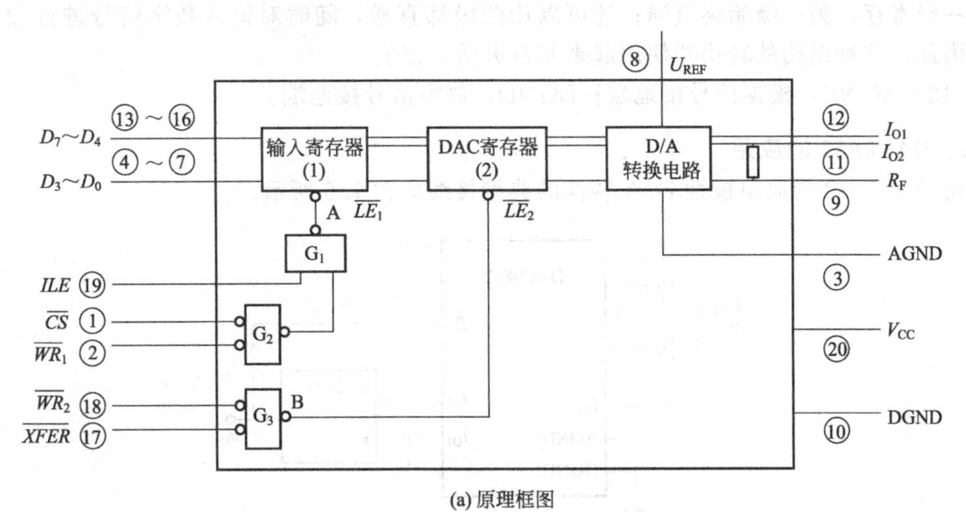

(a) 原理框图

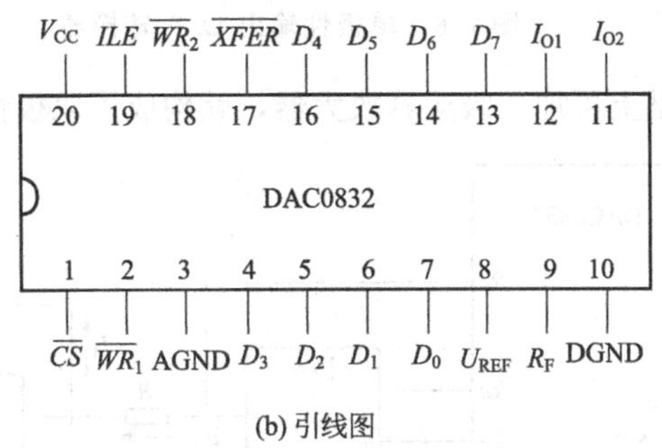

(b) 引线图

图7.5　DAC0832原理框图和引线图

2. DAC0832引脚使用说明

(1) $D_7 \sim D_0$：数字信号输入端，D_7为最高位，D_0为最低位。

(2) ILE：允许输入寄存，高电平有效。

(3) $\overline{CS}$：片选输入，低电平有效。

(4) $\overline{WR}_1$：写信号（1）输入，低电平有效。

由图7.5(a)可知，$A = ILE \times \overline{\overline{CS}} \times \overline{\overline{WR}_1}$只有当$ILE=1$，$\overline{CS}=\overline{WR}_1=0$时，A点为高电平1，输入寄存器处于导通状态，允许数据输入；而当$\overline{WR}_1=1$时，输入数据$D_7 \sim D_0$被寄存。

(5) $\overline{WR}_2$：写信号（2）输入，低电平有效。

(6) U_{REF}：参数电压输入端，可在$+10 \sim -10V$范围内选择。

(7) I_{O1}：电流输出1。

(8) I_{O2}：电流输出2。

（9）R_F：反馈电阻引线端。

（10）V_{CC}：电源电压，可在+5～+15V范围内选择。最佳工作状态为+15V。

（11）$\overline{XFER}$：传送控制信号输入端，低电平有效。

数据$D_7 \sim D_0$被寄存后，能否进行D/A转换，还要看B点的电平。$B=\overline{WR}_2 \times \overline{XFER}$，只有$\overline{WR}_2$和$\overline{XFER}$均为低电平时，$B$才为1，使寄存于输入寄存器中的数据被寄存于DAC寄存器进行D/A转换，否则将停止D/A转换。

使用该芯片时，可采用双缓冲方式，即两级寄存都受控；也可以用单级缓冲方式，即只控制一级寄存，另一级始终直通；还可以让两级都直通，随时对输入数字信号进行D/A转换。因此，这种结构的转换器使用起来非常灵活、方便。

（12）AGND：模拟信号接地端；DGND：数字信号接地端。

3. DAC0832的应用

用DAC0832构成单极性D/A转换的典型接线如图7.6所示。

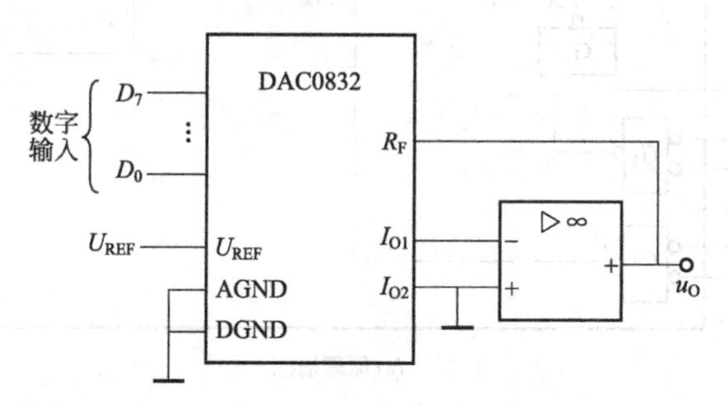

图7.6　单极性输出D/A转换器

如果在图7.6的基础上再加一级运算放大器，就构成了双极性电压输出，如图7.7所示。

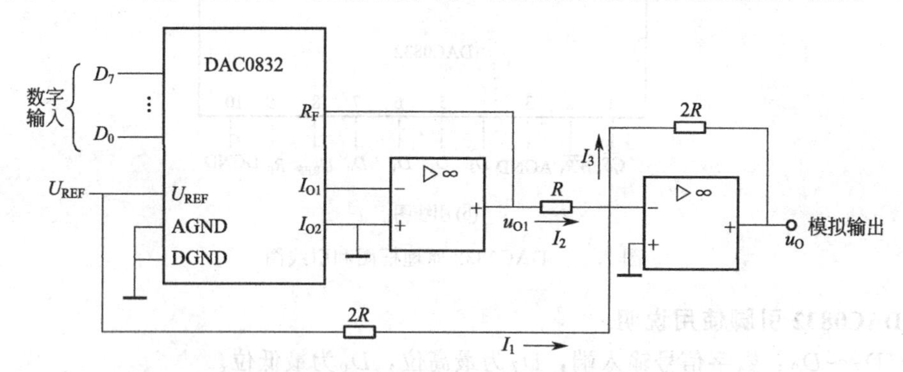

图7.7　双极性输出D/A转换器

当参考电压为U_{REF}时，

$$u_{O1}=-\frac{U_{REF}}{2^8}\times(D_7\times2^7+D_6\times2^6+\cdots+D_0\times2^0)$$

$$I_1=\frac{U_{REF}}{2R},I_2=\frac{u_{O1}}{R},I_3=I_1+I_2=-\frac{U_{REF}}{2^8\times R}(D_7\times2^7+D_6\times2^6+\cdots+D_0\times2^0)+\frac{U_{REF}}{2R}$$

$$u_O=-I_3\times2R=\frac{U_{REF}}{2^7}(D_7\times2^7+D_6\times2^6+\cdots+D_0\times2^0)-U_{REF}$$

由输出模拟电压u_O的表达式可知，若参考电压U_{REF}为负，输入数字信号最高值D_7为1时，u_O为负值；当D_7为0时，u_O为正值。所以，最高位D_7起到了符号位的作用。当U_{REF}

为正时，D_7同样起到符号的作用。但 D_7为 1 时，u_O为正值；D_7为 0 时，u_O为负值。

7.2.5　数模转换器的主要参数

1. 分辨率

分辨率是指对输出最小电压的分辨能力。它是指输入数码只有最低有效位为 1 时的输出电压与输入数码为全 1 时输出满量程电压之比，即

$$分辨率=\frac{1}{2^n-1} \tag{7.8}$$

例如，10 位数模转换器（DAC）的分辨率为 0.001。如果输出模拟电压满量程为 10V，那么 10 位 DAC 能够分辨的最小电压为 10/1023＝9.76（mV），8 位 DAC 能分辨的最小电压为 10/255＝39（mV）。可见，DAC 的位数越多，分辨输出最小电压的能力越强，故有时也用输入数码的位数来表示分辨率，如 10 位 DAC 的分辨率为 10 位。

2. 绝对误差

绝对误差又称绝对精度，是指当输入数码为全 1 时所对应实际输出电压与电路理论值之差。设计时，一般要求小于$\frac{1}{2}$LSB 所对应输出的电压值。因此，绝对误差与位数有关，位数 n 越多，LSB 越小，精度越高。

3. 转换精度

转换精度一般是指最大的静态误差。它是一个综合性误差，包括基准电压 U_{REF}的漂移误差、运放漂移误差、比例系数误差和非线性误差等，还与分辨率有关。因此，为了获得高精度的 D/A 转换器，单纯选用高分辨率的 D/A 转换器是不够的，还要考虑采用高稳定性的基准电压 U_{REF}和低漂移运放等。此外，必要时，应考虑动态时的转换误差。

4. 转换速率

转换速率是指从送入数字信号起，到输出电流或电压达到稳态值所需要的时间，也称输出建立时间。一般位数越多，转换时间越长。也就是说，精度与速度是相互矛盾的。

思考题

1. 如果二进制权 D/A 转换器的前面 3 个电阻的阻值分别为 30kΩ、60kΩ 和 120kΩ，与 D_0输入位相对应的第 4 个电阻的阻值应为多少？

2. 为什么实际构成一个 8 位的二进制权 D/A 转换器很困难？

3. 设计一个 8 位的 $R/2R$ 梯形 D/A 转换器，至少需要 8 个不同阻值的电阻吗？

4. 如果将图 7.4 所示 $R/2R$ 梯形转换器中的 U_{REF} 改为 6V，最大的输出电压可达到 11.25V 吗？

7.3　模数转换器

模数转换器是将模拟电压信号转换成相应的二进制数码。模数转换器的类型包括：直接 A/D 转换器有并联比较型和逐次渐近型；间接 A/D 转换器有双积分（V-T）型和压控（V-F）变换型。

7.3.1 采样保持和量化编码

由于模数转换器的输入量是随时间连续变化的模拟信号，输出是随时间离散的数字信号，因此在模数转换过程中，对模拟信号首先要进行采样保持，然后进行量化和编码。下面先介绍采样、保持、量化和编码的概念。

1. 采样和保持

所谓采样，就是在一个微小时间内对模拟信号进行取样。采样结束后，将此取样的模拟信号保持一段时间，使模数转换器有充分的时间进行 A/D 转换。这就是采样、保持电路的作用。

为了保证采样后的信号能恢复为原来的模拟信号，要求采样的频率 f_S 与被采样的模拟信号的最高频率 f_{Imax} 满足下述关系：

$$f_S \geqslant 2f_{Imax} \tag{7.9}$$

也就是说，采样频率 f_S 必须高于输入模拟信号最高频率 f_{Imax} 的 2 倍，这一关系称为采样定理。

图 7.8 所示是模拟信号、采样信号及采样后保持的信号波形图。其中，u_I 为输入模拟信号；u_S 为采样信号，频率为 $f_S=\dfrac{1}{T_S}$；u_O 为采样保持后的输出波形，每个采样值保持的时间为 T_S。只要 f_S 高于 u_I 最高频率的 2 倍，从输出信号 u_O 可以恢复出输入模拟信号 u_I。

2. 采样保持电路

采样保持电路的基本组成如图 7.9 所示。

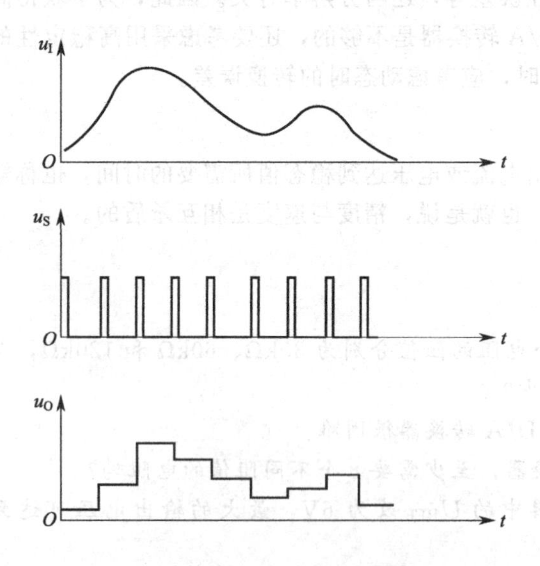

图 7.8 模拟、采样、保持信号波形图

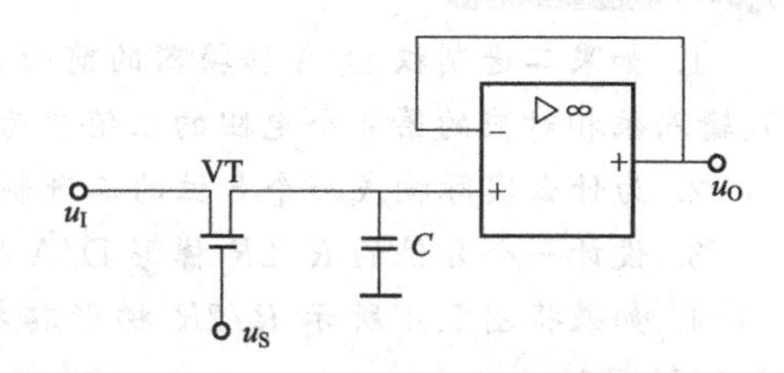

图 7.9 采样保持电路原理图

电路由一个存储电容 C、一个电子模拟开关场效应管 VT（简化符号）及一个电压跟随器构成。当采样的控制信号 u_S 为高电平时，开关管 VT 导通，输入模拟信号 u_I 通过 VT 存储在电容 C 上。经过运放电压跟随器，使输出电压 $u_O=u_C=u_I$。当采样控制信号 u_S 为低电平时，开关管 VT 截止，电容 C 上的电压因无放电通路，会在一段时间内保持不变。所以，输出电压 u_O 也保持原数值，直到下一个采样控制信号 u_S 的高电平到来为止。除了图 7.9 所示的采样保持电路外，目前的采样保持电路大多采用低成本、高性能的专用集成电路

LF398。因为它使用方便，且能满足一定的精度要求。

3. 量化和编码

经采样保持所得的电压信号仍是模拟量，不是数字量。量化和编码就是从模拟量产生数字量的过程，即 A/D 转换的主要阶段。

在模数转换器中，将模拟电压转换成数字信号，其数字信号最低位 $LSB=1$ 对应的模拟电压的大小称为量化单位 S。在进行 A/D 转换时，必须把采样电压化为这个量化单位 S 的整数倍，这个过程称为量化。

量化是将采样保持电路输出信号 u_O 离散化的过程。离散后的电平称为量化电平。用二进制数表示量化电平，即为编码。

一般被转换的模拟电压不可能被 S 整除，这种因素引起的误差称为量化误差。误差的大小取决于量化的方法。在各种量化方法中，对模拟量分割的等级越细，误差越小。

量化方法一般有两种，一种是采用只舍不入的方法，另一种是采用四舍五入的方法。

例如，量化单位为 1mV，对于 $0.5\text{mV} \leqslant u_O < 1\text{mV}$，采用只舍不入方法，取 $u_O=0\text{mV}$；采用四舍五入方法，取 $u_O=1\text{mV}$。由于前者只舍不入，而后者有舍有入，所以后者较前者误差来得小。前者误差最大为 1mV，后者为 0.5mV。

7.3.2　双积分型模数转换器

双积分型模数转换器是把输入模拟量采样保持后的电压 u_I 经积分转换成相应的时间间隔 t，再用 t 去控制送入计数器的固定频率的 CP 脉冲个数，实现了输入模拟量 u_I 转换成计数器的二进制数。

图 7.10 所示为双积分型 A/D 转换器的原理图。它由基准电压、积分器、比较器、计数器、控制门等组成。

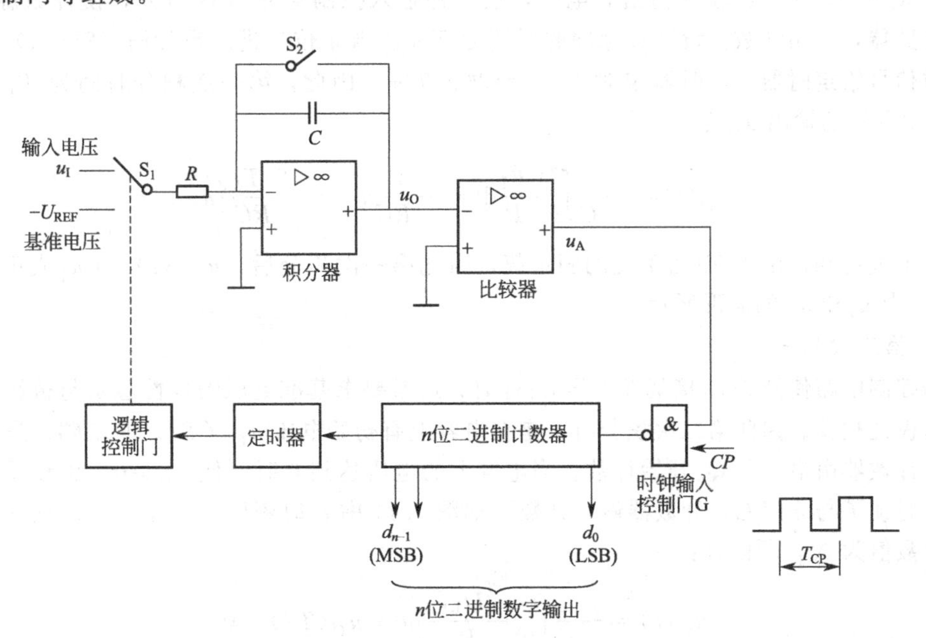

图 7.10　双积分 A/D 转换器原理图

图 7.11 所示为双积分型 A/D 转换器的工作波形图。下面结合工作波形图，介绍其转换的原理与过程。

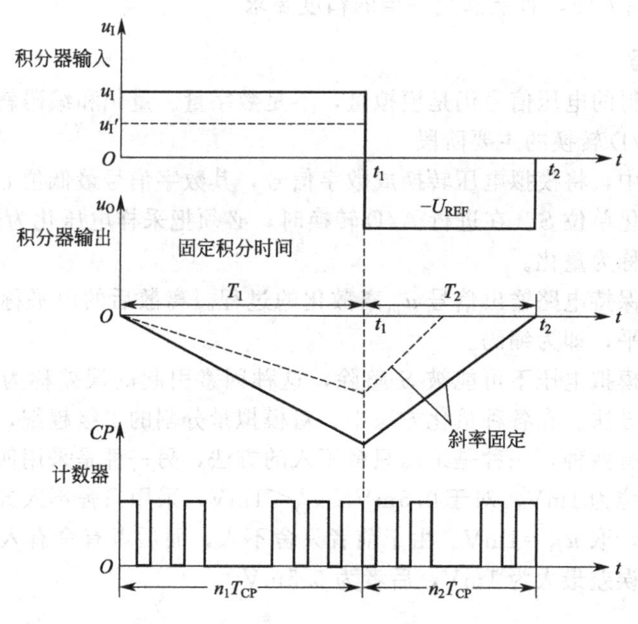

图 7.11　双积分 A/D 转换器工作波形图

在 A/D 转换开始前，控制电路使计数器清零，并将 S_2 接通，使电容 C 上的电压为 0。然后，将开关 S_2 断开。

1. 第一次积分

当控制电路使开关 S_1 接输入电压进行采样积分时，由于 $u_I>0$，在积分时间 T_1 内，输出电压 $u_O<0$，所以比较器输出高电平，使时钟输入控制与非门 G 打开，使计数脉冲 CP 进入计数器，开始计数。设计数脉冲的周期为 T_{CP}。当 n 位二进制数计满（2^n-1）后，送出进位信号给定时器，定时器定时为 $T_1=2^n\times T_{CP}$。因此，第一次积分时间为 $T_1=2^n\times T_{CP}$。积分器的输出 u_O 为

$$u_O(t)=-\frac{1}{C}\int_0^{T_1}\frac{u_I}{R}\mathrm{d}t=-\frac{T_1}{RC}u_I=-\frac{2^nT_{CP}}{RC}u_I \tag{7.10}$$

由上式可知，由于 T_1 为不变的固定值，因此第一次积分后，u_O（t）与 u_I 成正比，如图 7.11 中 u_I 和 u_O 的波形所示。

2. 第二次积分

当控制电路使开关 S_1 接基准电压 U_{REF} 时，通常要求基准电压的极性总是与被转换的模拟电压极性相反。因此第二次积分时，是在电容上有初始电压 u_O（T_1）的基础上进行反向积分，计数器由最低位 Q_0 开始计数。当电容上的电压达到 0 时，使 $u_O>0$，比较器输出低电平，封锁了与非门 G，计数器停止计数，如图 7.11 中 t_2 时刻所示。在 $t_1\sim t_2$ 期间，计数器的计数值为 N，所以有：

$$u_O(t)=-\frac{1}{C}\int_{t1}^{t2}\frac{-U_{REF}}{R}\mathrm{d}t+u_O(T_1)=0$$

而 $T_2=t_2-t_1=N\ T_{CP}$，将式(7.10) 代入上式，则

$$\frac{NT_{CP}}{RC}U_{REF}-\frac{2^nT_{CP}}{RC}u_I=0$$

因而得到：

$$N=\frac{2^n}{U_{REF}}u_I \tag{7.11}$$

式(7.11)说明：对于 n 位二进制计数器，当 U_{REF} 给定后，在 T_2 时间内，计数器中的留存数与 u_I 成正比，实现了模数转换。

归纳

双积分型 A/D 转换器的优点是电路结构较简单，工作性能稳定；在二次积分中，RC 时间常数相同，故 R、C 参数对转换精度影响较小，对时间常数要求不高；另外，具有较强的抗工频干扰能力，因为积分电路对于工频电源周期整数倍的干扰信号，输出平均值为零。其缺点是完成一次 A/D 转换时间较长，故转换速度低。

目前，集成单片双积分型 A/D 转换器的速度在每秒几十次以内，在要求不高的场合应用很广。

7.3.3　逐次逼近型模数转换器

逐次逼近型模数转换器是目前使用最多的一种 ADC，在其转换过程中，量化和编码同时实现，故属于直接 A/D 转换器。其转换速度比双积分型快得多，每秒钟采样高达几十万次。

逐次逼近型 A/D 转换的过程与用天平称物体质量的过程相似。例如，设被称物体质量为 9g，把标准砝码设置成与 4 位二进制数码相对应的权码值。砝码质量依次为 8g、4g、2g、1g，相当于数码的最高位为 $D_3=2^3=8$，最低位为 $D_0=2^0=1$，称重过程如下。

先在砝码盘上加 8g 砝码，经天平比较结果，物体质量 9g>8g，则此砝码保留，相当于最高位数码 D_3 记为 1；其次，在砝码盘上加 4g 砝码，经天平比较结果，物体质量 9g<8g+4g，则此砝码舍去，即相当于数码 D_2 记为 0；再次在砝码盘上加 2g 砝码，经天平比较结果，物体质量 9g<8g+2g，则此砝码舍去，即相当于数码 D_1 记为 0；最后在砝码盘上加 1g 砝码，经天平比较结果，物体质量 9g=8g+1g，则此砝码保留，即相当于数码 D_0 记为 1。这样，保留的砝码为 8g+1g=9g，与物体质量相等，相当于转换的数码为 $D_3D_2D_1D_0=1001$。

逐次逼近型 A/D 转换器被转换的电压相当于天平所称的物体质量，而转换的数字量相当于在天平上逐次添加砝码后保留下来的砝码质量。

逐次逼近型 A/D 转换器由电压比较器、逻辑控制器、DAC 及数码寄存器组成。下面以图 7.12 为例，说明 A/D 转换的基本原理。

图 7.12 所示电路由 5 个 D 触发器和门 1～3 构成控制逻辑电路。其中，5 个 D 触发器组成环形移位寄存器；3 个 RS 钟控触发器为逐次逼近寄存器；3 位 DAC 用来产生反馈参考（比较）电压 u_f；门 4～6 输出 3 位数字量 $D_2D_1D_0$；运算放大器为电压比较器。

设 3 位 DAC 参考电压 $U_{REF}=100$mV，试将采样保持模拟信号 $u_I=76$mV 转换成数字信号。

转换开始，环形移位寄存器初态为 $Q_1Q_2Q_3Q_4Q_5=10000$ 状态。

当第 1 个 CP 到来时，逐次逼近寄存器被量化成 $Q_6Q_7Q_8=100$。与此同时，环形移位寄存器右移 1 位，即 $Q_1Q_2Q_3Q_4Q_5=01000$ 状态。逐次逼近寄存器的输出 100 经 DAC 转换为 $U_{REF}/2=100/2$mV$=50$mV，即 $u_f=50$mV。u_I 与 u_f 在比较器中比较，由于 $u_I=76$mV，所以 $u_I>u_f$，因此 $u_A=0$。

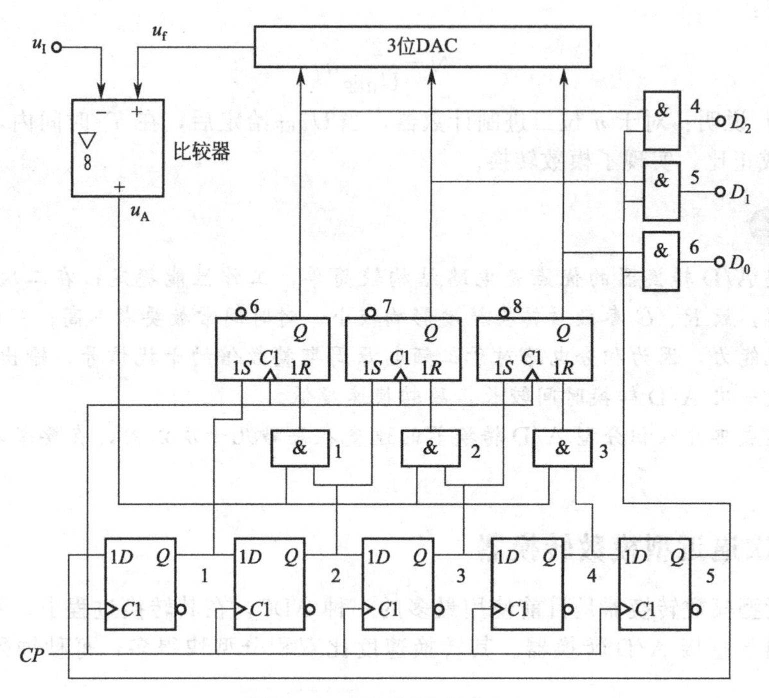

图 7.12　逐次渐近型 ADC

当第 2 个 CP 到来时，由于 $Q_1Q_2Q_3Q_4Q_5=01000$，又 $u_A=0$，使得 $Q_6Q_7Q_8=110$，相当于 Q_6保留 1，Q_7置为 1，Q_8仍为 0。与此同时，$Q_1Q_2Q_3Q_4Q_5=00100$，逐次逼近寄存器的状态 110 经 DAC 转换为 50mV＋50/2mV＝75mV，即 u_f又变成 75mV。与 u_I 比较，$u_I>u_f$，所以 $u_A=0$。

当第 3 个 CP 到来时，由于 $Q_1Q_2Q_3Q_4Q_5=00100$，又 $u_A=0$，使得 $Q_6Q_7Q_8=111$，相当于 Q_6、Q_7保持不变，Q_8置为 1。与此同时，环形寄存器又右移 1 位。逐次逼近寄存器的输出 111 经 DAC 转换输出为 75mV＋50/4mV＝87.5mV，即 u_f又变成 87.5mV。经与 u_I 比较，$u_I<u_f$，因此 $u_A=1$。

当第 4 个 CP 到来时，由于 $Q_1Q_2Q_3Q_4Q_5=00010$，又 $u_A=1$，使得 Q_8的 1 被清零，即 $Q_6Q_7Q_8=110$。与此同时，环形寄存器又右移 1 位。

当第 5 个 CP 到来时，环形移位寄存器最后一位置 1，使得门 4～6 开通，逐次逼近寄存器的内容输出为数字信号 $D_2D_1D_0=110$，相当于 75mV。

由上述分析可知，完成一次转换需要 5 个 CP 时钟信号的周期，而当位数增加时，转换时间相应地加长，但逐次逼近型 A/D 转换器的位数越多，u_f越接近 u_I，输出的数字信号越精确。

归纳

逐次逼近型 ADC 是使用最广泛的一种 ADC，它转换速度快，精度高，其精确度可达 0.005％。

7.3.4　并联比较型模数转换器

并联比较型模数转换器由电阻分压器、电压比较器、数码寄存器及编码器等组成，如图 7.13 所示。该电路工作原理如下所述。

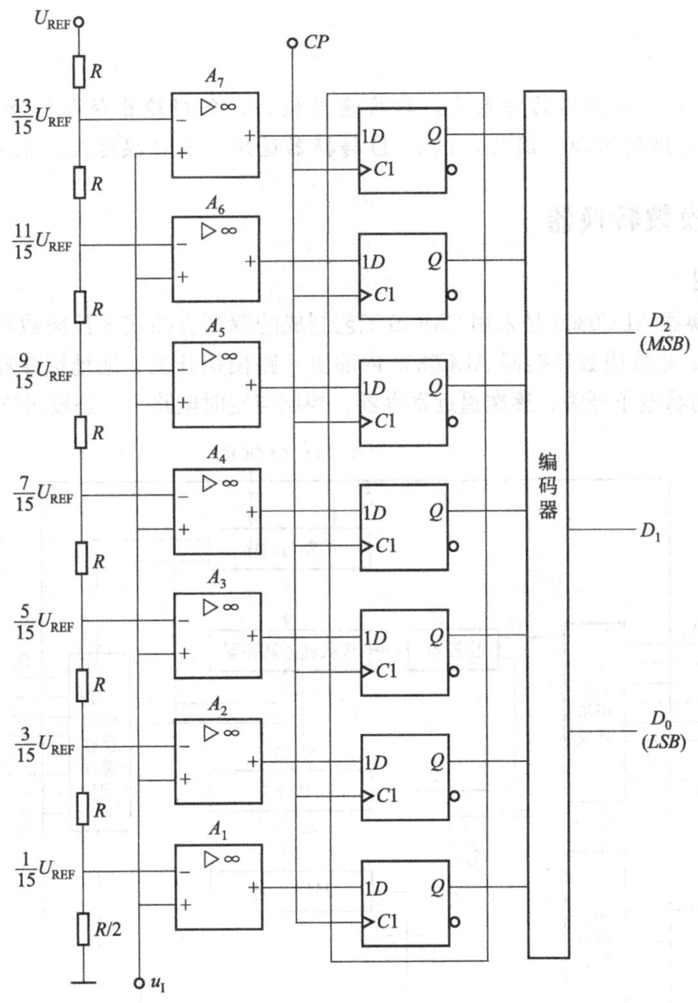

图 7.13　并联比较型 ADC

电阻分压器将输入参考电压量化为 $U_{REF}/15$、$3U_{REF}/15$，直到 $13U_{REF}/15$，共 7 个比较电平，量化单位为 $\Delta=2U_{REF}/15$。之后，将这 7 个电平分别接到 7 个电压比较器 $A_1 \sim A_7$ 的相同输入端上。7 个比较器的另一个输入端连在一起，作为采样保持模拟电压的输入端。输入电压 u_I 与参考电压的比较结果由比较器输出，送到寄存器保存，以消除各比较器由于速度不同而产生的逻辑错误输出。编码器把寄存器送出的信号进行二进制编码，输出 3 位二进制数字信号。其对应关系如表 7.1 所示。

表 7.13　位并联比较 A/DC 的输入与输出关系对照表

输入模拟电压	比较器输出							数字信号		
u_I	A_7	A_6	A_5	A_4	A_3	A_2	A_1	D_2	D_1	D_0
$0 \leqslant u_I < 1/15$	0	0	0	0	0	0	0	0	0	0
$1/15 \leqslant u_I < 3/15$	0	0	0	0	0	0	1	0	0	1
$3/15 \leqslant u_I < 5/15$	0	0	0	0	0	1	1	0	1	0
$5/15 \leqslant u_I < 7/15$	0	0	0	0	1	1	1	0	1	1
$7/15 \leqslant u_I < 9/15$	0	0	0	1	1	1	1	1	0	0
$9/15 \leqslant u_I < 11/15$	0	0	1	1	1	1	1	1	0	1
$11/15 \leqslant u_I < 13/15$	0	1	1	1	1	1	1	1	1	0
$13/15 \leqslant u_I < 1$	1	1	1	1	1	1	1	1	1	1

归纳

并联比较型 A/D 转换器的特点是：转换速度极快，但当输出位数增加时，所需电压比较器数目将以极大比例增加。因此，该 A/D 转换器适用于高转换速度、低分辨率的场合。

7.3.5 集成模数转换器

1. 原理框图

集成模数转换器 ADC0809 是采用 CMOS 工艺制成的双列直插式 8 位模数转换器，其原理框图如图 7.14 所示。集成模数转换器 ADC0809 内部由 8 路模拟开关、地址锁存器和译码器、比较器、电阻网络、树状电子开关、逐次逼近寄存器、控制与定时电路、三态输出锁存器等组成。

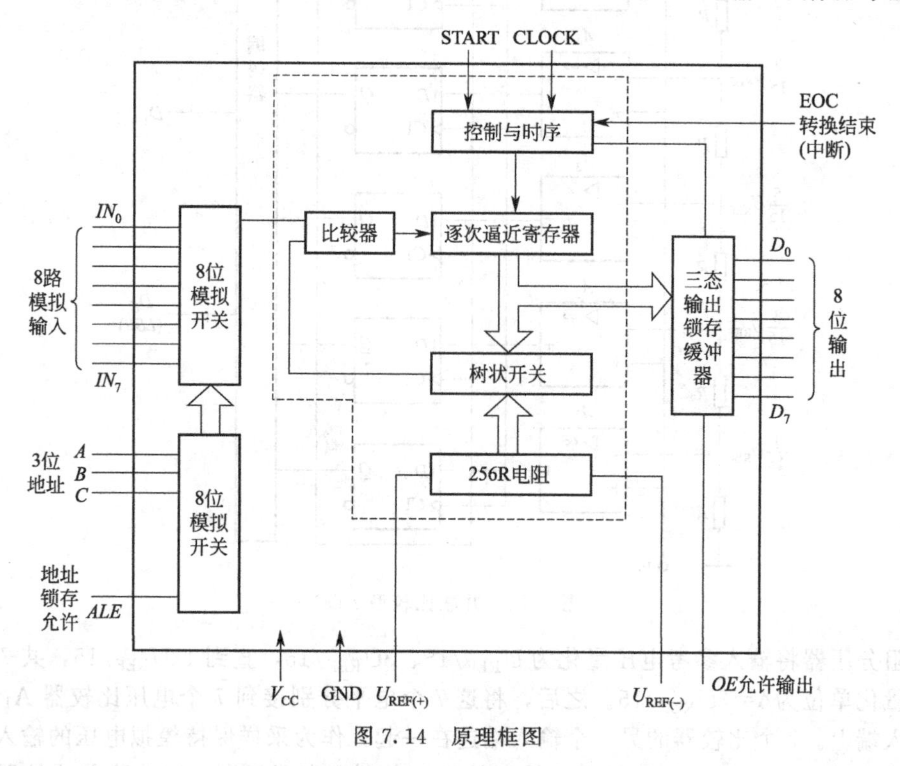

图 7.14　原理框图

虚线框中为 ADC0809 的核心部分。ADC0809 芯片有 28 个引脚，各引脚功能如下所述。

(1) $IN_0 \sim IN_7$：为 8 路模拟电压输入端。它可对 8 路模拟信号进行转换。但在某一时刻，只能选择一路进行转换。“选择”由地址锁存器和译码器来控制。

(2) A、B、C：模拟输入通道的地址选择线。它的状态译码与模拟电压输入通道的关系如表 7.2 所示。

表 7.2　输入通道的状态译码

C　B　A	模拟通道	C　B　A	模拟通道
0　0　0	IN_0	1　0　0	IN_4
0　0　1	IN_1	1　0　1	IN_5
0　1　0	IN_2	1　1　0	IN_6
0　1　1	IN3	1　1　1	IN7

(3) ALE：地址锁存允许信号，高电平有效。

（4）*START*：脉冲输入信号启动端。其上升沿使内部寄存器清零，下降沿开始进行模/数转换。

（5）CLOCK：时钟脉冲输入端，控制时序电路工作。

（6）$D_0 \sim D_7$：数据输出端，D_0为最低位，D_7为最高位。

（7）*OE*：输出允许，高电平有效。

（8）$U_{REF(+)}$和$U_{REF(-)}$：电阻网络参考电压正端和负端。

（9）V_{CC}：电源端；GND：接地端。

2. ADC0809 主要技术指标

（1）分辨率：8 位。

（2）精度：±1*LSB*。

（3）转换时间：100 μs。

（4）输入电压：+5V。

（5）电源电压：+5V。

7.3.6　模数转换器的主要参数

1. 分辨率

模数转换器的分辨率又称分解度。其输出二进制数位越多，转换精度越高，即分辨率越高，故可用分辨率表示转换精度，常以 *LSB* 对应的电压值表示。如果输入的模拟电压满量程为 5V，8 位 ADC 的 *LSB* 对应的输入电压为$\frac{1}{2^8} \times 5\text{V} = 19.53\text{mV}$，而 10 位 ADC 的 LSB 为$\frac{1}{2^{10}} \times 5\text{V} = 4.88\text{mV}$。可见，A/D 转换器位数越多，分辨率越高。

2. 转换速度

转换速度是指模数转换器从接到转换控制信号起，到输出稳定的数字量为止所用的时间多少。显然，用的时间越少，转换速度越快。通常，高转换速度可达数百毫微秒，中速为数十微秒，低速为数十毫秒。

3. 相对误差

相对误差表示模数转换器实际输出的数字量和理想输出数字量之间的差别，常用最低有效位的倍数表达。例如，模数转换器的相对误差$\leqslant \frac{1}{2} LSB$，表示实际输出的数字量和理论上得到的输出数字量之间的误差少于最低位 1 的一半。

思考题

1. 一个 8 位的模数转换器能产生多少个独立的数字输出代码？
2. 解释 DAC 或者 ADC 的分辨率的含义。
3. 逐次逼近型模数转换器的特点是什么？

本章小结

1. 数字信号处理是一种对模拟信号进行数字处理的技术，通常用于实时处理，目的是对信号进行增强或改善。

2. 数模（D/A）转换器和模数（A/D）转换器是现代数字系统的重要部件，应用十分广泛。将表示数字量的有权码每1位的代码按其权的大小转换成相应的模拟量，然后模拟量相加，可得到与数字量成正比的总的模拟量，实现D/A转换。

3. 数模（D/A）转换器一般由变换网络和模拟电子开关组成。变换网络由权电阻变换网络、R-2R型电阻变换网络等几种。

4. 模数（A/D）转换器的功能是将输入的模拟信号转换成一组多位的二进制数字输出。不同模数转换器的转换方式各具特点：并联比较型模数转换器转换速度快，主要缺点是要使用的比较器和触发器很多，随着分辨率提高，所需元件数目按几何级数增加；逐次逼近型模数转换器的分辨率较高、误差较低、转换速度较快，因此应用广泛。

5. 数模（D/A）转换器和模数（A/D）转换器的主要技术参数是转换精度和转换速度。在系统连接后，转换器的这两项指标决定了系统的精度与速度。目前，D/A转换器和A/D转换器的发展趋势是高速度、高分辨率及易于与微型计算机接口，用于满足各个应用领域对信号处理的要求。

本章关键术语

数模转换器　Digital -to- Analog Converter，DAC　一种能够将数字信号转换为模拟信号的电路。

模数转换器 Analog-to-Digital Converter，ADC　一种能够将模拟信号转换为数字信号的电路。

量化　quantization　模数转换过程中，给每个采样值分配一个二进制编码的过程。

采样　sampling　在模拟波形中选取离散点的过程。注意：选取的点必须足够多，才能无失真地表述原始波形。

自我测试题

一、选择题（请将下列题目中的正确答案填入括号）

1. T型电阻网络DAC具有（　　）。

(a) 两种不同的电阻值　　(b) 四种不同的电阻值　　(c) 多种不同的电阻值

2. 对模拟信号采样，会产生（　　）。

(a) 脉冲序列，与信号幅值成正比　　(b) 脉冲序列，与信号频率成正比

(c) 数字编码，用于表示模拟信号的幅值

3. 根据采样定理，采样频率是（　　）。

(a) 小于最高信号频率的一半　　(b) 大于最高信号频率的2倍

(c) 小于最低信号频率的一半

4. “保持”电路运算发生在（　　）。

(a) 每个采样之前　　(b) 采样之后　　(c) 模数转换之后

5. 量化（　　）。

(a) 把“采样-保持”输出转化为二进制编码　　(b) 把采样脉冲转化为相应的电平

(c) 把二进制编码序列转化为重建的模拟波形

6. 一般说来，采用（　　）时，所得的模拟信号更精确。

(a) 更多的量化电平　　(b) 更高的采样频率　　(c) (a)和(b)都对

二、判断题（正确的在括号内打√，错误的在括号内打×）

1. 数模转换器位数较多时，应采用 T 型电阻网络的 DAC。（　　）
2. 数模转换器的分辨率有时可用输入数码的位数表示。（　　）
3. 模数转换器的转换精度越高，转换的速度越低。（　　）
4. 双积分型模数转换器具有较高的转换速度。（　　）
5. 并联比较型模数转换器适用于低分辨率的场合。（　　）

三、分析计算题

1. 为什么必须对采样值保持？决定量化处理精度的因素是什么？

2. 在 T 型电阻网络 D/A 转换器中，已知参考电压 $U_{REF}=16V$，试计算当 $D_3D_2D_1D_0$ 为 1011 时，对应的输出电压 u_O 值。

3. 在权电阻网络 D/A 转换器中，若参考电压 $U_{REF}=10V$，试计算当 $D_3D_2D_1D_0=0101$ 时，输出电压的大小。

4. 如果要求 D/A 转换器精度小于 5%，至少要用多少位 D/A 转换器？

5. 8 位 ADC 输入满量程为 10V，当输入下列电压值时，数字量的输出分别为多大？

（1）4.85V　　（2）8.28V

习　题

一、选择题（请将下列题目中的正确答案填入括号）

1. DAC 的转换精度决定于（　　）。

(a) 分辨率　　(b) 转换误差　　(c) 分辨率与转换误差

2. n 位 DAC 的分辨率可表示为（　　）。

(a) $1/2^{n-1}$　　(b) $1/2^{n}-1$　　(c) $1/2^{n}$

3. 在位数不同的 DAC 中，分辨率最低的是（　　）。

(a) 4 位　　(b) 8 位　　(c) 10 位

4. 下面给出的 DAC 的转换误差，最小的是（　　）。

(a) $1LSB$　　(b) $0.8LSB$　　(c) $0.5LSB$

5. ADC 的分解度（分辨率）与输出数字量位数的关系是（　　）。

(a) 输出数字量位数多，则分辨率低

(b) 位数多，则分辨率高

(c) 位数与分辨率无关

6. 某 ADC 有 8 路模拟信号输入，若 8 路正弦输入信号的频率分别为 1kHz、2kHz、…、8kHz，则该 ADC 的采样频率 f_S 的取值应为（　　）

(a) $f_S \leqslant 1kHz$　　(b) $f_S=8kHz$　　(c) $f_S \geqslant 16kHz$

二、判断题（正确的在括号内打√，错误的在括号内打×）

1. 数模转换器位数较多时，应采用权电阻网络的 DAC。（　　）
2. 数模转换器的分辨率与输入数码的位数成正比。（　　）
3. 数模转换器的转换精度越高，转换的速度越快。（　　）
4. 逐次渐近型模数转换器具有较高的转换速度。（　　）
5. 双积分型模数转换器完成一次 A/D 转换，时间很短。（　　）

三、分析计算题

1. 对于 12 比特权电阻网络的 DAC，其最大电阻与最小电阻的比值是多少？

2. 在T型电阻网络D/A转换器中，已知参考电压$U_{REF}=8V$，试计算当$D_3D_2D_1D_0$每一位输入代码分别为1时，对应的输出电压u_O值。

3. 在权电阻网络D/A转换器中，若参考电压$U_{REF}=5V$，试计算当$D_3D_2D_1D_0=0101$时，输出电压的大小。

4. 如果要求D/A转换器精度小于2%，至少要用多少位D/A转换器？

5. 在8位权电阻网络D/A转换器中，若参考电压$U_{REF}=5V$，反馈电阻$R_F=10k\Omega$，运算放大器输出电压范围为$-5\sim+5V$，试求各权电阻（$R_0\sim R_7$）的阻值。

6. 有一个8位D/A转换器：

（1）若最小输出电压增量为0.02V，试问当输入二进制码01001101时，输出电压为多少？

（2）若其分辨率用百分数表示，为多少？

（3）若某一系统中要求D/A转换器的精度优于0.25%，试问这个D/A转换器能否应用？

7. 某8位D/A转换器输出满度电压为6V，那么，它的1*LSB*对应的电压值是多少？

8. 电路如图7.6所示，设$U_{REF}=-10V$，求：

（1）当$D_7\sim D_0=10010000$时，$u_O=$？

（2）当$D_7\sim D_0=01010000$时，$u_O=$？

9. 在实现A/D转换电路中，为什么需要加采样保持电路？对采样信号有什么要求？对保持电路有何要求？

10. 8位ADC输入满量程为10V，当输入下列电压值时，数字量的输出分别为多大？

（1）3.5V　　（2）7.08V

实验与实训

一、数模转换器

1. 实验目的

（1）熟悉使用集成DAC0832器件实现8位数模转换的方法。

（2）掌握测试8位数模转换器的转换精度及线性度的方法。

2. 实验原理

在电子技术的很多应用场合，往往需要把数字量转换为模拟量，于是要使用数模转换器（D/A转换器，简称DAC）。完成这种转换的线路有多种，特别是单片大规模集成D/A，为实现上述转换提供了极大的方便。使用者可借助于手册提供的器件性能指标及典型应用电路，正确使用这些器件。

3. 实验内容

（1）测试DAC0832的转换精度及线性度。

（2）设计一个程控增益放大器，要求可调增益在1～256范围内，输入电压最大值不低于50mV。

4. 实验预习要求

（1）熟悉DAC8032D/A转换器的功能和典型应用。

（2）根据测试电路中的数值，计算有关的理论参数。

二、模数转换器

1. 实验目的

（1）熟悉使用集成ADC0809（0804）器件实现8位模数转换的方法。

(2) 掌握测试8位模数转换器静态线性度的方法。

2. 实验原理

在电子技术的很多应用场合，往往需要把模拟量转换为数字量，完成这种功能的电路称为模数转换器（简称ADC）。模数转换器的类型有多种，特别是单片大规模集成模数(A/D)转换器问世，为实现上述转换提供了极大的方便。使用者可借助于手册提供的器件性能指标及典型应用电路，正确使用这些器件。

3. 实验内容

连接一个A/D转换电路，将0～+5V模拟量转换为8位数字量。

4. 实验预习要求

(1) 熟悉DAC0809A/D转换器的功能和典型应用。

(2) 根据测试电路中的数值，计算有关的理论参数。

三、综合实训

1. 用D/A转换器和集成运算放大器设计一个精密的数控电流源。

2. 设计一个3位半数字电压表。

第8章 半导体存储器和可编程逻辑器件

学习目标

- **要掌握：** 只读存储器（ROM）和随机存储器（RAM）的逻辑功能和两者性能的区别、存储器地址译码器的功能；字线、位线、存储单元、字长、字节的含义；可编程逻辑器件的功能及实际应用。
- **会计算：** 半导体存储器的存储量。
- **会画出：** 随机存储器字扩展和位扩展的电路及其连线；存储器产生逻辑函数的电路图。
- **会使用：** 集成触发器直接置位端和复位端的状态在各种情况下的设置方法。

随着电子技术的发展，存储技术和可编程逻辑器件的应用越来越广泛。本章首先介绍掩膜ROM、PROM和EPROM等只读存储器（ROM）的基本概念及其特点。只读存储器在存入数据以后，不能用简单的方法更改，即在工作时，它的存储内容是固定不变的，只能从中读出信息，不能写入信息，并且所存储的信息在断电后仍能保持，常用于存放固定的信息。然后，介绍随机存储器（RAM）的电路结构、工作原理和存储容量的扩展方法。随机存取存储器可以在任意时刻、对任意选中的存储单元进行信息的存入（写入）或取出（读出）操作。与ROM相比，RAM最大的优点是存取方便，使用灵活，既能不破坏地读出所存信息，又能随时写入新的内容，其缺点是一旦停电，所存内容便全部丢失。最后，介绍可编程逻辑器件（PLD）的基本原理、特性和开发流程。PLD的主体是由与门和或门构成的与阵列和或阵列，因此，可利用PLD来实现任何组合逻辑函数。GAL还可用于实现时序逻辑电路。本章的重点是器件外部的逻辑功能、特性和使用方法，器件内部的具体结构不是本章讨论的重点。

8.1 半导体存储器

在计算机以及一些数字系统的工作过程中，都需要存储器。存储器不仅能用来存储程序和数据，而且能用于产生任何一种组合逻辑函数，还可以用作任意形状的波形发生器、各种数据表和“字典”等。和其他类型的存储器（磁带、磁芯等）相比，半导体存储器具有存储密度高、速度快、功耗低、体积小和使用方便等优点。

8.1.1 基本概念

1. 基本概念

半导体存储器是一种能存储大量二值信息的半导体器件。

存储介质是指能表示二进制数1和0的物理器件，常用的有半导体和磁性材料等。存储1位二进制代码信息的器件，称为存储元。存储元必须具有以下基本功能。

(1) 具有两种稳定的状态。

(2) 两种稳定状态经外部信号控制，可以相互转换。

(3) 经控制，能读出其中的信息。

(4) 无外部原因，其中的信息能长期保存。

若干个存储元的集合构成一个存储单元，它可以存放一个字或一个字节。存储单元的编号就是存储地址，有按字节编址的系统，也有按字编址的系统。若干个存储单元的集合就构成存储体。

2. 主要技术指标

1) 存储容量

存储器可以容纳的二进制信息量称为存储容量，通常用单元数×位数表示。例如，64K×16 位，表示有 64K 个存储单元，每个单元存储 16 位数据。

2) 存储周期

在连续两次访问存储器时，从第一次开始访问，到下一次开始访问，所需的最短时间，叫做存储周期。

8.1.2　半导体存储器分类

半导体存储器的种类很多，从存、取的功能上，分为只读存储器（ROM，Read Only Memory）和随机存储器（RAM，Random Access Memory）两大类。

只读存储器在工作时只能从中读出信息，不能写入信息，且断电后所存信息仍能保持。随机存储器在工作时既能从中读出（取出）信息，又能随时写入（存入）信息，但断电后所存信息消失。

从制造工艺上，半导体存储器分为双极型和 MOS 型两大类。由于 MOS 电路（尤其是 CMOS 电路）具有功耗低、集成度高的优点，所以目前使用的半导体存储器大都是采用 MOS 工艺制成。

思考题

1. 在存储电路中，如何确定存储容量？何为存储周期？
2. 存储器中可以保存的最小数据单位是什么？
3. 半导体存储器有几种类型？各有什么特点？

8.2　只读存储器（ROM）

只读存储器的主要特征是工作时内容不能改变，数据不易丢失，断电后 ROM 中的内容依然存在。只读存储器常用于存放固定程序或数据。

8.2.1　只读存储器的结构和分类

1. ROM 的一般结构

ROM 的电路结构通常包含地址译码器、存储单元矩阵和输出缓冲器 3 个组成部分，如图 8.1 所示。存储矩阵是存放信息的主体，它由许多存储单元排列组成。每个存储单元存放 1 位二值代码（0 或 1），若干个存储单元组成一个“字”（也称一个信息单元）。地址译码器

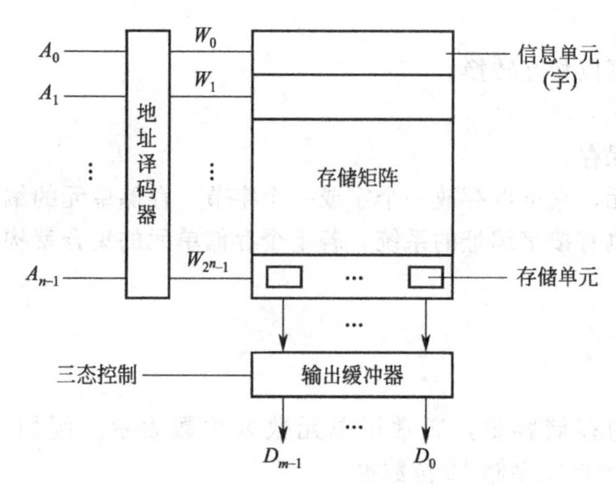

图 8.1 ROM 的基本结构框图

有 n 条地址输入线 $A_0 \sim A_{n-1}$，2^n 条译码输出线 $W_0 \sim W_{2^n-1}$，每一条译码输出线 W_i 称为“字线”，它与存储矩阵中的一个“字”相对应。因此，当给定一组输入地址时，译码器只有一条输出字线 W_i 被选中。该字线可以在存储矩阵中找到一个相应的“字”，并将字中的 m 位信息 $D_{m-1} \sim D_0$ 送至输出缓冲器。读出 $D_{m-1} \sim D_0$ 的每条数据输出线 D_j 也称为“位线”，每个字中信息的位数称为“字长”。存储矩阵由一组或门组成（也称或逻辑阵列）。

ROM 的存储单元可以用二极管构成，也可以用双极型三极管或 MOS 管构成。存储器的容量用存储单元的数目来表示，写成“字数乘位数”的形式。对于图 8.1 所示的存储矩阵，有 2^n 个字，每个字的字长为 m，因此整个存储器的存储容量为 $2^n \times m$ 位。存储容量也习惯用 K(1K=1024) 为单位来表示，例如 1K×4、2K×8 和 64K×1 的存储器，其容量分别是 1024×4 位、2048×8 位和 65536×1 位。

地址译码器负责把输入的地址代码译成相应的控制信号；再利用这个控制信号，从存储矩阵中把指定的单元选出，并把其中的数据送给输出缓冲器。地址译码器由一组与门组成（也称为与逻辑阵列）。

提示

输出缓冲器的作用有两个方面，一是提高存储器的带负载能力，二是实现对输出状态的三态控制，以便和系统的总线连接。

图 8.2 所示是具有 2 位地址输入和 4 位数据输出的 ROM 结构图，其存储单元用二极管构成。图中，$W_0 \sim W_3$ 4 条字线分别选择存储矩阵中的 4 个字，每个字存放 4 位信息。制作芯片时，若在某个字中的某一位存入 1，则在该字的字线 W_i 与位线 D_j 之间接入二极管；反之，不接二极管。

读出数据时，首先输入地址码，并对输出缓冲器实现三态控制，在数据输出端 $D_3 \sim D_0$ 可以获得该地址对应字中所存储的数据。例如，当 $A_1A_0=00$ 时，$W_0=1$，$W_1=W_2=W_3=0$，即此时 W_0 被选中，读出 W_0 对应字中的数据 $D_3D_2D_1D_0=1001$。同理，当 A_1A_0 分别为 01、10、11 时，依次读出各对应字中的数据 0111、1110、0101。因此，该 ROM 的全部地址内存储的数据可用表 8.1 表示。

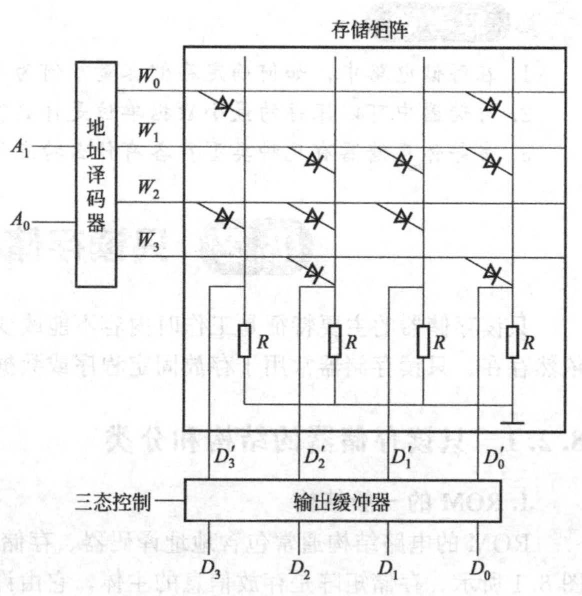

图 8.2 二极管 ROM 结构图

表 8.1　ROM 中存储的数据

地　址		数　据			
A_1	A_0	D_3	D_2	D_1	D_0
0	0	1	0	0	1
0	1	0	1	1	1
1	0	1	1	1	0
1	1	0	1	0	1

2. ROM 的分类

在只读存储器中，按照数据写入方式的不同，分为掩膜 ROM、可编程 ROM（PROM，Programmable Read-Only Memory）、可擦可编程 ROM（EPROM，Erasable Programmable Read-Only Memory）3 种类型。

1）掩膜 ROM

掩膜 ROM 中存放的信息是由生产厂家采用掩膜工艺专门为用户制作的。这种 ROM 在出厂时，其内部存储的信息就已经“固化”了，所以也称固定 ROM。它在使用时只能读出，不能写入，因此通常只用来存放固定数据、固定程序和函数表等。

归纳

掩膜 ROM 的特点是信息固定不变，可靠性高；存储的信息一次写入后，再不能修改，灵活性差；生产周期长，只适合定型批量生产。

2）PROM（一次性可编程的只读存储器）

PROM 在出厂时，存储的内容为全 0（或全 1），用户可根据需要，将某些单元改写为 1（或 0）。这种 ROM 采用熔丝或 PN 结击穿的方法编程，由于熔丝烧断或 PN 结击穿后不能再恢复，因此 PROM 只能改写一次。在熔丝型 PROM 的存储矩阵中，每个存储单元都接有一个存储管，但每个存储管的一个电极都通过一根易熔的金属丝接到相应的位线上，如图 8.3 所示。其中，图 8.3(b) 中的场效应管用简化符号表示。用户对 PROM 编程是逐字逐位进行的。首先通过字线和位线选择需要编程的存储单元，然后通过规定宽度和幅度的脉冲电流，将该存储管的熔丝熔断，将该单元的内容改写。

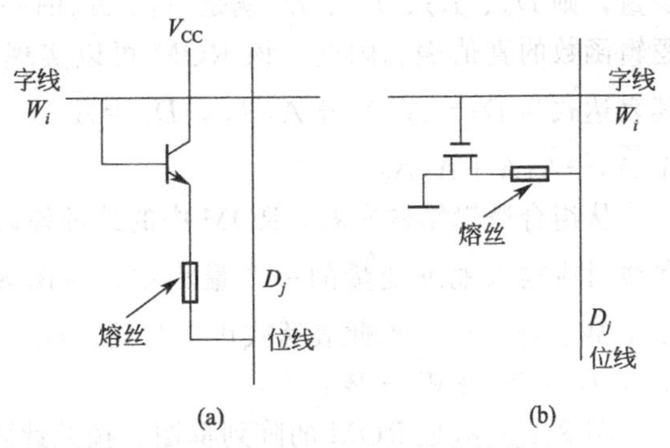

图 8.3　熔丝型 PROM 的存储单元

3）EPROM（可擦除可编程的只读存储器）

PROM 虽然可以编程，但只能编程一次。而 EPROM 克服了 PROM 的缺点，当所存数据需要更新时，用特定的方法擦除并重写。最早出现的是用紫外线照射擦除的 EPROM。它的存储矩阵单元使用浮置栅雪崩注入 MOS 管或叠栅注入 MOS 管。

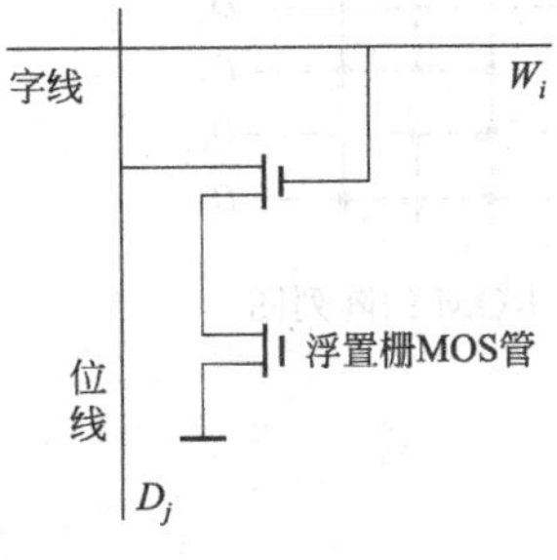

浮置栅 MOS 管（简称 FAMOS 管）基本上是一个 P 沟道增强型 MOS 管，所不同的仅仅是栅极被 SiO_2 绝缘层隔离，呈浮置状态，故称浮置栅。当浮置栅带负电荷时，N 型衬底表面感应出 P 型沟道，FAMOS 管处于导通状态，源极—漏极间的电阻很小，可看成短路。若浮置栅上不带有电荷，则 FAMOS 管截止，源极—漏极间视为开路。因此，由图 8.4 可以看出，当浮置栅带

图 8.4　浮置栅 EPROM

负电荷时，FAMOS管导通，存储MOS管源极接地，即该存储单元有MOS管；反之，浮置栅不带电荷，FAMOS管截止，存储MOS管不接地，相当于该存储单元没有接MOS管。可见，根据浮置栅是否带有负电荷，便可区分所存信息是0还是1。

浮置栅EPROM出厂时，所有存储单元的FAMOS管浮置栅都不带电荷，FAMOS管处于截止状态。写入信息时，在对应单元的漏极与衬底之间加足够高的反向电压，使漏极与衬底之间的PN结产生击穿。雪崩击穿产生的高能电子堆积在浮置栅上，使FAMOS管导通。当去掉外加反向电压后，由于浮置栅上的电子没有放电回路，能长期保存下来，在125℃的环境温度下，70%以上的电荷能保存10年以上。如果用紫外线照射FAMOS管10～30min，浮置栅上积累的电子形成光电流而泄放，使导电沟道消失，FAMOS管恢复为截止状态。为便于擦除，芯片的封装外壳装有透明的石英盖板。

8.2.2 只读存储器的应用

只读存储器的应用非常广泛。从存储器的角度看，只要将逻辑函数的真值表事先存入ROM，便可用ROM实现该函数。例如，在表8.1所示的ROM数据表中，如果将输入地址A_1、A_0看成是两个输入逻辑变量，将数据输出D_3、D_2、D_1、D_0看成是一组输出逻辑变量，则D_3、D_2、D_1、D_0就是A_1、A_0的一组逻辑函数，表8.1就是这一组多输出组合逻辑函数的真值表。因此，该ROM可以实现表8.1中的4个函数（D_3、D_2、D_1、D_0），其表达式为$D_3=\overline{A}_1\overline{A}_0+A_1\overline{A}_0$，$D_2=\overline{A}_1A+A_1\overline{A}_0+A_1A_0$，$D_1=\overline{A}_1A+A_1\overline{A}_0$，$D_0=\overline{A}_1\overline{A}_0+\overline{A}_1A+A_1\mathrm{A}_0$

从组合逻辑结构来看，ROM中的地址译码器形成了输入变量的所有最小项，即每一条字线对应输入地址变量的一个最小项。在图8.2中，$W_0=\overline{A}_1\overline{A}_0$，$W_1=\overline{A}_1A_0$，$W_2=A_1\overline{A}_0$，$W_3=A_1A_0$，因此表达式可以写成：$D_3=W_0+W_2$，$D_2=W_1+W_2+W_3$，$D_1=W_1+W_2$，$D_0=W_0+W_1+W_3$。

图8.5所示是ROM的阵列框图。按照此阵列框图，把图8.2所示ROM的存储矩阵画成ROM阵列图形式，如图8.6所示。

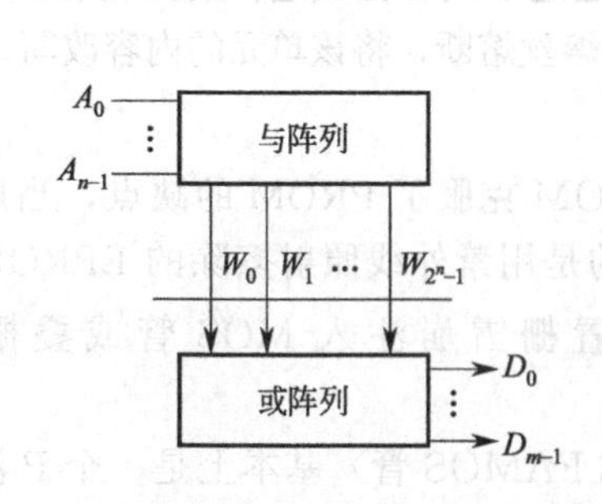

图8.5 ROM的阵列框图

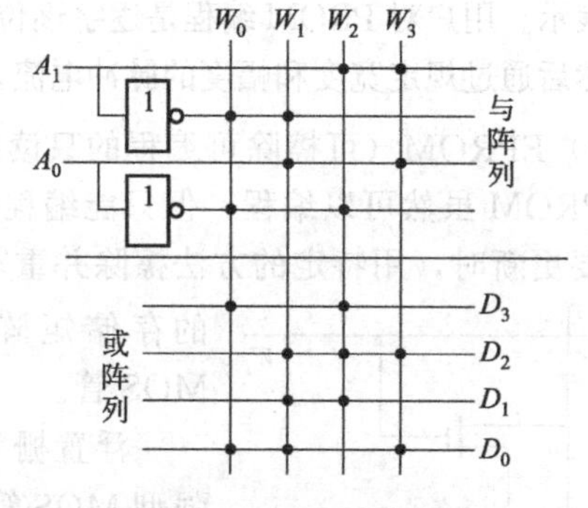

图8.6 ROM的阵列图

用ROM实现逻辑函数，一般按以下步骤操作。

(1) 根据逻辑函数的输入、输出变量数目，确定ROM的容量，选择合适的ROM。

(2) 写出逻辑函数的最小项表达式，画出 ROM 的阵列图。

(3) 根据阵列图，对 ROM 编程。

思考题

1. 在存储电路中，什么总线可以用来指定存储数据的单元？
2. 一旦选定了存储单元，数据通过什么总线传输？
3. 在什么情况下，可以把 EPROM 存储设计转换为掩膜 ROM？
4. ROM 是一种什么类型的存储器？
5. 在 EPROM 存储器中，是如何实现擦除的？

8.3 随机存取存储器（RAM）

随机存取存储器也称随机存储器或随机读/写存储器，简称 RAM。RAM 工作时，可以随时从任何一个指定的地址写入（存入）或读出（取出）信息。根据存储单元的工作原理不同，RAM 分为静态 RAM 和动态 RAM。

8.3.1 随机存取存储器结构与分类

1. 基本结构

RAM 主要由存储矩阵、地址译码器和读/写控制电路 3 个部分组成，其框图如图 8.7 所示。

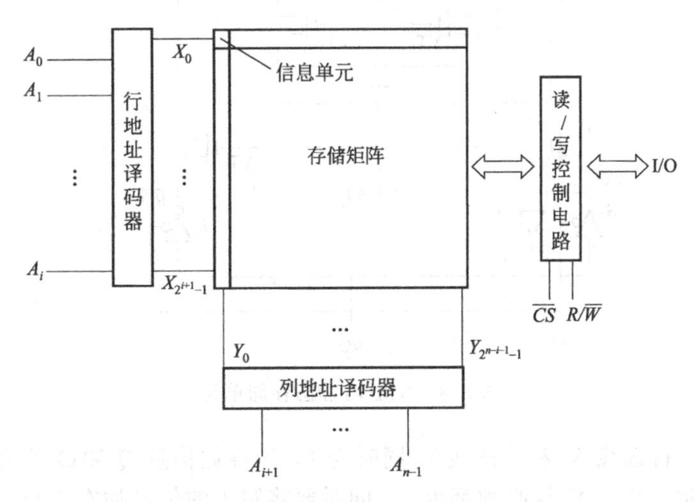

图 8.7　RAM 的基本结构框图

存储矩阵由许多存储单元排列组成，每个存储单元能存放 1 位二值信息（0 或 1），在译码器和读/写电路的控制下，执行读/写操作。

地址译码器一般分成行地址译码器和列地址译码器两部分。行地址译码器将输入地址代码的若干位 $A_0 \sim A_i$ 译成某一条字线有效，从存储矩阵中选中一行存储单元；列地址译码器将输入地址代码的其余若干位（$A_{i+1} \sim A_{n-1}$）译成某一根输出线有效，从字线选中的一行存储单元中再选 1 位（或 n 位），使这些被选中的单元与读/写电路和 I/O（输入/输出端）接通，以便对这些单元执行读/写操作。

读/写控制电路用于对电路的工作状态进行控制。$\overline{CS}$ 称为片选信号。当 $\overline{CS}=0$ 时，RAM 工作；$\overline{CS}=1$ 时，所有 I/O 端均为高阻状态，不能对 RAM 执行读/写操作。$R/\overline{W}$ 称为读/写控制信号。$R/\overline{W}=1$ 时，执行读操作，将存储单元中的信息送到 I/O 端上；当 $R/\overline{W}=0$ 时，执行写操作，加到 I/O 端上的数据被写入存储单元。

2. 静态存储单元电路

静态 RAM 的存储单元如图 8.8 所示，它是由 8 个 NMOS 管（$VT_1\sim VT_8$）组成的存储单元。VT_1、VT_2构成的反相器与 VT_3、VT_4构成的反相器交叉耦合组成一个 RS 触发器，可存储 1 位二进制信息。Q 和 $\overline{Q}$ 是 RS 触发器的互补输出。VT_5、VT_6是行选通管，受行选线 X_i（相当于字线）控制。行选线 X_i 为高电平时，Q 和 $\overline{Q}$ 的存储信息分别送至位线 D 和位线 $\overline{D}$。VT_7、VT_8是列选通管，受列选线 Y_j 控制。列选线 Y_j 为高电平时，位线 D 和 $\overline{D}$ 上的信息被分别送至输入输出线 I/O 和 $\overline{I/O}$，使位线上的信息同外部数据线相通。

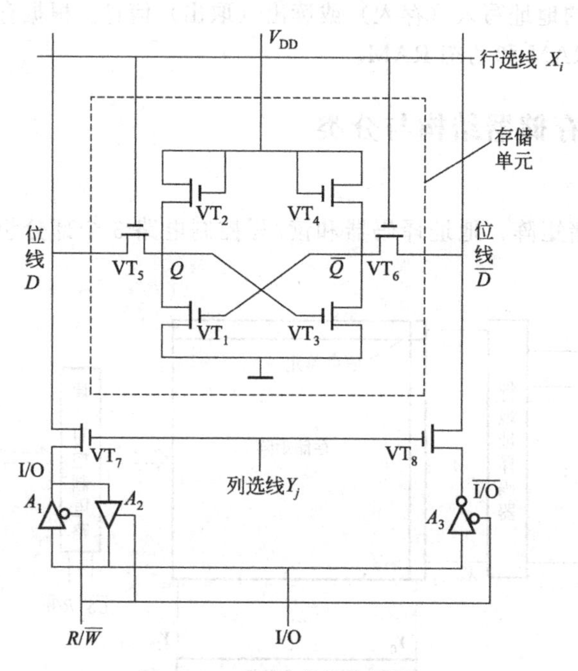

图 8.8　NMOS 静态存储单元

读出操作时，行选线 X_i 和列选线 Y_j 同时为 1，则存储信息 Q 和 $\overline{Q}$ 被读到 I/O 线和 $\overline{I/O}$ 线上。写入信息时，X_i、Y_j 线必须都为 1，同时要将写入的信息加在 I/O 线上，经反相后，$\overline{I/O}$线上有其相反的信息；信息经 T_7、T_8和 T_5、T_6 加到触发器的 Q 端和 $\overline{Q}$ 端，也就是加在了 VT_3和 VT_1的栅极，使触发器触发，即信息被写入。

3. 2114 型静态 RAM 简介

2114 静态 RAM 的存储容量为 1K×4 位，为 18 脚双列直插式结构。地址线为 $A_0\sim A_9$。其中，$A_3\sim A_8$ 为行地址线，经译码器译出 $X_0\sim X_{63}$ 共 64 根行选择线。$A_0\sim A_2$、A_9 为列地址线，经译码器译出 $Y_0\sim Y_{15}$ 共 16 根列选择线。当 X_i、Y_j 被地址码选中后，使 $X_i=Y_j=1$，则 4 位存储单元上的信息代码可输入或输出。这样，组成了 64×(16×4)

的存储矩阵。

4. 动态随机存取存储器

动态RAM的存储矩阵由动态MOS存储单元组成。动态MOS存储单元有单管、三管和四管等几种结构形式。动态RAM与静态RAM的结构基本类似。动态MOS存储单元利用浮置栅MOS管的栅极电容来存储信息，将MOS管栅极电容上存有电荷时作为1状态，不存电荷时作为0状态，所以存储单元电路能够做得很简单。但由于栅极电容的容量很小，而漏电流不可能绝对等于0，所以电荷保存的时间有限。为了避免存储信息的丢失，必须定时地给电容补充电荷。通常把这种操作称为“刷新”或“再生”，因此，动态RAM内部要有刷新控制电路，其操作比静态RAM复杂。尽管如此，由于动态RAM存储单元的结构能做得非常简单，所用元件少，功耗低，所以目前已成为大容量RAM的主流产品。

8.3.2 存储器容量的扩展

1. 位数的扩展（字长扩展）

存储器芯片的字长多数为1位、4位、8位等。当实际的存储系统的字长超过存储器芯片的字长时，需要进行位扩展。

位扩展可以利用芯片的并联方式实现。图8.9所示是用8片1024×1位的RAM扩展为1024×8位RAM的存储系统框图。其中，8片RAM的所有地址线、$R\overline{W}$、$\overline{CS}$分别对应并接在一起，而每一片的I/O端作为整个RAM的I/O端的一位。

ROM芯片上没有读/写控制端$R/\overline{W}$，位扩展时，其余引出端的连接方法与RAM相同。

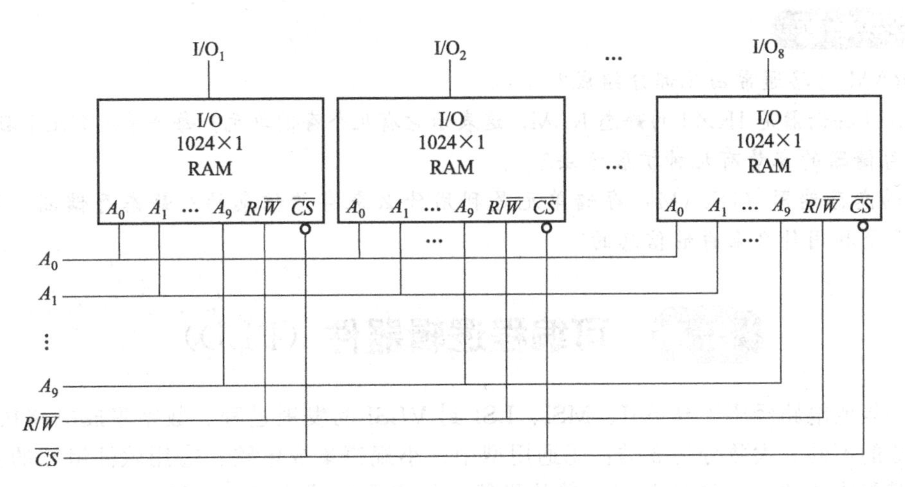

图8.9 RAM的位扩展连接法

2. 字扩展

字扩展可以利用外加译码器控制芯片的片选（$\overline{CS}$）输入端来实现。

图8.10所示是用字扩展方式将4片256×8位的RAM扩展为1024×8位RAM的系统框图。其中，译码器的输入是系统的高位地址A_9、A_8，其输出是各片RAM的片选信号。若A_9A_8= 01，则RAM（2）片的$\overline{CS}$=0，其余各片RAM的$\overline{CS}$均为1，故选中第二片。只有该片的信息可以读出，送到位线上，读出的内容由低位地址A_7～A_0决定。显然，4片RAM轮流工作。在任何时候，只有一片RAM处于工作状态，整个系统字数扩大了4倍，而字长仍为8位。

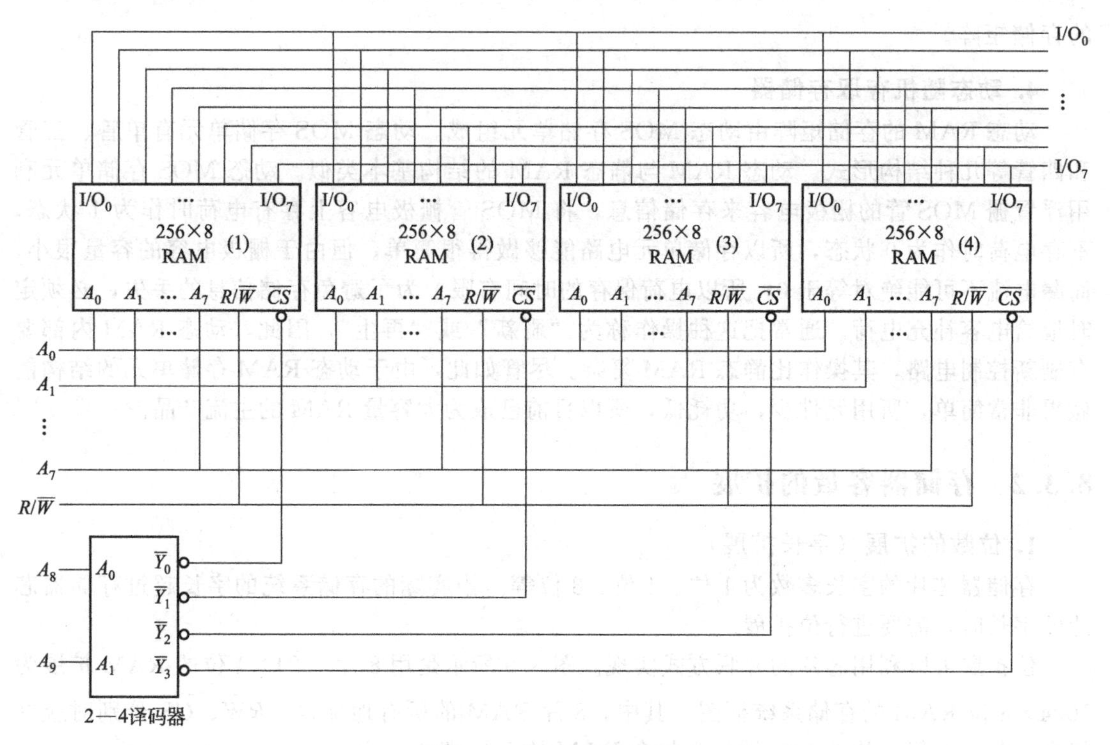

图 8.10　RAM 的字扩展

1. RAM 电路通常由几部分组成？

2. 2114 存储器是 1K×4 的静态 RAM，这表示它有几个存储单元？每个单元有几个数据位？

3. 存储器的容量有几种扩展方法？

4. 动态存储器（DRAM）存储单元是利用什么来存储信息的？静态存储器（SRAM）存储单元是利用什么来存储信息的？

8.4 可编程逻辑器件（PLD）

数字集成电路经历了从 SSI、MSI、LSI 到 VLSI 的发展过程。数字集成电路按照芯片设计方法的不同，大致分为 3 类：①通用型中、小规模集成电路；②用软件组态的大规模、超大规模集成电路，如微处理器、单片机等；③专用集成电路（ASIC-Application Specific Integrated Circuit）。

通用集成电路的应用面广，使用量大，适于大批量生产，成本低廉；而且，它们都已标准化，有系列化的产品供用户直接选用，十分方便。前面介绍的集成电路（除 PROM 外）都属于这一类。

ASIC 是一种专门为某一个应用领域或为专门用户设计、制造的 LSI 或 VLSI 电路，它可以将某些专用电路或电子系统设计在一块芯片上，构成单片集成系统。

一般说来，任何一种专用集成电路的功能均可以用若干个通用集成电路的组合来实现。但是，如果能够做成一片专用集成电路，不但可以缩小电路的体积，提高系统的可靠性，而且有利于系统的保密性。为了解决批量生产与专用功能的矛盾，目前普遍采用的办法是先制作一批通用的半成品集成电路，然后按用户的使用要求编程，加工成所需要的专用集成电路。有些集成电路的编程工作需由生产厂家完成，通常把这样生产的专用集成电路叫做半定制集成电路（SCIC，Semicustom Integrated Circuit）；另外一些集成电路的编程工作由用户自己完成，通常将这些集成电路叫做可编程逻辑器件（PLD，Programmable Logic Device）。

归纳

PLD 器件具有以下优点：集成度高，可以替代多至几千块通用 IC 芯片；极大地减小电路的面积，降低功耗，提高可靠性；具有完善、先进的开发工具；提供语言、图形等设计方法，十分灵活；通过仿真工具来验证设计的正确性；可以反复地擦除、编程，方便设计的修改和升级；灵活地定义管脚功能，减轻设计工作量，缩短系统开发时间；保密性好。

8.4.1　PLD 器件的分类

1. SPLD

SPLD（简单可编程逻辑器件）是最简单的，也是最早的 PLD 器件（通常称为低密度 PLD 器件）。一般说来，一个 SPLD 可以替代许多具有固定功能的 SSI 和 MSI 器件及其连线。

SPLD 器件有 PROM、EPROM、EEPROM、PAL、PLA、GAL 等，只能完成较小规模的逻辑电路。

2. CPLD

CPLD（复杂可编程逻辑器件）具有更高的性能，它可以替代更复杂的固定功能逻辑器件（通常称为高密度 PLD 器件）。许多结构复杂的逻辑电路都可以用 CPLD 实现。一个典型的 CPLD 等效于 2～64 个 SPLD。

3. FPGA

在内部结构上，FPGA 不同于 SPLD 和 CPLD，其逻辑容量往往超过 CPLD。FPGA（现场可编程门阵列）的基本单位是逻辑块，每个逻辑块可以含有 64 到上千个逻辑门。FPGA 由这些逻辑块的阵列构成。

8.4.2　PLD 电路的基本结构

1. PLD 电路的表示方法

由于 PLD 内部电路的连接十分庞大，所以对其进行描述时采用一种与传统方法不同的简化方法。PLD 的输入、输出缓冲器都采用互补输出结构，其表示法如图 8.11 所示。

PLD 的与门表示法如图 8.12(a) 所示。其中，与门的输入线通常画成行（横）线；与门的所有输入变量都称为输入项，并画成与行线垂直的列线，以表示与门的输入。列线与行线相交的交叉处若有“•”，表示有一个耦合元件固定连接；“×”表示编程连接；交叉处若无标记，表示不连接（被擦除）。与门的输出称为乘积项 P，图 8.12(a) 中，与门的输出$P=A \cdot B \cdot D$。

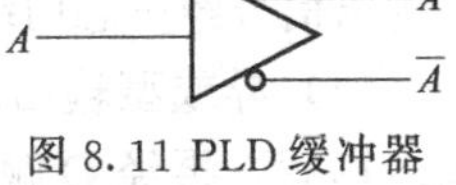

A —▷— A, $\overline{A}$

图 8.11 PLD 缓冲器

或门可用类似的方法表示，如图 8.12(b) 所示。其中，$F=P_1+P_3+P_4$。

2. PLD 电路的结构

PLD 基本结构框图如图 8.13 所示。

输入电路用来对输入信号缓冲，并产生原变量和反变量两个互补的信号，供与阵列使

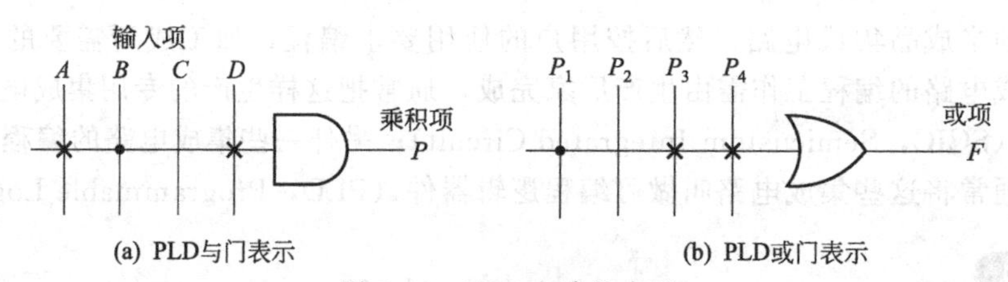

图 8.12　PLD 电路的表示

用。与阵列和或阵列用于实现各种与或结构的逻辑函数。若进一步与输出电路中的寄存器以及输出反馈电路配合，可以实现各种时序逻辑函数。输出电路有多种形式，可以是基本的三态门输出；也可以配合寄存器或向输入电路提供反馈信号；还可以做成输出宏单元（Macro Cell），由用户进行输出电路结构的组态等，使 PLD 功能非常灵活和完善。

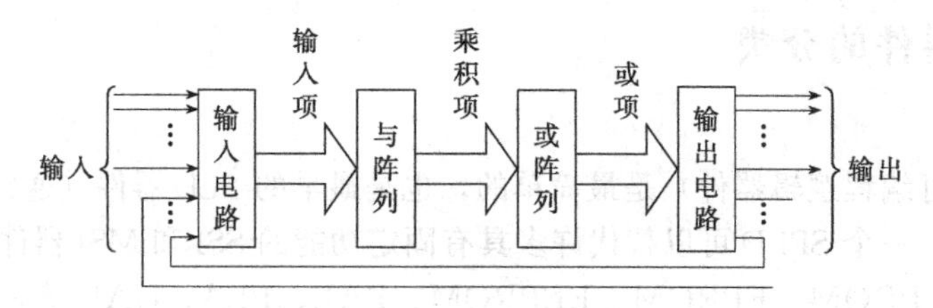

图 8.13　PLD 基本结构框图

8.4.3　可编程组合逻辑器件

1. 可编程逻辑阵列（PLA）

PLA 是 Programmable Logic Array 的缩写，它的特点是与阵列可编程，使输入项增多；或阵列固定，使器件简化，但或阵列固定明显影响了器件编程的灵活性。

PLA 从结构上分成与阵列、或阵列和输出电路 3 个部分，主要特征是与阵列可编程，而或阵列固定不变。

PLA 备有多种输出结构，不同型号的芯片对应一种固定的输出结构，使用时根据需要选择合适的芯片。常见的有以下几种。

（1）专用输出结构：这种结构的输出端只能输出信号，不能兼作输入。它只能实现组合逻辑函数。

（2）可编程 I/O 结构：这种结构的输出端有一个三态缓冲器。三态门受一个乘积项的控制。当三态门禁止，输出呈高阻状态时，I/O 引脚作输入之用；当三态门被选通时，I/O 引脚作输出之用。

（3）寄存器输出结构：这种结构的输出端有一个 D 触发器。在使能端的作用下，触发器的输出信号经三态门缓冲输出。可见，此 PLA 能记忆原来的状态，从而实现时序逻辑功能。

（4）异或型输出结构：这种结构的输出部分有两个异或门，它们的输出经异或门进行异或运算后，再经 D 触发器和三态门缓冲输出。这种结构便于对与或逻辑阵列输出函数的求反，还可以实现对寄存器状态进行维持操作。

可编程逻辑阵列具有以下优点：提高了功能密度，节省了空间；提高了设计的灵活性，且编程和使用都比较方便；有上电复位功能和加密功能，可以防止非法复制。

2. 现场可编程逻辑阵列（FPLA）

FPLA 是 20 世纪 70 年代中期在 PROM 基础上发展起来的 PLD，它改进了 PLA 结构的或阵列，使得与阵列和或阵列均可编程。采用 FPLA 实现逻辑函数时，只需要运用化简后的与或式，由与阵列产生与项，再由或阵列完成与项相或的运算，便得到输出函数。FPLA内部结构在简单 PLD 中有最高的灵活性。

3. 可编程阵列逻辑（PAL）

PAL 器件的种类繁多，但基本结构类似，由可编程的与逻辑阵列和固定的或逻辑阵列组成。未编程时，与逻辑阵列的所有交叉点都有熔丝接通；编程时，将有用的熔丝保留，无用的熔丝熔断，得到所需的电路。

4. 通用可编程逻辑器件（GAL）

GAL 与 PAL 器件的区别在于用可编程的输出逻辑宏单元（OLMC）代替固定的或阵列，实现时序电路。GAL 器件的每一个输出端都有一个组态可编程的 OLMC。通过编程，将 GAL 设置成不同的输出方式。这样，具有相同输入单元的 GAL 可以实现 PAL 器件所有的输出电路工作模式，故称为通用可编程逻辑器件。

通用可编程逻辑器件分为两大类：一类是普通型，它的与、或结构与 PAL 相似；另一类为新型，它的与、或阵列均可编程。

5. 复杂的可编程逻辑器件（CPLD）

CPLD 器件是阵列型高密度可编程控制器，其基本结构形式和 PAL、GAL 相似，但集成规模大得多。CPLD 一般采用 EEPROM 存储技术，可重复编程；并且系统掉电后，EEPROM 中的数据不会丢失，适于数据的保密。

6. 现场可编程门阵列（FPGA）

FPGA 采用 SRAM 进行功能配置，可重复编程，但系统掉电后，SRAM 中的数据丢失。因此，需在 FPGA 外加 EPROM，将配置数据写入其中，系统每次上电后，自动将数据引入 SRAM。现场可编程门阵列由可配置逻辑块（CLB，Configurable Logic Block）、输入/输出模块（IOB，I/O Block）和互连资源（IR，Interconnect Resource）3 个部分组成，如图 8.14 所示。

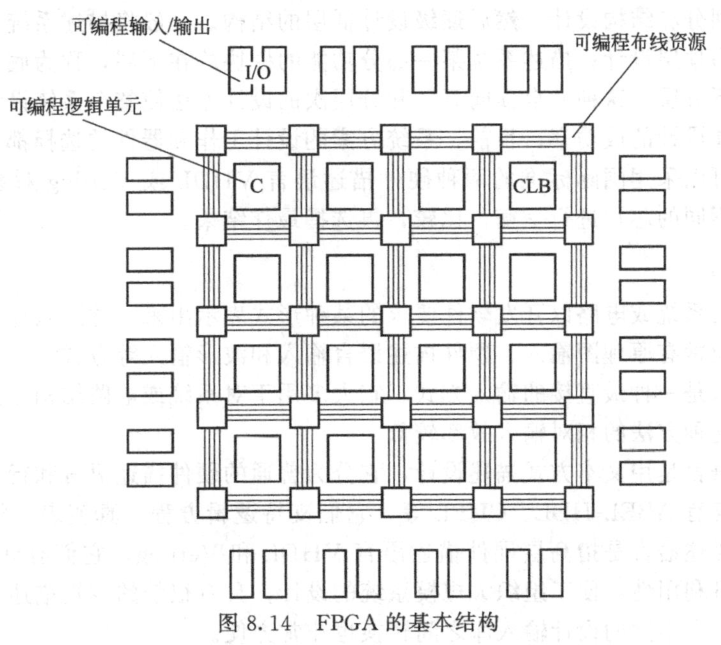

图 8.14　FPGA 的基本结构

（1）可编程输入输出模块（IOB）：IOB 主要完成芯片内部逻辑与外部封装脚的接口。它通常排列在芯片的四周，提供器件引脚和内部逻辑阵列的接口电路。每一个 IOB 控制一个引脚（除电源线和地线引脚外），将它们定义为输入、输出或者双向传输信号端。

（2）可编程互连资源（IR）：可编程互连资源包括各种长度的连线线段和一些可编程连接开关。它们将各个CLB之间或CLB、IOB之间以及IOB之间连接起来，构成特定功能的电路。

FPGA芯片内部单个CLB的输入/输出之间、各个CLB之间、CLB和IOB之间的连线由许多金属线段构成。这些金属线段带有可编程开关，通过自动布线，实现所需功能的电路连接。连线通路的数量与器件内部阵列的规模有关，阵列越大，连线数量越多。互连线按相对长度，分为单线，双线和长线3种。

FPGA的功能由逻辑结构的配置数据决定。工作时，这些配置数据存放在片内的SRAM或熔丝图上。基于SRAM的FPGA器件，在工作前需要从芯片外部加载配置数据。配置数据可以存储在片外的EPROM、EEPROM或计算机软、硬盘中。人们可以控制加载过程，在现场修改器件的逻辑功能，即所谓现场编程。

（3）可配置逻辑块（CLB）：一般有3种结构形式，即查找表结构、多路开关结构和多级与非门结构。不同厂家生产的FPGA，其CLB、IOB等结构存在较大的差异。

8.4.4 PLD的设计流程

1. 设计准备

采用有效的设计方案是PLD设计成功的关键，因此在设计输入之前，首先要考虑两个问题：第一，选择系统方案，进行抽象的逻辑设计；第二，选择合适的器件，满足设计的要求。对于低密度PLD，一般可以进行书面逻辑设计，将电路的逻辑功能直接用逻辑方程、真值表状态图或原理图等方式进行描述，然后根据整个电路的输入、输出端数以及所需要的资源（门、触发器数目）选择能满足设计要求的器件系列和型号。器件的选择除了应考虑器件的引脚数、资源外，还要考虑其速度、功耗以及结构特点。

对于高密度PLD，系统方案的选择通常采用“自顶向下”的设计方法。首先在顶层进行功能框图的划分和结构设计，然后逐级设计低层的结构。一般将描述系统总功能的模块放在最上层，称为顶层设计；描述系统某一部分功能的模块放在下层，称为底层设计。底层模块还可以再向下分层。这种“自顶向下”和分层次的设计方法使整个系统设计变得简洁和方便，有利于提高设计的成功率。目前，系统方案的设计工作和器件的选择都可以在计算机上完成，设计者可以采用国际标准的两种硬件描述语言VHDL或Verilog对系统级进行功能描述，并选用不同的芯片进行平衡、比较，再选择最佳结果。

2. 设计输入

将所设计的系统或电路以开发软件要求的某种形式表示出来，并送入计算机的过程称为设计输入。它通常有原理图输入、硬件描述语言输入和波形输入等方式。

原理图输入是一种最直接的输入方式，它大多用于对系统或电路结构很熟悉的场合，但系统较大时，这种方法的相对输入效率较低。

硬件描述语言是用文本方式描述设计，它分为普通的硬件描述语言和行为描述语言。普通硬件描述语言有ABEL-HDL、CUPL等，它们支持逻辑方程、真值表、状态图等逻辑表达方式。行为描述语言是指高层硬件描述语言VHDL和Verilog，它们有许多突出的优点，如语言的公开可利用性，便于组织大规模系统的设计，具有很强的逻辑描述和仿真功能，而且输入效率高，在不同的设计输入库之间转换也非常方便。

3. 设计处理

从设计输入完成以后到编程文件产生的整个编译、适配过程通常称为设计处理或设计实现。它是器件设计中的核心环节，由计算机自动完成，设计者只能通过设置参数来控制其处理过程。在编译过程中，编译软件对设计输入文件进行逻辑化简、综合和优化，并适当地选用一个或多个器件自动进行适配和布局、布线，最后产生编程用的编程文件。

编程文件是可供器件编程使用的数据文件。对于阵列型 PLD 来说，是产生熔丝图文件，即 JEDEC（简称 JED）文件，它是电子器件工程联合会制定的标准格式；对于 FPGA 来说，是生成位流数据文件（Bitstream Generation）。

4. 设计校验

设计校验过程包括功能仿真和时序仿真，这两项工作是在设计输入和设计处理过程中同时进行的。

功能仿真是在设计输入完成以后的逻辑功能检证，又称前仿真。它没有延时信息，对于初步功能检测非常方便。时序仿真在选择好器件并完成布局、布线之后进行，又称后仿真或定时仿真。时序仿真可以用来分析系统中各部分的时序关系以及仿真设计性能。

5. 器件编程

编程是指将编程数据放到具体的 PLD 中去。对阵列型 PLD 来说，是将 JED 文件下载（Down Load）到 PLD 中去；对 FPGA 来说，是将位流数据文件配置到器件中去。

器件编程需要满足一定的条件，如编程电压、编程时序和编程算法等。普通的 PLD 和一次性编程的 FPGA 需要专用的编程器完成器件的编程工作。基于 SRAM 的 FPGA 可以由 EPROM 或微处理器来配置。ISP 在系统编程器件则不需要专门的编程器，只要一根下载编程电缆就可以了。

思考题

1. 简述可编程逻辑阵列（PLA）的特点与分类。PAL 的常用输出结构有几种？
2. PAL 与 PROM、EPROM 之间的区别是什么？
3. 现场可编程逻辑阵列（FPLA）和现场可编程门阵列（FPGA）各在什么场合应用？

本章小结

1. 存储器是一种可以存储数据或信息的半导体器件，它是现代数字系统，特别是计算机的重要组成部分。按照所存内容的易失性，存储器分为只读存储器和随机存储器。

2. 可编程逻辑器件应用越来越广泛，用户可以通过编程确定该类器件的逻辑功能。普通可编程逻辑器件 PAL 和 GAL 结构简单，具有成本低、速度高等优点，但其规模较小，难以实现复杂的逻辑；而 CPLD 和 FPGA 具有集成度高、使用方便和灵活等优点。

本章关键术语

地址　address　存储器中的某个位置。

字节　byte　8 位二进制数构成的一组数据。

ROM　只读存储器的简称，一种只能从中读出数据的非易失性存储器。

RAM　随机存储器的简称，一种可以对随机选择的地址进行读写的易失性存储器。

PLD　Programmable Logic Device　可编程逻辑器件，一种可以通过编程实现某种逻辑功能的集成电路。

PAL　Programmable Array Logic　可编程阵列逻辑的简称，SPLD 的一种，一般只能进行一次编程。

GAL　Generic Array Logic　通用阵列逻辑的简称，SPLD 的一类，本质上是一种可再编程的 PAL。

CPLD　Complex Programmable Logic Device　复杂可编程阵列逻辑的简称，是 PLD 的一种，其中包含 2～64 个相同的 SPLD。

FPGA　Field Programmable Gate Array　现场可编程门阵列的简称，是 PLD 的一种，一般比 CPLD 更复杂，并且具有不同的组成结构。

SPLD　简单可编程逻辑器件的简称，是最简单的一种 PLD。PAL 和 GAL 都属于 SPLD 目标器件待编程的 PLD。

自我测试题

一、选择题（请将下列题目中的正确答案填入括号）

1. 一片容量为 1K×4 位的存储器，表示该存储器有（　　）个存储单元；有（　　）个地址，每个地址能写入或读出一个（　　）位二进制数。

(a) 1024　　(b) 4　　(c) 4096　　(d) 8

2. 信息只能读出的存储器是（　　）。

(a) ROM　　(b) RAM　　(c) ROM

3. 现有 1K×4 的 RAM，欲将存储容量扩展为 2K×8 的 RAM，应采用（　　）方式来实现。

(a) 字扩展　　(b) 位扩展　　(c) 字和位两者组合扩展

4. 某存储器有 11 条地址线和 8 条数据线，则该存储器的容量是（　　）。

(a) 1024 ×8　　(b) 2048 ×8　　(c) 1024 ×4

5. GAL 是（　　）。

(a) 可重复编程　　(b) 出厂前已编程　　(c) 一次性可编程

二、判断题（正确的在括号内打√，错误的在括号内打×）

1. 只读存储器只用于存储永久性的数据。（　　）

2. 静态 RAM 是指存储的数据不经常改变。（　　）

3. 存储器都可以用来设计组合逻辑电路。（　　）

4. CPLD 数据不易丢失，用于数据保密的场合。（　　）

5. FPGA 是一次性编程的逻辑器件。（　　）

三、分析计算题

1. 用 PROM 实现下列函数。

(1) $F_1=\overline{B}\,\overline{D}+\overline{A}\,\overline{D}+\overline{C}\,\overline{D}+AC\overline{D}$

(2) $F_2=\overline{B}D+CD+\overline{A}\,\overline{C}D+ABD$

2. 试用 1K×4 位的 2114 静态 RAM 构成 2K×4 位的存储器，画出其连线图。

习题

一、选择题（请将下列题目中的正确答案填入括号）

1. 一片容量为 2 个字节×4 位的存储器，表示该存储器有（　）个存储单元；有（　）

个地址，每个地址能写入或读出一个（　　）位二进制数。

(a) 2048　　(b) 4　　(c) 8192　　(d) 8

2. 半导体存储器按所用元件类型，分为（　　）型和（　　）型两类。存取速度快、功耗较大的是（　　），速度较低、集成度高的是（　　）。

(a) 双极　　(b) MOS　　(c) ROM　　(d) RAM

3. 信息可随时写入或读出，断电后信息立即全部消失的存储器是（　　）。

(a) ROM　　(b) RAM　　(c) ROM

4. 只能一次写入信息的存储器是（　　）。可以多次改写存储内容的存储器是（　　）。

(a) RAM　　(b) PROM　　(c) EPROM　　(d) EAROM

5. 用动态存储单元组成的存储器叫做（　　）存储器，动态存储单元是靠（　　）保存信息的。

(a) 静态　　(b) 动态　　(c) 自保持　　(d) 栅极存储电荷

6. 有 6 条地址线和 8 条数据线的存储器有（　　）个存储单元。

(a) 48　　(b) 512　　(c) 1536

二、判断题（正确的在括号内打√，错误的在括号内打×）

1. 只读存储器可用于设计组合逻辑电路。（　　）

2. 随机存储器用于存储临时的数据。（　　）

3. 动态 RAM 是指存储的数据经常改变。（　　）

4. PLA 具有复位功能和加密功能。（　　）

5. CPLD 是可重复编程的逻辑器件。（　　）

三、分析计算题

1. 用 PROM 实现下列逻辑问题。

(1) 全加器。

(2) 输出函数：$F_1=A\overline{C}\,\overline{D}+CD+ABD+\overline{A}BC$；$F_2=\overline{A}\,\overline{B}+ABD+\overline{A}C\overline{D}$。

2. 试问：存储容量为 512×8 位的 RAM，有多少位地址输入线、字线和位线？

3. 试用 1K×4 位的 2114 静态 RAM 构成 2K×8 位的存储器，画出其连线图。

4. 什么是 PLD？它有哪些类型？

5. 说明 PROM、PLA、PAL、GAL 的结构特点和应用场合。

实验与实训

半导体存储器读/写操作

1. 实验目的

(1) 掌握静态随机存取存储器（RAM）的工作原理与使用方法。

(2) 了解半导体存储器如何存储数据和读取数据。

(3) 了解半导体存储器电路的定时要求。

2. 实验原理

6116 是半导体静态随机存取存储器，容量为 2KB。其中，$A_0 \sim A_{10}$ 是地址线，本实验只使用了 $A_0 \sim A_7$，即用了 256 个字节。$D_0 \sim D_7$ 是数据线。$\overline{CE}$ 为存储器的片选信号，当 $\overline{CE}$ 为低电平时，存储器被选中，可以进行读写操作；当 $\overline{CE}$ 为高电平，存储器未被选中。WE 为写命令，$\overline{OE}$ 为读命令（本实验中，将 $\overline{OE}$ 端固定接低电平）。当 $\overline{CE}=0$，$WE=0$ 时，

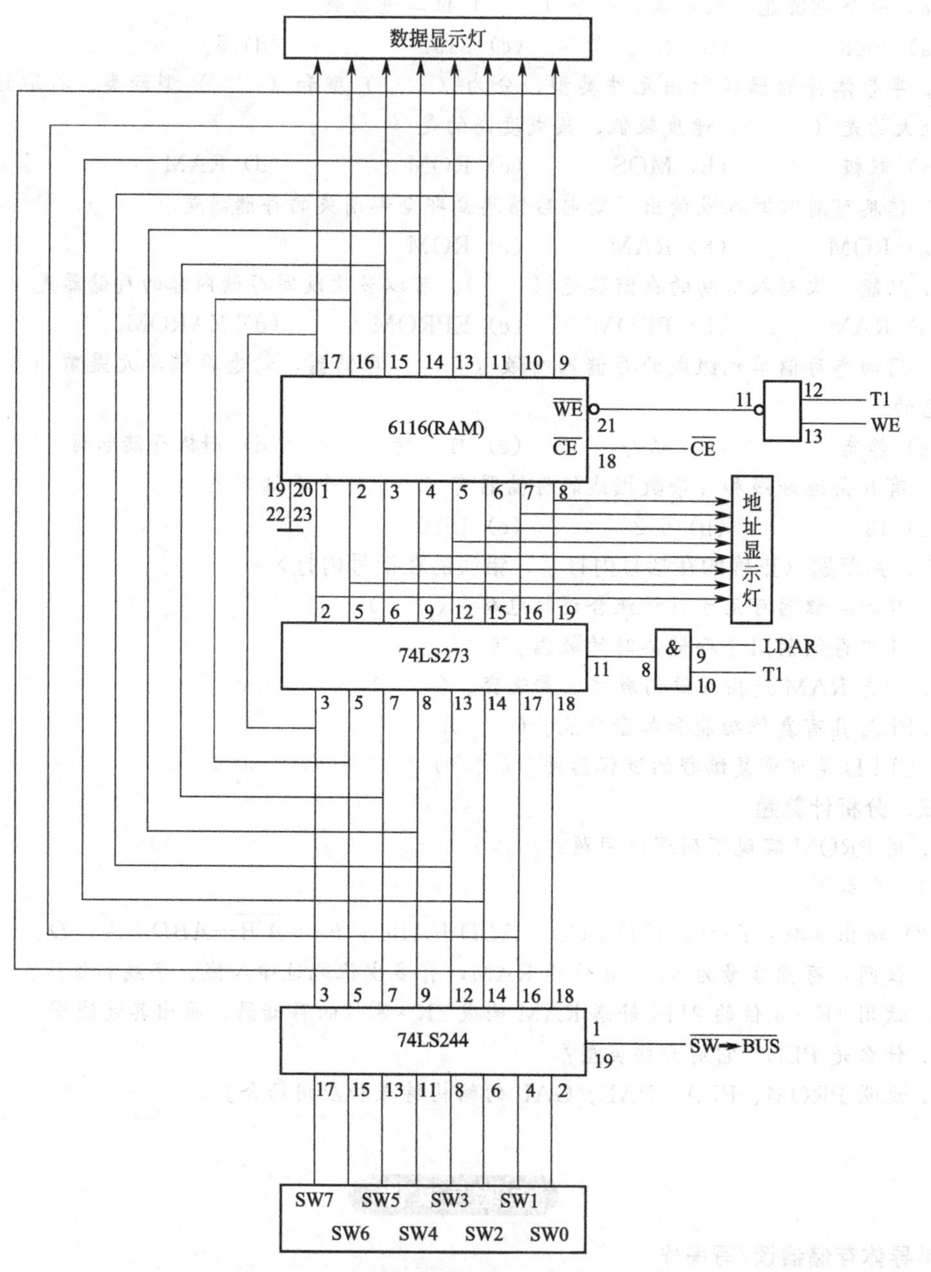

图 8.15 半导体存储器读/写操作电路图

存储器进行读操作；当$\overline{CE}$=0，WE=1 时，存储器进行写操作。

实验电路的连接如图 8.15 所示。$SW_7 \sim SW_0$为逻辑开关量，以产生地址和数据；地址寄存器 74LS273 输出$A_7 \sim A_0$提供存储器地址，接发光二极管；显示存储器地址；数据显示灯用以显示存储器地址和存储数据。$\overline{CE}$、WE、$LDAR$、$\overline{SW \to BUS}$为电平控制信号，接逻辑开关；$T1$为时序信号。

当$\overline{SW \to BUS}$为低电平时，$SW_7 \sim SW_0$产生的地址信号送入总线（74LS273 输入端）；当$LDAR$为高电平，$\overline{CE}$为低电平，WE为高电平，$T1$信号上升沿到来时，$SW_7 \sim SW_0$产生的地址信号存入地址寄存器（74LS273）；存储器存储的数据由$SW_7 \sim SW_0$产生，当$\overline{CE}$

为低电平，WE 为高电平，在下一个 $T1$ 信号上升沿到来时，数据写入存储单元内。

当 $\overline{SW \rightarrow BUS}$ 为高电平时，$\overline{CE}$ 为低电平，WE 为低电平，从存储器读出数据，数据显示灯显示读出数据。

3. 实验内容

按表 8.2 执行存储器读/写操作。

表 8.2　储存器读/写操作

$SW_7 \sim SW_0$	$\overline{SW \rightarrow BUS}$	$LDAR$	$\overline{CE}$	WE	$T1$	$\overline{BUS_7 \sim BUS_0}$	$A_7 \sim A_0$	备　注
00H	0	1	1	1	↓	00H	00H	地址 00H 写入 AR
00H	0	0	0	1	↓	00H	00H	数据 00H 写入 RAM
01H	0	1	1	1	↓	01H	01H	地址 01H 写入 AR
55H	0	0	0	1	↓	55H	01H	数据 55H 写入 RAM
02H	0	1	1	1	↓	02H	02H	地址 02H 写入 AR
AAH	0	0	0	1	↓	AAH	02H	数据 AAH 写入 RAM
03H	0	1	1	1	↓	03H	03H	地址 03H 写入 AR
FFH	0	0	0	1	↓	FFH	03H	数据 FFH 写入 RAM
00H	0	1	1	1	↓	00H	00H	地址 00H 写入 AR
××H	1	0	0	0	↓	00H	00H	读 RAM
01H	0	1	1	1	↓	01H	01H	地址 01H 写入 AR
××H	1	0	0	0	↓	55H	01H	读 RAM
02H	0	1	1	1	↓	02H	02H	地址 02H 写入 AR
××H	1	0	0	0	↓	AAH	02H	读 RAM
03H	0	1	1	1	↓	03H	03H	地址 03H 写入 AR
××H	1	0	0	0	↓	FFH	03H	读 RAM

4. 预习要求

正确理解 RAM 的读/写操作原理，能熟练运用 RAM 连接线路。

5. 思考题

扩充存储器容量，应如何连线?

附录

Multisim 10 简介

一、Multisim 10 概述

Multisim 10 是美国国家仪器公司（NI，National Instruments）推出的 Multisim 最新版本。目前美国 NI 公司的 EWB 包含电路仿真设计的模块 Multisim、PCB 设计软件 Ultiboard、布线引擎 Ultiroute 及通信电路分析与设计模块 Commsim 4 个部分，能完成从电路的仿真设计到电路版图生成的全过程。Multisim、Ultiboard、Ultiroute 及 Commsim 这 4 个部分相互独立，可以分别使用；它们各有增强专业版（Power Professional）、专业版（Professional）、个人版（Personal）、教育版（Education）、学生版（Student）和演示版（Demo）等多个版本，各版本的功能和价格有明显差异。

Multisim 10 用软件的方法虚拟电子与电工元器件，虚拟电子与电工仪器和仪表，实现了“软件即元器件”、“软件即仪器”。Multisim 10 是一款原理电路设计、电路功能测试的虚拟仿真软件，提供以下功能：

（1）Multisim 10 的元器件库提供数千种电路元器件供实验选用，也可以新建或扩充已有的元器件库，而且建库所需的元器件参数可以从生产厂商的产品使用手册中查到，因此也很方便在工程设计中使用。

（2）Multisim 10 的虚拟测试仪器仪表种类齐全，有一般实验用的通用仪器，如万用表、函数信号发生器、双踪示波器、直流电源；还有一般实验室少有或没有的仪器，如波特图仪、字信号发生器、逻辑分析仪、逻辑转换器、失真仪、频谱分析仪和网络分析仪等。

（3）Multisim 10 具有较为详细的电路分析功能，可以完成电路的瞬态分析和稳态分析、时域和频域分析、器件的线性和非线性分析、电路的噪声分析和失真分析、离散傅里叶分析、电路零极点分析、交直流灵敏度分析等电路分析方法，以帮助设计人员分析电路的性能。

（4）Multisim 10 可以设计、测试和演示各种电子电路，包括电工学、模拟电路、数字电路、射频电路及微控制器和接口电路等；可以对被仿真电路中的元器件设置各种故障，如开路、短路和不同程度的漏电等，从而观察不同故障情况下的电路工作状况。在仿真的同时，软件还可以存储测试点的所有数据，列出被仿真电路的所有元器件清单，存储测试仪器的工作状态、显示波形和具体数据等。

（5）Multisim 10 有丰富的 Help 功能，其 Help 系统不仅包括软件本身的操作指南，更重要的是包含元器件的功能解说。Help 中这种元器件功能解说有利于使用 EWB 进行 CAI 教学。另外，Multisim 10 提供了与国内外流行的印刷电路板设计自动化软件 Protel 及电路仿真软件 PSpice 之间的文件接口，也能通过 Windows 剪贴板把电路图送往文字处理系统进行编辑排版；支持 VHDL 和 Verilog HDL 语言的电路仿真与设计。

（6）利用 Multisim 10，可以实现计算机仿真设计与虚拟实验，与传统的电子电路设计与实验方法相比，具有如下特点：设计与实验可以同步进行，可以边设计，边实验，修改、调试方便；设计和实验用的元器件及测试仪器仪表齐全，可以完成各种类型的电路设计与实验；可方便地对电路参数进行测试和分析；可直接打印输出实验数据、测试参数、曲线和电路原理图；实验中不消耗实际的元器件，实验所需元器件的种类和数量不受限制，实验成本低，实验速度快，效率高；设计和实验成功的电路可以直接在产品中使用。

Multisim 10 易学易用，便于电子信息、通信工程、自动化、电气控制类专业学生自学，便于开展综合性的设计和实验，有利于培养学生的综合分析能力以及开发和创新的能力。

二、Multisim 10 元器件库

电源/信号源库包含接地端、直流电压源（电池）、正弦交流电压源、方波（时钟）电压源、压控方波电压源、三端稳压器和 PWM 控制器等多种电源与信号源。

基本元器件库包含电阻、排阻、电位器、电容器、电解电容器、贴片电容、可变电感器、开关、变压器、非线性变压器等多种元器件。

二极管库包含二极管、晶闸管等多种器件。二极管库中虚拟器件的参数可以任意设置；非虚拟元器件的参数是固定的，但是可以选择。

晶体管库包含晶体管、FET 等多种器件。晶体管库中虚拟器件的参数可以任意设置；非虚拟元器件的参数是固定的，但是可以选择。

模拟集成电路库包含多种运算放大器。模拟集成电路库中虚拟器件的参数可以任意设置；非虚拟元器件的参数是固定的，但是可以选择。

TTL 数字集成电路库包含 74××系列和 74LS××系列等 74 系列数字电路器件。

CMOS 数字集成电路库包含 40××系列和 74HC××系列多种 CMOS 数字集成电路系列器件。

数字器件库包含 DSP、FPGA、CPLD、VHDL 等多种器件。

数模混合集成电路库包含 ADC/DAC、555 定时器等多种数模混合集成电路器件。

指示器件库包含电压表、电流表、七段数码管等多种器件。

其他器件库包含晶体、滤波器等多种器件。

键盘显示器库包含键盘、LCD 等多种器件。

机电类器件库包含开关、继电器等多种机电类器件。

微控制器件库包含 8051、PIC 等多种微控制器。

射频元器件库包含射频晶体管、射频 FET、微带线等多种射频元器件。

子电路是由用户自己定义的一个电路（相当于一个电路模块），可存放在自定元器件库中供电路设计时反复调用。利用子电路，可使大型的、复杂系统的设计模块化、层次化，从而提高设计效率与设计文档的简洁性、可读性，实现设计的重用，缩短产品的开发周期。

三、Multisim 10 仪器库

Multisim 的仪器库中有数字多用表、函数信号发生器、示波器、波特图仪、字信号发生器、逻辑分析仪、逻辑转换仪、瓦特表、失真度分析仪、网络分析仪、频谱分析仪等 11 种仪器仪表可供使用。仪器仪表以图标方式存在。

数字多用表（Multimeter）是一种用于测量交直流电压、交直流电流、电阻及电路中两点之间的分贝损耗，自动调整量程的数字显示的多用表。

函数信号发生器（Function Generator）是可提供正弦波、三角波和方波这三种不同波形的信号的电压信号源。

瓦特表（Wattmeter）用于测量电路的功率。交流或者直流均可测量。

示波器（Oscilloscope）是用于显示电信号波形的形状、大小、频率等参数的仪器。

波特图仪（Bode Plotter）可以用来测量和显示电路的幅频特性与相频特性，类似于扫频仪。

字信号发生器（Word Generator）是能产生16路（位）同步逻辑信号的一个多路逻辑信号源，用于测试数字逻辑电路。

逻辑分析仪（Logic Analyzer）用于对数字逻辑信号的高速采集和时序分析，可以同步记录和显示16路数字信号。

失真分析仪（Distortion Analyzer）是一种用来测量电路信号失真的仪器。Multisim提供的失真分析仪频率范围为20Hz～20kHz。

频谱分析仪（Spectrum Analyzer）用于分析信号的频域特性。Multisim提供的频谱分析仪频率范围上限为4GHz。

网络分析仪（Network Analyzer）是一种用来分析双端口网络的仪器。它可以测量衰减器、放大器、混频器、功率分配器等电子电路及元件的特性。Multisim提供的网络分析仪可以测量电路的S参数，并计算出H、Y、Z参数。

IV（电流/电压）分析仪用来分析二极管、PNP和NPN晶体管、PMOS和CMOS FET的IV特性。注意：IV分析仪只能够测量未连接到电路中的元器件。

Multisim提供测量探针和电流探针。在电路仿真时，将测量探针和电流探针连接到电路中的测量点，测量探针即可测量出该点的电压和频率值，电流探针即可测量出该点的电流值。

电压表和电流表都放在指示元器件库中，在使用中，数量没有限制。

四、Multisim 10界面菜单工具栏介绍

Multisim以图形界面为主，采用菜单、工具栏和热键相结合的方式，具有一般Windows应用软件的界面风格，用户可以根据自己的习惯和熟悉程度自如使用。

菜单栏位于界面的上方。通过菜单，可以对Multisim的所有功能进行操作。

不难看出，菜单中有一些与大多数Windows平台上的应用软件一致的功能选项，如File、Edit、View、Options、Help。此外，还有一些EDA软件专用的选项，如Place、Simulation、Transfer以及Tool等。

（1）File：File菜单中包含对文件和项目的基本操作以及打印等命令。

命令	功能
New	建立新文件
Open	打开文件
Close	关闭当前文件
Save	保存
Save As	另存为
New Project	建立新项目
Open Project	打开项目
Save Project	保存当前项目
Close Project	关闭项目
Version Control	版本管理
Print Circuit	打印电路
Print Report	打印报表

Print Instrument	打印仪表
Recent Files	最近编辑过的文件
Recent Project	最近编辑过的项目
Exit	退出 Multisim

(2) Edit：Edit 命令提供了类似于图形编辑软件的基本编辑功能，用于对电路图进行编辑。

命令	功能
Undo	撤销编辑
Cut	剪切
Copy	复制
Paste	粘贴
Delete	删除
Select All	全选
Flip Horizontal	将所选的元件左右翻转
Flip Vertical	将所选的元件上下翻转
90 Clock Wise	将所选的元件顺时针 90°旋转
90 Clock Wise CW	将所选的元件逆时针 90°旋转
Component Properties	元器件属性

(3) View：通过 View 菜单，可以决定使用软件时的视图，对一些工具栏和窗口进行控制。

命令	功能
Toolbars	显示工具栏
Component Bars	显示元器件栏
Status Bars	显示状态栏
Show Simulation Error Log/Audit Trail	显示仿真错误记录信息窗口
Show XSpice Command Line Interface	显示 Xspice 命令窗口
Show Grapher	显示波形窗口
Show Simulate Switch	显示仿真开关
Show Grid	显示栅格
Show Page Bounds	显示页边界
Show Title Block and Border	显示标题栏和图框
Zoom In	放大显示
Zoom Out	缩小显示
Find	查找

(4) Place：通过 Place 命令输入电路图。

命令	功能
Place Component	放置元器件
Place Junction	放置连接点
Place Bus	放置总线
Place Input/Output	放置输入/输出接口
Place Hierarchical Block	放置层次模块
Place Text	放置文字

Place Text Description Box	打开电路图描述窗口，编辑电路图描述文字
Replace Component	重新选择元器件，替代当前选中的元器件
Place as Subcircuit	放置子电路
Replace by Subcircuit	重新选择子电路，替代当前选中的子电路

(5) Simulate：通过 Simulate 菜单，执行仿真分析命令。

命令	功能
Run	执行仿真
Pause	暂停仿真
Default Instrument Settings	设置仪表的预置值
Digital Simulation Settings	设定数字仿真参数
Instruments	选用仪表（也可通过工具栏选择）
Analyses	选用各项分析功能
Postprocess	启用后处理
VHDL Simulation	进行 VHDL 仿真
Auto Fault Option	自动设置故障选项
Global Component Tolerances	设置所有器件的误差

(6) Transfer：Transfer 菜单提供的命令完成 Multisim 对其他 EDA 软件需要的文件格式的输出。

命令	功能
Transfer to Ultiboard	将所设计的电路图转换为 Ultiboard（Multisim 中的电路板设计软件）的文件格式
Transfer to other PCB Layout	将所设计的电路图转换为以其他电路板设计软件所支持的文件格式
Backannotate From Ultiboard	将在 Ultiboard 中所做的修改标记到正在编辑的电路中
Export Simulation Results to MathCAD	将仿真结果输出到 MathCAD
Export Simulation Results to Excel	将仿真结果输出到 Excel
Export Netlist	输出电路网表文件

(7) Tools：Tools 菜单主要提供元器件编辑与管理命令。

命令	功能
Create Components	新建元器件
Edit Components	编辑元器件
Copy Components	复制元器件
Delete Component	删除元器件
Database Management	启动元器件数据库管理器，执行数据库的编辑管理工作
Update Component	更新元器件

(8) Options：通过 Option 菜单，可以定制和设置软件的运行环境。

命令	功能
Preference	设置操作环境
Modify Title Block	编辑标题栏
Simplified Version	设置简化版本

Global Restrictions	设定软件整体环境参数
Circuit Restrictions	设定编辑电路的环境参数

(9) Help：Help 菜单提供了对 Multisim 的在线帮助和辅助说明。

命令	功能
Multisim Help	Multisim 的在线帮助
Multisim Reference	Multisim 的参考文献
Release Note	Multisim 的发行申明
About Multisim	Multisim 的版本说明

五、Multisim 10 电路生成

在 Multisim 10 软件中如何生成电路，是进行电路仿真的关键。下面将具体介绍电路的生成方法。

(1) Options：通过 Option 菜单，可以定制和设置软件的运行环境。

在 Multisim 10 中放置元器件的方法是：首先选择与元器件对应的类别，然而寻找对应的元器件。如果知道元器件的级别、系列和型号，可以方便地找到需要的元器件。如果不知道元器件所在的位置，可以从“搜索元器件（Search Component）”界面中寻找，输入元器件名称的关键数据即可。

(2) 连接元器件。在 Multisim 10 中，元器件引脚连接线自动产生。当把鼠标指针放在元器件引脚（或某一个节点）附近时，会自动出现一个小“十”字节点标记。按住鼠标左键，拖动鼠标，连接线就产生了。将引线拖至另外一个引脚处，出现同样的一个小“十”字节点标记，再次按下鼠标左键，就可以连接上。Multisim 10 连接线只能沿着栅格方向垂直地布线，必须在连接线直角处拖动引线产生折线。连接线产生的另一种方法是在一个无元器件空白处，用鼠标左键快速点击两次，立刻就产生一个节点。拖动鼠标，可将连接线拖至元器件任一引脚（或某一节点）处，按下鼠标左键后，连接线就接上了。如果不想与元器件的引脚连接，在一个无元器件空白处再次用鼠标左键快速单击两次，产生一个新的节点，连接线在此节点处终止。

有一种简便的元器件连接线方式是在放置引脚少的元器件时，按住鼠标左键，将元器件上某一引脚对准已经在图面上的某元器件的引脚、电路的节点处或导线上，看到放置的元器件引脚与被连接处产生一个节点，松开鼠标左键后，元器件引脚就连接上了；此后再拖动元器件至指定的位置，就可以将电路中的元器件放置妥当。

为了图面清晰，连接线、节点有时需要移动。拖动元器件时，没有节点的连接线会跟随移动；有节点的连接线不会移动，除非选中该节点。移动一个电路、元器件和节点时，先选中要移动的点，然后单击鼠标左键，将它们快速移动到指定位置。如果需要移动的间距小、精确度高，在选中被移动点和元器件后，用上、下、左和右键将其慢慢移动到需要的地方。

(3) 设置电源、信号源、接地端。电路生成后，需要给电路加电源和信号源。Multisim 10 中有多种电源、信号源和受控信号源，接地有模拟地和数字地。如果仿真电路中没有一个参考的接地端（0 节点），电路将无法进行模拟仿真。

(4) 修改元器件属性和参数。在构成仿真电路的过程中，有时需要修改元器件属性，如标签、显示字符，以及故障点设置等，如电阻阻值、电容容量和晶体管内部参数等，可单击相关工具栏进行修改；也可以不修改元器件参数，而选择其他的元器件来替换。

(5) 电路规则检查。如果电路搭建完成或部分完成以后，单击“运行”按钮时出现错误信息，可以考虑使用电路整体检查功能。此项功能对处理电路中的参数错误有帮助。单击

“工具”菜单中的“电路规则检查”选项，画面上显示电路规则检查结果，图中出现的小圆圈是故障点提示。对于按电路规则检查后出现的错误，处理方法是：先查看错误点和错误提示，然后根据错误提示和电路理论知识修改电路或元器件参数。

六、数字电路仿真

1. 数字电路仿真的基本要求

采用 Multisim 10 对数字逻辑电路进行分析与设计时，必须注意以下几点。

(1) 要熟悉元器件。对于已知元器件可以直接调用，按原理图搭建电路后，再进行分析和设计；对于不熟悉的元器件，应该利用“帮助”菜单或查询其他相关资料了解元器件的状况。

(2) 选择、设置合适的信号源，输入逻辑信号，对电路进行仿真。信号可以是连续的数字信号，也可以是电平信号（用开关产生）。对于连续的信号，需要设置输出参数，如频率、占空比和波形动态参数等。

(3) 检测电路的输出。数字电路的输出检测主要有两种。第一种是波形显示，通过输出波形查看输入与输出间的逻辑关系。数字电路输出的第二种检测方法是数码显示，主要用于时序逻辑电路。

2. 组合逻辑电路的仿真

(1) 逻辑函数化简。Multisim 10 的仪器中有一个独特的逻辑转换仪，对于逻辑函数的化简非常有效。函数化简的方法有“逻辑表达式→最简逻辑表达式”、“逻辑图→最简逻辑表达式”，等等。

(2) 逻辑图→函数表达式。逻辑分析仪有 8 个变量输入端，1 个输出端。只要将输入/输出变量拉入分析仪，然后单击“转换”按钮，就可以得到输出。

(3) 组合逻辑电路的分析与设计。组合逻辑电路的分析与设计都可以借用逻辑转换仪来完成。先画出电路，然后用逻辑转换仪得到真值表和逻辑表达式。

组合逻辑电路的设计要根据实际要求来完成。如果对元器件没有特殊的要求，可以在将逻辑函数化简以后，利用逻辑分析仪的“逻辑表达式→逻辑图”或“逻辑表达式→与非逻辑图”功能，直接得到与函数表达式对应的逻辑图。前者用任意门电路实现，后者用与非门实现。

3. 时序逻辑电路的仿真

时序逻辑电路的仿真要求是：首先必须熟悉元器件的功能及其特点，其次要灵活使用软件中提供的各种仪器。只有这样，才能完成对所有时序逻辑电路的仿真。

Multisim 10 软件对于学习好数字电路有很大的作用，所以要熟练掌握。本教材中所有的数字电路图都可以用 Multisim 10 软件来仿真。通过仿真来提高对理论知识的理解，对学好本课程有很大的帮助。

部分习题参考答案

第1章　逻辑代数基础

一、选择题

1.b　2.b　3.c　4.c　5.b　6.b　7.b　8.a　9.a　10.a

二、判断题

1.√　2.√　3.√　4.×　5.√　6.√　7.×　8√

三、分析计算题

5. $(110011.01)_B=(63.2)_O=(33.4)_H=(01010001.00100101)_{8421BCD}$

6. (1) $(A4)_H<(165)_D<(246)_O<(10100111)_B$

(2) $(001001010111)_{8421BCD}<(100000001)_B<(258)_D<(103)_H$

7. $(11.25)_{10}$；$(45)_{10}$；$(23)_{10}$；$(91)_{10}$

8. $(1101)_2$；$(100111.011)_2$；$(1001011.1)_2$

9. $(255)_8$，$(AD)_{16}$；$(453)_8$，$(12B)_{16}$；$(343.3)_8$，$(E3.6)_{16}$；$(6.64)_8$，$(6.D)_{16}$

10. $(78)_{10}=(01111000)_{8421}=(10101011)_{余3码}$

$(5423)_{10}=(0101010000100011)_{8421}=(1000011101010110)_{余3码}$

$(760)_{10}=(011101100000)_{8421}=(101010010011)_{余3码}$

11. (1) A 超温，C 超压；(2) D 超温超压；(3) B、D 超压；(4) B、C 超温；(5) C 超温超压。

12. (1) $\overline{F}_1=\overline{A}B+\overline{\overline{\overline{C}D}}$；(2) $\overline{F}_2=(\overline{A}+\overline{\overline{\overline{B}C}})(A+\overline{D})$

13. (1) $F'=\overline{AB}(\overline{A}+\overline{B})$；(2) $F'=\overline{AB\,\overline{\overline{\overline{C}\,D+F}}}$；(3) $F'=[\overline{A}B+C(D+E)]^{\overline{D}}$

14. (1) 当 A、B、C 取值为 001、011、110、111 时，F 的值为 1。

(2) 当 A、B、C 取值为 011 时，F 的值为 1。

15. (1) $F_1=F_2$；(2) $F_1=\overline{F}_2$

16. $F=\sum m(0,1,3,4,6,7)=\pi M(2,5)$

17. (1) 1；(2) AD；(3) 1；(4) $A+\overline{B}\,\overline{D}$；(5) $\overline{A+B}+C+BE+\overline{B}\,\overline{D}$；(6) $A\overline{B}+D$

18. (1) $AC+BC+\overline{A}BD$；(2) $\overline{B}+C\overline{D}+\overline{A}\,\overline{D}$；(3) $\overline{C}\,\overline{D}+BD+\overline{B}\,\overline{D}$；

(4) $A\overline{C}+A\overline{B}+A\overline{D}$；(5) $\overline{A}\,\overline{B}+AC+B\overline{C}$；(6) $\overline{A}B+B\overline{D}+ACD+\overline{A}C\overline{D}$；

(7) $\overline{B}\,\overline{D}+AB+\overline{A}\,\overline{C}D+AC$

19. 互补（反函数）

20. (1) $\overline{B}\,\overline{C}+\overline{C}D+\overline{B}D$；(2) $\overline{C}\,\overline{D}+BD+\overline{B}\,\overline{D}$ 或 $B\overline{C}+BD+\overline{B}\,\overline{D}$。

21. (1) $\overline{A}+BD$；(2) $CD+\overline{C}\,\overline{D}+\overline{A}C$；(3) $B\overline{D}+\overline{C}\,\overline{B}D+C\overline{D}$ 或 $B\overline{D}+\overline{A}\,\overline{C}D+C\overline{D}$；

(4) $\overline{D}+B\overline{C}+\overline{B}C$

第 2 章　逻辑门电路

一、选择题

1. a　2. b　3. c　4. c　5. a

二、判断题

1. √　2. √　3. √　4. ×　5. ×

三、分析计算题

1. 与门：$F_1=\overline{\overline{AB}\cdot 1}$；或门：$F_2=\overline{\overline{\overline{A\cdot 1}\cdot\overline{B\cdot 1}}}$；或非门：$F_3=\overline{A\cdot 1}\ \overline{B\cdot 1}$；

   异或门：$F_4=\overline{\overline{\overline{\overline{A\cdot 1}\cdot B}\cdot\overline{A\cdot\overline{B\cdot 1}}}}$

2. 都可以。与非门另一端接高电平；或非门另一端接低电平；异或门另一端接高电平。

3. $F_1=\overline{A}$，$F_2=\overline{AB+CD}$，$F_3=\overline{\overline{A}B}$（$C=0$）或 $F_3=\overline{B}$（$C=1$），$F_4=\overline{AB}$

4. $F_1=1$，$F_2=$高阻，$F_3=1$，$F_4=$高阻

5. $F_1=BC$，$F_2=\overline{AB+CD}$，$F_{13}=B+AC$，$F_4\ \overline{AB+\overline{A+B}}=A\overline{B}+\overline{A}B$

7. $0.26\text{k}\Omega\leqslant R\leqslant 3.75\text{k}\Omega$

8. 40

第 3 章　组合逻辑电路

一、选择题

1. a　2. a　3. b　4. a　5. c　6. a　7. c　8. b　9. c　10. c　11. a　12. b

二、判断题

1. √　2. √　3. ×　4. √　5. √　6. ×

三、分析计算题

1. (a) $F_1=A\oplus B+C\oplus D$；(b) $F_2=A\oplus B\oplus C\oplus D$；(c) 当 $M=0$ 时，$F_0=A_0$，$F_1=A_1$，$F_2=A_2$；当 $M=1$ 时，$F_0=\overline{A}_0$，$F_1=\overline{A}_1$，$F_2=\overline{A}_2$

2. F_1 为红灯，F_2 为黄灯，则 $F_1=AB+AC+BC$，$F_2=\overline{A}\,\overline{B}C+\overline{A}B\overline{C}+A\overline{B}\,\overline{C}+ABC$

3. 定义状态，列真值表，由真值表得：$F=ABC+AD+BD+CD$（其中，D 为总裁判）

4. 定义状态，列真值表，由真值表得：

   $Y_3=X_3+X_0X_2+X_1X_2$，$Y_2=X_0X_3+\overline{X}_0\overline{X}_1X_2$，$Y_1=X_3\overline{X}_0+\overline{X}_2X_1+X_1X_0$

   $Y_0=X_0\overline{X}_2\overline{X}_3+\overline{X}_0X_1X_2+\overline{X}_0X_3$

   由表达式可画出逻辑电路图。

5. $A_3A_2A_1A_0$ 接 8421 码，$B_3B_2B_1B_0$ 接 0011，全加器的和 $S_3S_2S_1S_0$ 为余 3 码

6. 列真值表，$A_3A_2A_1A_0$ 表示 8421 码，$B_3B_2B_1B_0$ 表示余 3 码，由真值表可得：

   $B_3=A_3+A_2A_1+A_2A_0$，$B_2=\overline{A}_2A_1+\overline{A}_2A_0$，$B_1=A_1\odot A_0$、$B_0=\overline{A}_0$

   由表达式画逻辑电路图。

7. 列真值表，乘积用 Y 表示，由真值表可得：

   $Y_3=A_1A_0B_1B_0$，$Y_2=A_1\overline{A}_0B_1+A_1B_1\overline{B}_0$

   $Y_1=A_1\overline{A}_0B_0+\overline{A}_1A_0B_1+A_1\overline{B}_1B_0+A_0B_1\overline{B}_0$，$Y_0=A_0B_0$

   根据表达式可画出逻辑图。

10. 由题意可知：当 A_1A_0 和 B_1B_0 同时为 00、01、10、11 时，$A=B$，输出 F 为 1。对应的最小项为 m_0、m_5、m_{10}、m_{15}，由此可写出表达式：

    $F=\sum m(0, 5, 10, 15)=(A_1\odot B_1)(A_0\odot B_0)$

由表达式画逻辑电路图。

11. 列真值表，由真值表得：

$Z_2=B_2\overline{B}_1+\overline{B}_2B_1$，$Z_1=B_2\overline{B}_1$，$Z_0=\overline{B}_2\overline{B}_1+\overline{B}_2B_0+\overline{B}_1B_0$

12. （1）当使能端 $\overline{S}=0$ 时，$Y_2Y_1Y_0=101$；（2）当 $\overline{S}=1$ 时，输出高阻。

13. $F_1=m_0+m_1+m_4+m_5$；$F_2=m_1+m_3+m_6+m_7$

15. $A_1A_0=RY$；$D_0=\overline{G}$，$D_1=D_2=G$，$D_3=1$

16. （1）$D_0=D$，$D_1=1$，$D_2=D$，$D_3=\overline{D}$，$D_4=1$，$D_5=0$，$D_6=\overline{D}$，$D_7=0$

（2）$D_0=D$，$D_1=D$，$D_2=D$，$D_3=1$，$D_4=D$，$D_5=1$，$D_6=0$，$D_7=0$

18. 译码器：$F=m_0+m_3+m_5+m_6$

4 选 1 数据选择器：$A_1A_0=AB$；$D_0=\overline{C}$，$D_1=D_2=D_3=C$

20. $A_2=D$、$A_1=C$、$A_0=B$，则得 $D_0=D_1=D_2=D_3=D_4=0$，$D_5=D_6=A$，$D_7=1$

22. （a）$F_1=\overline{A}\,\overline{B}C+\overline{A}B+A\,\overline{B}\,\overline{C}$

（b）$F_2=\overline{A}\,\overline{B}\,\overline{C}D+\overline{A}\,\overline{B}\,C+\overline{A}\,BC+A\,\overline{B}\,C+AB\,\overline{C}D+ABCG$

23. $G_1G_0=00$，$F=X+Z$；$G_1G_0=00$，$F=XZ$

$G_1G_0=10$，$F=X\oplus Z$；$G_1G_0=11$，$F=X\odot Z$

24. 当 $\overline{B}=C=1$ 时，$F_2=A+\overline{A}+1$，由于 $\overline{B}C=1$，所以 F_2 始终为 1，故 F_2 不存在竞争冒险现象。

第 4 章　触　发　器

一、选择题

1. a　2. b　3. a　4. c　5. a　6. b

二、判断题

1. ×　2. √　3. √　4. √　5. √　6. ×

第 5 章　时序逻辑电路

一、选择题

1. c　2. a　3. a　4. b　5. b　6. c　7. c　8. b

二、判断题

1. ×　2. √　3. √　4. ×　5. ×

三、分析计算题

1. 100→001→010→100
2. 000→100→010→110→000；011→111→000；能自启动六进制
3. 1000→0100→0010→0001；不能自启动
4. 010→100→000→001→010，011→110→100，101→010，111→110，能自启动
5. 000→001→010→011→100→101→110→000，111→000；七进制同步加法计数器，能自启动
6. 000→001→011→010→110→111→101→000，100→000，该电路的计数长度 N 是 7，能自启动

12. （a）$Q_0Q_1Q_2Q_3=0111$，8 个时钟脉冲作用后，信息循环 1 周

（b）$Q_0Q_1Q_2Q_3=0111$，15 个时钟脉冲作用后，信息循环 1 周

15. 用 74LS163 归零方法，A=0 时，归零信号 $Q_3Q_2Q_1Q_0=0101$；A=1 时，归零信号 $Q_3Q_2Q_1Q_0=1101$。

16. 根据设计要求，选取 3 片 74LS160，采用整体置数法或整体归零法组成。

第 6 章　脉冲发生与整形电路

一、选择题

1. c　2. a　3. c　4. b　5. c　6. a　7. b　8. a

二、判断题

1. ×　2. √　3. √　4. ×　5. √

三、分析计算题

1. $q=25\%$，$R_2=3R_1$，$T=0.7(R_1+2R_2)C=50\mu s$，取 $C=0.033\mu F$，则 $R_2=541\Omega$，$R_1=1623\Omega$

3. (1) $T=0.7(R_1+2R_2)C=0.7\times3\times10^3\times1\times10^{-6}=2.1$ (ms)，则 $f=476$Hz，$q=0.67$

(2) $T=0.7(R_1+2R_2)C=0.7\times35\times10^3\times0.05\times10^{-6}=1.225$ (ms)，$f=816$Hz，$q=0.71$

4. $\because q=0.5$，$\therefore R_1=R_2$；$\because f=1$kHz，$\therefore T=0.7(R_1+R_2)C=1$ (ms)

$0.7\times2R_1\times0.2\times10^{-6}=1$ (ms)，则 $R_1=3.57\times10^3$ (Ω)

5. $U_{T+}=8$V，$U_{T-}=4$V，$\Delta U_T=4$V

7. 功能：555 产生脉冲，反相器缓冲，JK 与门电路完成脉冲转换。

8. (1) 功能：555 产生脉冲，D 分频，(2) $T=0.7(R_1+2R_2)C=3.15$ (ms)

9. $t_W=1.1RC=1.1\times1\times10^3\times0.01\times10^{-6}=11$ (μs)

10. (1) $t_W=1.1RC=1.1\times27\times10^3\times0.05\times10^{-6}=1.485$ (ms)

第 7 章　数模和模数转换器

一、选择题

1. a　2. a　3. a　4. c　5. b　6. c

二、判断题

1. ×　2. √　3. √　4. ×　5. ×

三、分析计算题

2. $D_3=1$ 时，$u_o=-4$V；$D_2=1$ 时，$u_o=-2$V；$D_1=1$ 时，$u_o=-1$V；$D_0=1$ 时，$u_o=-0.5$V

3. $u_o=-1.5625$V

4. 6 位，其分辨率为 $1/63=1.59\%<2\%$

7. 0.0235V

8. (1) 5.625V；(2) 3.125V

10. (1) 01011001；(2) 10110101

第 8 章　半导体存储器和可编程逻辑器件

一、选择题

1. c、a、b　2. a、b、a、b　3. b　4. b、c　5. b、d　6. b

二、判断题

1. √　2. √　3. ×　4. √　5. √

三、分析计算题

2. 有 9 根地址输入线、512 根字线和 8 根位线。

参考文献

[1] 阎石．数字电子技术基础第5版．北京：高等教育出版社，2006.
[2] 余孟尝．数字电子技术（数字部分）．第5版．北京：高等教育出版社，2006.
[3] 康华光．电子技术基础简明教程．第3版．北京：高等教育出版社，2006.
[4] 赵景波．数字电子技术应用基础．北京：人民邮电出版社，2009.
[5] 李光辉．数字电子技术．北京：清华大学出版社，2012.
[6] 杨志忠．数字电子技术及应用．北京：高等教育出版社，2012.
[7] 徐维．数字电子技术与逻辑设计．北京：中国电力出版社，2013.
[8] 周良权，方向乔．数字电子技术基础．第4版．北京：高等教育出版社，2014.
[9] 余红娟．数字电子技术．北京：高等教育出版社，2014.
[10] 潘松．数字电子技术基础．北京：科学出版社，2014.
[11] 杨颂华．数字电子技术基础．西安：西安电子科技大学出版社，2016.
[12] 高吉祥．数字电子技术．北京：电子工业出版社，2016.